职业教育院校课程改革新教材
制冷和空调设备运行与维修专业教学、培训与考级用书

冷库的安装与维护

主编 邓锦军 蒋文胜
参编 楼江燕 黄善美
主审 陈圣鑫

机械工业出版社

本书是根据职业教育院校制冷和空调设备运行与维修专业人才培养方案和课程标准，并参照国家职业标准中制冷设备维修工考核的有关要求，结合现代职业教育特点而编写的。本书采用理论与实践一体化的编写模式，在详细分析冷库安装与维护岗位实际工作过程的基础上，以典型的学习性工作任务为课题任务，以具体的工作过程为课题内容，以实际的工作环境为课题背景，把相关理论知识及方法的学习和工作任务的实施有机结合在一起，突出了学生专业技能、职业能力的培养，体现了“科学性原则与情境性原则交叉区域开发”的现代职业教育课程观。

全书分为5个教学模块，包括冷库的总体认识、冷库制冷装置的安装、冷库制冷系统的调试与运行、冷库制冷装置的维护和冷库的安全及能耗管理五个方面，涵盖了冷库的基础知识、冷库制冷装置的安装技能、调试及维护方法。为了方便读者学习，本书后附有适量的图表供参考使用，并在每课题之后配有相应的思考与练习题。

本书可作为职业教育院校制冷与空调设备运行与维修专业教材，还可作为制冷与空调行业技术人员岗位培训与技师、高级技师考级用书。

本书配有免费电子教案，凡是选择本书作为教材的教师可以登录www.cmpedu.com注册下载。

图书在版编目（CIP）数据

冷库的安装与维护/邓锦军，蒋文胜主编．—北京：机械工业出版社，2012.3（2023.1重印）

职业教育院校课程改革新教材．制冷和空调设备运行与维修专业教学、培训与考级用书

ISBN 978-7-111-35914-2

Ⅰ.①冷…　Ⅱ.①邓…②蒋…　Ⅲ.①冷藏库-安装-高等职业教育-教材②冷藏库-维护-高等职业教育-教材　Ⅳ.①TB657.1

中国版本图书馆CIP数据核字（2011）第192194号

机械工业出版社（北京市百万庄大街22号　邮政编码100037）

策划编辑：汪光灿　责任编辑：汪光灿　周璐婷

版式设计：张世琴　责任校对：常天培

封面设计：路恩中　责任印制：郜　敏

北京盛通商印快线网络科技有限公司印刷

2023年1月第1版第8次印刷

184mm×260mm·19.5印张·480千字

标准书号：ISBN 978-7-111-35914-2

定价：56.00元

电话服务　　网络服务

客服电话：010-88361066　　机　工　官　网：www.cmpbook.com

010-88379833　　机　工　官　博：weibo.com/cmp1952

010-68326294　　金　书　网：www.golden-book.com

封底无防伪标均为盗版　　机工教育服务网：www.cmpedu.com

前言

“冷库的安装与维护”作为制冷和空调设备运行与维修专业的核心课程之一，是以培养熟练掌握冷库组成及工作原理，具备冷库安装、调试与维护技能的高技能人才为目标，满足冷库安装与维护岗位需求而设置的一门重要的专业课程。本书是根据职业教育院校制冷和空调设备运行与维修专业人才培养方案和课程标准，并参照国家职业标准中制冷设备维修工考核的有关要求，结合现代职业教育特点而编写的。

根据制冷和空调设备运行与维修专业人才培养目标和冷库安装与维护岗位的能力要求，我们与行业、企业专家一起详细分析了冷库安装调试、运行维护实际工作过程，以此梳理并归纳出学习性的工作任务，在此基础上以典型的学习性工作任务为课题任务，以具体的工作过程为课题内容，以实际的工作环境为课题背景，精心组织了25个课题任务，组成5个教学模块。根据各校的不同情况，本书教学参考学时为90~120学时。为了方便读者学习，本书配有适量的图表供参考使用，并在每课题之后配有相应的思考与练习题。

在编写本书的过程中，我们采用理论与实践一体化的编写模式，把相关理论知识及方法的学习和工作任务的实施这两个环节与教学过程有机结合在一起，突出学生专业技能、职业能力的培养，体现“以学生为主体、以职业需求为导向”的教育观，具有较强的针对性和实用性；同时，结合现代冷库的发展趋势，引入本领域成熟的新技术、新工艺和新设备，具有先进性和科学性。本书主要具有以下特点：

1. 理实一体，学做结合，形式与结构新颖

本书的编写采用理论与实践一体化模式，遵循职业技术教育的基本规律，在每一课题的开始都明确了知识目标和能力目标，按先易后难、能力逐步提高的递进关系，把课题分成“相关知识”、“任务实施”和“拓展知识”三个部分。其中，“相关知识”作为课题“任务实施”的前导，让学生作一定知识性储备，明确课题任务的要求；“任务实施”是整个课题的核心部分，是技能训练与理论学习相互结合的过程，是“在学中做、在做中学，学做结合”的过程，在学生完成课题任务的过程中，注重学习能力的培养，穿插实用知识，并进行系统性介绍，让学生了解这些知识是如何运用到实际工作中去的，体现了一体化教学的理念；“拓展知识”是主要对“任务实施”内容进行横向或纵向的拓展，帮助学生开拓思路，以适应实际工作任务的多变性。

本书设置了一些“判断或操作记载表”，要求学生在完成课题任务的过程中，通过分析思考，将相关的内容记录于表中，可使学生置身于一种探究并注重解决实际问题的学习状态，与生产实践中“岗位技术创新”的学习方式相近，体会岗位技术创新的基本过程，以培养学生的创新意识和能力，并获得相关技能的训练。

2. 任务典型，过程完整，安全与质量并重

根据冷库安装与维护岗位需求，本书以核心职业能力为中心，以典型的学习性工作任务为课题，还原实际工作的情境，学习性工作过程完整、真实。本书明确了课题任务实施的相关“注意事项”，严格贯彻国家有关技术的最新标准和安全生产的要求，把“安全生产”、“质量控制”的要求贯穿于冷库安装、操作和维护的具体过程之中，让学生在完成课题任务的同时，有意识地养成安全意识与质量意识，以培养学生的职业素养。

本书中设置了一些“效果评估表”，要求学生在完成课题任务的过程中，通过评价与反思，将相关的内容记录于表中，使学生置身于一种质量分析的工作状态，体会到质量控制的重要性。另外，本书附录有关内容供读者参考。

3. 理论适用，技能突出，步骤与方法明确

本书的编写坚持以能力为本位，重视实践能力的培养，根据冷库安装与维护岗位的实际需要，进一步加强实践性教学内容，对教材内容的深度、难度作了合理的调整。围绕着冷库安装调试、运行维护典型工作任务这一主题，提炼实用知识，全面整合了课题教学的内容，把与技能训练相关的理论知识有选择性地按一定层次聚集在一起，并突出操作技能训练的内容。在技能训练过程中，明确指出操作的具体步骤与方法，具有较强的实用性，以满足企业对技能型人才的需求，体现了职业技术教育的特色。

4. 图文并茂，通俗易懂，授课与自学皆可

本书浅理论、重实用，按照职业技术教育和学生认知的基本规律，尽可能采用图形、实物照片或表格等表现形式，以图表代文，将各个知识点、操作要点及工作流程生动地展示出来，直观简明，降低了学习难度，提高了学生的学习兴趣，使内容更吸引读者，老师教起来轻松，学生学起来容易，也便于自学。

5. 合理拓展，及时更新，技术与工艺先进

根据现代冷库的发展趋势，本书合理安排了课题教学内容，使学生在掌握冷库安装维护典型工作任务的基础上，合理拓展知识，提高职业的适应性。同时，注意吸收本领域的最新科技成果，及时更新内容，尽可能多地在书中充实新技术、新工艺和新设备等方面的内容，力求使本书具有较鲜明的时代特征，既保证可操作性，又体现先进性。

本书由广西机电技师学院邓锦军和柳州职业技术学院蒋文胜主编，广西工学院楼江燕、柳州城市职业学院黄善美参编。编写分工如下：邓锦军编写了绪论、模块三（课题三至课题五）、模块四；蒋文胜编写了模块一、模块二、模块五和附录；楼江燕和黄善美共同编写了模块三（课题一至课题二）。全书由邓锦军统稿。本书由广西工业技师学院陈圣鑫主审。

在本书的编写过程中，柳州市科学技术情报研究所周冰高级工程师在科技信息及资料的收集上给予了大力支持，柳州肉类联合加工厂俞贤真高级工程师、柳州市海峰制冷设备有限责任公司叶海峰总经理也提供了很多帮助，在此一并表示衷心的感谢。

恳切希望广大读者对本书提出宝贵的意见和建议，以便修订时加以完善。

编　者

目 录

绪　论

随着社会的发展和人民生活水平的不断提高，人们对食品的质量要求也相应提高，这促使食品冷藏业及冷库迅速发展。当前冷库朝着大型、专业化方向快速发展，特别是以节能和功能完善著称的大型冷库，得到了广泛的应用，这不仅促使冷库安装调试、运行维护方面专业技术人才需求量的增大，同时也对从业人员的专业技能和职业能力提出了更高的要求。

一、冷库的作用及特点

冷库是在特定的温度和相对湿度条件下，加工和储藏食品等物品的专用建筑。与一般的仓库不同，冷库需要通过人工制冷保持库内一定的温度和湿度，气调库还需要控制氧气和二氧化碳气体的含量，从而保证食品等物品储藏的质量。冷库的固定资产投资比例较大，结构复杂，专业技术性强，是加工和储藏肉鱼、蛋奶、果蔬、粮油类食品不可或缺的重要设施。一个国家冷藏业的发展状况，在一定程度上可以反映出人民生活水平的高低。

冷库系统正常运行，并保证食品等物品冷藏质量，除了与工程设计、设备制造等因素有关外，还取决于冷库安装调试、运行维护等方面的质量和水平。

二、冷库是食品冷藏链中重要的组成部分

食品冷藏链是在20世纪随着科学技术的进步、制冷技术的发展而建立起来的一项系统工程，是建立在食品冷冻工艺学的基础上，以制冷技术为手段，使易腐败食品从生产者到消费者之间的所有环节，即从原料供应、生产、冷加工、冷藏、运输和销售流通的整个过程中，始终保持合适的低温条件，以保证食品的质量，减少食品损耗的一个技术体系。这种连续的低温环节称为冷藏链。

冷藏链各个环节中的主要设备有原料前处理设备、冷库（含制冷系统、预冷和速冻设备）、冷藏运输设备、销售冷冻冷藏柜、家用电冰箱（冷柜）等。其中冷库是食品冷藏链中最重要的组成部分。食品冷藏链的基本组成如图0-1所示。

食品安全问题是关系国计民生的重大问题，是当今世界食品生产与供给中最重要的问

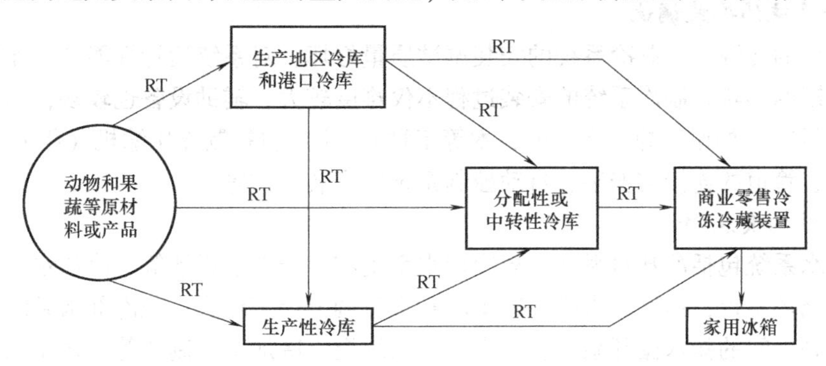

图0-1　食品冷藏链的基本组成（RT：冷藏运输）

题。完善食品冷藏链是确保食品安全的有效途径，而冷库安全运行则是完善食品冷藏链的关键。

三、国内冷库的现状及发展趋势

国内冷库的单库规模现状为：大型冷库的每座容量为10000t以上，小型冷库为100t左右。其中，大中型冷库以多层建筑为主，小型冷库为单层建筑。国内各类冷库不论规模大小或功能如何，以往大多按土建工程的模式建造，而发达国家于20世纪70年代初就以预制装配式冷库部分取代了其他方式建造的冷库。

果品、蔬菜类保鲜一般采用温度为0℃左右的高温库，水产、肉类保鲜一般采用温度在-20℃以下的低温库。国内储藏冷库大多数为高温库，大型冷库一般采用以氨为制冷剂的集中式制冷系统，冷却设备多为排管，系统复杂；小型冷库一般采用以氟利昂为制冷剂的分散式或集中式制冷系统，冷却设备多为冷风机，系统稍简单。

目前，国内冷库建设发展迅速，主要分布在各果蔬主产区，以及沿海大中城市，果品恒温气调库和低温库所占比例有所增加。聚苯乙烯和聚氨酯隔热板生产已形成规模产业，隔热材料也逐渐由软木、稻壳、聚苯乙烯，向性能更好的聚氨酯发展。部分中小型冷库，特别是小型冷库都倾向于采用装配式结构，其优点是施工周期短，安装调试方便。随着冷库的规模和容量迅速增长，大力推广、应用制冷节能环保技术，已成为冷库发展的必然趋势。另外，建库的技术上也趋于现代化，如土建结构的预制装配化、堆垛运输的机械化及管理控制的自动化，将计算机与自动化技术广泛地应用于整个制冷系统的自动控制中，实现制冷系统运行的最优化控制。

国内冷库在近几年得到了较大的发展，但与国外发达国家相比，无论在设备上，还是在技术水平上，还存在一定差距。

四、冷库系统安装调试的主要内容

1. 冷库库体的安装

一般来说，土建式冷库库体结构的施工应由具有相应资质的专业建筑工程队伍来完成。因此，冷库库体的安装一般是指装配式冷库的平面布置及其库体的安装。冷库平面布置分室内型和室外型两种；库体的安装包括检查安装平面、底板安装、墙身板安装、顶棚安装、板缝密封和库门安装等内容。

2. 制冷系统的安装调试

冷库系统的冷源——制冷系统的安装调试质量好坏，对系统运行性能和操作维修是否方便，具有长期的影响。制冷系统的安装过程不仅难度较大，辅助设备也较多，而且涉及的技术、工种面很广（如钳、焊、水、电、木等工种），主要包括制冷压缩机（组）和辅助设备的安装调试、管道的连接与安装、自动控制系统的安装调试等。

3. 水系统的安装调试

冷库的水系统包括冷却水系统、载冷剂水系统和生产性水系统等。冷却水系统是指冷凝器冷却水的循环系统，由冷却水泵、冷却塔和水量调节阀等组成；载冷剂水系统是把蒸发器的冷量输送到冷间的盐水循环系统；生产性水系统提供冷加工、制冰等工艺用水。冷库水系统安装调试内容包括冷却塔及各类水泵的安装调试、水管的连接与安装、冷却塔及水系统的压力试验等。

4. 冷风机系统的安装调试

冷风机广泛用于冷库中的冷却间、冷藏间及冻结间等场合，其结构包括空气冷却器和通风机两部分。另外，气调库的通风换气、氧和二氧化碳气体含量的控制，需要通过换气风机的运转来实现。冷风机系统安装调试内容包括冷风机、换气风机的安装调试，风管局部构件的制作与连接，风管系统的布置与安装调试等。

5. 冷库系统的试运转

冷库系统的设备及管道安装完毕后，需要进行试运转。只有试运转达到规定的要求后，方可交付验收和使用。

机器设备单机试运转，包括制冷压缩机（组）的试运转、风机试运转、水泵试运转和冷却塔的试运转等。其中，制冷压缩机（组）在试运转之前，必须对制冷系统进行吹污和气密性试验。一般来说，气密性试验分为压力试漏、抽真空试漏和充注制冷剂检漏三个阶段。只有经气密性试验，并检验合格后，方可进行制冷压缩机（组）的试运转。

各单体机器设备试运转全部合格后，可对整个冷库系统（含制冷系统、水系统及冷风机系统）进行联合试运转，以检验冷库系统的设计、设备选型是否合理，安装的工程质量是否达到要求；检查各机器、电器设备的性能是否稳定，动作是否准确、协调，各保护装置是否安全可靠；检查冷库冷间的温度、湿度及气流速度等参数是否能满足生产工艺的要求等。

6. 制冷系统设备和管道的防腐与隔热

制冷系统的设备和管道经检验合格后，应按规定进行涂装和防腐。在制冷系统中，处于低压侧的设备和管道，其表面温度一般均低于周围空气环境温度。为了防止冷量散失，凡是输送和储存低温流体的设备和管道，都应敷设一定厚度的隔热保温层。

冷库系统一次性投资较大，包含的设备品种多，管线长，自动化程度高。为了保证工程质量，冷库的安装调试工作应由专业技术人员严格按照相应的规范和标准及设计要求来进行。

五、冷库系统运行维护的主要内容

1. 制冷压缩机（组）的操作和制冷系统的运行调节

冷库系统投入运行后，能否确保系统安全、经济地运行，与制冷压缩机（组）的操作和制冷系统的运行调节水平，有着密切的关系。运行操作人员除应了解机器设备的结构组成、工作原理等相关知识外，还应全面掌握制冷压缩机（组）操作和制冷系统运行调节的方法。只有正确的运行操作，才能确保系统稳定、安全有效地运行，延长机器设备的使用寿命；只有合理调整系统运行参数，才能提高系统的运行效率，节能降耗，降低运行费用，提高系统运行的经济性。

2. 制冷系统的维护保养

除了正确的运行操作外，冷库系统能否处于完好的运转状态，还取决于合理的维护保养，其内容包括日常维护和定期检修两个方面。日常维护指系统及设备运行过程中的正常操作和保养，例如，制冷系统的放空气、放油操作，压缩机的加油和蒸发器的除霜操作等。定期检修是指有计划、有步骤地对设备进行预防性检查和修理，例如，制冷压缩机的定期拆卸检测、维修和装配等。

3. 制冷系统故障的排除

制冷系统由许多机器设备和附件组成，彼此相互联系、相互影响，加上影响运行工况的因素复杂多变，在系统运行过程中，有时会出现故障，这就要求操作人员能够运用有关知识，对故障现象进行分析、判断，找到产生故障的原因，并及时排除故障，例如，制冷压缩机湿行程的调整操作、冷库降温困难的原因分析及排除等。

4. 安全生产及能耗管理

制冷系统在超过正常压力的条件下运行，压力容器存在爆炸的危险性；系统中的制冷剂（如氨）有毒、易燃、易爆，一旦大量泄漏，将危及人身安全。因此，为了确保制冷系统安全可靠地运行，安全生产管理必须贯穿于冷库安装调试和运行维护的全过程。

在冷库日常运行维护管理的过程中，还应该做好冷库日常运行记录，计算并分析单位冷量耗电量、单位产品耗冷量、单位产品耗电量等指标，及时采取节能降耗措施。同时，注意把新技术、新设备作为提高冷库运行效率、降低运行费用的有效手段，以最大限度地发挥冷库设备的能效。

总之，“冷库的安装与维护”是一门实践性很强的课程，通过本课程的学习，应掌握冷库相关的专业知识和技术，具有一定的冷库安装调试和运行维护的专业技能和职业能力，以适应制冷与空调业快速发展的需要。

模块一 冷库的总体认识

课题一 认识土建式冷库

【知识目标】

1）了解冷库的概念及用途，熟悉冷库的分类和组成。
2）掌握冷库建筑结构的基本特点。
3）熟悉冷库的平面布置需要考虑的几个因素。
4）掌握土建式冷库的建筑结构及其特点。

【能力目标】

1）能识别生产性冷库和分配性冷库的各组成部分。
2）能识读土建式冷库的平面布置图。
3）能识别土建式冷库的建筑结构。

【相关知识】

冷库是用人工制冷的方法让固定的空间达到规定的低温，便于储藏物品的建筑物。冷库主要用作对食品、乳制品、水产、肉类、禽类、果蔬、冷饮、花卉、绿植、茶叶、药品、化工原料、电子仪器仪表等物品的恒温储藏，广泛应用于食品厂、乳品厂、制药厂、化工厂、果蔬仓库、禽蛋仓库、宾馆、酒店、超市、医院、血站、部队、试验室等。

一、冷库的分类

冷库的分类标准有很多，常见的有以结构形式、使用性质、规模大小、制冷设备选用工质、库温要求、使用储藏特点和储藏物品等方式进行分类。

1. 按结构形式分类

冷库可分为土建式冷库、装配式冷库和天然洞体冷库。

土建式冷库的主体结构（库房的支撑柱、梁、楼板、屋顶）和地下荷重结构都采用钢筋混凝土，其围护结构的墙体都采用砖砌而成。传统式冷库中的隔热材料以稻壳、软木等土木结构为主。

装配式冷库的主体结构（柱、梁、屋顶）都采用轻钢结构，其围护结构的墙体使用预制的复合隔热板组装而成。隔热材料常采用硬质聚氨酯泡沫板或硬质聚苯乙烯泡沫板等。此类冷库还可称为组合式冷库、拼装式冷库、装配式活动冷库。

天然洞体冷库主要存在于西北地区，以天然洞体为库房，以岩石、黄土等作为天然隔热材料，因此具有因地制宜、就地取材、施工简单、造价低廉、坚固耐用等优点。

2. 按使用性质分类

冷库可分为生产性冷库、分配性冷库和零售性冷库。

生产性冷库主要建在食品产地附近、货源较集中的地区和渔业基地，通常作为鱼类加工厂、肉类联合加工厂、禽蛋加工厂、乳品加工厂、蔬菜加工厂等企业的一个重要组成部分。这类冷库配有相应的屠宰车间、理鱼间、整理间，具备较大的冷却、冻结能力和一定的冷藏容量，食品在此进行冷加工后经过短期储存即运往销售地区，直接出口或运至分配性冷库作较长时期的储藏。

分配性冷库主要建在大中城市、人口较多的工矿区和水陆交通枢纽一带，专门储藏经过冷加工的食品，以供调节淡旺季节、保证市场供应、提供外贸出口和作长期储备之用。它的特点是冷藏容量大并考虑多品种食品的储藏，其冻结能力较小，仅用于长距离调入冻结食品在运输过程中软化部分的再冻结及当地小批量生鲜食品的冻结。

零售性冷库一般建在工矿企业或城市的大型副食品店、农贸市场内，供临时储存零售食品之用。其特点是库容量小、储存期短，其库温则随使用要求不同而异。在库体结构上，大多采用装配式冷库。

3. 按规模大小分类

冷库可分为大型冷库、中型冷库和小型冷库。不同规模冷库的冷藏能力见表1-1。

表1-1 不同规模冷库的冷藏能力

冷库规模	冷藏容量/t	冻结能力/(t/d)①	
		生产性冷库	分配性冷库
大型冷库	10000以上	120～160	40～80
中型冷库	1000～10000	40～120	20～40
小型冷库	1000以下	40以下	20以下

① d为时间单位天的符号。

4. 按制冷设备选用工质分类

冷库可分为氨冷库和氟利昂冷库。

氨冷库制冷系统使用氨作为制冷剂，氟利昂冷库制冷系统使用氟利昂作为制冷剂。

5. 按库温要求分类

冷库可分为冷却库、冻结库和冷藏库。

冷却库的库温一般控制在不低于食品汁液的冻结温度，用于果蔬之类食品的储藏。冷却库或冷却间的保持温度通常在0℃左右，并以冷风机进行吹风冷却。

冻结库的库温一般在−30～−20℃，通过冷风机或专用冻结装置来实现对肉类食品的冻结。超低温冷库的库温≤−30℃，主要用来速冻食品及工业试验、医疗等特殊用途。

冷藏库即冷却或冻结后食品的储藏库。它把不同温度的冷却食品或冻结食品分别在不同温度的冷藏间内作短期或长期的储存。通常冷却食品的冷藏间库温保持为2～4℃，主要用于储存果蔬和鲜蛋等食品的冷库又称高温库；冻结食品的冷藏间库温保持为−25～−18℃，用于储存肉、鱼等食品的冷库又称低温库。

6. 按使用储藏特点分类

冷库可分为超市冷库、恒温冷库和气调冷库。

超市冷库是用来储藏零售食品的小型冷库。恒温冷库是对储藏物品的温度、湿度有精确要求的冷库，包括恒温恒湿冷库。气调冷库是目前国内外较为先进的果蔬保鲜冷库，它既能调节库内的温度、湿度，又能控制库内的氧气、二氧化碳等气体的含量，使库内果蔬处于休眠状态，出库后仍保持原有品质。

7. 按储藏物品分类

冷库可分为药品冷库、食品冷库、水果冷库、蔬菜冷库、茶叶冷库等。

二、冷库的组成

大中型冷库是一个建筑群，主要由建筑主体（主库）、制冷压缩机房及设备间、其他生产设施和附属建筑组成。土建式冷库的外形如图1-1和图1-2所示。

图1-1　某冷藏物流冷库

图1-2　某肉鸡加工冷库

1. 主库

主库主要由冷却间、冻结间、冷藏间、气调间、制冰间等库房组成。

冷却间是用来对食品进行冷却加工的库房，其室温为-2~0℃。达到冷却温度要求的食品称为冷却物，可转入冷却物冷藏间，例如水果、蔬菜、鲜蛋在冷藏前的保鲜，牲畜屠宰后胴体的冷却保鲜（中心温度0~4℃）等。鸡肉冷加工冷却间如图1-3所示。

冻结间是借助冷风机或专用冻结装置用以冻结食品的冷间，其室温为-30~-23℃。对于需长期储藏的食品，需要将其由常温或冷却状态迅速降至-18~-15℃的冻结状态，达到冻结终温的食品称为冻结物。肉类速冻间如图1-4所示。

冷却物冷藏间又称高温冷藏间，室温为-2~4℃，相对湿度85%~95%，因储藏食品的不同而异。它主要用于储藏经过冷却的鲜蛋、果蔬等。高温库如图1-5所示。

冻结物冷藏间又称低温冷藏间，室温在-25~-18℃，相对湿度95%~98%，用于较长期的储藏冻结食品，如冷冻肉、鸡翅、鱼等。低温库如图1-6所示。

图 1-3　鸡肉冷加工冷却间（螺旋预冷间）

图 1-4　肉类速冻间

图 1-5　高温库

图 1-6　低温库

气调间采用降温、控制气体成分的果蔬储藏，简称“CA”储藏，其作用是抑制果蔬呼吸作用，延缓衰老速度，延长果蔬的储藏期。一般情况下，气调间相关气体成分控制如下：氧气为2%～5%（质量分数）；二氧化碳为0%～4%（质量分数）。正在建设中的大型蔬菜储存冷库如图1-7所示。

制冰间通常采用盐水制冰，生产工业冰块。制冰设备如图1-8所示。

图 1-7　正在建设中的大型蔬菜储存冷库

图 1-8　制冰设备

2. 制冷压缩机房及设备间

制冷压缩机房是冷库主要的动力车间，安装有制冷压缩机、中间冷却器、调节站、仪表屏及配用设备等。目前大多将制冷压缩机房设置在主库附近，且单独建造，一般采用单层建筑。对于单层冷库，也有在每个库房外分设制冷机组，采用分散供冷的方法，而不设置集中供冷的制冷压缩机房。冷库机房如图1-9所示。

设备间安装有壳管卧式冷凝器、储氨器、气液分离器、循环储液器、氨泵等制冷设备，其位置紧靠制冷压缩机房。在小型冷库中，因机器设备不多，制冷压缩机房与设备间可合为一间，水泵房也包括在设备间内。冷库设备间如图 1-10 所示。

图 1-9　冷库机房

图 1-10　冷库设备间

3. 生产加工车间

生产加工车间包括屠宰车间（宰猪、牛、羊、鸡、鸭等）、整理车间（整理水产、果蔬等）、加工车间（加工食用油、腌腊肉、熟食、副产品、肠衣、药品等）。鸡肉冷加工车间如图 1-11 所示。

4. 其他设施

其他设施有修理间、化验室、冷却水塔、水泵房、一般仓库、铁路专用线等。低温库穿堂如图 1-12 所示。

图 1-11　鸡肉冷加工车间

图 1-12　低温库穿堂

三、冷库建筑的特点

冷库建筑不同于一般的工业与民用建筑，由于其特殊的低温储藏用途，冷库建筑不但要保证库内的低温环境，还必须解决围护结构隔热、防潮问题，对于某些特殊冷库，如气调库更要解决气密性问题。另外，冷库所处的环境温度、湿度都是变化的，而库内环境却要求恒定，所以建筑设计与建造时也需要解决冷库库体始终存在冷热交替变化的问题。

1. 冷库既是仓库又是工厂

冷库是仓库，因此要求货物运输方便、快捷；冷库又是工厂，且以低温生产为主，所以冷库的建筑结构体必须能满足低温生产工艺的要求。

2. 隔热和防冷桥

冷库隔热对维持库内温度的稳定，降低冷库热负荷，节约能耗及保证食品冷藏储存质量有着重要作用，所以冷库墙体、地板、屋盖及楼板均应作隔热处理。此外，冷库还应有一定的强度，其楼板和地坪应有较大的承载能力。隔热层内应避免产生“冷桥”，且要具有持久的隔热效能。冷库隔热层内壁设有保护层，以防装卸作业时损坏隔热材料。

3. 防潮隔气

由于冷库内外空气温差较大，必然形成与温度差相应的水蒸气分压力差，进而形成水蒸气从分压力较高的高温侧通过围护结构向分压力较低的冷库内渗透。当水蒸气进入围护结构内部，到达低于空气露点温度的某温区时，水蒸气即凝结为水或冰，造成隔热结构的破坏，隔热性能的下降。因此，在冷库结构两侧，当设计使用温差等于或大于5℃时，应采取防潮隔气措施，或者在温度较高的一侧设置防潮隔气层。

4. 门、窗、洞

为了减少库内外温度和湿度变化的影响，冷库库房一般不开窗。孔洞尽量少开，生产工艺、水、电等设备管道尽量集中使用孔洞。库门是库房货物进出的必要通道，但也是库内外空气热湿交换量最显著的地方。由于热湿交换，门的周围会产生凝结水及冰霜，经过多次冻融交替作用，将使门附近的建筑结构材料受破坏。所以在满足正常使用的情况下，门的数量也应尽量少。同时，在门的周围应采取措施，如加设空气幕、电热丝等。

5. 减少热辐射

为减少太阳辐射热的影响，冷库表面的颜色要浅，表面应光滑平整，尽量避免大面积日晒。层顶可采取相应措施，如架设通风层来减少太阳辐射热直接通过屋面传入库内影响库温。

6. 地坪防冻胀

土建冷库建筑在地面上，由于地基深处与地表的温度梯度而形成热流，将造成地下水蒸气向冷库基础渗透。当冷库地坪温度降到0℃以下时，则会导致地坪冻胀，毁坏冷库地坪。冷库地坪要采取防冻胀处理措施，其方法有地坪架空、地坪隔热层下部埋设通风管道或对地坪预热等。

【任务实施】

本课题的任务是通过进一步认识100t食品分配性冷库（简称甲库）和100t外贸生产性冷库（简称乙库），识别生产性冷库和分配性冷库的各组成部分，识读土建式冷库的平面布置图，识读土建式冷库的建筑结构。土建式冷库的认识流程图如图1-13所示。

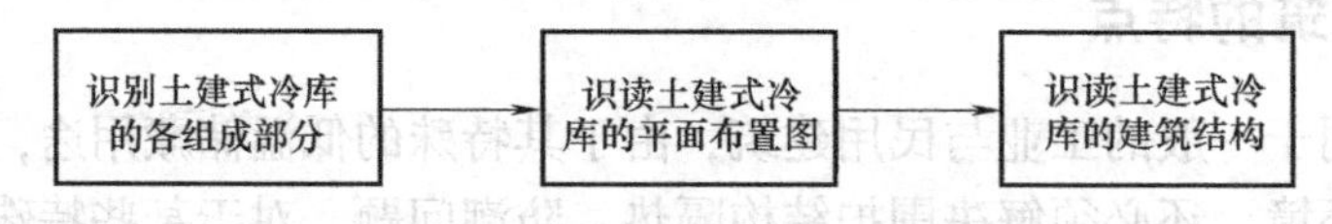

图1-13　土建式冷库的认识流程图

一、识别土建式冷库的各组成部分

甲库是分配性冷库，由冻结间、冷却物冷藏间（高温库）、冻结物冷藏间（低温库）、机房、公路站台等组成，其平面布置图如图1-14所示。乙库是以冷加工某种食品为主的生产性冷库，由冻结间、冻结物冷藏间（低温库）副品冷藏间、包装间、机房等组成，其平面布置图如图1-15所示。

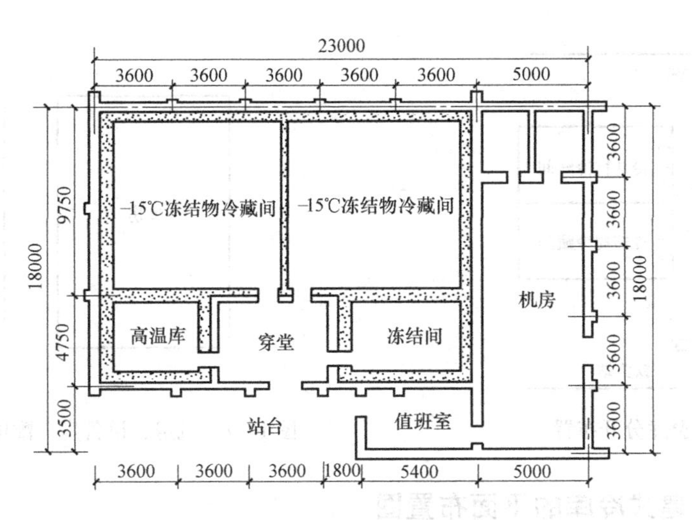

图 1-14 甲库的平面布置图

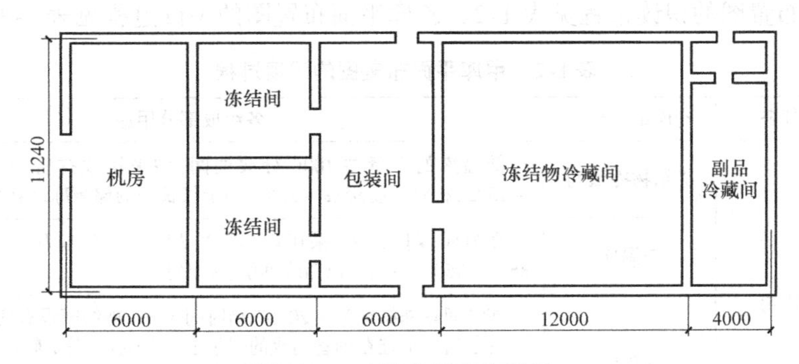

图 1-15 乙库的平面布置图

冷库平面布置的好坏，将直接影响冷库投入使用后的便利性、经济性以及使用寿命问题。因此，要综合考虑各方面的影响因素，分析冷库功能，依据严格的生产工艺流程进行库房的合理布置，尽量减少非生产性建筑面积，提高建筑的利用率，降低建筑造价，减少投资。对于冷库的平面布置需要考虑以下几个方面。

1. 库房组合应符合生产工艺流程

送入冷库冷加工并储藏的食品都有一个合理的生产工艺流程，因此，应根据生产工艺流程合理布置库房，尽量缩短货流路线，降低生产成本。

2. 库房组合应处理好高低温库组合的问题

不同库温库房的墙体结构、热胀性以及墙面的凝水、结霜性都相差很大，高低温库应分开布置，如图 1-16 所示。这种分开布置的方式是将高温库和低温库分为两个独立的建筑体，这样就容易处理建筑的热工问题，并且有利于库房的专业化和自动化管理。对于多层的冷库，一般考虑在不同的楼层设置高低温库，但要做好楼层和地坪的隔热和防冻胀处理。

3. 机房、设备房、配电间与库房的平面组合

机房、设备房、配电间一般为毗邻设计，另外，考虑到制冷系统管理和控制系统电路的布置，一般要求机房、设备房、配电间与库房要靠近，但考虑到安全、光照、通风等问题，机房、设备房、配电间一般都单独建筑，如图 1-17 所示。

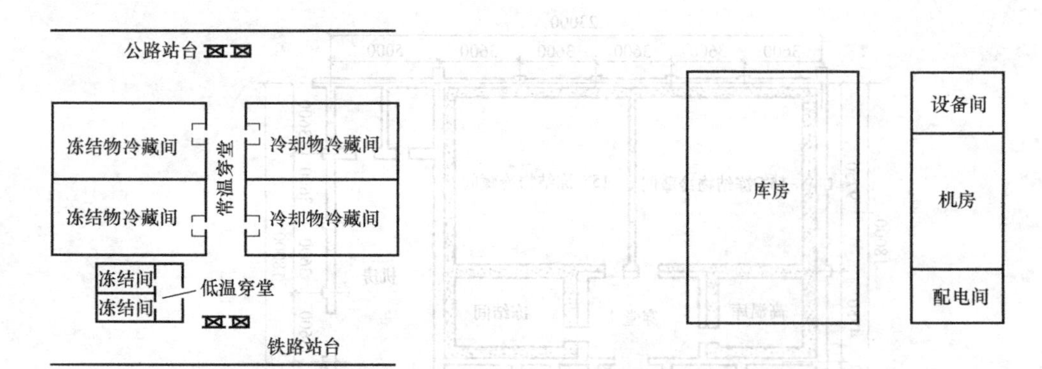

图 1-16　高低温库分开布置　　　　图 1-17　机房、设备房、配电间与库房组合

二、识读土建式冷库的平面布置图

甲库平面布置图的识读过程见表 1-2，乙库平面布置图的识读过程见表 1-3。

表 1-2　甲库平面布置图的识读过程

序号	识读任务	冷库组成部分	各组成部分用途
1	识读库房	冻结物冷藏间	低温库的容量共 100t，分成两间，均采用顶排管冷却方式，室温为 -15℃，相对湿度 95% ~98%，用于较长期的储藏冻结食品
2		高温库	高温库容量为 8t，采用墙排管冷却方式，室温为 0 ~ 5℃，相对湿度 85% ~95%，专门用以储藏鲜蛋、水果等
3		冻结间	冻结间总冻结量为 3.20t，冻结时间 30h。冻结间设有两种冻结方式，对于白条肉可吊挂在钢管制成的架子上（每米挂 5 片）冻结，一次可冻 2t；而对于禽类、产品等一些小型食品，又可装盘（每盘 20kg）后放在搁架排管上冻结，一次冻结量为 1.20t
4		常温穿堂	食品进出的通道，并起到沟通各冷间、便于装卸周转的作用
5	识读制冷压缩机房	机房	冷库主要的动力车间，安装有制冷压缩机、中间冷却器、调节站、仪表屏及配用设备等
6	识读站台	站台	装卸冷藏物品的场所
7	识读值班室	值班室	冷库值班人员的办公室

表 1-3　乙库平面布置图的识读过程

序号	识读任务	冷库组成部分	各组成部分用途
1	识读库房	冻结物冷藏间	低温库一间，库容量为 100t，采用冷风机冷却方式，室温为 -18℃，相对湿度 95% ~98%，用于较长期的储藏冻结禽类食品
2		副食品冷藏间	高温库容量为 30t，室温为 -2 ~ 4℃，相对湿度 85% ~95%，专门用于储藏鲜蛋、水果等副食品
3		冻结间	冻结间 2 间，库温为 -25℃，总冻结能力为 8t，冻结时间 24h。因储藏的出口食品均有包装，所以采用冷风机冷却方式对食品干耗的影响不大
4		包装间	禽类产品冻结前进行清洗、分类、整理、装盘、称重、包装等工序的场所，以保障产品质量
5	识读制冷压缩机房	机房	冷库主要的动力车间，安装有制冷压缩机、中间冷却器、调节站、仪表屏及配用设备等

三、识别土建式冷库的建筑结构

土建式冷库库房的库体结构主要由屋盖、墙体、梁、柱、楼板、基础和地坪组成。屋盖和墙体是围护结构，除承受外界风雨侵袭外，还要起到隔热、防潮作用。梁、柱、楼板、基础和地坪是承重结构，主要用于支承冷库的自重及承受货物和装卸设备的质量，并把所有承重传给地基。土建式冷库的建筑结构如图 1-18 所示。土建式冷库的建筑结构识读过程见表 1-4。

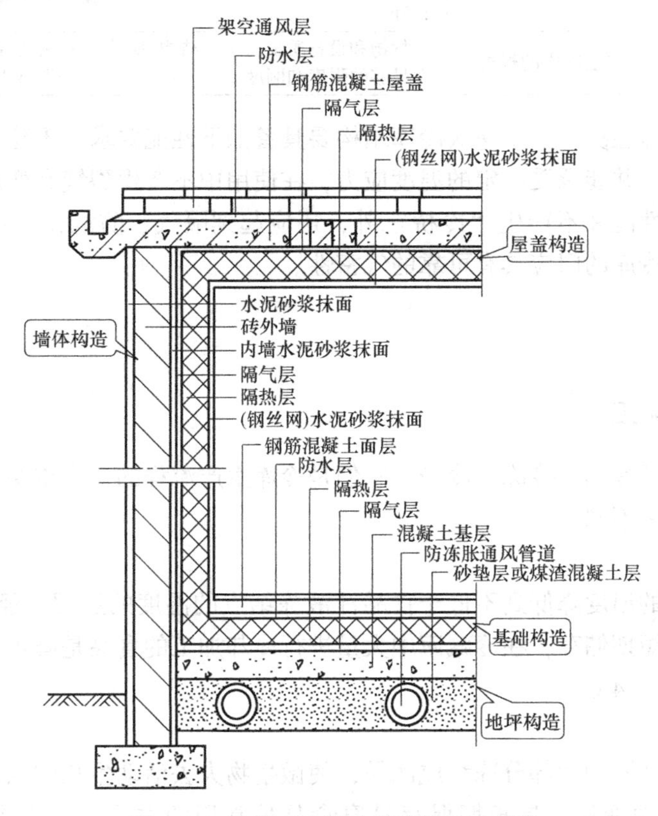

图 1-18　土建式冷库的建筑结构示意图

表 1-4　土建式冷库的建筑结构识读过程

序号	识读任务	建筑构成	结构功能	备　注
1	识读冷库地坪与基础	地坪	承受全部载荷的土层,应有较大的承载能力、足够的强度	地坪上面是基础,基础上面还有防水层、隔热层、隔气层,应具有足够的抗潮湿、防冻胀能力。一般土建式冷库采用柱基础的较多
2		基础	直接承受冷库建筑自重并将冷库载荷均匀地传到地坪上,以免冷库建筑产生不均匀沉降、裂缝	
3	识读冷库的柱和梁	柱	冷库的主要承重物件之一。土建式冷库均采用钢筋混凝土柱,柱网跨度大。为施工方便和敷设隔热材料,冷库柱子的断面均取方形	一般冷库柱子的纵横间距多为 6m×6m,大型冷库为 16m×16m 或 18m×6m
4		梁	冷库重要的承重物件,有楼板梁、基础梁、圈梁和过梁等形式	冷库梁可以预制或现场用钢筋水泥浇制

（续）

序号	识读任务	建筑构成	结构功能	备注
5	识读冷库墙体	围护墙体、防潮隔热层、隔热层和内保护层	可以有效地隔绝外界风雨的侵袭和外界温度变化对库内的影响，以及太阳的热辐射，并有良好的防潮隔热作用	围护外墙一般采用砖墙，其厚度为240～370mm，其外墙两面均以1:2（质量比）水泥砂浆抹面。外墙内侧依次敷设防潮隔气层、隔热层及内保护层
6	识读冷库屋盖、楼板	屋盖	满足防水、防火、防霜冻、隔热和密封牢固的要求，同时屋面应排水良好	主要由防水护面层、承重结构层和防潮隔热层等组成
7		多层冷库的楼板	货物和设备质量的承载结构，应有足够的强度和刚度	楼板可采用预制板，但以现场钢筋混凝土浇制为多

冷库建筑的特殊性决定了土建式冷库结构要具备如下性能要求：土建式冷库的结构应有较大的强度和刚度，并能承受一定的温度应力，在使用中不产生裂缝和变形；冷库的隔热层除具有良好的隔热性能并不产生“冷桥”外，还应起到隔气、防潮作用；冷库的地坪通常应作防冻胀处理；冷库的门应具有可靠的气密性。

【拓展知识】

一、食品冷加工

食品冷加工包括冷却、冷冻、冷藏，它们是冷库生产流程的几个重要环节，不同类型的食品，其冷加工工艺不同。

1. 食品的冷却

冷却是将食品的温度降低到不低于食品汁液冻结点的温度的过程。经过冷却的肉、鱼、禽等食品，只能作短期储存，在冷藏库中大量进行冷却加工的食品是鲜蛋和果蔬。一般冷却食品的温度为－4～＋4℃。

2. 食品的冻结

冻结是使食品汁液的大部分冻结成冰晶，使微生物失去活动生长的条件甚至死亡，因而使食品长期不易腐败变质，是长期保存易腐食品最常用的方法。一般冷却食品的温度为－18～－15℃。

3. 食品的冷藏

冷藏是在特定的库房温度和相对湿度条件下，将食品作不同期限的储存，分为高温冷藏（－2～＋4℃）和低温冷藏（－25～－18℃）。食品冷藏的基本要求是最大限度地保持食品的品质，减少食品在冷藏期中的干耗。部分常见食品冷藏要求见表1-5。

表1-5　部分常见食品冷藏要求

食品名称	冷藏温度/℃	相对湿度(%)	储藏期	冰冻点/℃	储藏容积/(m^3/t)
苹果	－1～0.5	85～90	2～6月	－2	7.5
香蕉	13.3～14.4	85～95	14天	－1.7	15.6
梨	－0.5～1.5	85～95	1～6月	－2	7.5
葡萄	－0.6～0	85～90	2周	－4	9.4

（续）

食品名称	冷藏温度/℃	相对湿度(%)	储藏期	冰冻点/℃	储藏容积/(m³/t)
洋葱	-1.5	80	3月	-1	9.4
卷心菜	0~1	85~90	1~3月	-0.5	15.6
河鲈、虾	-0.6~1.1	95~100	12天	—	—
冷冻鱼	-28.9~-20	90~95	6~12月	—	—
新鲜猪肉	0~1.1	85~90	3~7天	-2.2	—
冻猪肉	-23.3~-17.8	90~95	4~8月	—	8.2
新鲜家禽	-2.2~0	95~100	1~3周	—	—
冻家禽	-23.3~-17.8	90~95	12月	—	6.2
新鲜羊肉	-2.2~1.1	85~90	3~4周	—	—
冻羊肉	-23.3~-17.8	90~95	8~12月	—	6.2
新鲜牛肉	-2.2~1.1	88~95	1周	—	—
冻牛肉	-23.3~-17.8	90~95	6~12月	—	—
鲜蛋	-1.7~0	80~90	5~6月	-2.2	—
冻蛋	-17.8	—	12月	—	—
散装腊肠	0~1.1	85	1~7天	—	—
烟熏腊肠	0	85	1~3周	—	—
乳油	0~2	75~85	2~4周	—	7.5
糖	7~10	<60	12~36月	0.2	—
米	1.5	65	6月	-1.7	—
啤酒	0~5	—	6月	-2	10.6

注：表中所指的储藏期是指保持该食物新鲜与高品质而言的储藏时间，而不是基于营养成分变化而言的。冷藏温度是指长期储藏的最佳温度，是指食物的温度，而不是空气的温度。相对湿度是指库房内空气的相对湿度。

二、食品冷加工生产流程

送入冷库冷加工并储藏的食品都有一个合理的生产工艺流程，不同类型的食品，其冷加工工艺流程不同。生产性冷库工艺流程如图1-19~图1-21所示，分配性冷库工艺流程如图1-22所示。

1. 禽类冷加工工艺流程（图1-19）

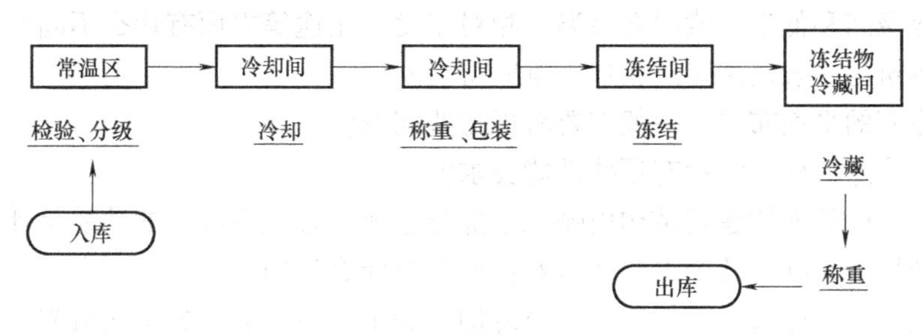

图1-19　禽类冷加工工艺流程

2. 肉类冷加工工艺流程（图1-20）

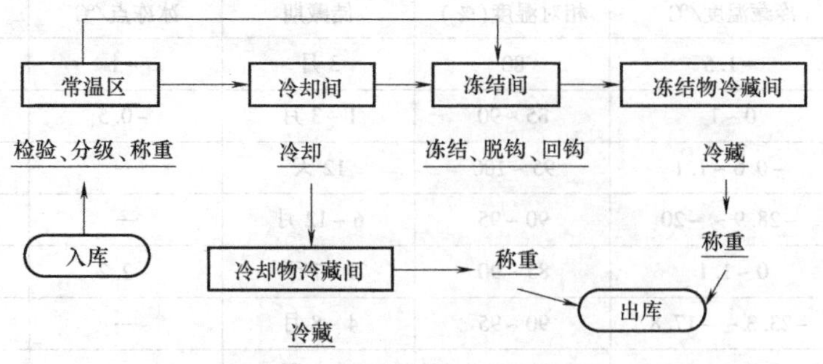

图1-20　肉类冷加工工艺流程

3. 水产品冷加工工艺流程（图1-21）

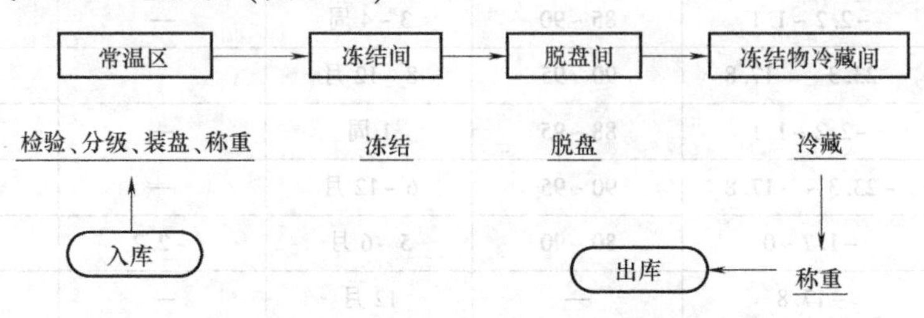

图1-21　水产品冷加工工艺流程

4. 分配性冷库工艺流程（图1-22）

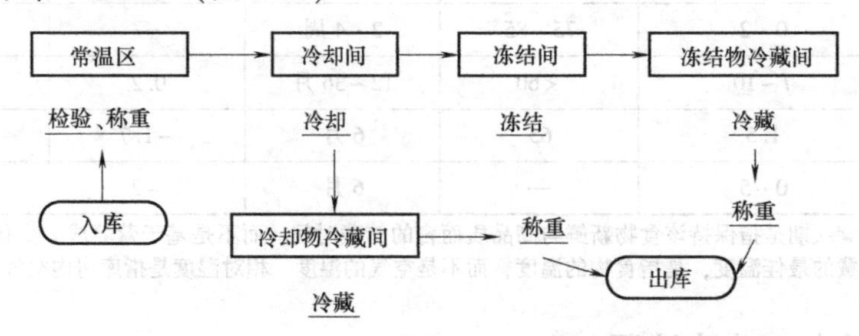

图1-22　分配性冷库工艺流程

【思考与练习】

1. 冷库有哪些分类？
2. 什么是冷却间、冻结间、冷藏间？各有什么用途？
3. 高温冷藏间和低温冷藏间在库温、相对湿度、用途等方面有什么不同？
4. 冷库建筑与一般民用建筑相比有哪些特点？
5. 对于冷库的平面布置，一般需要考虑哪些问题？
6. 土建式冷库的建筑结构有哪些性能要求？
7. 土建式冷库的库体建筑结构由哪几个部分组成？各组成部分的功能是什么？
8. 食品冷加工包括哪几个重要环节？各环节有什么作用？
9. 简述生产性冷库禽类冷加工、肉类冷加工和水产品冷加工的工艺流程。
10. 简述分配性冷库工艺流程。

课题二　认识装配式冷库

【知识目标】

1）了解装配式冷库的特点和用途。
2）熟悉装配式冷库的分类与分级。
3）掌握装配式冷库的组成。

【能力目标】

1）能识别装配式冷库的库体结构。
2）能识别装配式冷库的库板、库门。
3）能识别装配式冷库的制冷设备和冷却设备。
4）能识别装配式冷库的电气系统。

【相关知识】

一、装配式冷库的特点和分类

装配式冷库广泛用于宾馆、饭店、食堂、食品加工、医药科研单位等，作高中低温冷冻加工及冷藏用。其组合系列化，在一定范围内可任意组合各种规格及用途的冷库。该系列冷库具有结构简单、装拆方便、密封性好、施工期短、轻质高强度及造型美观等特点。

1. 按安装场地分类

装配式冷库根据安装场地，可分为室外型和室内型两种。其外形如图 1-23 和图 1-24 所示。

图 1-23　室外装配式冷库

图 1-24　室内装配式冷库

室外装配式冷库容量一般为 500～1000t，为独立建筑结构，具有基础、地坪、站台、机房等设施，库内净高在 3.5m 以上，适用于商业、食品加工业使用。

室内装配式冷库又称组合冷库、拼装式冷库或活动装配冷库，其容量一般为 5～100t，必要时可采用组合装配，容量可达500t以上。这种冷库大多数采用可拆装结构，其库体结构主要由隔热壁板（墙体）、顶板（天井板）、底板、门、支撑板及底座组成，它们是通过特殊结构的子母钩拼装、固定，以保证冷库良好的隔热、气密性。室内装配式冷库安装条件要求不高，地下室、楼上、实验室等都可安装，最适合宾馆、饭店、农贸市场及商业食品流通领域使用。

2. 按承重方式分类

装配式冷库根据结构承重方式，可分为内承重结构、外承重结构和自承重结构三种。

内承重结构的冷库内侧设钢柱、钢梁，利用库内的钢框架支撑隔热板、安装制冷设备，并支撑屋顶防雨棚。外承重结构的冷库外侧设钢柱、钢梁，利用库外的钢框架支撑隔热板、安装制冷设备，并支撑屋顶防雨棚。自承重结构的冷库利用隔热板自身良好的机械强度，构成无框架结构，库体隔热板既用作隔热，又用作结构承重。自承重结构多用于室内型，而室外型大多用外承重结构。

3. 按库房的温度分类

根据库房的温度不同，冷库分为单温库、双温库和多温库，如图1-25和图1-26所示。

图1-25　单温库

图1-26　双温库

二、装配式冷库的分级

根据库内温度控制范围不同，装配式冷库分为L级、D级和J级三级。

L级保鲜库主要用于储藏果蔬、蛋类、药材等保鲜干燥。

D级冷库主要用于储藏肉类、水产品及适合该温度范围的产品。

J级低温库主要用于储藏雪糕、冰淇淋、低温食品及医疗用品等。

室内装配式冷库常用NZL表示，WZL表示室外装配式冷库，其性能参数见表1-6。

表1-6　室内装配式冷库主要性能参数

库级	L级	D级	J级
库温范围/℃	-5～5	-18～-10	-23～-20
公称比容积/(kg/m³)	160～250	160～200	25～35
进货温度/℃	≤32	热货≤32,冷货≤-10	≤32
冻结时间/h		18～24	
库外环境温度/℃		≤32	

（续）

库级	L级	D级	J级
隔热材料的热导率/[W/(m·K)]	≤0.028		
制冷剂	R22,R134a		
电源	三相交流,(380±38)V,50Hz		

注：室内装配式冷库标记示例：NZL-20（D）表示库内公称容积20m³，库内温度为-18～-10℃的D级冷库。

【任务实施】

装配式冷库由库体、库门、制冷机组、冷却设备、电气系统等部分组成。本课题的任务是通过总体认识装配式冷库，识别冷库的库体结构、库板、库门、制冷设备和电气系统。装配式冷库的认识流程图如图1-27所示。

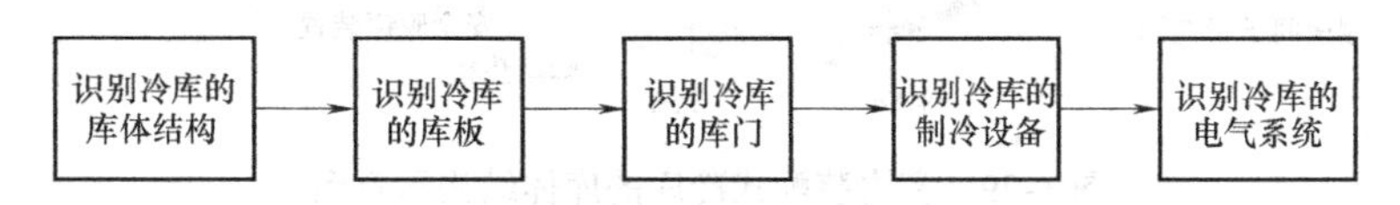

图1-27 装配式冷库的认识流程图

一、识别装配式冷库的库体结构

室外装配式冷库的库体结构如图1-28所示，其库体采用外承重结构，由钢柱、钢梁构成库外的钢框架，库体的地板采取隔热、防冻胀措施。

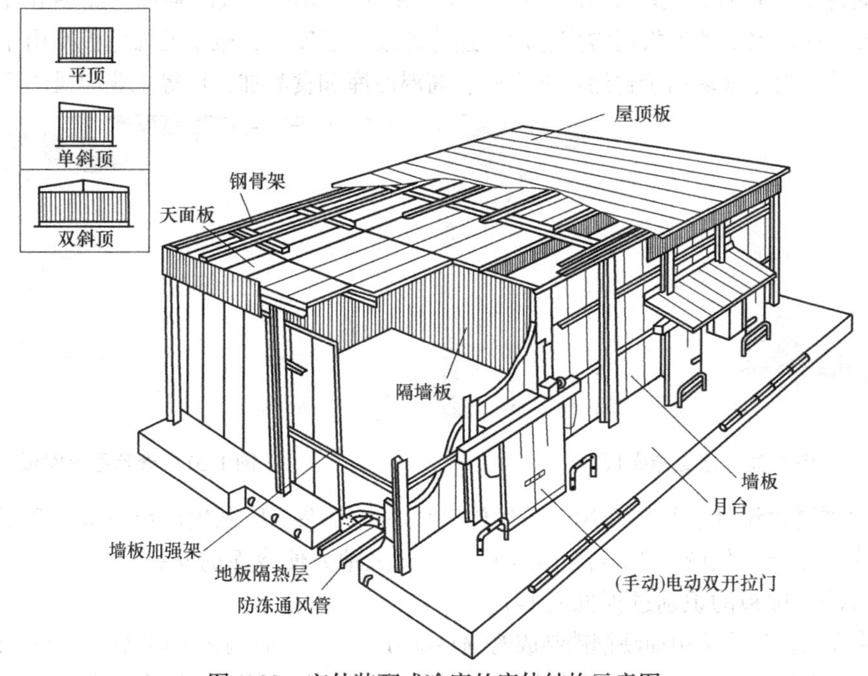

图1-28 室外装配式冷库的库体结构示意图

室内装配式冷库的库体结构如图1-29所示，冷库采用自承重结构，无框架结构，库体由脚踏垫板、底板、壁板和天井板组成，围成单间或多间库房。

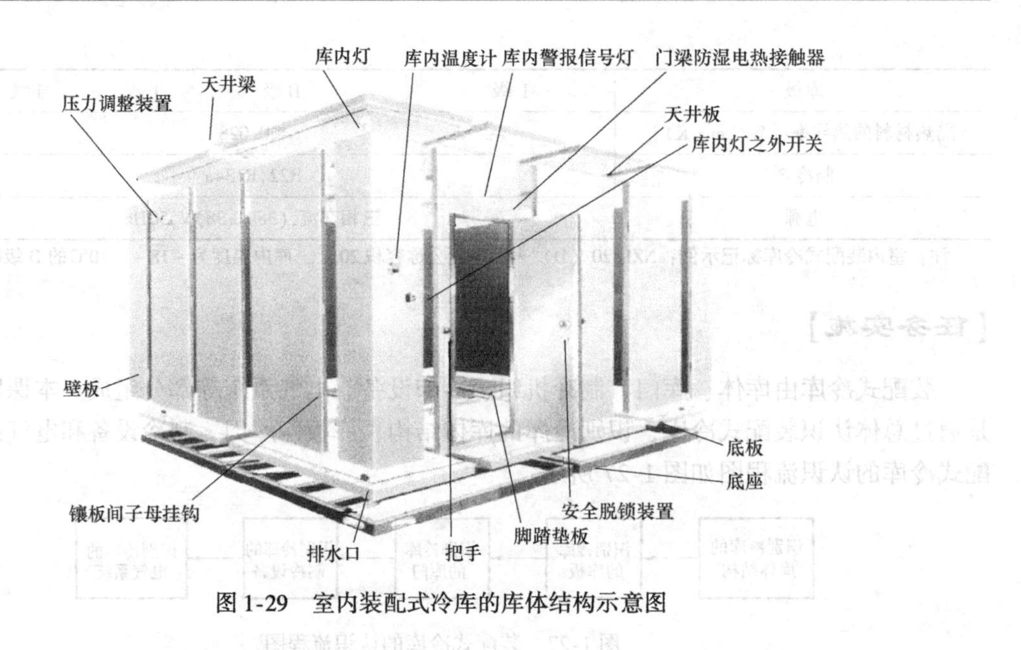

图 1-29　室内装配式冷库的库体结构示意图

二、识别装配式冷库的库板

冷库库板采用夹芯板技术制造，具有结构体系重量轻、强度高、隔热效果好及建造方便等优点，能大大缩短建造周期，降低建造成本。

冷库库板按夹芯保温材料的不同，分为聚氨酯库板（简称 PU 库板，见图 1-30）和聚苯乙烯库板（简称 EPS 库板，见图 1-31）两种类型。由于聚氨酯库板的强度、隔热等性能优于聚苯乙烯库板，所以聚氨酯库板通常多应用于速冻库或低温库上，聚苯乙烯库板则由于隔热性能较好且价格适中而通常多用于普通低温冷库、高温冷库和食品加工厂等工业与民用建筑上。

图 1-30　聚氨酯库板

图 1-31　聚苯乙烯库板

为了达到科学设计、简单实用、节约施工成本的效果，厂家生产出墙板、角板、T 形板等不同形式的库板，如图 1-32 ~ 图 1-34 所示，极大地方便冷库的安装。

装配式冷库库板的识别过程见表 1-7。

所有冷库的库板均采用加硬钢铁制成的偏心拉力锁扣（偏心钩和槽钩钢板）互相扣紧，此拉力锁扣由精确定位的钩形锁臂及一条钢轴组成，确保库体结构更加坚固耐用，如图 1-35 和图1-36 所示。库板接合处为凹凸接口，并有密封胶边（海绵胶带密封），确保库体密封，以防漏冷。偏心拉力锁扣只需两次动作便可完成扣板程序：扣上、转动六角匙锁紧，如图 1-37 所示。

图 1-32　墙板

图 1-33　角板

图 1-34　T 形板

表 1-7　装配式冷库库板的识别过程

序号	识别任务	构　成	特点及应用	备　注
1	识别库板夹芯保温材料	聚氨酯硬质泡沫塑料(PU)	具有质轻(密度可调),比强度大,绝缘和隔音性能优越,电气性能好,加工工艺性好,耐化学药品,吸水率低等特点,主要应用于冷库、冷罐、管道等部门作绝缘保温保冷材料	聚氨酯库板的强度、隔热等性能优于聚苯乙烯库板
2		聚苯乙烯泡沫塑料(EPS)	具有质轻、坚固、吸振、低吸潮、易成形及耐水性良好、绝热性好、价格低等特点,被广泛地应用于包装、保温、防水、隔热、减振等领域	
3	识别库板金属材料	压花铝板、不锈钢板、彩锌钢板、盐化钢板、镀锌钢板	墙板、顶板可采用压花铝板、不锈钢板、彩锌钢板、盐化钢板,标准地台板可采用 1.0mm 镀锌钢板	
4	选择库板厚度(单位:mm)	有 50、75、100、150、200 等规格	分别适用于以下温度:5℃以上、-5℃以上、-25℃以上、-45℃以上、-55℃以上	
5	识别库板的不同形式	库底垫板	库底垫板敷设在校平后的地坪上,主要作用是调整地坪的水平,通风防潮、防腐锈。冷库的底部应有融霜水排泄系统,并附以防冻措施	
6		底板	底板由凸边底板、中底板和凹边底板组成,应有足够的承载能力	
7		墙板	墙板分外墙和库内隔墙两种。外墙由角板、双凸墙板、凸凹墙板、双凹墙板组成。隔墙用于将一个库隔成两个隔间,用于不同的食品储备。角板位于库体的四角处,每个完整的冷库有四个角板。每一面不安装库门的墙上必有一个双凸墙板,其余为凸凹墙板	
8		顶板	顶板的组成与底板相似,由凸边顶板、中顶板和凹边顶板组成。如果装在室外,用户须搭设雨篷,保证库体不受日晒雨淋	

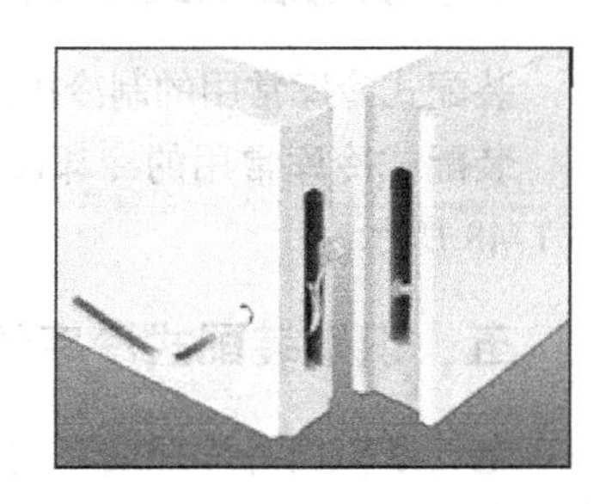

图 1-35　偏心拉力锁扣　图 1-36　装上偏心钩和槽钩钢板的库板　图 1-37　偏心拉力锁扣的安装

三、识别装配式冷库的库门

库门一般由一次性发泡的聚氨酯或聚苯乙烯、金属面板、铰链、门锁、把手和密封条（选用中空高弹橡胶）组成，库门种类有推拉、平移、电动、手动、双开、单开等，如图1-38～图1-41所示。

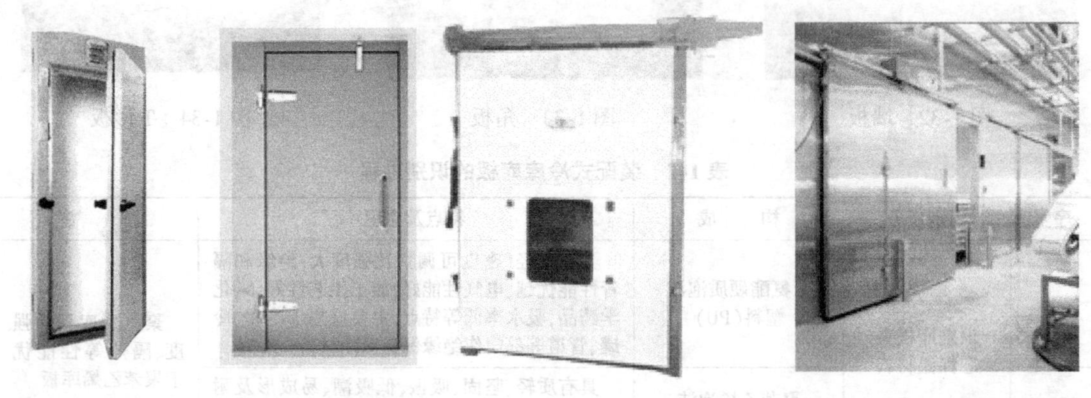

图1-38　手动单开门　图1-39　自由回归门　图1-40　手动平移气调门　图1-41　电动平移冷藏门

库门铰链（图1-42）固定在门框上，冷库门要装锁和把手（图1-43），同时要有安全脱锁装置（图1-44）；低温冷库门门框上要安装电压24V以下的电加热器，以防止冷凝水和结露。库内装防潮灯，测温元件置于库内均匀处，温度显示器装在库体外墙板易观察位置。

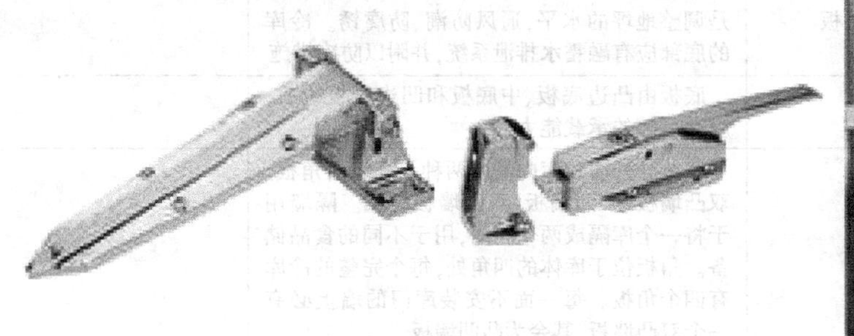

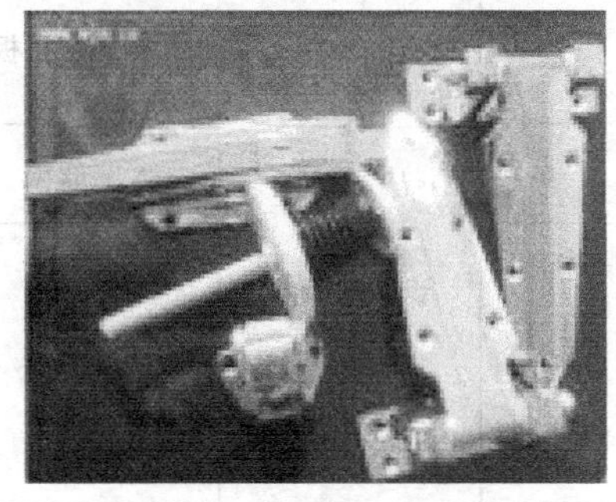

图1-42　库门铰链　图1-43　库门把手　图1-44　库门安全脱锁装置

四、识别装配式冷库的设备

装配式冷库常用的制冷机组有全封闭冷凝机组（图1-45）、半封闭水冷机组（图1-46）。

装配式冷库常用的冷却设备有吊顶式冷风机、排管等，均安装在库房内，如图1-47和图1-48所示。

五、识别装配式冷库的电气系统

电气系统由冷库照明、门防冻加热器、下水防冻加热器、吊顶风机控制和温控系统所组成（其中控制箱、库灯、可缠绕性加热器如图1-49～图1-51所示）。冷库照明是由防潮灯、

图1-45　全封闭冷凝机组

图1-46　半封闭水冷机组

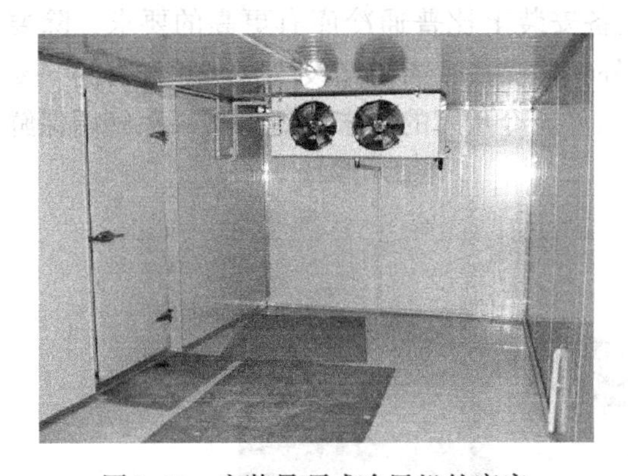

图1-47　安装吊顶式冷风机的库房

图1-48　安装排管的库房

照明开关、交流变压器（220V/36V）所组成。变压器为冷库照明、门防冻加热器、下水防冻加热器提供一个安全、稳定的交流电源（36V）。门防冻加热器的作用是防止库门在低温下与冷库冻在一起无法打开，下水防冻加热器的作用是防止融霜水在下水管道结冻，使融霜水顺利排出。一般情况下，低温组合式冷库易发生冻结现象，应采用防冻加热器，而中温组合式冷库一般不需要。

图1-49　控制箱

图1-50　库灯

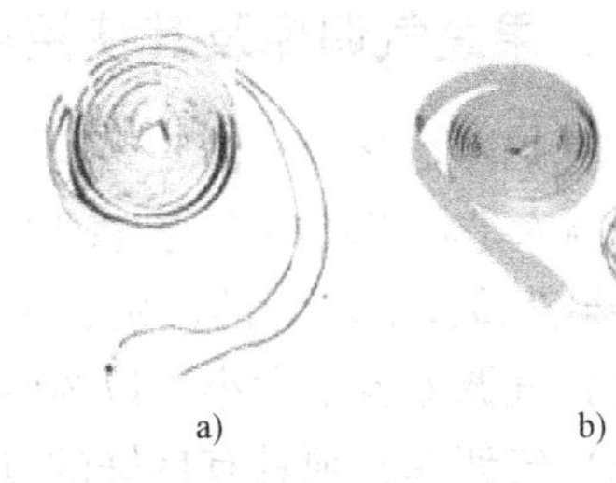

a)　b)

图1-51　可缠绕性加热器

a）玻璃纤维加热带　b）硅橡胶加热带

【拓展知识】

一、气调保鲜库简介

气调储藏简称“CA”储藏，是一种先进的水果、蔬菜保鲜储藏方法。气调储藏实质上是在保鲜基础上增加气体成分调节，通过对储藏环境的温度、湿度，二氧化碳、氧浓度和乙烯浓度等条件进行控制，抑制果蔬呼吸作用，延缓新陈代谢过程，与普通冷藏相比，能更好地保持果蔬的新鲜度和商品性，延长储藏期和销售货架期。

气调储藏能够最大程度地达到果蔬储藏最适宜的条件，其效果如下：

1）抑制呼吸作用，减少有机物质的消耗，保持果蔬的优良风味和芳香气味。

2）抑制水分蒸发，保持果蔬新鲜度。

3）抑制病原菌的滋生、繁殖，控制某些生理病害的发生，降低果实腐烂率。

4）抑制某些后熟酶的活性，抑制乙烯产生，延缓后熟和衰老过程，长期保持果实硬度，有较长的货架期。

5）果蔬在低氧环境中储藏，可抑制霉菌的生长及病虫害产生，避免产生对人体有害的物质。

气调保鲜库（简称气调库）在建筑结构及设备安装上比普通冷库有更高的要求，除要求具有良好的隔热性能外，还要求严格控制库内外气体交换，需要增设气密层和气密门，要求配置系列的气调设备。在储藏保鲜技术方面也比普通冷藏库的要求高。大型果蔬气调保鲜库如图 1-52 所示。

图 1-52 大型果蔬气调保鲜库

二、果蔬气调库及其使用中应注意的几个问题

1. 气调库建筑

气调库是在果蔬冷库的基础上发展起来的，一方面与果蔬冷库有许多相似之处，另一方面又与果蔬冷库有较大的区别，主要表现在：

（1）气调库容量大小　以 30 ~ 100t 为一个开间。

（2）气调库必须具有良好的气密性　因为要在气调库内形成要求的气体成分，并在果蔬储藏期间较长时间地维持设定的指标，减免库内外气体的渗气交换，气调库就必须具有良好的气密性。

（3）气调库的安全性　由于气调库是一种密闭式冷库，当库内温度升降时，其气体压力也随之变化，常使库内外形成气压差。为此，通常在气调库上装置有平衡袋和安全阀，以使压力限制在设计的安全范围内。

（4）气调库一般应建成单层建筑　果蔬在库内运输、堆码和储藏时，地面要承受很大的荷载。较大的气调库的建筑高度一般在 6m 左右。

2. 气调库制冷设备及温度传感器的配置

(1) 制冷系统　气调库的制冷设备大多采用活塞式单级压缩制冷系统，以氟利昂 R22 作制冷剂，库内的冷却方式可以是制冷剂直接蒸发冷却。

(2) 温度传感器的配置　一个设计良好的气调库在运行过程中，可控制库内部实现小于 0.5℃ 的温差，因此配备较精密的温度传感器。

3. 气调库的主要气调设备及辅助设备

(1) 制氮机　目前在气调库上采用的制氮机主要有两种类型，即吸附分离式的碳分子筛制氮机和膜分离式的中空纤维膜制氮机。

(2) 二氧化碳脱除机　二氧化碳脱除机分间断式（通常称的单罐机）和连续式（通常称的双罐机）两种。

(3) 乙烯脱除机　脱除乙烯的方法主要有两种，即高锰酸钾氧化法和高温催化分解法。

(4) 加湿装置　水气混合加湿、超声波加湿和离心雾化加湿是目前气调库中常见的三种加湿方式。

4. 气调库的合理使用

1) 合理有效的利用空间。

2) 快进整出。

3) 良好的空气循环。

三、800t 气调保鲜冷库工程实例

气调保鲜冷库以果蔬气调储藏为目的，其通常是在常规装配式冷库基础上进行气密处理并添设气调设备形成。图 1-53、图 1-54 所示为上海某 800t 气调保鲜冷库的平面图和剖面图。

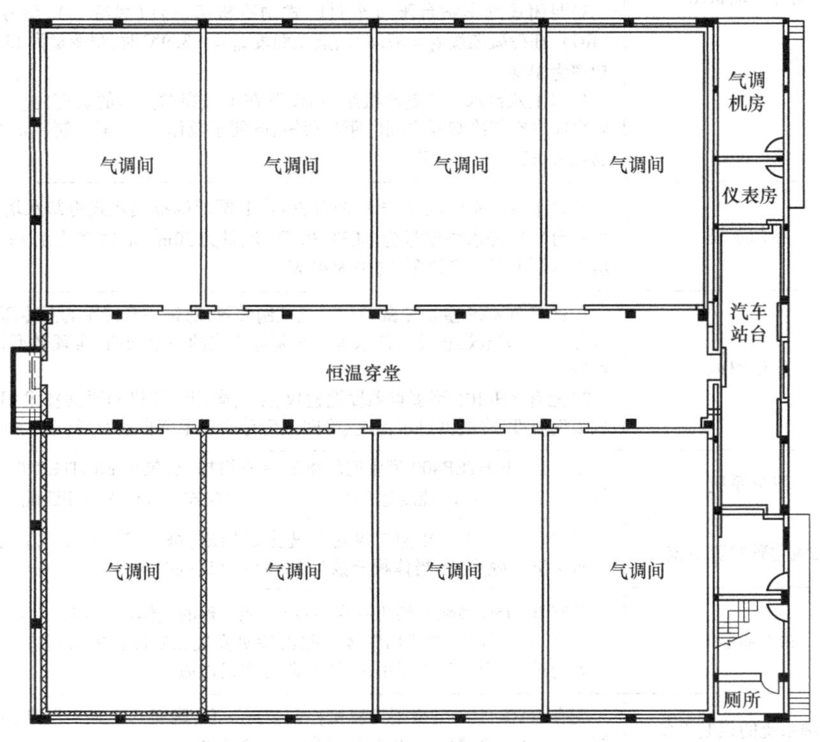

图 1-53　气调保鲜冷库的平面图

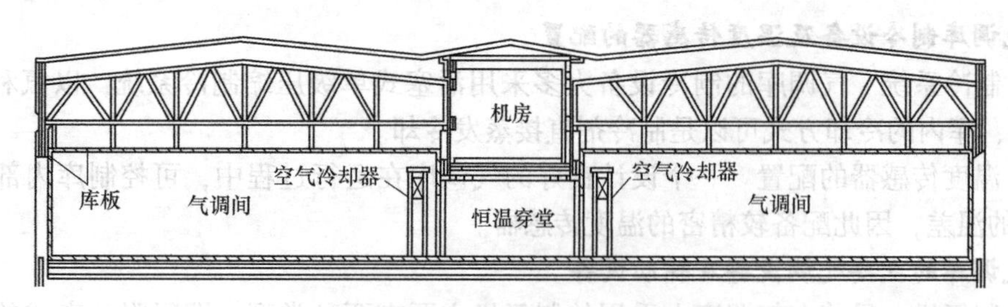

图 1-54　气调保鲜冷库的剖面图

在上海，室外计算干球温度为33℃，室外计算湿球温度为27℃。该冷库蒸发温度及库温设计为：气调保鲜冷库蒸发温度为 -10℃，室温为0～4℃；恒温穿堂及封闭式汽车站台蒸发温度为 -4℃，室温为5～7℃。

该冷库由制冷系统、控制系统和气调系统构成，见表1-8。

表1-8　800t气调保鲜冷库的构成

构成	组　成	功能及配置
制冷系统	供液方式	分散式直接膨胀制冷
	空气冷却器融霜方式	电加热融霜，电热棒功率1～1.5kW，380V
	制冷压缩机组	1)每间气调保鲜冷库配有半封闭式制冷机组一台(水冷式)，型号为3DF-1200(RG)，在冷凝温度 t_k = 37.8℃、蒸发温度 t_0 = -9.4℃时，制冷量为25.7kW，电动机功率为9kW 2)恒温穿堂配有半封闭式制冷机组一台(风冷式)，型号为3DB-1000(RG)，在冷凝温度 t_k = 37.8℃、蒸发温度 t_0 = -3.9℃时，制冷量为27.2kW，电动机功率为7.5kW 3)封闭式汽车站台配有半封闭式制冷机组一台(风冷式)，型号为2DD-0500(RG)，在冷凝温度 t_k = 37.8℃、蒸发温度 t_0 = -3.9℃时，制冷量为13.7kW，电动机功率为3kW 4)以上八台水冷式制冷机组，均设置在恒温穿堂上面的机房内。机组与气调保鲜冷库内空气冷却器之间的距离很短，既便于操作，又可减少制冷剂在管道内的流动阻力，提高制冷效果
	冷却水塔	八台水冷式制冷机组，选用两台30m³/h圆形标准集水式冷却水塔(四台机组合用一台)，冷却水塔型号为BLST-30型，流量为30m³/h，功率为1.1kW。在冷却水塔出水管上配有管道泵，功率为4kW
控制系统	系统组成	1)配有WKXS型制冷微型计算机控制装置，对每一气调库的制冷压缩机组、空气冷却器、融霜电热管及冷却水塔和水泵等组成的一个回路，实现微型计算机全自动控制 2)配有XH-101型多点温度巡检仪，采用微型计算机和通信技术相结合，对压缩机吸气温度、冷凝器进水温度、冷间温度等实现温度自动检测、显示和记录
气调系统	降氧系统	由一套FIGHTER400型中空纤维制氮机组构成，包括FIGHTER400主机一台，制氮量为31m³/h(N_2 纯度达97%)，与一台螺杆式空气压缩机相匹配
	二氧化碳脱除系统	由两台DELTAGEM型二氧化碳洗涤机构成，每台控制八个气调库，轮流进行。二氧化碳的脱除量(当体积分数为2%时)为50kg/24h
	除乙烯系统	配有BS-150型除乙烯机一台，每小时能处理的气体量为150m³，可对八个气调库轮流处理掉所产生的乙烯气体。除乙烯机安置在制冷机的机房内，每个气调库除乙烯的进、出管道从顶棚引出，再与除乙烯机连通
	气调系统的控制设备	配有GAC-1100型微型计算机控制装置一套，附有八个果实温度探头、八个湿度探头、一个16线数字式信号转换器及一台B/W打印机

【思考与练习】

1. 装配式冷库有哪些分类？

2. 装配式冷库如何分级？各级冷库的库温、公称容积、进货温度和冻结时间有什么不同？

3. 简述室外装配式冷库和室内装配式冷库的库体结构。

4. 指出装配式冷库库板的材料特点及如何选择库板的厚度。

5. 装配式冷库的库板有几种不同形式？如何安装？

6. 装配式冷库库门有几个部分组成？有哪些要求？

7. 防冻加热器安装在哪里？有什么作用？

8. 什么是气调储藏？气调储藏有什么作用？

9. 气调库主要有哪些设备？

课题三　认识氟利昂冷库制冷系统

【知识目标】

1）掌握氟利昂冷库制冷系统的特点。

2）掌握氟利昂冷库制冷系统的组成。

3）掌握单机双库制冷系统的工作原理。

【能力目标】

1）能识别氟利昂冷库制冷系统的主要设备、配件及配套设施。

2）能识读冷库制冷系统原理图。

【相关知识】

一、氟利昂冷库制冷系统的特点

氟利昂因毒性小，蒸发温度低及便于自动控制等优点，在冷库中应用较多。由于氟利昂价格昂贵，国内在大中型冷库中使用极少，但在一些小型冷库中采用直接供液方式，以热力膨胀阀与电磁阀配合对制冷剂流量进行调节控制，使制冷系统比较简单，操作方便，所以氟利昂冷库制冷系统在小型冷库中应用广泛。氟利昂有 R12、R22、R502、R123 和 R134a 等型号。

1. 氟利昂的溶油性

R22 能够部分地与矿物油相互溶解，其溶解度随矿物油的种类而变化，随温度的降低而减少。R134a 与传统的矿物油不相溶，但能完全溶解于多元醇酯类合成润滑油。特别是液体氟利昂的溶油性更强，因此可以说系统中凡是有氟利昂的地方就有润滑油。随着氟利昂的流动，润滑油遍及所有设备和管道，系统中的含油量增加。润滑油是高温蒸发的液体，和氟利昂混合后，使氟利昂液体粘度增大，在相同蒸发压力下蒸发温度上升，或在定温下蒸发压力下降。因此，随着蒸发器内润滑油浓度增加，蒸发压力也要随之降低，才能保持给定的蒸发温度不变，结果使得制冷压缩机单位制冷量的功率消耗上升或造成压缩机本身失油等事故。所以，氟利昂制冷系统中的回油问题很关键，应从设备布置、管道配置及供液方式等方面采取相应的措施。

2. 溶水性

氟利昂几乎不溶于水，在蒸发温度低于0℃的制冷系统中，存在的水分将在膨胀阀节流阀孔结冰，使阀孔堵塞，导致停止供液，蒸发器不能制冷。同时由于水的存在，其分解作用会使设备、管道产生腐蚀，这对于铝镁合金尤为明显。因此，在氟利昂制冷系统中膨胀阀前须加装干燥器，以保证膨胀阀正常运行。

3. 供液形式和方式

从供液形式来看，氟利昂制冷系统也有直接膨胀供液、重力供液和液泵供液三种。其中，应用最多的是利用热力膨胀阀控制的直接膨胀供液，其主要原因如下。

1）直接膨胀供液系统比较简单，分离设备少，系统充液量也少，这对于价格昂贵的氟利昂来说是合适的。

2）用热力膨胀阀供液并配有热交换器的氟利昂制冷系统，可自动调节供液量且使回气有较大的过热度，高压液体有较大的过冷度，节流时闪发成气体的机会减少，改善了直接膨胀供液系统中调节供液困难及易湿行程等不足。

氟利昂制冷系统在直接膨胀供液中，首先应满足回油要求，其次才考虑供液均匀的问题，因此，一般都采用有利于系统回油的上进下出式供液方式，并辅以分液器或在配管上采取措施使其均匀供液。

4. 回热循环

回热循环在氟利昂制冷系统中应用普遍，这是因为采用了回热循环后，首先，能使膨胀前的制冷剂具有较大过冷度，膨胀阀前后生成的闪发气体多少与阀前后的温差有关，温差越小，则节流损失也越少，闪发气体也越少。其次，闪发气体多少也影响库温的稳定性，闪发气体多，流经膨胀阀的制冷剂流量时多时少不稳定，阀后分液器内配液也难以均匀，将使蒸发温度不稳定，造成库温的波动。最后，采用热力膨胀阀直接供液的系统中，一般不装气液分离器，在系统负荷变化时，由于膨胀阀调节范围受到限制，容易造成制冷剂液体来不及完全蒸发被压缩机吸入而产生液击。采用回热器后，未蒸发的制冷剂液体在回热器中同液体进行热交换，得到完全蒸发并形成一定的过热度，可避免压缩机的液击。

二、氟利昂冷库制冷系统的组成

氟利昂冷库制冷系统以热力膨胀阀为高低压的分界线，把系统分为高压系统和低压系统。高压系统是指由压缩机排气口、油分离器、冷凝器、储液器、干燥过滤器、热力膨胀阀进液口等组成的系统。低压系统是指由热力膨胀阀出液口、蒸发器、压缩机吸气口所组成的系统。在图1-55所示的氟利昂冷库制冷系统中，被油分离器分离下来的润滑油，经浮球阀自动控制或通过手动阀放回压缩机曲轴箱。干燥过滤器设在蒸发器和回热器之间的液体管道上，也可设在储液器和回热器之间的液体管道上。对于小型制冷装置，为减少制冷剂充注量，也可用冷凝储液器代替冷凝器和储液器。在压缩机停车后，电磁阀用以切断冷分配设备的供液，防止制冷剂液体流入蒸发器等低压系统，避免压缩机起动时发生液击。在小型制冷装置中，为简化系统，也有将供液管与回气管捆在一起的情况，同样能起到热交换器的作用。

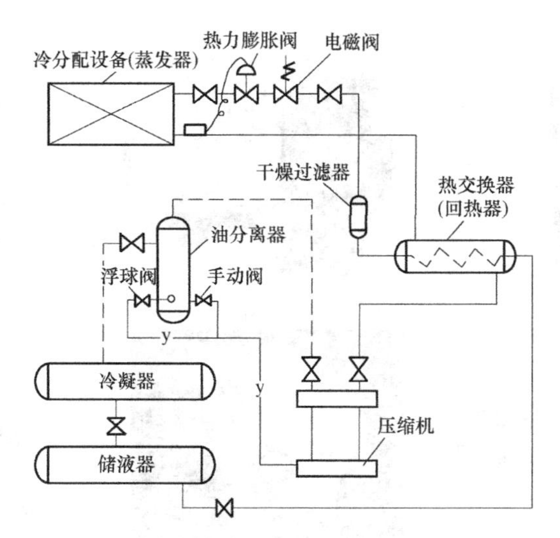

图 1-55　氟利昂冷库制冷系统原理图

【任务实施】

本课题的任务是以小型食品冷库的制冷系统为例，进一步熟悉氟利昂冷库制冷系统的组成，识别冷库的制冷设备、配件及配套设施，识读冷库的制冷系统原理图。氟利昂冷库制冷系统的认识流程图如图 1-56 所示。

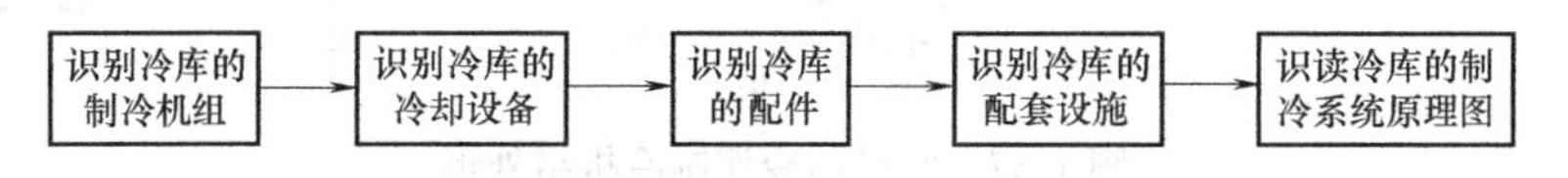

图 1-56　氟利昂冷库制冷系统的认识流程图

一、识别冷库的制冷机组

冷库常用的压缩机有活塞式和螺杆式两种。活塞式压缩机按结构不同，可分为开启式和封闭式两种，其中封闭式压缩机可以再分为半封闭式和全封闭式。小型冷库多用封闭式压缩机，制冷量大的氟利昂压缩机则多为开启式。螺杆式压缩机有单螺杆和双螺杆之分，一般冷库应用双螺杆较多。

由一台或几台制冷压缩机、冷凝器、储液器，以及附件等组成的组合体称为压缩冷凝机组，简称制冷机组，按照冷凝器的冷却方式不同分为风冷式和水冷式两种，常用作中小型冷库的制冷主机。

常见的冷库制冷机组外形如图 1-57 所示。

二、识别冷库的冷却设备

冷库的冷却设备也称为蒸发器，是制冷系统中制冷剂在低温下吸热的热交换器，冷库常用的是冷却空气的蒸发器，分为冷风机和排管式蒸发器两种。

冷风机是一种适合用于各种冷库的冷却降温设备，具有结构紧凑、重量轻、不占用冷库使用面积、库温均匀、效率高等优点，可使冷库内储藏的食品迅速降温，大大提高储藏食品的保鲜度。冷库常用冷风机有吊顶式和落地式之分，如图 1-58 所示。

图 1-57　常见的冷库制冷机组外形

a）全封闭式压缩机　b）半封闭压缩机　c）开启式压缩机　d）半封闭低温压缩机　e）开启式双螺杆压缩机　f）风冷全封闭机组（保鲜王）　g）谷轮风冷半封闭机组（低温宝）　h）超低温水冷机组　i）半封闭水冷机组

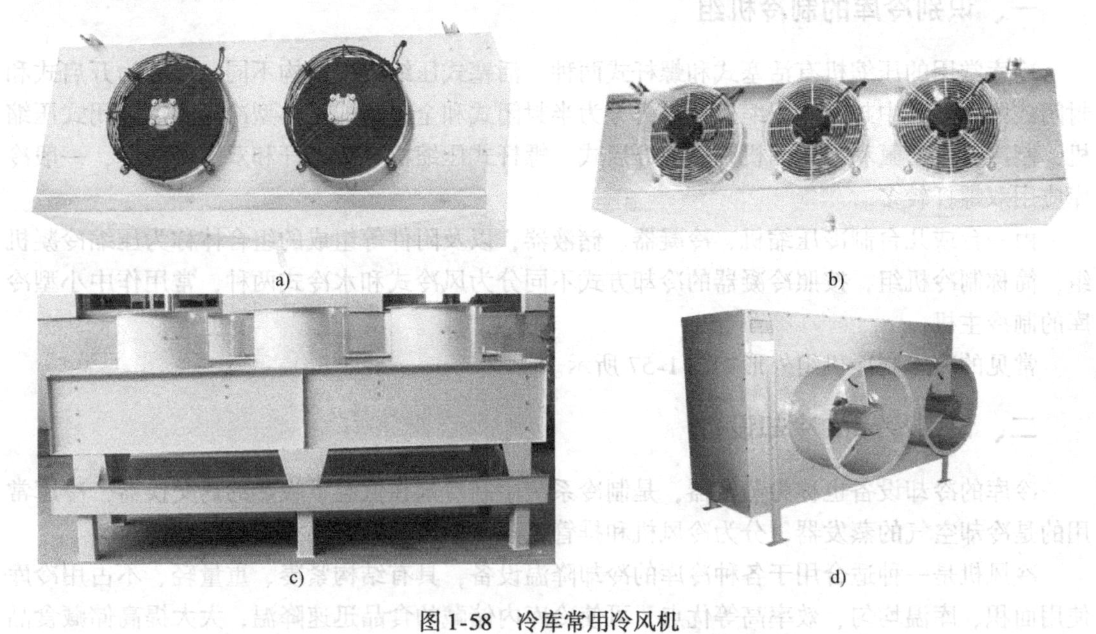

图 1-58　冷库常用冷风机

a）双风扇吊顶式冷风机　b）三风扇吊顶式冷风机　c）落地式顶吹风水冲霜冷风机　d）落地式侧吹风水冲霜冷风机

冷库排管分为立管式排管、U形顶排管、蛇形盘管和搁架式排管四种，其作用是采用冷空气自然对流，管片距大，排管上结的霜对空气对流影响不大，可起蓄能作用，因而库温恒定；因冷空气自然对流，蒸发温度与库温相差小，所以干耗少，储藏的食品品质高。冷库常见的排管如图1-59所示。

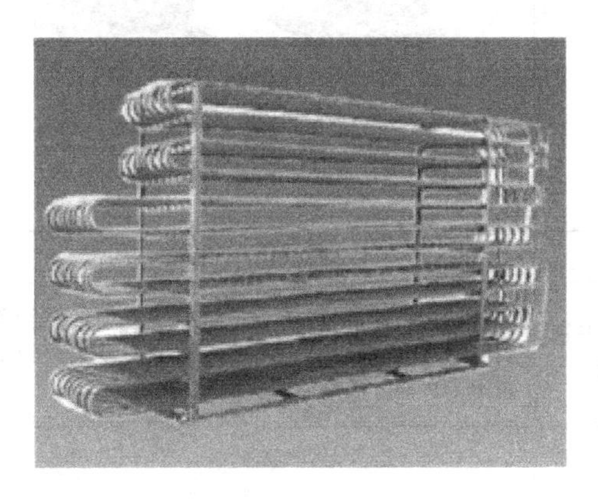

a)

b)

图1-59　冷库常见的排管

a）搁架排管　b）墙排管、顶排管

三、识别冷库的配件

装配式冷库常用的配件包括热力膨胀阀、高低压力保护器、电磁阀、视液镜、止回阀、干燥过滤器、球阀、蒸发压力调节阀、感温头、除霜终端、防凝露电热丝、储液器、油分离器、气液分离器等。冷库制冷系统主要配件外形及用途见表1-9。

表1-9　冷库制冷系统主要配件外形及用途

外形		
名称	热力膨胀阀	高低压力保护器
用途	一种节流元件，主要用于氟利昂制冷系统，起到降压节流的作用，用于调节蒸发器中的液体制冷剂的供给量	一种制冷装置的安全保护器件，用于保护冷藏或空气调节装置中的制冷压缩机，避免压缩机的吸气压力过低或排气压力过高，也被用于制冷压缩机和风冷冷凝器风扇的起动和停止

（续）

外形		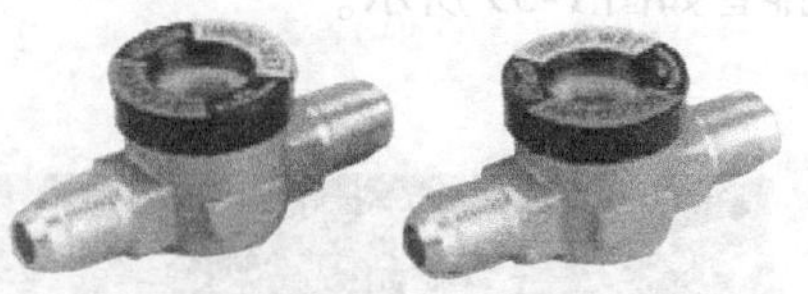
名称	电磁阀	视液镜（干湿镜）
用途	一种电气控制通断制冷系统管路的阀门，用于氟化物制冷剂的液体管路、吸气管路和热蒸气管路	一种指示器件，用于指示制冷装置中液体管路的制冷剂状况、制冷剂中的含水量或用来观察回油管路中来自油分离器的润滑油的流动状况
外形	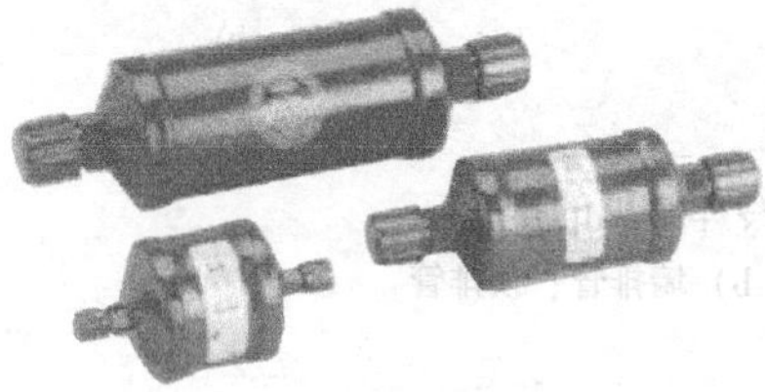	
名称	干燥过滤器	止回阀
用途	一种制冷系统的净化器件，用于清除制冷系统中的水分和污物，防止系统产生冰堵或脏堵	又称为单向阀，一种只允许流体单方向流动的阀门，用于阻止制冷剂反向流动
外形		
名称	球阀	储液器
用途	一种手动控制通断制冷系统管路的阀门，用于氟化物制冷剂的液体管路、吸气管路和热蒸气管路	一种制冷剂存储和收集设备，用来储存供给蒸发器的液体制冷剂

（续）

外形		
名称	油分离器	气液分离器
用途	一种润滑油的分离设备，把来自压缩机的排气中携带的润滑油分离出来，防止压缩机排出的润滑油大量进入制冷系统	一种制冷剂的分离设备，其作用是将来自蒸发器的回气中所含的制冷剂液滴分离出来，以防止压缩机出现湿行程

外形		
名称	KVP 型蒸发压力调节阀	感温探头
用途	一种压力调节器件，用来保持蒸发压力恒定，减少库温波动，减少干耗，保证冷藏物品的质量；用于一机多库时，可使不同库温的蒸发器在各自不同的蒸发压力下运行	一种温度检测元件，用于检测库内温度、化霜温度等

四、识别冷库的配套设施

装配式冷库的配套设施包括冷库电气线路控制箱、风幕机、压力平衡窗、库灯及其开关等，这些配套设施及用途见表 1-10。

表 1-10　冷库的配套设施及用途

外形		
名称	控制箱	风幕机
用途	冷库控制箱常配有微机温控器、电动机保护器等，具有电源缺相保护、吸排气压力保护、压缩机过热保护、蒸发器化霜超温保护、库内高低温超限保护等功能	风幕机安装在经常开关的门框上，当库门开启时能有效地阻断室内外空气对流，具有保持室温，隔湿，防止粉尘、有毒气体、污染气体及昆虫、异味侵入的功能

（续）

外形	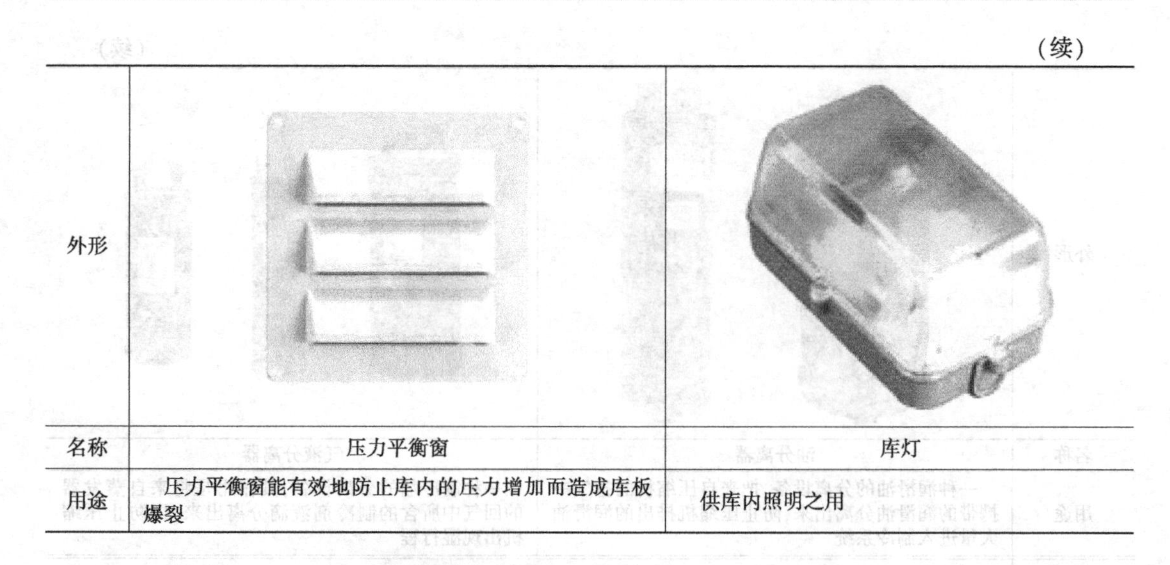	
名称	压力平衡窗	库灯
用途	压力平衡窗能有效地防止库内的压力增加而造成库板爆裂	供库内照明之用

五、识读冷库的制冷系统原理图

图 1-60 所示为小型食品冷库的制冷系统原理图。它有两台压缩机，正常情况下一台工作，一台备用（图中只画出一台压缩机，另一台从略）。该冷库共分三个库，其库温分别是：果蔬库（4±1）℃，饮料库（9±1）℃，鱼肉库（-10±1）℃。制冷系统原理图识读过程见表 1-11。

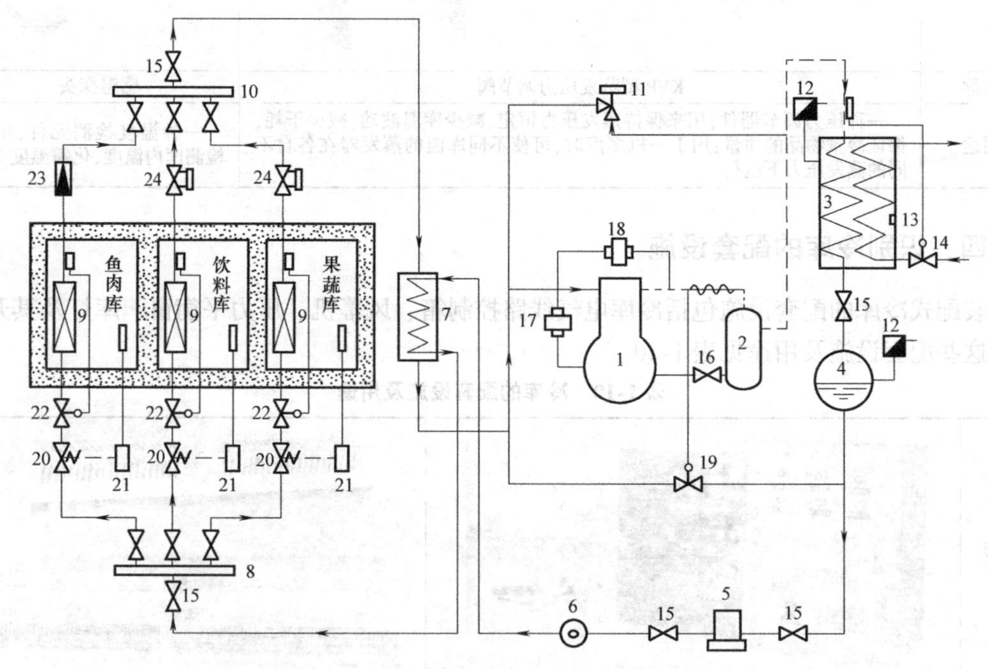

图 1-60　小型食品冷库的制冷系统原理图

1—活塞式压缩机　2—油分离器　3—水冷卧式冷凝器　4—储液器　5—干燥过滤器　6—视液镜　7—回热器　8—供液集管　9—冷风机　10—回气集管　11—旁通阀　12—安全阀　13—易熔塞　14—水量调节阀　15—截止阀　16—放油阀　17—油压差控制器　18—高低压控制器　19—注液阀　20—电磁阀　21—温度控制器　22—热力膨胀阀　23—止回阀　24—蒸发压力调节阀

表1-11 小型食品冷库制冷系统原理图识读过程

序号（图1-60）	识读任务	系统组成	设备或配件功能	备注
1	读高压系统	活塞式压缩机	将蒸发器产生的低压过热制冷剂蒸气压缩成高温高压的制冷剂蒸气，为制冷剂在制冷系统中循环流动提供动力。一用一备配置	2台
2		油分离器	把来自压缩机的排气中携带的润滑油分离出来，防止压缩机排出的润滑油大量进入制冷系统	1台
3		水冷卧式冷凝器	将系统产生的热量通过冷却水带出系统	1台
4		储液器	用于储存供给蒸发器的液体制冷剂	1只
5		干燥过滤器	用于清除制冷系统中的水分和污物，防止系统产生冰堵或脏堵	1只
6		视液镜	用于指示制冷装置中液体管路的制冷剂状况、制冷剂中的含水量	1只
8		供液集管	用于调节分配各库房蒸发器制冷剂的流量	1只
22	读高低压的分界线	热力膨胀阀	制冷系统高低压的分界线，起到降压节流的作用，用于调节蒸发器中液体制冷剂的供给量	3台
9	读低压系统	冷风机	用于库房的降温	3台
24		蒸发压力调节阀	用于保持蒸发压力恒定，可维持蒸发压力固定在果蔬库所需温度（3～5℃），或饮料库所需温度（8～10℃）	2只
23		止回阀	在压缩机停止运行期间，可以防止制冷剂回流到低温库蒸发器	1只
7	其他配件	回热器	使膨胀前的制冷剂具有较大过冷度，减少闪发气体，降低节流损失；使回气管中未蒸发的制冷剂液体得到完全蒸发并形成一定的过热度，可避免压缩机的液击	1只
15		截止阀	手动控制通断制冷系统管路，可方便更换元器件或维修	11只
20		电磁阀	用于通断供液管的供液，由温度控制器控制，温度控制器根据感温包的温度来开关电磁阀	3只
21		温度控制器	用于调节库温	3只
16		放油阀	用于从油分离器排出润滑油	1只
17		油压差控制器	用于保护压缩机的油压，当压缩机油压小于设定值时，使压缩机停机	1只
18		高低压控制器	用于保护冷藏或空气调节装置中的制冷压缩机，避免压缩机的吸气压力过低或排气压力过高，也被用于制冷压缩机和风冷冷凝器风扇的起动和停止	1只
19		注液阀	当排气温度超过允许值时，一部分制冷剂液体经注液阀节流而进入吸气管，使吸气温度降低，从而达到降低排气温度的目的	1只
11		旁通阀	当压缩机高低压差超过允许值时，自动打开旁通阀使一部分高压排气进入吸气管，以降低排气压力	1只

【拓展知识】

图1-61所示为某100t食品冷库的制冷系统原理图，该系统分为四个单独的制冷系统，采取一组冷分配设备单配一组机组的单独系统（蒸发器5和6共用一台机组，因为蒸发器5的冷负荷较低），这样既有利于压缩机曲轴箱回油，又便于实现自动控制，且易于使冷分配设备的供液均匀。此外，该系统以单独系统为主，辅以调节站将各单独系统连通，以便在负荷较低或某个机组出现故障时进行调度。制冷系统设备及主要配件明细表见表1-12。

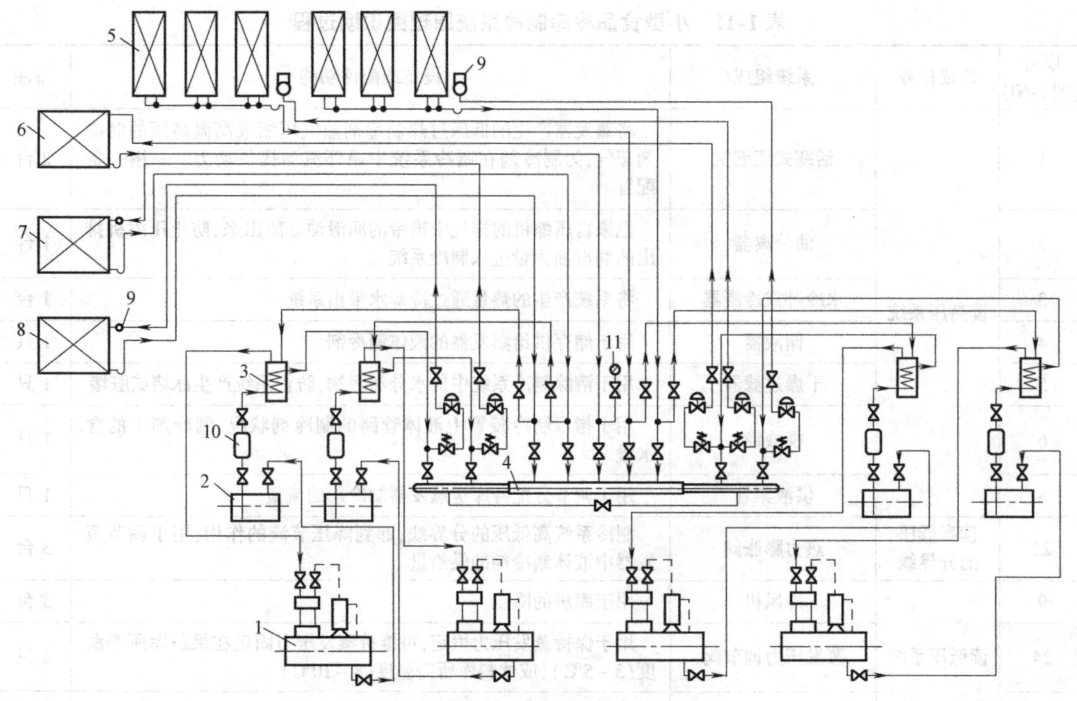

图 1-61　100t 食品冷库制冷系统原理图

1—制冷机组　2—储液器　3—热交换器　4—调节站　5、7—顶排管

6—墙排管　8—搁架排管　9—分液器　10—干燥过滤器　11—压力表

表 1-12　制冷系统设备及主要配件明细表

序号(图 1-61)	名　　称	规　　格	单位	数量
1	制冷机组	2F10 型压缩冷凝机组	台	4
2	储液器	ϕ400mm×1200mm,容积 0.15m^3	只	4
3	热交换器	ϕ250mm×350mm,换热面积 0.2m^2	只	4
4	调节站		组	1
5	顶排管	D32mm×2.5mm,220m	组	6
6	墙排管	D32mm×2.5mm,85m	组	1
7	顶排管	D32mm×2.5mm,565m	组	1
8	搁架排管	D32mm×2.5mm,377m	组	1
9	分液器	5、6、10 路	只	4
10	干燥过滤器	Dg16	只	4
11	压力表	-0.1~0~1.5MPa	只	1

一、冷库冷加工能力

低温库（库温 -15℃）的容量共 100t，分成两间；并配有容量为 8t 的高温库（库温 0~5℃），专门用以储藏鲜蛋、水果等。考虑到多品种食品的冻结，冻结间（库温 -20℃）设有两种冻结方方式，对于白条肉可吊挂在钢管制成的架子上（每米挂 5 片）冻结，一次可冻 2t；而对于禽类、产品等一些小型食品，又可装盘（每盘 20kg）后放在搁架排管上冻结，一次冻结量为 1.20t，即冻结间总冻结量为 3.20t，冻结时间为 30h。

二、设备配置

1. 制冷机组配置

机组选配首先应满足生产的需要，再根据计算所得的机械负荷 Q_J 及冷凝温度、蒸发温度等选配单级或双级压缩机。选型时，还应考虑采购是否方便、可行。鉴于小型冷库常用的氟利昂压缩机大都做成压缩冷凝机组形式，故可不必对其他辅助设备进行计算。

表 1-13 是该库耗冷量汇总表，$Q_J = 23.17\text{kW}$，选配了四组 2F10 型压缩冷凝机组，在 $t_k = 40℃$、$t_0 = -27℃$ 时，一组机组的制冷量 $Q = 5.93\text{kW}$；$t_k = 40℃$、$t_0 = -25℃$ 时，$Q = 6.86\text{kW}$。即使按最不利的条件，四组机组的制冷量 $Q_{总} = 4Q = 4 \times 5.93\text{kW} = 23.72\text{kW}$，仍能满足要求。一组机组负担一间低温库，一组负担一间低温库和高温库，另两组则分别负担冻结间的搁架式排管和顶排管。

表 1-13　该库耗冷量汇总表

库房名称	库温/℃	耗冷量/kW	
		设备负荷	机器负荷
冻结间	-20	15.12	12.67
低温库	-15	8.6	8.6
高温库	0~5	1.895	1.895
合计		25.62	23.17

2. 冷分配设备的配置

冷分配设备的配备要以满足库内降温为前提，冻结间宜采用冷风机；无包装食品冷藏间必须采用墙、顶排管，以减小食品干耗；包装食品可采用微风速冷风机。表 1-14 为本例冷库配备的冷分配设备情况，该库低温库和高温库都采用了墙排管或顶排管，冻结间采用搁架式排管和顶排管，并配了轴流风机。这主要是考虑设备自行加工及安装施工的方便，且可节省投资费用。

表 1-14　冷分配设备情况

库房名称	排管形式	设备负荷/kW	排管面积/m^2	管径/mm	管长/m
冻结间	搁架排管	7.55	45	D32	377
	顶排管	7.55	56.8	D32	565
低温库	顶排管	8.60	132.5	D32	1320
高温库	墙排管	1.86	8.5	D32	85

【思考与练习】

1. 氟利昂制冷系统为什么要考虑回油措施?
2. 氟利昂制冷系统为什么要采用热力膨胀阀控制的直接膨胀供液方式?
3. 氟利昂制冷系统有哪些特点?
4. 氟利昂制冷系统由几部分组成?从哪些方面识读系统原理图?
5. 氟利昂冷库常用的冷却设备有哪些?各有什么特点?
6. 列表说明氟利昂制冷系统中常用主要配件的名称与作用。
7. 图 1-62 所示是设有热交换器的单机双级压缩制冷系统原理图，简述其制冷流程。

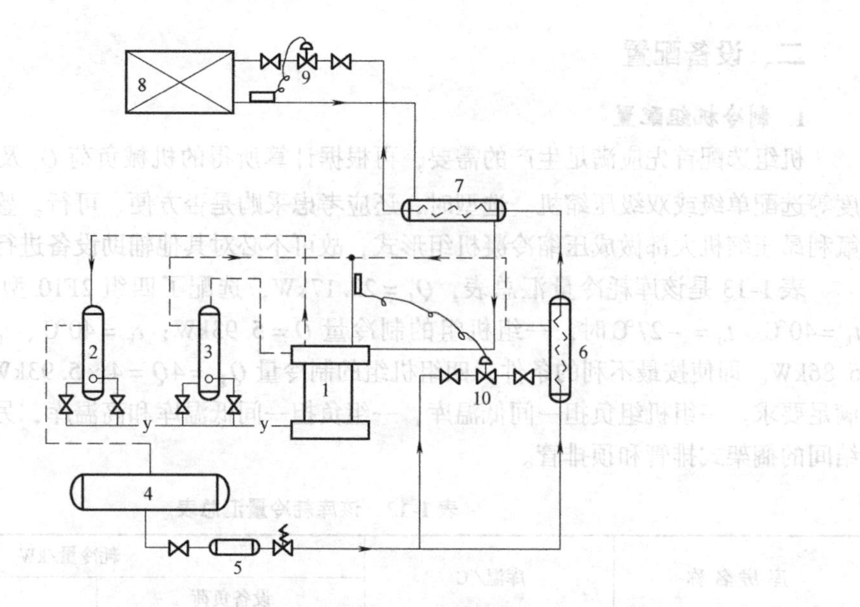

图 1-62　单机双级压缩制冷系统原理图

1—压缩机　2—高压级油分离器　3—低压级油分离器　4—冷凝器　5—干燥过滤器　6—中间冷却器　7—回热器　8—蒸发器　9—热力膨胀阀　10—热力膨胀阀

课题四　认识氨冷库制冷系统

【知识目标】

1）了解氨冷库制冷系统的特点。

2）掌握氨冷库制冷系统的种类和组成。

3）掌握氨冷库制冷系统的工作原理。

【能力目标】

1）能识别制冷管线、阀门及小件设备图样及名称。

2）能识读氨冷库制冷系统中各子系统的原理图。

【相关知识】

一、氨冷库制冷系统的特点

目前氨（NH_3，代号 R717）制冷剂合成工艺成熟，制取容易，价格低廉，因而氨系统在大中型冷库中得到了广泛的应用。氨制冷剂在冷凝器和蒸发器中的压力适中（冷凝压力一般为 0.981MPa，蒸发压力一般为 0.098～0.49MPa）；其单位容积制冷量比二氟一氯甲烷（$CHClF_2$，代号 R22）大；制冷系数高，表面传热系数系数大，故相同温度及相同制冷量时，氨压缩机尺寸最小。

与氟利昂制冷系统比较，氨制冷系统具有以下特点。

1. 氨的溶水性

在常用制冷剂中，氨是唯一在常压下其蒸气密度小于空气的制冷剂，且极易溶于水，溶液呈碱性，遇到大量泄漏的情况，可用水吸收，排除比较容易。

2. 氨的非溶油性

通常的矿物油与氨不能互溶。因此，氨系统一般配备高效油分离器，尽管如此，仍有相当数量的润滑油进入管路和换热器，因而系统中需设置集油器，并不定期排油。

3. 氨的安全性

氨制冷剂的缺点是易燃、有毒（二级毒性）；有强烈的刺激性气味，对眼、鼻、喉、肺及皮肤均有强烈刺激及中毒危险；氨遇水后对锌、铜、青铜合金（磷青铜除外）具有腐蚀作用。所以采用氨作为制冷剂的制冷系统要具备两个特点：其一是安全性，在氨系统中设置紧急泄氨阀，要有完善的密封系统和检漏系统以及完善的报警系统；其二是耐腐蚀性，在氨制冷装置中，其管道、仪表、阀门等均不能采用铜和铜合金材料。

4. 供液形式和方式

在氨系统中广泛采用氨泵供液形式，对蒸发系统实行强制供液，因供液量大于蒸发量的数倍，蒸发器内制冷剂处于两相流动，所以冷却设备采用满液式蒸发器，从蒸发系统返回的制冷剂先回到低压循环储液器内进行气液分离。

当前，在食品冷藏库的制冷系统中，氨泵供液系统对蒸发器的供液采用下进上出方式，这种方式的特点是：

1）蒸发器与低压循环储液器的相对位置不受限制，适用性较强。

2）对蒸发器供液量的分配比较易于均匀，因而可以采用带集管的多通路式蒸发可以简化分液装置，节省调节流量的阀门。

3）低压循环储液器的容积、氨液再循环倍率和氨泵也可以小些。

4）融霜、排液和放油都比上进下出式要麻烦些。

5）停止向蒸发器供液后，蒸发管内的氨液仍能继续蒸发，所以有一定的“冷惰性”作用。这种“冷惰性”对库房温度的影响，一般均在允许的波动幅差以内，对维持库温的相对稳定有利，从而可以减少库温自控的动作频率。

5. 系统复杂性

氨系统由于一直无法找到合适的、与氨互溶的润滑油，需要大量的附件保证系统的回油和降低系统温度，导致系统复杂，需要大量现场安装工作，系统的质量很大程度上取决于安装队伍的素质。国内氨系统对库温的控制一般为全手动控制，根据操作人员对库温的观察，来确定开启或停止压缩机开机台数。因为操作人员手动操作，需要依赖于操作人员技术水平和责任心，所以这项工作对操作人员素质要求非常高。氨系统要求24h有人值班并调整。

二、氨冷库制冷系统的种类和组成

按照向蒸发器的供液方式不同，氨制冷系统可分为重力供液系统和氨泵供液系统；按照压缩机的配置方式不同，氨制冷系统可分为单级压缩系统和双级压缩系统；按照制冷剂的蒸发温度不同，氨制冷系统可分为－15℃制冷系统、－28℃制冷系统和－33℃制冷系统等。

从工作原理上，氨冷库制冷系统包括供液系统、压缩系统、冷却水系统、融霜系统、排油系统、排除不凝性气体系统、安全泄氨系统等子系统，各子系统的作用简述如下。

1）供液系统是制冷系统的组成部分，它通过一定的方式将制冷剂液体送进蒸发系统，使蒸发器有足够的制冷剂液体汽化吸热。按供液方式的不同，供液系统有直接膨胀供液、重力供液和氨泵供液三种系统。氨冷库广泛采用的是氨泵供液系统。

2）压缩系统的作用是将从蒸发器中出来的低压低温制冷剂蒸气压缩转化为高压高温气体，经冷凝器换热后变成高压液体，以实现制冷循环。根据系统压缩级数的不同，压缩系统分为单级压缩系统和双级压缩系统。单级压缩系统指经过一次压缩从蒸发压力达到冷凝压力的系统，通常在制冷系统中有一台制冷压缩机或几台制冷压缩机并联使用。当冷库制冷系统经过一次压缩无法达到应有的冷凝压力时，就应考虑采用双级压缩形式。这样不仅能使制冷系统安全、经济地运行，还能延长制冷压缩机的使用寿命。

3）冷却水系统用于冷库制冷系统的水冷式冷凝器的散热，利用水来吸收冷凝器中制冷剂蒸气的热量。

4）融霜系统用于融化蒸发器表面的霜层，保持蒸发器的热交换效率。氨冷库通常采用人工扫霜、热氨融霜或水融霜进行除霜。热氨融霜一般用于冷藏间的光滑排管除霜，将氨油分离器的热氨排气引进光滑排管中，利用热氨冷凝所放出的热量，将排管表面的霜层融化。水融霜一般用于冷风机融霜，通过淋水装置向蒸发器表面淋水，使霜层被水流带来的热量融化，霜水从排水管排出。

5）排油系统的作用是把进入制冷系统中的润滑油送回压缩机曲轴箱或通过集油器排出系统外，保证制冷循环顺利进行。在氨制冷系统中，由于压缩机的排气温度比较高，往往会使润滑油轻度炭化，而且还会有一定量的制冷剂成分及系统污物。所以各设备通过集油器放出的润滑油，需要经过抽除氨气、蒸发水分、过滤油污等处理才能重复使用。油分离器、冷凝器、高压储液器、中间冷却器等高压侧设备共用一个集油器排油，而低压循环储液器则通过低压集油器排油，不宜与高压侧放油共用集油器，以免由于操作失误或阀门关闭不严而引起“串压”。

6）排除不凝性气体系统的作用是将安装时残留或操作时渗入的，并积聚在系统高压侧的不凝性气体（如空气）排除系统，以维持制冷系统的正常冷凝压力。在氨制冷系统中设置空气分离器，把冷凝器、高压储液器中的不凝性气体与氨的混合物，由放空气管排入空气分离器处理后，不凝性气体从放空气阀排出。

7）安全泄氨系统的安全设备有安全阀、紧急泄氨器。安全阀安装在冷凝器、储液器、中间冷却器等压力容器上，以便产生意外事故时安全阀能自动顶开，保护制冷设备和人员安全。紧急泄氨器用于氨制冷系统中，其功能是在遇到火警等事故时，迅速排除储液器中的氨液至安全处，以免发生重大事故。

三、制冷系统原理图图例

制冷系统原理图是制冷设备布置、管道安装的依据，用于表达整个制冷装置的构成和系统概况，图中的设备、管道、阀门、阀件等一目了然。为了能看懂制冷系统原理图中各种符号的含义，首先要熟悉图中常见的制冷管线、阀门及小件设备图例，见表1-15。

表 1-15　常见制冷管线、阀门及小件设备图例

序号	符号	名称	序号	符号	名称	序号	符号	名称
1	——————	吸气管 回气管	8	—‖—‖—	均压管	15		安全阀
2	- - - - - -	排气管 热氨管	9		直通式 截止阀	16		电磁 止回阀
3	——————	液体管	10		直角式 截止阀	17		旁通阀
4	——-——	排液管	11		节流阀	18		浮球 控制阀
5	—x—x—	放空 气管	12		止回阀	19		液位 指示器
6	—y—y—	放油管	13		电磁阀	20		过滤器
7	—xx—xx—	安全管	14		电磁 三通阀	21		恒压阀

【任务实施】

本课题的任务是以某氨冷库制冷系统为例，将该系统分解为若干个组成部分，进一步熟悉氨冷库制冷系统的组成，分别识读氨冷库的氨泵供液系统，供液与回气、融霜与排液系统，压缩系统，冷凝、储液与供液调节系统，冷却水系统，排油与不凝性气体排放系统，以及安全泄氨系统的原理图。氨冷库制冷系统的认识流程如图 1-63 所示：

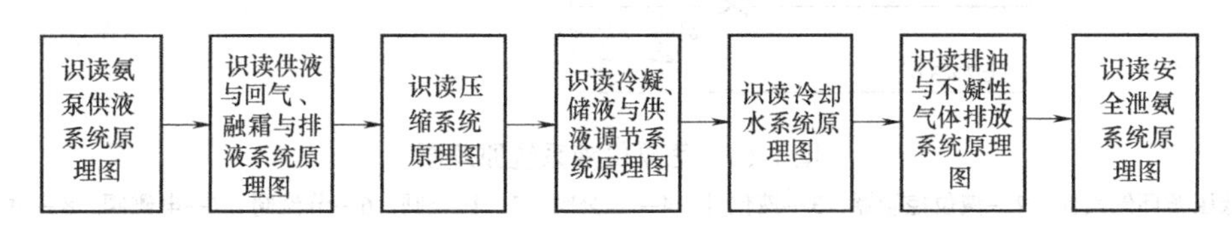

图 1-63　氨冷库制冷系统的认识流程图

一、识读氨泵供液系统原理图

氨泵供液系统是在氨冷库中利用氨泵加压向蒸发器输送低压氨液的一种供液系统，由低压循环储液器、氨泵和低压集油器组成，其供液原理如图 1-64 所示。

1. 识读低压氨液的储存与气液分离

低压循环储液器在氨泵供液系统中用于储存循环使用的低压氨液，同时又可以起气液分离作用。低压循环储液器的进液来自总调节站的高压饱和氨液、中间冷却器的过冷氨液、低压气体调节站的氨气液共存两相流，以及中间冷却器与热氨融霜排液调节站的排液。来自总调节站的高压饱和氨液、中间冷却器的过冷氨液经过过滤器、电磁主阀、节流阀后，进入低压循环储液器；来自中间冷却器与热氨融霜排液调节站的排液直接进入储液器内；来自低压气体调节站的氨气液共存两相流则在储液器内气液分离，分离出来的蒸气汇同节流产生的闪发气体被压缩机吸入，分离出来的液体则参与氨泵加压供液循环。

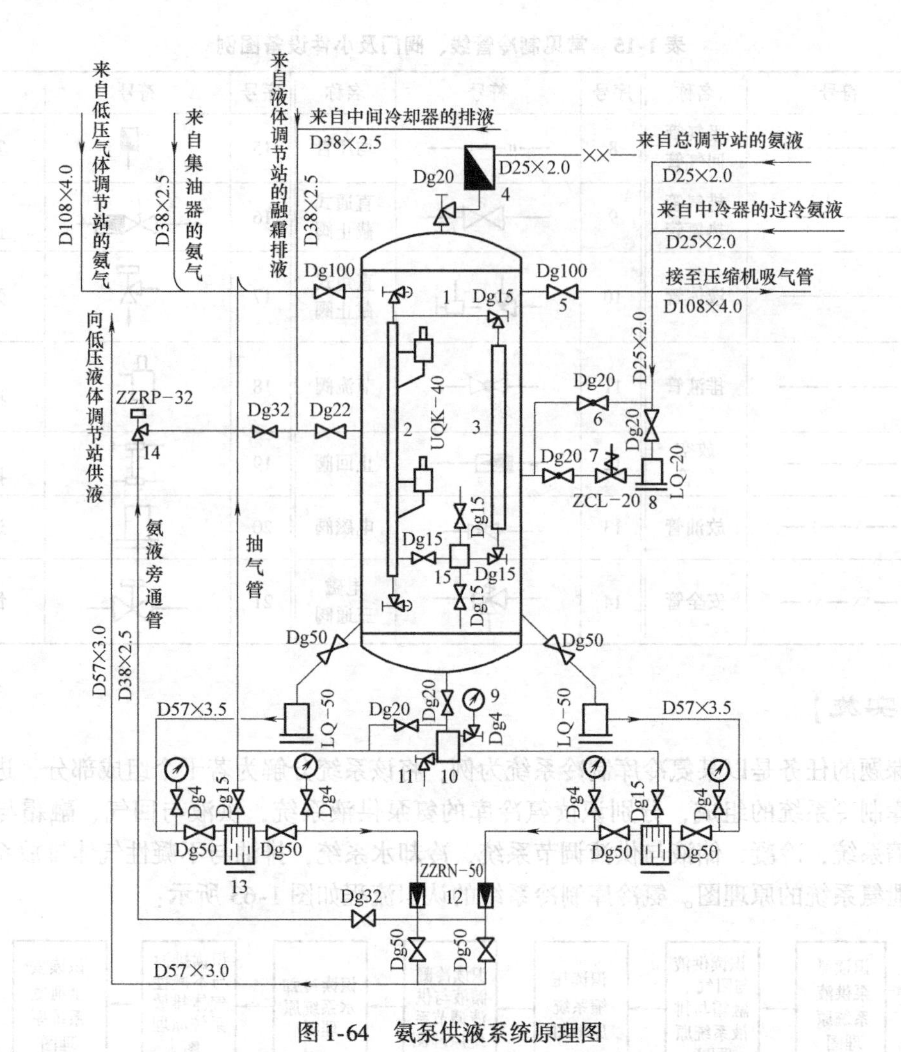

图 1-64　氨泵供液系统原理图

1—低压循环储液器　2—液位控制器　3—液位计　4—安全阀　5—截止阀　6—节流阀　7—电磁阀　8—过滤器　9—压力表　10—低压集油器　11—直角式截止阀　12—止回阀　13—氨泵　14—自动旁通阀　15—阀座

2. 识读氨泵的进液与出液

氨泵是氨泵供液系统中的强制供液设备，常用的氨泵有齿轮泵和离心泵两种类型。低压氨液从储液器侧面流出，经过过滤器，将混在液体中的脏物滤除，再进入氨泵。在氨泵的出液管上设置止回阀，可防止氨泵停止运行后因液柱静压作用，造成氨泵反转而损坏氨泵。设置在出液管上的液体旁通管，其截止阀是常开的，当蒸发系统需液量较小时，氨泵出液管压力增大到适当程度，会打开自动旁通阀，多余的液量经旁通管回流至低压循环储液器。氨泵泵体顶部有一根抽气管，与低压循环储液器回气管相连。在氨泵起动之前，打开抽气阀，便可将泵内的氨气排至低压循环储液器，确保氨泵正常起动运转。

3. 识读低压循环储液器的液位控制与排油

低压循环储液器液面采用液体电磁阀和液位控制器实现自动控制，当储液器内液面处在正常液位下限时，液位控制器感应信号将电磁阀电源接通，打开阀门，向筒内供液；当储液器内液面达到正常液位上限时，则切断电磁阀电源，关闭阀门，停止供液。低压集油器装在低压循环储液器的底部，供储液器排油之用。集油器上部有一根抽气管与氨泵抽气管连通，排油后，将抽气直通式截止阀打开，排出集油器内氨气至储液器。

二、识读供液与回气、融霜与排液系统原理图

供液与回气、融霜与排液系统由低压液体调节站、低压气体调节站和蒸发排管组成，其系统原理图如图 1-65 所示。低压液体调节站设置在供液管路上，由供液集管（D108mm×4.0mm）和排液集管（D76mm×3.5mm）组成，集管上分别安装一排阀门，既可以实现对各组排管的均匀供液，又可以实现对某组排管的融霜排液，二者之间不会互相干扰。低压气体调节站设置在蒸发排管与低压循环储液器之间的回气管路上，由回气集管（D108mm×4.0mm）和热氨集管（D76mm×3.5mm）组成，集管上也分别安装一排阀门，既可以实现收集各组排管的回气，又可以实现向某组排管输送热氨进行融霜，二者之间同样不会互相干扰。

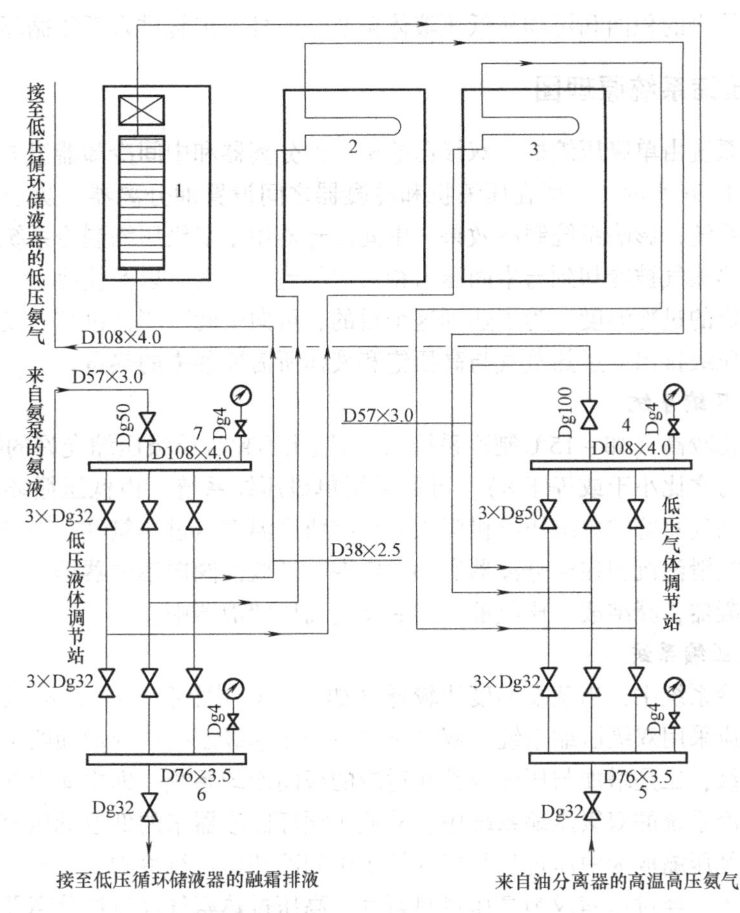

图 1-65　供液与回气、融霜与排液系统原理图

1—搁架式排管　2、3—双层 U 形顶排管　4—回气集管　5—热氨集管　6—排液集管　7—供液集管阀

1. 识读蒸发器的供液与回气

来自氨泵的氨液先送至低压液体调节站，由供液集管再以 5～6 倍蒸发量的氨液分别向库房中的搁架式排管、双层 U 形顶排管供液，氨液在排管中吸热蒸发形成气液两相流体汇

集于低压气体调节站，氨气液两相流体经回气集管送至低压循环储液器的进气管。

2. 识读蒸发器的融霜与排液

冷库中，蒸发器表面的温度远低于库房空气温度和冷藏物表面温度，由于这个温差的存在，就导致水蒸气分压力差的存在。在这个水蒸气分压力差的作用下，库房空气和冷藏物表面的水分不断向蒸发器表面转移，并凝结为霜。蒸发表面结霜后，导致热阻增加，传热系数下降，因此需要定期清除蒸发器表面的霜层。

对于冻结间的搁架式排管和冷藏间的墙顶排管，一般采用人工扫霜和热氨融霜相结合的方法。平时以人工扫霜为主，简单易行，不易引起库房温度的波动。而隔一段时间进行热氨融霜，不仅可以融化人工扫霜难以清除的结冰霜层，还可以清除蒸发器内的积油和污物。

某组排管融霜前，切断低压液体调节站供液集管的该组排管的供液阀门，并将该组排管内的剩余液氨排出。融霜时，打开低压气体调节站热氨集管的该组排管的热氨阀门，将来自油分离器的热氨引进该组排管中，使排管外霜层吸热融化脱离；排管内热氨放出热量成为氨液，氨液连同排管内的积油和污物从低压液体调节站的排液集管排入低压循环储液器。

三、识读压缩系统原理图

混合式压缩系统由单级压缩机、双级压缩机、油分离器和中间冷却器组成，混合式压缩系统原理图如图 1-66 所示。一般在压缩机和冷凝器之间设置油分离器，防止压缩机排出的润滑油大量进入系统，影响系统制冷效果。中间冷却器用于双级压缩制冷系统，其作用是使低压级排出的过热蒸气被冷却到与中间压力相对应的饱和温度，以及使冷凝器后的饱和液体被冷却到设计规定的过冷温度。为了达到这个目的，可向中间冷凝器供液，使之在中间压力下蒸发，吸收低压级排出的过热蒸气与高压饱和液体所需要移去的热量。

1. 识读单级压缩系统

当蒸发温度比较高（如 –15℃制冷系统），压缩比不超过单级压缩允许的数值时（氨冷凝压力与蒸发压力之比小于或等于 8），可以采用单级压缩系统。由低压循环储液器来的低温低压氨气，经回气总管被单级压缩机吸入并压缩成高温高压过热氨气，先经过油分离器分离。分离出来的润滑油沉积在油分离器底部，定期打开放油阀向集油器排油。分离出来的过热氨气则流进冷凝器，凝结成高压氨液，然后流进高压储液器中。

2. 识读双级压缩系统

在氨冷库制冷系统中，当蒸发温度比较低（如 –28℃制冷系统），冷凝压力与蒸发压力之比大于 8 时，应采用双级压缩系统。双级压缩系统比单级压缩系统增加两个环节：一是压缩级数增加了一级；二是增加与压缩级数相适应的级间冷却系统，即中间冷却系统。

在氨冷库制冷系统的双级压缩系统中，从低压循环储液器来的低温低压氨气由双级压缩机低压级吸入，经压缩成为中压过热氨气并排至中间冷却器进行冷却，冷却后的中压氨气由压缩机高压级吸入，经过压缩成为高压过热氨气，高压过热氨气经过油分离器进行润滑油的分离。

氨双级压缩系统普遍采用中间完全冷却系统。由总调节站供应的高压饱和氨液，其中少量氨液经过液体电磁主阀和节流阀进入筒体内，吸收中压过热氨气的热量后，这部分氨液中的大部分蒸发为氨气，连同冷却后的中压氨气被压缩机高压级吸入；余下部分氨液从中间冷却器下部进入筒体内的冷却盘管，用于吸收筒体内氨液的冷量，成为过冷氨液，这部分过冷

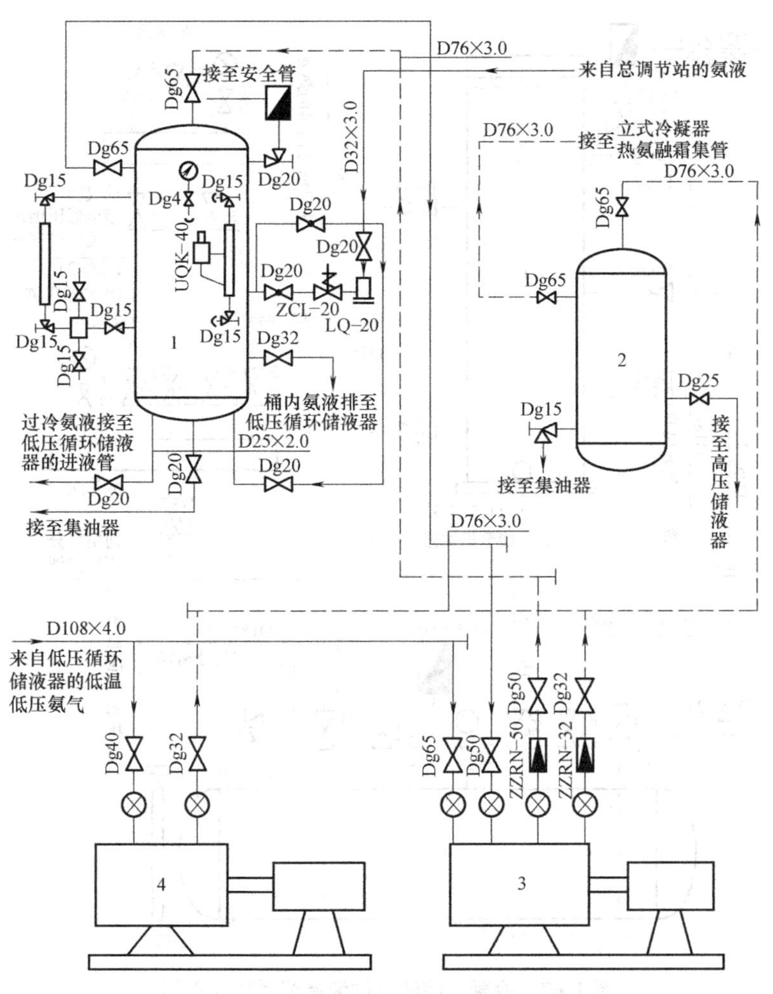

图 1-66　混合式压缩系统原理图

1—中间冷却器　2—油分离器　3—双级压缩机　4—单级压缩机

氨液与来自总调节站的高压饱和氨液混合后，经过滤器、电磁主阀、节流阀进入低压循环储液器。中间冷却器的液面一般采用液体电磁主阀和液位控制器实现自动控制，使其液面保持在正常的液位范围内，液位过高容易引起压缩机高压级湿行程；液面过低会使压缩机高压级吸气过热，造成排气温度过高。

中间冷却器顶部安装安全阀，当筒体内压力超过允许压力时，安全阀自动打开，并通过安全管向外排出超压部分的氨气，确保安全。中间冷却器底部安装放油管，用于定期把筒体底部的润滑油排放至集油器。

四、识读冷凝、储液与供液调节系统原理图

冷凝、储液与供液调节系统由立式冷凝器、高压储液器、总调节站和加氨站组成，其系统原理图如图 1-67 所示。

1. 识读冷凝系统

冷凝器是一个制冷剂向外放热的热交换器。来自油分离器的高压过热氨气从立式冷凝器

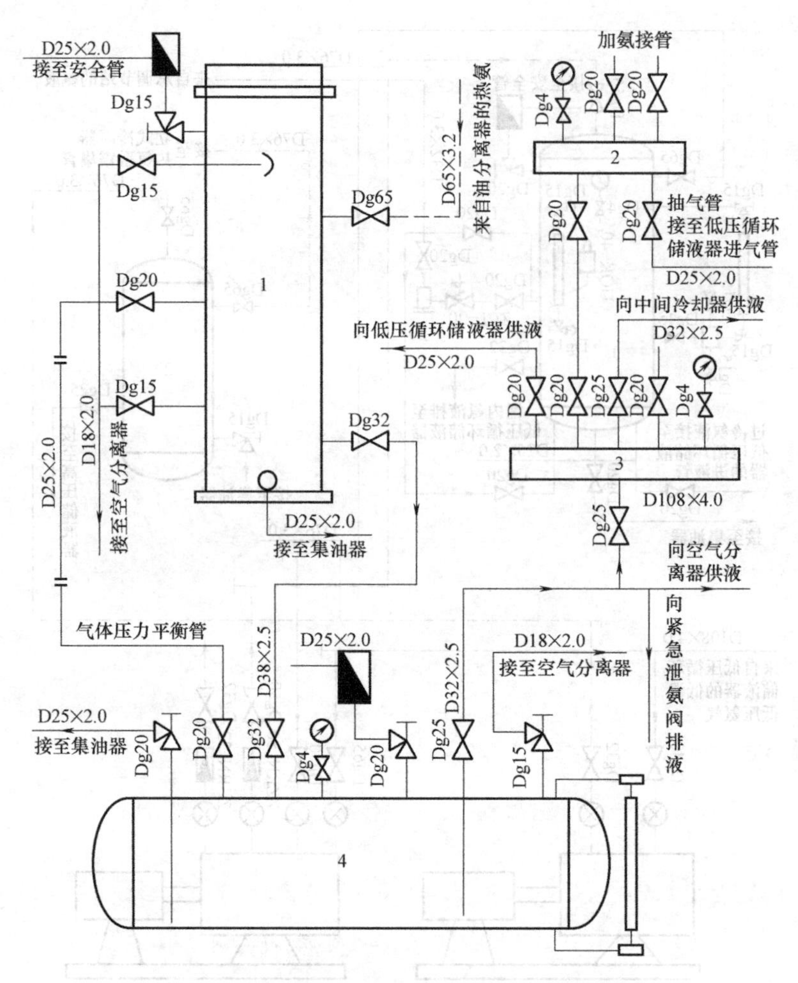

图 1-67　冷凝、储液与供液调节系统原理图

1—立式冷凝器　2—加氨站　3—总调节站　4—高压储液器

上部进入冷凝器内，冷凝成高压液体，然后从冷凝器下部流出，进入高压储液器中储存。

冷凝器上部安装安全阀，当冷凝器内压力超过允许压力时，安全阀自动打开，并通过安全管向外排出超压部分的氨气，以防发生事故。冷凝器底部安装放油管，用于定期把冷凝器底部的润滑油排放至集油器。

冷凝器上部和下部安装放空气阀，通过排放空气管排放不凝性气体至空气分离器。

冷凝器与高压储液器之间安装气体均压管，用于保持彼此液面均衡，克服运行期间出现的冷凝压力变动，以及储液器内压力有稍高于冷凝压力的可能，并克服液体管道的流动阻力，以便冷凝氨液能依靠重力很快流到储液器中。

2. 识读储液系统

高压储液器用于储存由冷凝器来的高压制冷剂液体，以适应冷负荷变化时调节系统制冷剂的循环量，并减小系统内补充制冷剂的次数，起高、低压间液封的作用，防止高、低压间串通。储液器出液口设在上部，连接一根伸到储液器底部的输液管，在工况变化时能保证向总调节站供液。供液管还连接紧急泄氨器和空气分离器。

储液器上部安装安全阀，当储液器内压力超过允许压力时，安全阀自动打开，并通过安全管向外排出超压部分的氨气，以防发生事故。储液器上部还安装放油管，放油管插入储液器底部，用于定期把储液器底部的润滑油排放至集油器。

储液器上部安装放空气阀，通过排放空气管排放不凝性气体至空气分离器。

高压储液器的液位计安装在储液器一侧，用于指示储液量，其液位高度一般不超过筒体直径的80%。

3. 识读高压液体调节与加氨系统

总调节站由高压液体集管（D108mm×4.0mm）和一排阀门组成，用于集中调节低压循环储液器和中间冷却器等设备的氨液分配。接入总调节站的进液管，有来自高压储液器的高压供液管，也有来自加氨站的液管。总调节站的接出管分别是接至低压循环储液器和中间冷却器的供液管。

当高压储液器、低压循环储液器或中间冷却器的液位降至下限时，可通过加氨站补充足够的氨液。加氨操作完毕，打开接至加氨站的抽气阀，把加氨站中剩余氨气抽入低压循环储液器。

五、识读冷却水系统原理图

冷却水系统用于制冷系统的水冷式冷凝器的散热，利用水来吸收冷凝器中制冷剂蒸气的热量。通常冷却水系统由水冷式冷凝器、冷却塔、循环水泵和水池组成。根据水源条件、冷凝器类型和用途不同，冷却水系统有不同的布置方案。

1. 识读立式冷凝器冷却水系统布置方案

如图1-68所示，该方案只需一个水池、一个循环水泵，冷却塔布置在立式冷凝器的上方，冷却水从冷凝器顶部的配水箱流入换热管中，并在重力作用下以螺旋线状沿管道内表面成膜层自上而下，与管外过热氨气换热后流入水池，水再由水泵送上冷却塔冷却后，循环使用。

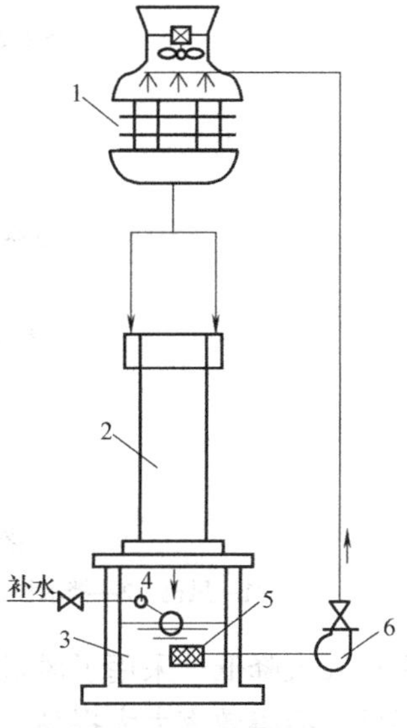

2. 识读综合循环冷却水系统布置方案

如图1-69所示，该方案把冷凝器冷却水、压缩机气缸套冷却水和冷风机融霜用水共用一个水池，实现综合循环用水，耗水量较小，是较好的冷却水系统布置方案。

3. 识读蒸发式冷凝器冷却水系统

水循环系统如图1-70所示，蒸发式冷凝器主要有换热盘管、冷却水循环系统及风机三个部分组成。该设备自带的冷却水循环系统由挡水板、喷嘴、循环水泵、过滤网、水池、浮球阀组成。水池中的冷却水用循环水泵送至喷淋管，经喷嘴喷淋在换热盘管的外表面上形成一层水膜。水受热后一部分变成蒸汽由空气带走，未蒸发的喷淋水落入下面的水池中，经水泵再送至喷嘴循环使用。水池中有浮球阀调节补充水量，使之保持一定的水位。

图1-68　立式冷凝器冷却水系统原理图

1—冷却塔　2—立式冷凝器　3—水池　4—浮球阀　5—过滤网　6—冷却水泵

蒸发式冷凝器利用水的蒸发潜热，以环境干空气为媒介，以环境湿球温度为温差进行热交换，具有传热温差大、换热充分等特点。采用低扬程、小功率、大流量的循环水泵，使运

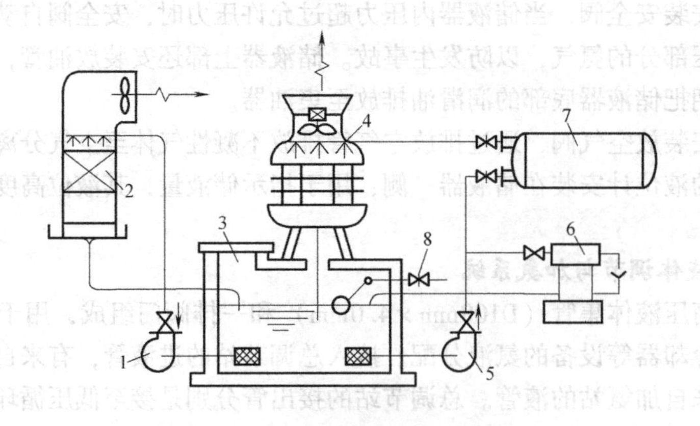

图 1-69　综合循环冷却水系统原理图

1—融霜水泵　2—冷风机　3—水池　4—冷却塔　5—冷却水泵　6—压缩机　7—卧式冷凝器　8—补水阀

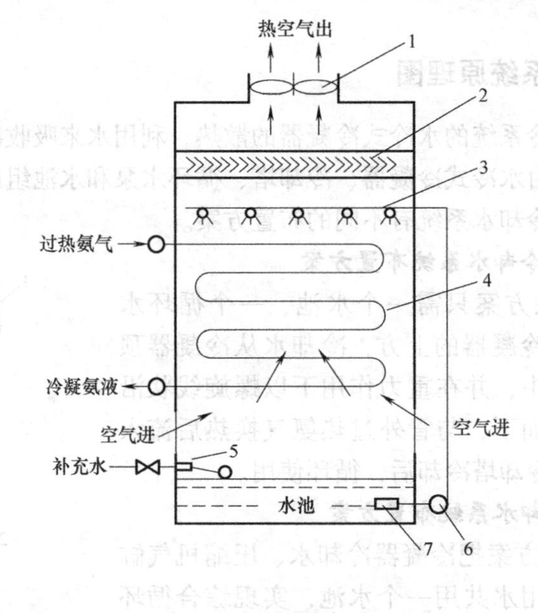

图 1-70　蒸发式冷凝器冷却水系统原理图

1—风机　2—挡水板　3—喷嘴　4—换热盘管　5—浮球阀　6—循环水泵　7—过滤网

行费用大大降低。采用了风机强制吹风降温，冷凝水热量散发快，水温度低，制冷机排气压力降低，冷凝效率大大提高，并大大降低了电耗及水耗能量。

六、识读排油与不凝性气体排放系统原理图

1. 识读氨制冷系统的排油系统原理图

图 1-71 所示为制冷系统中高压侧设备共用的润滑油排放系统（排油系统），来自油分离器、冷凝器、高压储液器和中间冷却器的润滑油通过放油管道，进入集油器，定期打开排油直角式截止阀，排放系统的润滑油。排油后，打开集油器顶部的直角式截止阀，把集油器中氨气抽回低压循环储液器。

2. 识读氨制冷系统不凝性气体排放系统原理图

空气分离器是排放制冷系统中不凝性气体（主要是空气）并同时回收制冷剂的制冷剂净化设备。它通常只是在大中型的制冷装置中使用，因为大中型的制冷装置中不凝性气体的数量较多。常用的空气分离器有两种结构形式：一种是立式空气分离器，另一种是卧式空气分离器。图 1-72 所示是卧式空气分离器排放不凝性气体系统原理图。

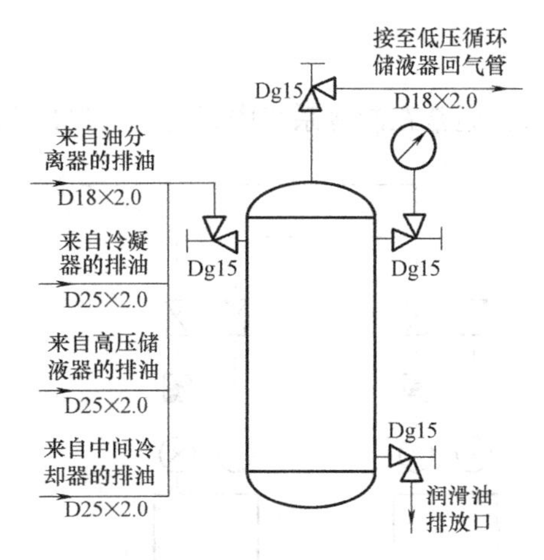

图 1-71　排油系统原理图

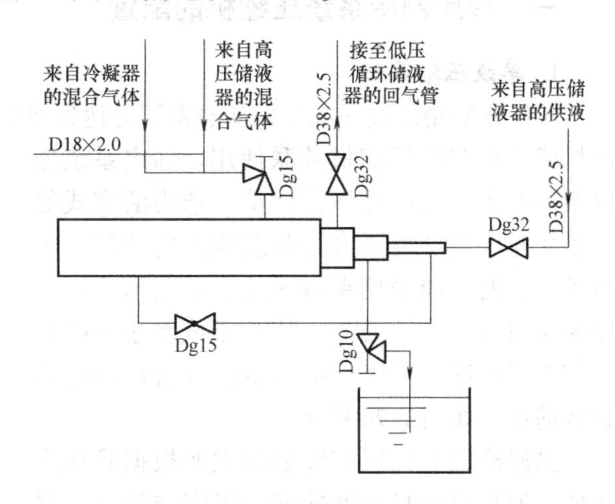

图 1-72　不凝性气体排放系统原理图

卧式空气分离器由四根直径不同的无缝钢管焊接而成，它的第一夹层（即最外夹层）与第三夹层相通，第二夹层与第四夹层（即最里夹层）相通，从高压储液器来的氨液经节流阀节流后进入内管，然后再进入第二夹层，来自高压储液器和冷凝器的混合气体进入第一夹层和第三夹层，低温的氨液经传热管壁吸收混合气的热量而蒸发，蒸发的气体经回气管去低压循环储液器。混合气体则在较高的冷凝压力和较低的蒸发温度下被冷却，其中的氨蒸气被冷凝为液体，并流到空气分离器的底部，通过节流阀节流后，送往空气分离器的第四夹层供使用。空气等不凝性气体通过放空气管排放至水中，从水中气泡的大小和多少可以判断系统中的空气是否已放尽，当系统中的空气已基本放净时，水中便不再有大的气泡。

七、识读安全泄氨系统原理图

氨冷库中安全泄氨系统如图 1-73 所示。氨制冷装置中压力容器如冷凝器、高压储液器、中间冷却器、低压循环储液器上均应安装安全阀，以便产生意外事故时安全阀能自动顶开，把系统中氨通过安全管排至机房上空，保护制冷装置及人员安全。

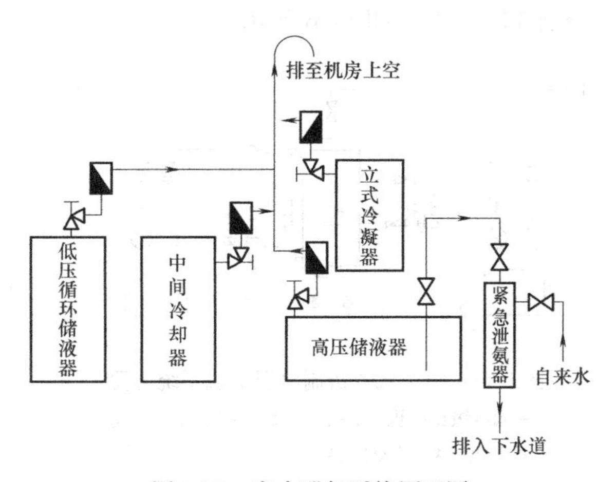

图 1-73　安全泄氨系统原理图

紧急泄氨器用于大中型氨制冷系统中，其作用是遇有火警等事故时，迅速排出容器中的氨液至安全处，以免发生重大事故。紧急泄氨器上部设有一个氨液入口和一个清水入口，发生事故时，先打开水阀，再打开泄氨阀，使氨液与水混合并溶解，最后把氨水排入下水道。

【拓展知识】

一、冷库制冷系统压缩机的配置

1. 单级压缩系统

单级压缩指经过一次压缩从蒸发压力达到冷凝压力，通常在制冷系统中只有一台制冷压缩机或几台制冷压缩机并联使用。确定系统压缩级数的主要根据是压力比值。选用活塞式氨压缩机时，当冷凝压力与蒸发压力的比值小于或等于 8 时，应采用单级压缩。氟利昂系统当冷凝压力与蒸发压力的比值小于或等于 10 时，采用单级压缩。单级压缩机吸排气管道的连接比较简单，如图 1-74 所示。

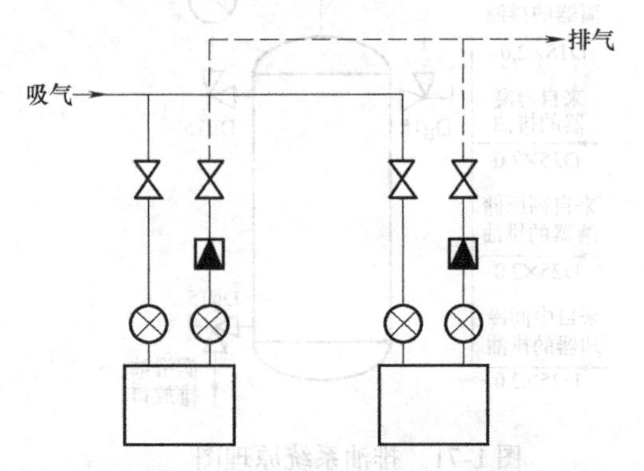

图 1-74　单级压缩机吸排气管道配置

虽然确定系统压缩级数的主要根据是压力比值，但是对一些小型冷库，当冻结量小而又不连续生产时，按照冷凝压力和蒸发压力的比值来确定应是双级压缩形式，当其运转时间所占的比例很小，仍可确定为单级压缩形式。这样既能简化制冷系统，又可方便操作管理，降低能源消耗和冷库的造价。当蒸发温度比较高，压缩比不超过单级压缩允许的数值时，可以采用单级压缩。

2. 双级压缩系统

当冷库制冷系统的冷凝压力与蒸发压力的比值超出单级压缩要求，如氨系统冷凝压力与蒸发压力的比值大于 8，氟利昂系统冷凝压力与蒸发压力的比值大于 10 时，就应考虑采用双级压缩形式。这样不仅能使制冷系统安全、经济地运行，还能延长制冷压缩机的使用寿命。双级压缩制冷系统有采用配组式双级压缩形式，也有采用单机双级压缩形式，其配连方案分别如图 1-75、图 1-76 所示。

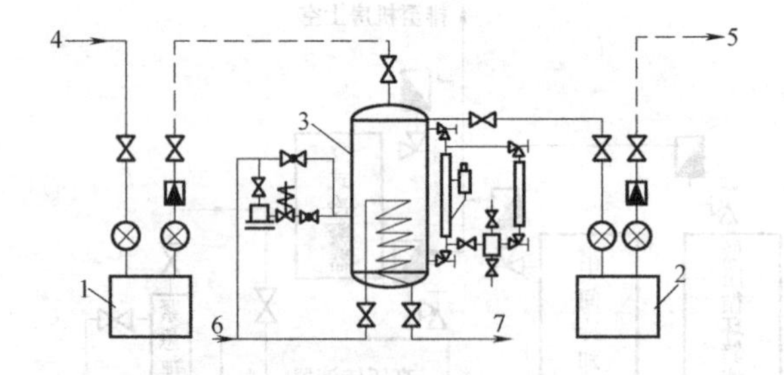

图 1-75　配组式双级制冷压缩机系统配置

1—低压级压缩机　2—高压级压缩机　3—中间冷却器　4—接蒸发器回气　5—接油分离器　6—接高压液体调节站　7—中间冷却器蛇管出液

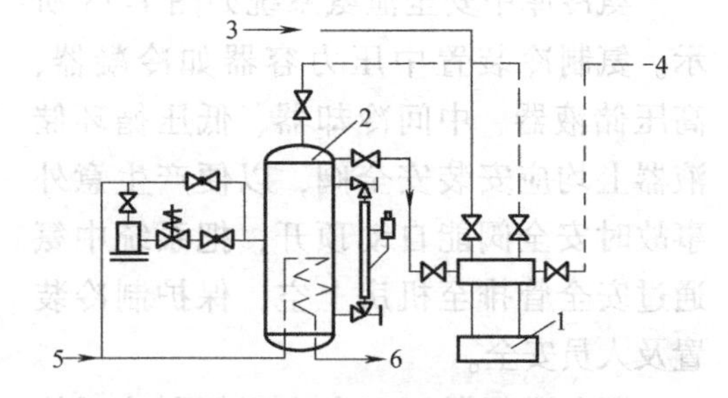

图 1-76　单机双级制冷压缩机系统配置

1—单机双级压缩机　2—中间冷却器　3—接低压循环储液器　4—接油分离器　5—接自高压液体调节站　6—中间冷却器蛇管出液

单机双级压缩形式，就是采用一台制冷压缩机进行双级压缩，它具有占地面积小、系统管道简单、施工周期短、操作管理方便等优点，用于大、中型冷库中。其缺点是不能根据工作条件变化、灵活调整。

配组式双级压缩形式是由几台单级压缩机配合来完成高、低压级压缩。用来配组的制冷压缩机，可以是同型号的，也可以是不同型号的。但应尽量选用相同系列的，以便于零配件互换。配组式双级压缩形式配合的标准以压缩机理论排气量为准，常采用高、低压级压缩机的理论排气容积比为1/30～1/2。

配组式双级压缩形式，可以根据蒸发压力的变化灵活调整，使其单级运行或双级运行。当温度较高的货物刚送进库时，库温较高，蒸发压力也较高，可先按单级运行，当库温、蒸发压力下降到一定值时，再按双级运行继续降温，这样既节省能源，又提高了制冷效率。这种形式对热负荷变动较大的小型冷库更为适宜。

3. 混合式压缩系统

实际上，绝大多数冷库都使用既有单级压缩又有双级压缩的制冷系统，其压缩机与蒸发系统的配连方案，除考虑单级、双级各自的灵活性外，还应在单、双级系统之间考虑不同系统的相互替代。图1-77所示为单级、双级兼有的混合式制冷压缩机系统部分配连方案。图中三个蒸发系统分别由两台单级压缩机和两台双级压缩机负担。由图可以看出，－15℃蒸发系统由两台单级压缩机负担，－28℃蒸发系统和－33℃蒸发系统是由两台单机双级压缩机负担的。－28℃蒸发系统和－33℃蒸发系统一般应采用双级压缩，但当冬季气温比较低，以及冻结间刚进冻时，也可采用单级压缩。两台单级压缩机既可负担－15℃蒸发系统，也可负担－28℃蒸发系统。

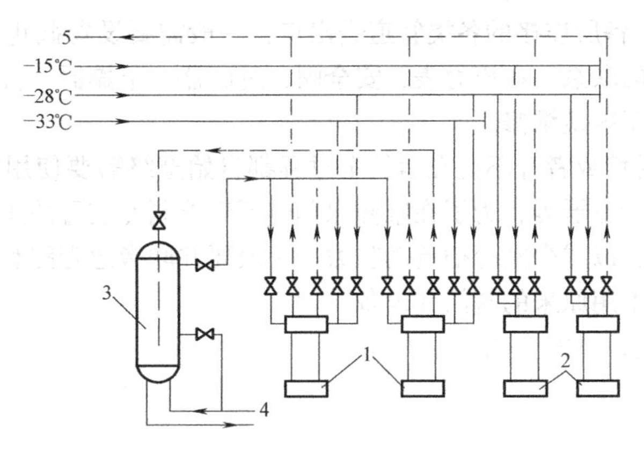

图1-77　单级、双级兼有的混合式制冷压缩机系统配置

1—单机双级压缩机　2—单级压缩机　3—中间冷却器　4—接低压循环储液器　5—接油分离器

二、冷库制冷系统中各类阀门的设置

1. 各类阀门的设置

制冷系统的日常运行，绝大多数是各类阀门的启闭操作。正确地设置阀门，对制冷装置安全、高效地工作，具有重要作用。按照阀门在制冷装置工作过程中所处的状态，可分为如下几类：

(1) 常开类阀门　这类阀门在系统运行过程中一直处于常开状态，只有在机器设备检修时，为把待修部分与系统切断才关闭。这类阀门有：冷凝器、高压储液器、液体分离器、低压循环储液器、中间冷却器等设备上所设置的安全阀前的截止阀，压力表前的截止阀，液面计用阀（气体侧），冷凝器气体入口阀，冷凝器出液阀和高压储液器的进液阀，冷凝器与高压储液器之间的均压阀，高压储液器的出液阀，电磁阀前的截止阀，以及液泵出液管上的截止阀。

（2）常闭类阀门　这类阀门在日常系统运行过程中必须处于全闭状态，只有在维护、保养等操作时才开启。这类阀门有：油分离器、液体分离器、低压循环储液器、高压储液器、中间冷却器、集油器等设备的放油阀，冷凝器、高压储液器的放空气阀（使用自动放空气器除外），充液站的充液阀，制冷压缩机等的旁通阀，融霜阀，制冷压缩机、集油器、空气分离器等的抽气阀。

（3）运行时开、停止时关的阀门　这类阀门在系统正常运行，或机器设备正在使用时，处于全开状态，一旦停止工作则须关闭。这类阀门有：压缩机的排气阀（指车头阀），压缩机的吸入阀，节流阀前集管的总进液阀，流量调节阀前的截止阀，气、液调节站上的切换阀，以及油分离器的回油阀。

（4）调整用阀门　这类阀门随着制冷系统热负荷的变化或者工况的改变，需要相应调整容量，为调整用阀门。这类阀门有：膨胀阀、流量调节阀和压力调整阀。

2. 各类阀门的配置原则

1）根据制冷装置各部分的需要、各类阀门的实际效能，使配置的每只阀门各有所用，不可设可有可无的阀门。尽量用最少数量的阀门，达到安全可靠、操作方便、调节灵活、便于修理、省功省力、制冷效率高的目的。

2）在制冷机器设备所连接的各类管道进出口，一般需要设置截止阀，以便在维修和停止使用时切断与系统的联系。在压力表、安全阀、过滤器、干燥器、自动阀件的前后，也需要设置截止阀，以便于拆换维修。

3）对于易损、易堵或者并不是在运行全过程都自始至终需要使用的阀件、设备，如电磁阀、热力膨胀阀、干燥器等，为了在维修保养时不影响制冷装置的正常工作，或者在完成使命后退出循环过程，以减少制冷剂流动阻力，一般要并联旁通管路和安装旁通阀门，以便在必要时代替或暂时不用原来的阀门和设备。

4）压力容器需要设置安全阀。

【思考与练习】

1. 氨冷库制冷系统有哪些特点？
2. 氨制冷系统中采用下进上出的氨泵供液方式，这种方式有什么特点？
3. 氨冷库制冷系统一般有哪些组成部分？各组成部分各有什么作用？
4. 低压循环储液器的作用是什么？如何进行进液、排液与排油？如何控制液位？
5. 供液集管和排液集管有什么作用？
6. 蒸发器如何进行供液与回气？如何进行融霜与排液？
7. 在什么情况下采用单级压缩系统？其基本工作原理是什么？
8. 在什么情况下采用双级压缩系统？其基本工作原理是什么？
9. 冷凝系统如何冷凝高压过热氨气？

10. 高压储液器有什么作用？
11. 高压液体集管有什么作用？
12. 冷库冷却水系统常用哪些布置方案？各有什么特点？
13. 氨制冷系统如何排油？
14. 氨制冷系统如何排除空气？
15. 紧急泄氨器安装在什么位置？如何发挥作用？
16. 冷库制冷系统有哪几种压缩机配置方案？如何选用？
17. 冷库制冷系统中有哪些常开阀门、常闭阀门？
18. 冷库制冷系统有哪些调整用阀门？哪些是运行时开、停止时关闭的阀门？

课题五　认识冷库控制与调节系统

【知识目标】

1）掌握冷库制冷系统安全保护的目的及措施。
2）掌握冷库电气控制安全保护的目的及措施。
3）掌握冷库制冷系统控制与调节的分析方法。

【能力目标】

1）能识读冷库制冷系统原理图与电气控制电路原理图。
2）能分析冷库制冷系统安全保护及其措施。
3）能分析冷库电气控制安全保护及其措施。
4）能分析制冷系统能量调节方式。

【相关知识】

为了使冷库正常安全工作并达到所要求的工艺指标，需要按照制冷工艺要求对各种制冷设备进行起动、停止操作，并对各类热工参数进行调节，如温度、湿度、压力、流量和液位调节等，因此，需要对冷库制冷系统进行控制与调节。冷库基本的控制与调节系统包括冷库制冷系统安全保护和冷库电气控制，大中型冷库控制与调节系统还包括制冷回路控制、制冷机组自动起停程序控制和压缩机能量调节。

一、冷库制冷系统安全保护

制冷系统安全保护系统是冷库控制与调节的必要部分，是保护设备与人身安全的重要措施。制冷系统安全保护包括压力容器安全旁通、压缩机安全保护、氨泵安全保护、液位超高保护、冷凝器断水保护等。

1. 压力容器安全旁通

为了确保安全，冷库制冷系统需要安装一些安全器件，如安全阀、易熔塞、紧急泄氨器等。安全阀安装在制冷系统高压侧的冷凝器、储液器上，当容器内压力高于开启压力（对于 R22 和 R717 容器为 1.8MPa）时，安全阀能自动顶开。易熔塞主要用于小型氟利昂制冷装置或不满1m^3的容器上，可代替安全阀，当容器内压力、温度骤然升高，且温度高到一定值时，易熔塞通道内合金熔化（熔点为75℃左右），制冷剂即被排出。紧急泄氨器用于大中型氨制冷系统中，用于遇有火灾、地震等事故时，迅速排出容器中的氨液至安全处。

2. 压缩机安全保护

为了保证制冷压缩机的安全运行，必须对压缩机高低压、油压、排气温度、油温和气缸冷却水套断水进行保护。压缩机安全保护措施见表1-16。

表1-16 压缩机安全保护措施

保护名称	保护器件	保护原理
高低压保护	压力控制器（如KD、YWK系列高低压控制器）	当压缩机排气压力高于设定值(对于R22和R717系统通常取1.6MPa)或者吸气压力低于设定值(一般比蒸发温度低5℃所对应的饱和压力)时,压力控制器的微动开关动作,切断压缩机电路电源,使压缩机停车
油压保护	压差控制器（如JC3.5、CWK系列压差控制器）	当液压泵出口压力与压缩机曲轴箱压力差降至设定值(一般情况下,无卸载的压缩机为0.05~0.15MPa,有卸载的压缩机为0.15~0.3MPa)时,压差控制器发出信号,切断压缩机电路电源,使压缩机停止运行
排气温度超高保护	温度控制器（如WTZK系列温度控制器）	将温度控制器的感温包贴靠在靠近压缩机排气口的排气管上,当排气温度超过设定值(一般为140℃)时,温度控制器动作,指令压缩机作事故停机并报警
油温保护	温度控制器、曲轴箱加热器	将温度控制器的感温包放置在压缩机曲轴箱润滑油内,油温保护设定值为70℃。对于氟利昂制冷系统,要在曲轴箱内装加热器,用于加热润滑油,将溶于油中的制冷剂蒸发出来,确保压缩机正常起动。无论是在起动加热还是在压缩机正常工作时,均不能超过70℃这个油温保护设定值
气缸冷却水套断水保护	晶体管水流继电器	在大型氨制冷活塞式压缩机中,通常在气缸上部设冷却水套,降低气缸上部的温度,避免气缸因温度过高而变形造成事故。在水套出水管安装一对电触点,有水流过时,电触点被水接通,继电器使压缩机可以起动或维持正常运行;没有水流过时,电触点不通,压缩机无法起动或执行故障性停车

3. 氨泵安全保护

为了保护氨泵，解决氨泵流量过小、因汽蚀现象不上液而采取相应的保护措施有欠电压保护、防止汽蚀、流量旁通、防止氨泵出口氨液倒流等。氨泵安全保护措施见表1-17。

表1-17 氨泵安全保护措施

保护名称	保护器件	保护原理
欠电压保护	压差控制器（如CWK-11压差控制器）	氨泵不上液或因气蚀而空转时,氨泵的进出口压差很小或为零,这种状态称为欠电压或无压运行。氨泵欠压运行时,氨液流量很小,对于靠氨液来润滑轴承和冷却电动机的氨泵来说,断液时间一长,轴承和电动机就可能烧毁。当实际工作压差小于压差控制器设定值(一般调至0.04~0.06MPa)下限时,压差控制器即发出指令,开始延时和抽气,如果设置的延时时间(屏蔽泵为8~10s,离心泵为10~15s,齿轮泵为30~50s)内不能建立正常压差,及时停止氨泵运行,同时发出声光报警信号
防止汽蚀	抽气电磁阀（如ZCL-20电磁阀）接触器 压差控制器	当氨泵较长时间停止运行后,在氨泵内有可能产生氨蒸气,使氨泵出现汽蚀现象而不能正常运行。在氨泵的顶部与低压循环储液器的上部进气管之间设置一个抽气电磁阀,此阀受氨泵起动接触器和压差控制器控制,一旦氨泵进出口压差小于设定值(一般调至0.04~0.06MPa)下限时,压差控制器即发出延时指令,同时指令抽气电磁阀打开抽气。在延时时间内,如果压差升至压差控制器设置的上限值,抽气电磁阀就自动关闭,氨泵正常运行,否则氨泵就停止运行,抽气电磁阀也关闭,并发出声光报警信号

（续）

保护名称	保护器件	保护原理
流量旁通	旁通阀（如 ZZRP-32 旁通阀）	在冷库中，一台氨泵往往同时向几个冷间蒸发器供液，在冷间温度下降至设定值下限时，便逐个关闭供液电磁阀停止向蒸发器供液降温，到最后必然出现一台氨泵只向一两个冷间供液的情况，此时，氨泵供液量超过合理的循环倍数（液体循环倍数为供液总量与蒸发总量之比，对于自然对流的空气冷却器，其合理的循环倍数为3～4倍；对于强制对流的空气冷却器，其合理的循环倍数为5～6倍）和泵压较高，反而不利于降温。因此，需要在氨泵出口与低压循环储液器的排液进口管之间设置一个旁通阀（如 ZZRP-32 旁通阀），并调定一定的旁通压力。当氨泵的排出压力超过此调定值时，旁通阀自动打开，将一部分氨液排至低压循环储液器中，这样氨压就能控制在合适的范围内
防止氨泵出口氨液倒流	止回阀（如 ZZRN-50 止回阀）	为了防止氨泵停止运行时氨泵出液管内的氨液倒流，特别是防止多台氨泵并联使用时，氨液相互串流的现象出现，因此每台氨泵的出液管上均装设一个止回阀

4. 其他设备保护措施

其他设备的安全保护措施见表1-18。

表1-18　其他设备的安全保护措施

保护名称	保护器件	保护原理
液位超高保护	液位控制器（如 UQK-40 电感式液位控制器） 电磁阀（如 ZCL-32YB 电磁主阀）	冷库制冷系统中的一些设备（如自由液面蒸发器、中间冷却器、高压储液器、低压循环储液器等）需要保持一定的液位，以保证系统能正常供液，液位控制一般通过液位控制器和电磁阀来实现。有些液位控制器除起到液位控制的作用外，还起着液位指示和安全报警作用
冷凝器断水保护	流量开关或压力控制器（如 YWK-11 压力控制器）	当冷却水系统的水量不足或缺水时，会导致冷凝压力过高或冷却水泵空转，此时，安装在冷却水泵的止回阀后的流量开关或压力控制器，发出断水信号并报警，从而保护冷却水泵和压缩机的运行安全

二、冷库电气控制安全保护

冷库电气控制是通过电气控制线路实现的，一个完整的冷库电气控制线路除了要按工艺要求起动与停止压缩机、冷风机、氨泵、冷却水泵、融霜电热器等设备外，还要能实现温度、压力、液位等参数的控制与调节，并且必须具备短路保护、失压保护（零电压保护）、断相保护、设备过载保护等保护功能，同时还能反映制冷系统工作状况，进行事故报警，并指示故障原因。冷库电气控制安全保护措施见表1-19。

表1-19　冷库电气控制安全保护措施

安全保护名称	保护器件	保护原理
短路保护	断路器或熔断器	短路保护是指当电动机或其他电器、电路发生短路事故时，电路本身具有迅速切断电源的保护能力。当电动机或其他电器、电路发生短路事故时，电力电流剧增很多倍，熔断器很快熔断或断路器自动跳闸，使电路和电源隔离，达到保护目的
失压保护（零电压保护）	接触器起动按钮	失压保护（零电压保护）是指当电源突然断电，电动机或其他电器停车后，若电源又突然恢复供电时，电动机或其他电器不会自行通电起动的保护能力。在制冷系统电气控制电路中，凡是具有互锁环节的电路，就有失压保护作用。接触器常开触点与起动按钮并联构成了互锁环节，达到失压保护的目的
断相与相序保护	断相与相序保护器	断相保护是指能在三相交流电动机的任一相工作电源缺少时，及时切断电动机的工作电源，可防止电动机因断相运行而导致绕组过热损坏的保护；相序保护是指被保护线路的电源输入相序错，立即切断电动机的工作电源，可防止电动机反相运行的保护
设备过载保护	电动机综合保护器或热继电器	过载保护是指当电动机或其他电器超载时，在一定时间内及时切断主电源电路的保护

【任务实施】

本课题的任务是以典型的冷库控制与调节系统为例，进一步掌握冷库制冷系统及电气控制电路的原理，能把制冷系统原理图与电气控制电路原理图结合起来，识读制冷系统原理图与电气控制电路原理图，分析整个制冷系统的控制与调节，包括冷库制冷系统安全保护、冷库电气控制和压缩机能量调节。冷库控制与调节系统的认识流程如图1-78所示。

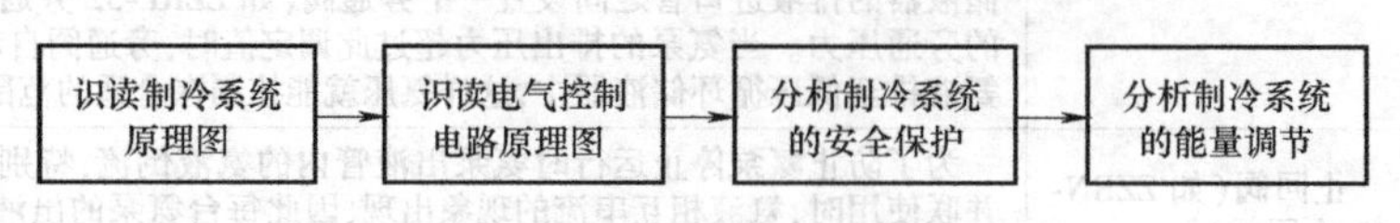

图1-78　冷库控制与调节系统的认识流程

一、分析小型装配式冷库制冷系统的控制与调节

1. 识读制冷系统原理图

图1-79所示为小型装配式冷库制冷系统原理图，图中是由一台压缩冷凝机组（包括压缩机、冷凝器和冷凝风机）、一个低温库冷风机、一个高温库冷风机和一台储液器组成的制冷系统。

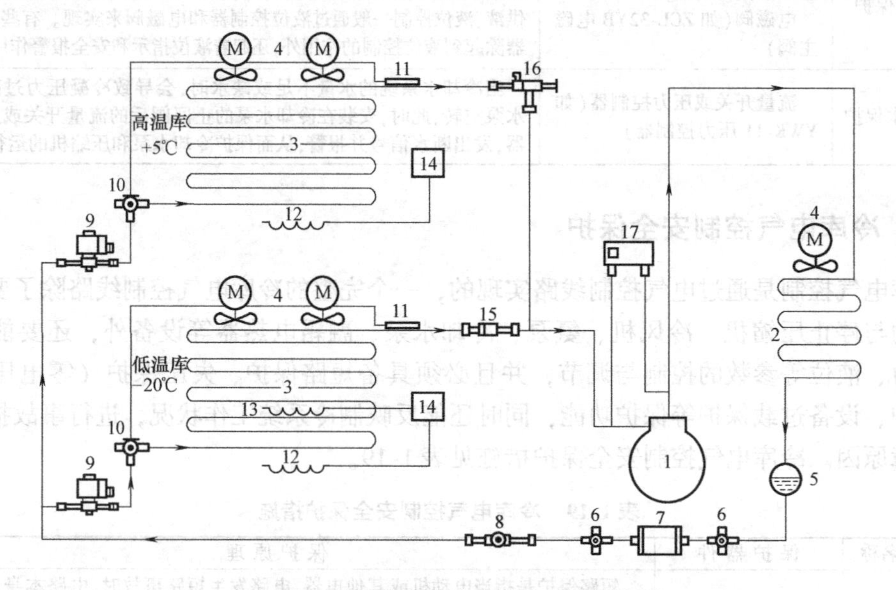

图1-79　小型装配式冷库制冷系统原理图

1—压缩机　2—冷凝器　3—冷风机　4—风机　5—储液器　6—截止阀　7—干燥过滤器　8—视液镜
9—电磁阀　10—热力膨胀阀　11—热力膨胀阀感温包　12—库温传感器　13—化霜传感器
14—微电脑温控器　15—止回阀　16—蒸发压力调节阀　17—压差控制器

制冷剂液体经干燥过滤器流到热力膨胀阀向高低温库供液，在每个热力膨胀阀前，装有电磁阀，由温度控制器分别控制。温度控制器根据感温包处的温度来开关电磁阀。从低温库蒸发器来的吸气管路上装有止回阀，此阀在压缩机停止运行期间，可以防止制冷剂回流到低温库蒸发器。从高温库蒸发器来的吸气管路上装有蒸发压力调节器，可维持蒸发压力固定在冷藏室所需温度。压差控制器是一台高低压组合控制器，可防止压缩机吸气压力过低或排气

压力过高，从而保护制冷装置。

2. 识读电气控制电路原理图

图 1-80 所示为小型装配式冷库的电气控制电路原理图，该电路由主电路和辅助电路组成。主电路为压缩冷凝机组、冷风机和除霜加热器提供电源，由断路器、交流接触器、热继电器组成。辅助电路的主要作用是根据使用要求，自动控制压缩机组、冷风机和除霜加热器的开、停，调节制冷剂流量，还可进行库温、除霜控制，并对电路实施相序与断相保护，对压缩机组、冷风机和除霜加热器实施自动保护，以防烧坏设备。控制电路包括指示灯与库房灯回路、机组控制回路、低温库温控与运行回路以及高温库温控与运行回路。

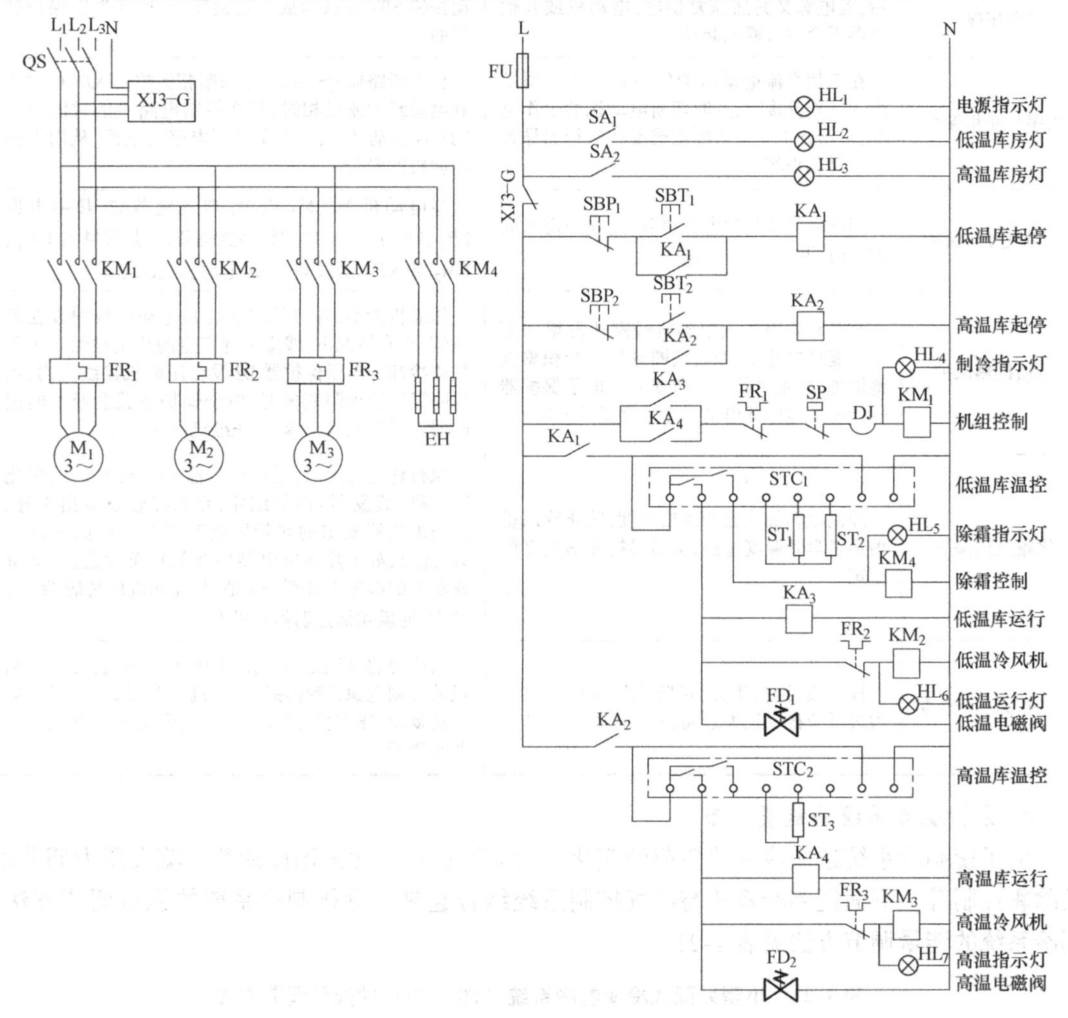

图 1-80　小型装配式冷库的电气控制电路原理图

QS—自动开关　XJ3-G—相序断相保护器　KM_1 ~ KM_4—接触器　FR_1 ~ FR_3—热继电器　EH—融霜加热器
FU—熔断器　SA_1、SA_2—灯开关　SBP_1、SBP_2—停止按钮　SBT_1、SBT_2—起动按钮　SP—压力继电器
KA_1 ~ KA_4—中间继电器　DJ—电子保护器　STC_1、STC_2—微电脑温控器
ST_1、ST_3—库房温度传感器　ST_2—化霜温度传感器　FD_1、FD_2—电磁阀

3. 分析制冷系统的安全保护

为了使制冷系统安全正常地工作，在冷库的电气控制系统和制冷系统中设置了一些必要

的安全保护措施，如电路保护、设备过载保护、压力保护、温度保护等，安全保护措施见表1-20。

表1-20 小型装配式冷库的主要安全保护措施

安全保护名称	安全保护目的	安全保护措施
短路保护	当电动机或其他电器、电路发生短路事故时，电路本身迅速切断电源，防止事故扩大	当电动机或其他电器、电路发生短路事故时，电力电流剧增很多倍，熔断器FU很快熔断或自动开关QS自动跳闸，使电路和电源隔离，达到保护目的
失压保护（零电压保护）	当电源突然断电，电动机或其他电器停车后，若电源又突然恢复供电，电动机或其他电器不会自行通电起动	在电气控制电路中，中间继电器KA常开触点与起动按钮SBT并联构成了互锁环节，达到失压保护的目的
相序与断相保护	在三相交流电动机的任一相工作电源缺少或三相反接时，及时切断电动机的工作电源，可防止电动机因断相或反相运行而导致绕组过热损坏	合上断路器QS后，相序与断相保护器XJ3-G检测到电源断相或反相时，其在控制电路中的常闭触点XJ3-G自动断开，切断了控制电路的电源，从而保护电动机的安全
电动机过载保护	当电动机或其他电器超载时，在一定时间内及时切断主电源电路	当电动机 M_1、M_2 或 M_3 电流超载时，热继电器 FR_1、FR_2 或 FR_3 的脱钩装置跳开，于是接触器 KM_1、KM_2 或 KM_3 的线圈失电，电动机立即停车
压缩机热保护	当某种原因造成电动机线圈热量增加而又不能良好地冷却时，线圈热量就会积累性地增加，严重时就会烧毁线圈。电子保护器件能有效地保证电动机在正常温升下运行	压缩机为半封闭压缩机时，其电动机线圈设在低压侧，正常情况下，线圈运行产生的热量被低压工质气体冷却。电子保护器DJ设在压缩机接线盒内，当线圈温度达到限制值时，电子保护器就会经中间继电器切断压缩机电源，使压缩机停止运转
化霜过热保护	控制融霜加热器的加热温度，防止冷风机内蒸发盘管温度过高，从而维持库房温度的稳定	执行化霜程序时，融霜加热器EH通电发热，融化冷风机（蒸发器）内的结霜，霜水经管道流出库外。融霜加热器发出的热量影响到蒸发器内的温度上升，此时，如果除霜继电器仍在除霜阶段运行，则蒸发器内的温度上升到一定值时，化霜温度传感器 ST_2 动作，使融霜加热器停止供电
压缩机高低压保护	控制吸、排气压力，可防止压缩机吸气压力过低或排气压力过高，从而保护压缩机	当压力超过调定值时，压力继电器SP能切断压缩机的控制电源，待排除压力过高或过低的原因后，需手动复位，压缩机电源才能接通，避免发生严重事故及频繁开机

4. 分析制冷系统的能量调节

为了使制冷系统适应冷库热负荷的变化，就需要进行库房的温度调节、蒸发压力调节以及除霜控制等。下面把制冷系统与电气控制系统结合起来，分析制冷系统的能量调节方法。制冷系统的能量调节方法见表1-21。

表1-21 小型装配式冷库制冷系统（图1-79）的能量调节方法

控制内容	控制措施	控制原理
压缩机的能量调节	采用微电脑温度控制器 STC_1 或 STC_2 进行能量调节	当库房温度下降到微电脑温度控制器 STC_1 或 STC_2 调定值的下限时，控制器上微动开关的电触点断开，切断压缩机控制电路，使压缩机停车。当库房温度回升到微电脑温度控制器 STC_1 或 STC_2 调定值的上限时，控制器上微动开关的电触点接通电路，使压缩机通电正常运行
制冷剂流量控制	采用热力膨胀阀10和电磁阀9进行制冷剂流量控制	当温度下降到设定值，微电脑温度控制器动作，电磁阀9关闭，系统停止向库房供液；当库温回升到设定值后，微电脑温度控制器动作，电磁阀9得电开启供液，热力膨胀阀10节流降压，使制冷系统正常循环

（续）

控制内容	控制措施	控制原理
库房温度调节	采用微电脑温度控制器 STC_1 或 STC_2、电磁阀 9 进行库房温度调节	当库房温度回升到调定值的上限时，微电脑温度控制器 STC_1 或 STC_2 上微动开关的电触点接通电路，电磁阀 9 打开供液，冷风机起动工作，压缩机通电正常运行 当库房温度下降到调定值的下限时，微电脑温度控制器 STC_1 或 STC_2 上微动开关的电触点断开，分别切断冷风机和电磁阀 9 控制电路，停止供液降温，冷风机也停止运行，当两个库房的温度都达到调定值下限时，压缩机自动停车
蒸发压力调节与防止倒流	蒸发压力调节阀 16 可保证两个冷库在各自所需的蒸发压力下工作 止回阀 15 控制制冷剂的流向，防止制冷剂回流	用于一机多库的制冷系统中，在高温库的蒸发器出口管道上安装蒸发压力调节阀 16（也称为背压阀），使阀前的压力保持在库房温度所对应的压力值上，通过回气压力调节阀后与压力值较低的回气总管相连，这样保证系统中各个蒸发器在各自的要求下正常工作 在调节蒸发压力的同时，从低温库蒸发器来的吸气管路上需装有止回阀 15，压缩机停止运行期间，可以防止高温库蒸发器制冷剂向低温库蒸发器倒流
融霜控制	采用微电脑温度控制器 STC_1、融霜加热器 EH 和化霜温度传感器 ST_2 进行融霜控制	电热除霜仅对低温库冷风机（蒸发器）而言。在微电脑温度控制器 STC_1 上进行每天除霜次数调定，每次除霜时间在 15～45min 内调校。除霜时间开始时，电磁阀关闭，供液停止，然后除霜加热器通电发热，融化冷风机（蒸发器）内的结霜，霜水经管道流出库外，除霜完毕。加热器发出的热量影响到蒸发器内的温度上升，此时，如果融霜加热器仍在除霜阶段运行，则蒸发器内的温度上升到一定值时，化霜温度传感器发出信号，微电脑温度控制器 STC_1 动作，停止加热器供电。待除霜阶段结束，微电脑温度控制器 STC_1 发出制冷信号，电磁阀动作，压缩机、冷风机才运转

二、分析氨冷库制冷系统的控制与调节

1. 识读氨冷库制冷系统原理图

图 1-81 所示为某氨冷库制冷系统原理图，该系统分为吸排气与回油回路（压缩机与油分离器）、冷凝与储液回路（水冷冷凝器、冷却水泵和储液器）、氨泵供液回路（低压循环储液器、氨泵和各种控制器）和蒸发回路（冷风机、温度控制器和控制阀门）。系统中制冷剂循环如图 1-81 所示。

2. 识读制冷系统工况指示和故障报警电路

图 1-82 所示为制冷系统工况指示和故障报警电路。该电路反映系统工作状况，进行事故报警，并指示故障原因。

主电路控制接触器 KM 的一个常开触点与正常工作指示信号灯 HL_1 串联，一个常闭触点与停机指示信号灯 HL_2 串联。各项保护元件的一个常闭触点串联起来控制一个中间继电器 KA。KA 的一个常开触点与主电路控制接触器 KM 线圈串联，实现自动保护；KA 的一个常闭触点控制故障信号灯 HL_4。各保护元件的一个常开触点分别与相应的信号灯 HL_5～HL_{11} 串联。

合上电源总开关 Q，停机信号灯 HL_2 亮，当各项参数都正常时，中间继电器 KA 得电后常开触点吸合，使开机信号灯 HL_3 亮。按下起动按钮 SBT，中间继电器 KA_1 得电后吸合自锁，主电路控制接触器 KM 得电吸合，其常开触点闭合，工作信号灯 HL_1 亮，KM 的常闭触点断开，停机信号灯 HL_2 灭。当任何一项参数达到危险值时，中间继电器 KA 失电释放，可开机信号灯 HL_3 灭，故障信号灯 HL_4 亮，同时报警器 HA 警铃报警，相应的指示信号灯亮，KM 线圈失电，压缩机停机。

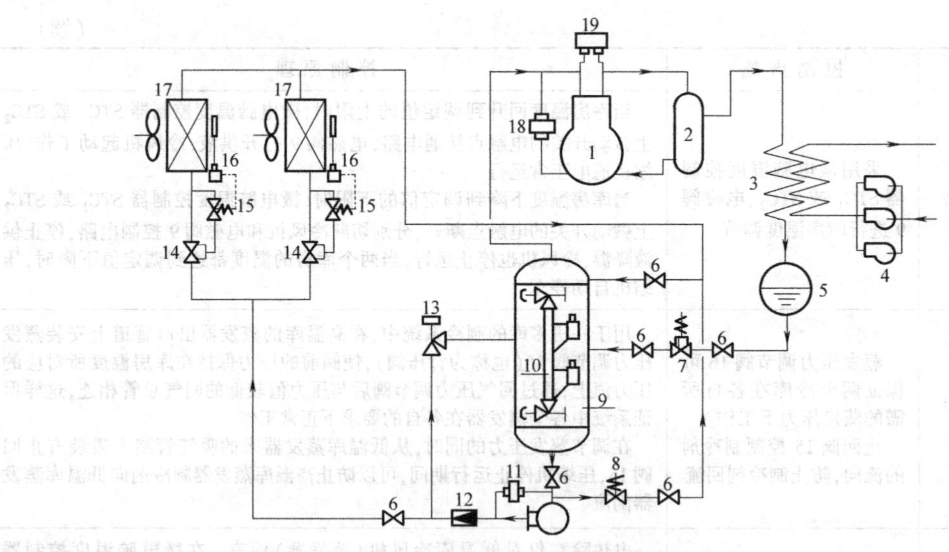

图 1-81 某氨冷库制冷系统原理图

1—氨制冷活塞式压缩机 2—油分离器 3—水冷冷凝器 4—冷却水泵 5—储液器 6—截止阀 7—ZCL-32YB 型电磁主阀 8—电磁阀 9—低压循环储液器 10—UQK-40 型液位控制器 11—CWK-11 型压差控制器 12—ZZRN-32 型止回阀 13—ZZRP-32 型旁通阀 14—ZFS-00YB 型主阀 15—ZCL-3 型电磁导阀 16—WTZK-50 型温度控制器 17—冷风机 18—CWK-22 型压差控制器 19—YWK-22 型高低压控制器

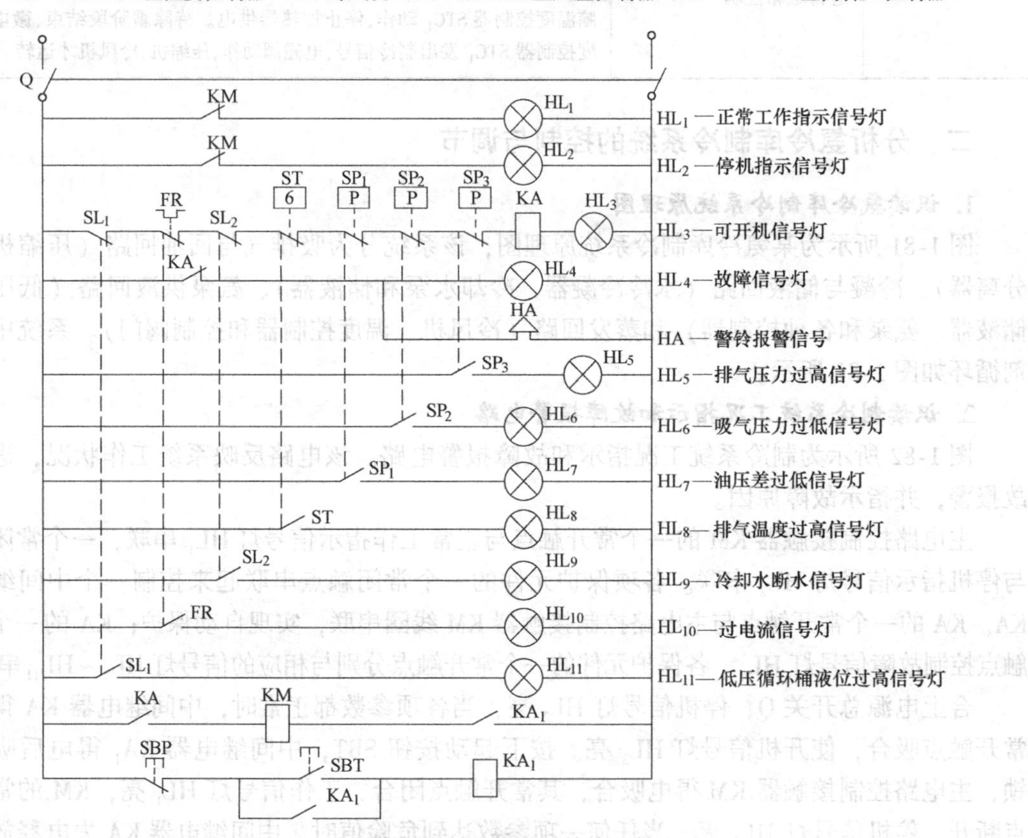

图 1-82 制冷系统工况指示和故障报警电路

KM—接触器 SL_1、SL_2—液位继电器 FR—过载保护器 ST—温度继电器 SP_1、SP_2—压差继电器 SP_3—压力继电器 KA、KA_1—中间继电器 HA—报警器 SBT—起动按钮 SBP—停止按钮

3. 分析氨冷库安全保护系统

由图1-81所示的制冷系统原理图可知，需要安全保护的部分设备是压缩机、氨泵和低压循环储液器，该冷库的安全保护系统分析见表1-22。

表1-22　氨冷库的安全保护系统分析

安全保护名称	安全保护目的	安全保护措施
压缩机高低压保护	防止压缩机排气压力过高，吸气压力过低	采用YWK-22型高低压控制器，当排气压力过高和吸气压力过低时即切断压缩机电源
压缩机油压差保护	防止油压过低及由于堵塞而引起的油压过高，保证压缩机正常供油	采用CWK-22型压差控制器，当压缩机油压差高于上限或低于下限时，切断压缩机电源
压缩机温度保护	防止压缩机排气温度过高，而使润滑油粘度下降产生炭化，保证压缩机使用寿命	将WTZK-12型温度控制器（图1-81中未画出）的温包贴靠在排气管上，并尽可能地靠近排气口，当排气温度超过调定值（一般不超过140℃）时，温度控制器动作，指令压缩机作故障停机
压缩机冷却水断水保护	对于大型氨冷库活塞式压缩机，为了降低气缸上部的温度，通常在气缸上部或气缸盖上铸有冷却水套，冷却水通过水套对压缩机机头起冷却降温作用	一般采用晶体管水流继电器（图1-81中未画出）作断水保护，当水套内没有水流过时，电触点不通，继电器使压缩机无法起动或执行故障性停机。为了避免误动作，电触点断开使压缩机停车的动作要延时15～30s
氨泵欠压保护	防止氨泵不上液或因汽蚀时空转，而使氨泵的电动机和轴承烧毁	在氨泵的进出口端安装CWK-11型压差控制器，当实际工作压力小于压差控制器调定值下限时，即发出指令，开始延时和抽气，如果在设定的延时时间内不能建立正常压差，即停止氨泵运行
防止氨泵汽蚀	当氨泵较长时间停止运行后，有可能在氨泵内产生氨蒸气，使氨泵出现汽蚀现象而不能正常运行	在氨泵的顶部与低压循环储液器的上部进气管之间设置一个抽气电磁阀，此阀受氨泵起动接触器和CWK-11型压差控制器控制，一旦氨泵进出口压差小于设定值（一般调至0.04～0.06MPa）下限时，压差控制器即发出延时指令，同时指令抽气电磁阀打开抽气。在延时时间内，如果压差升至压差控制器设置的上限值，抽气电磁阀就自动关闭，氨泵正常运行，否则氨泵就停止运行，抽气电磁阀也关闭
氨泵供液量控制	由于一台氨泵向几个库房蒸发器供液，若一部分库房温度已经达到给定值，停止进液降温时，会造成氨泵供液量过剩，引起排出压力过高	在泵的出口安装ZZRP-32型旁通阀，并调到一定的旁通压力，当氨泵的排出压力超过调定值时，旁通阀打开，将多余的氨液旁通至低压循环储液器
防止氨泵出口氨液倒流	防止氨泵停止运行时，氨液倒流或多台氨泵并联使用时相互串流	在每台氨泵的出液管上均安装一个ZZRN-32型止回阀
低压循环储液器液位控制	为保证蒸发器供液和氨泵的正常工作，要求储液器保持一定的液位；另外，为保持气液分离效果，防止液位过高，氨液进入压缩机而产生液击现象，要求限制最高液位	采用UQK-40型电感式浮球遥控液位计与ZCL-32YB型电磁主阀配合使用实现液位控制。当液位下降到下限时，电磁导阀开启，主阀开启，向储液器供液，使液面回升；当液位回升至上限时，电磁导阀关闭，主阀关闭，停止向储液器供液。当储液器液位超高时，液位控制器发出报警信号

4. 分析氨冷库制冷系统的能量调节

图1-81所示的制冷系统原理图中，安装四台压缩机（图中只画出一台，另三台未画出）。在冷库运行过程中，需要根据热负荷的变化来进行压缩机能量调节、库房温度调节、冷凝压力调节，以及氨泵控制等。表1-23列出了氨冷库制冷系统的能量调节方法。

表1-23　氨冷库制冷系统的能量调节方法

调节名称	调节目的	调节方法	调节原理
压缩机能量调节	使压缩机的产冷量与所需要的热负荷相匹配	系统安装四台压缩机，通过压力控制器（YWK-22型高低压控制器）控制吸入压力的方法来实现	压缩机能量调节中四台压缩机的起停顺序如图1-83所示。第Ⅰ号机受库房温度控制器控制，只要有一个库房的温度高于给定上限值，该压缩机就开启。只有当所有库房的温度都到达温度下限时，该压缩机才关闭。第Ⅱ、Ⅲ、Ⅳ号机均受压力控制器控制
库房温度调节	将冷库房温度稳定在所需要的范围内	采用双位控制规律的WTZK-50型温度控制器，推动ZCL-3型电磁导阀和ZFS-00YB型主阀，并连动冷风机和氨泵	当库温高于给定上限时，温度控制器触头接通，发出降温信号，使电磁导阀打开，带动主阀打开，氨泵运转供液，冷风机起动工作，压缩机起动工作。当库温低于给定下限时，电磁导阀关闭，带动主阀关闭，停止液库房供液，该库房冷风机也停止运转。当各库房的温度都达到给定下限值，不需要供液降温时，氨泵压缩机自动停止工作
冷凝压力调节	控制冷凝压力不低于下限值	采用三台水泵，用调节水量的方法来控制冷凝压力。水泵受温度控制器（WTZK型温度控制器）、压力控制器（图1-81中未画出）控制	水泵Ⅰ的工作受温度控制器控制，只要有任意一库房的温度控制器发出降温信号，则在供液降温的同时，该台水泵投入工作。另外两台水泵受压力控制器控制。水泵的起停顺序如图1-84所示
融霜控制	防止蒸发器结霜太厚，降低机组运行性能	应用微压差控制器（图1-81中未画出）来控制蒸发器霜层的厚薄，实现不定时自发性融霜	微压差控制器属双位控制器。当霜层变厚时，冷风机进出口压差明显增大，超过微压差控制器的给定值，控制器触头闭合，发出融霜信号，实现自动除霜

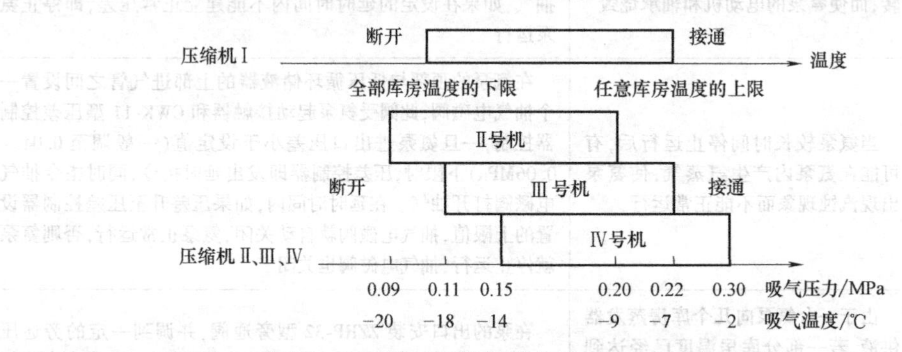

图1-83　压缩机能量调节中四台压缩机的起停顺序

水泵Ⅰ：任意库房需要降温——开启水泵Ⅰ

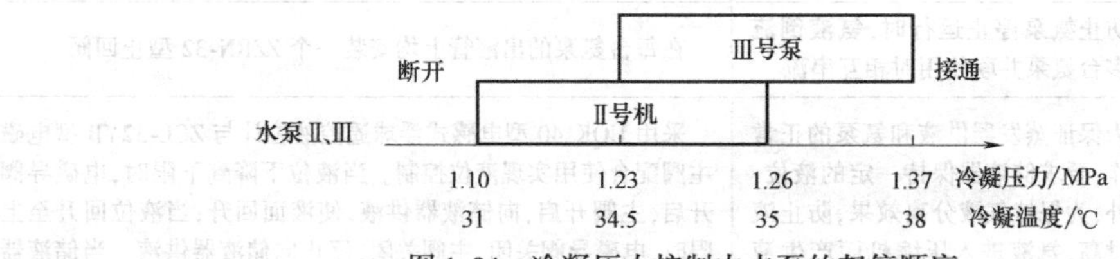

图1-84　冷凝压力控制中水泵的起停顺序

【拓展知识】

一、活塞式压缩机能量调节

压缩机能量调节是指改变压缩机制冷能力，使之与冷库所需要的变化冷负荷相适应的一种调节，其目的是使制冷系统处于一个经济合理的运行状态，并实现压缩机轻载或空载起动。常见的活塞式压缩机能量调节方式有压缩机间隙运行、热气旁通能量调节、压缩机数台运行控制和气缸卸载四种。

1. 压缩机间隙运行

压缩机间隙运行又称压缩机起动控制，是能量调节与负荷平衡的一种最简单形式，一般用于只配置一台无卸载装置压缩机的小型冷库中。

通常使用低压控制器或温度控制器直接控制压缩机的起停。当吸气压力降到低压控制器设定值下限时，控制器断开电触点，并控制切断压缩机主电路电源，使机器停止运行；或者当库房温度下降到温度控制器调定值的下限时，温度控制器上微动开关的电触点断开，并控制切断压缩机电路，使压缩机停车。当吸气压力回升到低压控制器设定值的上限时，又接通电源，使压缩机运行制冷；或者当库房温度回升到温度控制器调定的上限值时，电触点接通控制电路，使压缩机通电正常运行。

2. 热气旁通能量调节

这是将制冷系统高压侧气体旁通到低压侧的一种能量调节方式，其具体实施的方案可以根据制冷系统的实际情况而定。

图 1-85 所示为用一台无卸载装置的压缩机，同时向几个不同库温的库房供应冷量。虽然在设计中选用了不同口径的膨胀阀来满足各库所需的冷量要求，但在实际运行中，各库房是不会同时到达规定温度值的。若 4 个库房中已有 3 个库房降至规定温度值，则相应的 3 个电磁阀关闭，剩下 1 个库房仍需降温，在这种情况下，压缩机只需向一个膨胀阀供液，供液量就大为减少，但压缩机的吸气容积是不变的，因此就导致吸气压力迅速降低，并会引起低压控制器动作，触点断开，造成压缩机停车。此时，由于该库的温度仍未到达规定值，还有液体制冷剂进入库房蒸发器，故很快又使吸气压力回升，引起低压控制器触点接通，压缩机再次起动工作。这样在不应该停车的情况下，因低压被抽得过低，使压缩机开停频繁而产生事故隐患。为了避免这种现象，采用在排、吸气管之间安装一只旁通阀，当吸气压力低于一个给定值时（此值高于且接近于低压控制器上的电触点断开的压力值），旁通阀自动打开，使一部分排气流过旁通阀直接回到吸气管中，维持吸气压力在给定值以上，避免低压抽得过低而停车。为了防止高压热气旁通到吸气管后，因吸气温度高而出现排气温度过高的现象，

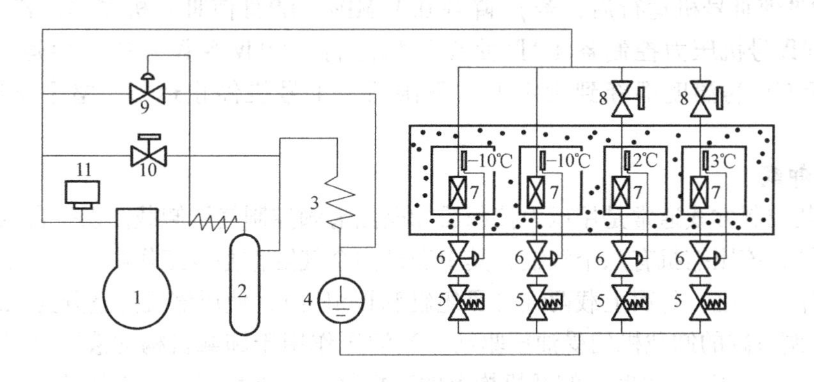

图 1-85　热气旁通调节能量原理图

1—压缩机　2—分油器　3—冷凝器　4—储液器　5—电磁阀　6—热力膨胀阀　7—蒸发器　8—蒸发压力调节阀　9—注液阀　10—旁通调节阀　11—低压控制器

需要在吸气管、冷凝器出液管之间安装一个注液阀（热力膨胀阀），当排气温度过高时，注液阀及时向吸气管提供低压制冷剂液体，以降低排气温度。只有在4个冷库都达到规定温度值时，相应的4个电磁阀全部关闭，切断蒸发器的所有供液通道再由低压控制器来控制压缩机的停车。

3. 压缩机数台运行控制

在大中型冷库中通常采用多台压缩机联合供冷，根据库房热负荷的变化来决定投入运行的压缩机台数实现能量调节，以降低用电量，减少生产成本。

按照机房压缩机台数和每台压缩机的容量，将能量划分为若干个等级。第1能级（最低能级）为基本能级，受库房温度控制起、停。以后各能级所对应的压缩机的起、停分别用吸气压力（或蒸发温度）控制。将吸气压力 p_s 或蒸发温度 t_0 分成若干个设定值与各能级一一对应。按照运行中吸气压力（或蒸发温度）的变化，自动地起、停压缩机，使机群的能量自动增、减到指定的能级上。

例如，某冷库制冷系统用四台氨压缩机：412.5A（Ⅰ号机）、812.5A（Ⅱ号机）、812.5A（Ⅲ号机）和412.5A（Ⅳ号机）。Ⅰ号机为基本能级，它的起停受库房温度控制：只要有一个库房到指定温度的上限时，Ⅰ号机便运行；全部库房都达到指定温度的下限时，Ⅰ号机停车。Ⅰ号机运行后，根据吸气压力变化决定Ⅱ、Ⅲ、Ⅳ号机的工作。用三只压力控制器各控制一台压缩机的起停，每台压缩机起停的压力设定值见表1-24。

表1-24　压缩机起停的压力设定值

压缩机	Ⅱ号机	Ⅲ号机	Ⅳ号机
压力控制器	LPⅡ	LPⅢ	LPⅣ
上限接通压力/MPa(表)	0.20(−9℃)	0.22(−7℃)	0.30(−2℃)
下限断开压力/MPa(表)	0.09(−20℃)	0.11(−18℃)	0.15(−14℃)
差分值/MPa(表)	0.11(11℃)	0.11(11℃)	0.15(12℃)

每级能量调节过程为：任何一个库房温度达到设定值的上限时，温度控制器使Ⅰ号机起动运行。30min后，若吸气压力 p_s 升到0.20MPa，Ⅱ号机的压力控制器LPⅡ使Ⅱ号机运行。Ⅱ号机运行后若 p_s 降到0.09MPa，LPⅡ使它停车；若 p_s 继续上升到0.22MPa，Ⅲ号机的压力控制器LPⅢ使Ⅲ号机运行后，若 p_s 降到0.11MPa，LPⅢ使Ⅲ号机停车；若 p_s 继续升到0.30MPa，则Ⅳ号机压力控制器LPⅣ使Ⅳ号机运行。LPⅣ令Ⅳ号机退出运行的 p_s 值为0.15MPa。所有库房温度都降到设定值的下限后，Ⅰ号机停止运行，整个制冷系统停止工作。

4. 气缸卸载

气缸卸载控制方式通常是用压力控制器和电磁滑阀控制气缸卸载。以一台八缸压缩机的气缸卸载为例，该压缩机有八个气缸，其中安排四个气缸作基本工作缸（Ⅰ组缸和Ⅱ组缸），另外四个缸作调节缸，每次上载两缸（Ⅲ组缸和Ⅳ组缸），使压缩机能量分为三级，即1/2、3/4和4/4。调节缸的卸载机构受油压驱动。当油压作用于卸载机构的液压缸时，气缸正常工作（上载）；当油压消失时，卸载机构上的顶杆将吸气阀片顶开，不能盖住吸气孔，气缸因失去压缩作用而卸载。

能量调节方法为：用压力控制器LP控制压缩机电动机；用压力控制器P3/4控制第Ⅲ

组气缸卸载机构油路管上的电磁滑阀 DF1；用压力控制器 P4/4 控制第Ⅳ组气缸卸载机构油路管上的电磁滑阀 DF2。上述三只压力控制器的设定值见表 1-25。

表 1-25 压力控制器的设定值

压力控制器	P4/4	P3/4	LP
断开压力/MPa(蒸发温度/℃)	0.31(0)	0.30(-1)	0.28(-3)
接通压力/MPa(蒸发温度/℃)	0.36(4)	0.34(3)	0.33(2)
差分压力/MPa(蒸发温度/℃)	0.05(4)	0.04(4)	0.05(5)

八缸压缩机三级气缸卸载顺序如图 1-86 所示。

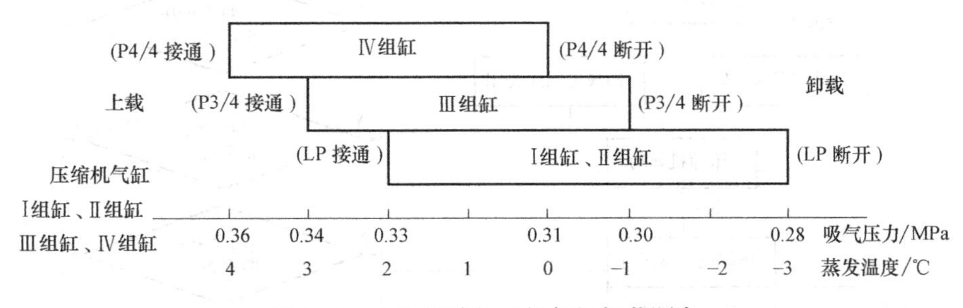

图 1-86 八缸压缩机三级气缸卸载顺序

当压缩机满负荷工作时，四组八缸全部投入运行。蒸发温度降到 0℃时，压力控制器 P4/4 使电磁滑阀 DF2 失电，滑阀落下，阻断从油泵送往第Ⅳ组卸载液压缸去的配油孔，停止液压油供应，该液压缸中的油回流入曲轴箱，第Ⅳ组的两个气缸卸载，压缩机降到 3/4 能级运行。当蒸发温度降到 -1℃时，压力控制器 P3/4 断开，使电磁滑阀 DF1 失电，第Ⅲ组的两个气缸卸载，压缩机降至 1/2 能级运行。当蒸发温度降到 -3℃时，压力控制器 LP 断开，切断电源，整台压缩机停止工作。停车后，若吸气压力回升到 0.33MPa（2℃），压缩机重新起动，基本能级的四个缸投入工作。此后，若吸气压力继续升高，每次上载二个缸的过程如图 1-86 所示。

二、活塞式压缩机的自动起停程序

在检查了制冷系统各部分都正常后，方可进行自动开机操作，开机信号可由温度控制器发出，同时还可以配有手动按钮发出开机信号，进行压缩机减载或空载起动，在能量调节装置和安全保护装置的控制下，机组投入正常有序的运行。正常停机信号可由温度控制器或压力控制器发出，也可以手动按钮发出，事故停机信号则来自安全保护装置。

下面以单级氨压缩机为例，说明自动起停运行的程序过程，如图 1-87 所示。合上供电总开关或断路器，制冷系统低压电气控制柜接通电源。

由温度控制器的感温探头感知库房热负荷的变化，当热负荷温度上升到温度控制器调定值上限接通温度值时，温度控制器上微动开关的电触点接通，使控制冷却水泵、压缩机水套电磁阀、冷却塔风机的中间继电器得电，上述设备逐一起动。约过 10s，延时机构接通控制氨泵电动机的继电器，使氨泵开机运行，向低压循环储液器供液，约过 50s，延时机构接通能量调节卸载电磁阀电路，电磁阀得电开启，来自油泵的液压油流经电磁阀，然后又回到曲轴箱，液压油没有进入卸载液压缸内，液压缸内建立不了足以推动活塞的油压，气缸内吸气

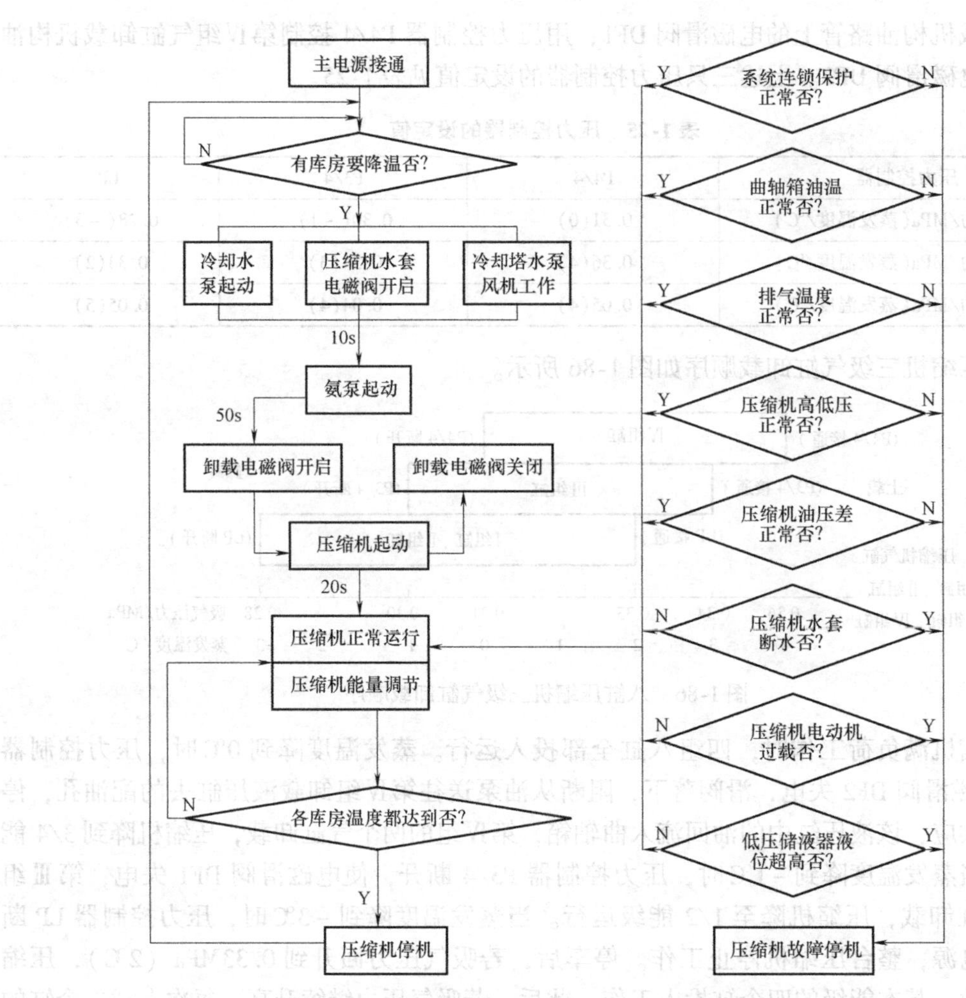

图 1-87　单级活塞式制冷压缩机自动起停过程

阀片顶开，呈卸载状态。同时，压缩机电动机主电路接通得电，压缩机在空载（吸气阀片全部被顶起时）或轻载（吸气阀片部分被顶起时）条件下起动运转，建立了正常油压后卸载电磁阀失电关闭，液压油可进入卸载液压缸内建立油压推动油活塞。压缩机吸气阀片落下后盖住吸气孔，压缩机在各安全保护装置的控制下进入负载运行状态。如果任一个安全保护装置发生动作，都会切断压缩机电动机电源，使压缩机作故障停机，同时接通报警电路，事故红灯亮，提醒操作人员排除故障。当压缩机处于正常运行状态时，能量调节机构则根据冷库或其他制冷场所温度的变化来调整压缩机的制冷量，使之与热负荷的变化相适应，这样压缩机就处于一个经济、合理的运行状态中。当热负荷温度下降到温度控制器调定值下限以下断开温度值时，温度控制器上微动开关的电触点断开，切断压缩机主电路，压缩机停机。

【思考与练习】

1. 冷库制冷系统需要安装哪些安全器件？分别起什么作用？
2. 为了保证制冷压缩机的安全运行，常用哪些保护器件？其保护原理是什么？
3. 为了保护氨泵，解决氨泵流量、因气蚀现象不上液而采取哪些保护措施？其保护原理是什么？

4. 冷库电气控制通常采用哪些保护措施？其保护原理是什么？

5. 单机两库的冷库中，如何进行库温的调节？

6. 在一机多库的制冷系统中，设置蒸发压力调节阀和止回阀的作用是什么？

7. 在氨制冷系统中，如何防止氨泵不上液或因气蚀而空转？如何防止氨泵气蚀？

8. 为什么要对低压循环储液器进行液位控制？其控制原理是什么？

9. 图1-81所示的制冷系统原理图中，如何进行压缩机能量调节、库房温度调节、冷凝压力调节，以及氨泵控制？

10. 常见的活塞式压缩机能量调节方式有哪些？如何实现能量调节？

11. 单级氨压缩机如何实现自动起停运行？

模块二 冷库制冷装置的安装

课题一 制冷压缩机组的安装

【知识目标】

1）熟悉活塞式制冷压缩机组规格型号的含义。

2）了解8ASJ-17型活塞式制冷压缩机组常见技术参数、应用场合及使用条件。

3）掌握制冷压缩机组安装的一般要求，明确活塞式制冷压缩机的安装流程。

【能力目标】

1）给定机组规格型号，能说出其规格型号的含义。

2）掌握机组安装的步骤和方法，能按要求完成8ASJ-17型活塞式制冷压缩机组的安装。

【相关知识】

本模块以10000t氨冷库典型制冷系统的主要制冷设备为例，完成相关制冷装置安装的学习任务。该冷库为五层建筑，顶层共两间，均为冷却物冷藏间，每间容量为1000t，其余四层均为冻结物冷藏间，每层两间，每间容量为1000t，冷库总容量为10000t。该冷库还建有六间冻结间，每间容量为20t，冻结时间为20h。冷库制冷系统采用氨泵供液，分为-33℃、-30℃、-15℃三个蒸发系统，整个冷库的主要设备配置见表2-1。

表2-1　10000t氨冷库制冷系统主要设备配置表

系统名称	设备名称	规格型号	数量/台	备　注
-33℃蒸发系统（估算热负荷为648kW）	单机双级活塞式制冷压缩机组	8ASJ-17	4	单机制冷量163kW，电动机功率132kW
	中间冷却器	ZL-8.0	2	单台换热面积8.0m^2
	低压循环储液器	DXZB-3.5	2	单台容积3.5m^3，直径1200mm
	屏蔽氨泵	40PW-40A	4	单台流量5.6m^3/h，扬程32mH_2O
	空气冷却器（冷风机）	KLJ-400	24	6间冻结间，每间配4台
-30℃蒸发系统（估算热负荷为186kW）	单机双级活塞式制冷压缩机组	S8-12.5	2	单机制冷量97kW，电动机功率75kW
	中间冷却器	ZL-6.0	1	单台换热面积6.0m^2
	低压循环储液器	DXZ-3.5	2	同上
	屏蔽氨泵	40PW-40A	2	同上
	光滑顶排管			8间冻结物冷藏间均配排管

（续）

系统名称	设备名称	规格型号	数量/台	备　注
-15℃蒸发系统（估算热负荷为174kW）	单级活塞式制冷压缩机组	6AW-12.5	1	单机制冷量187kW，电动机功率75kW
	低压循环储液器	DXZB-2.5	1	单台容积$2.5m^3$，直径1000mm
	屏蔽氨泵	40PW-40A	1	同上
	空气冷却器（冷风机）	KLL-400	4	2间冷却物冷藏间，每间配2台
冷凝与储液系统	蒸发式冷凝器	CZN-830	3	单台标准排热量830kW，风量$31.4m^3/s$，水流量24L/s
	高压储液器	ZA-5.0	2	容积$4.98m^3$
油分与排油系统	氨油分离器	YF-125	3	与三台冷凝器配套，直径为600mm，进出管径为125mm
	油液分离器	JY-200	1	供三台冷凝器排油，直径为219mm，高为900mm
	高压集油器	JY-300	2	一台供氨油分离器排油；另一台供储液器、油液分离器、中间冷却器排油。直径为325mm，高为1150mm
	低压集油器	JY-300	1	供5台低压集油器排油
		JY-200	5	供5台低压循环储液器排油
不凝性气体分离系统	空气分离器	KF-32	1	进液直径为32mm，换热面积为$0.45m^2$

一、活塞式制冷压缩机组规格型号的含义

目前各制冷压缩机厂对活塞式制冷压缩机组的表示方法不尽相同，下面以上海第一冷冻机厂有限公司、大连冷冻设备制造有限责任公司和烟台冰轮股份有限公司生产的活塞式制冷压缩机组为例，说明活塞式制冷压缩机组规格型号的含义，见表2-2。

表2-2　活塞式制冷压缩机组的规格型号的含义

<table>
<tr><td rowspan="2">产品类型</td><td colspan="5">产品型号位数表示的含义</td></tr>
<tr><td>第一位</td><td>第二位</td><td>第三位</td><td>第四位</td><td>第五位</td></tr>
<tr><td rowspan="3">单级产品</td><td>表示气缸数，阿拉伯数字</td><td>表示制冷剂种类，A表示氨，F表示氟利昂</td><td>表示气缸布置形式</td><td>表示气缸直径，阿拉伯数字，单位mm</td><td>表示传动方式，A表示直接传动（可省），B表示间接传动</td></tr>
<tr><td colspan="5">注：气缸布置形式有如下类型：Z型表示立式，V型表示夹角90°，W型表示夹角60°，S型表示夹角45°</td></tr>
<tr><td colspan="5">实例：6AS10表示气缸数为6缸，制冷剂为氨，气缸布置形式为S型，气缸直径为100mm</td></tr>
<tr><td rowspan="2">单机双级产品（烟冷，上冷）</td><td>表示双级，用S表示</td><td>表示气缸数，阿拉伯数字</td><td>表示制冷剂种类，A表示氨，F表示氟利昂（有时省略本单元）</td><td>表示气缸直径，阿拉伯数字，单位mm</td><td>表示传动方式，同上</td></tr>
<tr><td colspan="5">实例：S8A12.5表示双级压缩机，气缸数为8缸，制冷剂为氨，气缸直径为125mm</td></tr>
</table>

（续）

产品类型	产品型号位数表示的含义				
	第一位	第二位	第三位	第四位	第五位
单机双级产品(大冷)	表示气缸数，阿拉伯数字	表示制冷剂种类，A表示氨，F表示氟利昂(有时省略本单元)	表示气缸布置形式	表示双级，用J表示	表示气缸直径，阿拉伯数字，单位mm
	实例：8ASJ10表示气缸数为8缸，制冷剂为氨，气缸布置形式为S型，双级，气缸直径为100mm				

表2-1所列的三种压缩机型号的含义分别为：

8ASJ-17表示8个气缸，气缸布置形式为S型，气缸直径为170mm的单机双级活塞式氨制冷压缩机组。

S8-12.5表示8个气缸，气缸直径为125mm的单机双级活塞式氨制冷压缩机组。

6AW-12.5表示6个气缸，气缸布置形式为W型，气缸直径为125mm的单级活塞式氨制冷压缩机组。

二、活塞式制冷压缩机组常见的技术参数（见表2-3）

表2-3 活塞式制冷压缩机组常见的技术参数

常见技术参数 \ 活塞式压缩机型号	8ASJ-17	S8-12.5	6AW-12.5
额定制冷量/kW	163	95	190
气缸数	8(高压级2,低压级6)	8(高压级2,低压级6)	6
气缸直径/mm	170	125	125
活塞行程/mm	140	100	100
能量调节范围	0,1/3,2/3,1	0,1/3,2/3,1	0,1/3,2/3,1
额定转速/(r/min)	750	960	960
配用功率/kW	132	75	75
电源	380V、50Hz(三相电源)	380V、50Hz(三相电源)	380V、50Hz(三相电源)
压缩机加油量/kg	50	40	42
压缩机质量/kg	3280	1100	1000
机组质量/kg	5850	2000	2500
高压缸进、排气管直径/mm	进80、排65	进65、排65	进100、排80
低压缸进、排气管直径/mm	进125、排100	进100、排100	
冷却水管直径/mm	20	15	15

三、制冷压缩机组安装的一般要求

1）收齐制冷装置、系统设计的原始资料、技术文件，熟悉全部内容。

2）检查所有进场设备的完整性、配件数量等细节，备齐各类安装工具、校正垫铁等材料。

3）根据施工图样要求，对制冷压缩机组进行开箱清点和外观检验（如包装、设备名称、规格型号、检验证书、使用说明书、配件以及设备表面等），并做好检查记录。

4）对于整机出厂的制冷压缩机组，要在规定的保证期内安装，且油封、气封应良好，无锈蚀，内部不可拆洗。当超过防锈保质期或有明显缺陷时，应对机组进行拆卸、清洗，并参考制冷机组出厂资料和技术文件。

5）安装制冷压缩机组时，应在基础、底座的基面上找平和调正，有减振要求的应按设计要求安装。

【任务实施】

本课题的任务是安装8ASJ-17型活塞式氨制冷压缩机组，掌握8ASJ-17型机组安装步骤及方法，按照机组安装流程进行施工。任务实施所需的主要设备有8ASJ-17型活塞式氨制冷压缩机组，吊装设备有链式提升机（钢丝绳、轧头、卡环），量具有框式水平仪、千分表、平尺、卡钳、游标卡尺、千分尺、塞尺等，安装配件有地脚螺栓、垫铁等。

一、总体认识8ASJ-17型活塞式氨制冷压缩机组

8ASJ-17型活塞式氨制冷压缩机组是一款单机双级活塞式氨制冷压缩机组，其外形如图2-1所示。在冷凝温度≤40℃，蒸发温度－25～－45℃的范围内，可以广泛应用于各种需要实现空调、制冷的场合，如石油、化工、制药等工业产品的低温生产、试验，食品低温加工与冷藏等。压缩机组由压缩机、电动机、联轴器、控制（自动保护）台组成，安装在同一公共底座上。控制台上装有高压、中压、油压继电器，保护机器运行安全可靠。该机组适用于氨工质，采用高速多缸逆流活塞式压缩机，设有能量调节装置，可实现无负荷起动。设有放油三通阀，可在运转中加油，机器用联轴器直接与电动机连接。其使用条件是：低压级最高排气压力≤0.7MPa（表压），高压级最高排气压力≤1.5MPa（表压）；低压级最高排气温度≤120℃，高压级最高排气温度≤150℃；低压级最大压力差≤0.8MPa，高压级最大压力差≤1.4MPa。

图2-1 8ASJ-17型机组外形图

8ASJ-17型机组安装流程如图2-2所示。

图2-2 8ASJ-17型机组安装流程图

二、8ASJ-17型机组安装步骤及方法

1. 基础施工

设备布局放样完成后，即可开始机组基础的施工准备。机组基础一般由土建单位负责施工，机组安装单位配合。为保证基础能承受负荷载重量，确保机组的精度和寿命，8ASJ-17型机组应采用砌体结构或钢筋混凝土的块型基础。

第一步：检查设计图样上的尺寸与机组是否相符，检查机组安装的地脚螺栓数量、规格是否相符。8ASJ-17 型机组基础如图 2-3 所示。

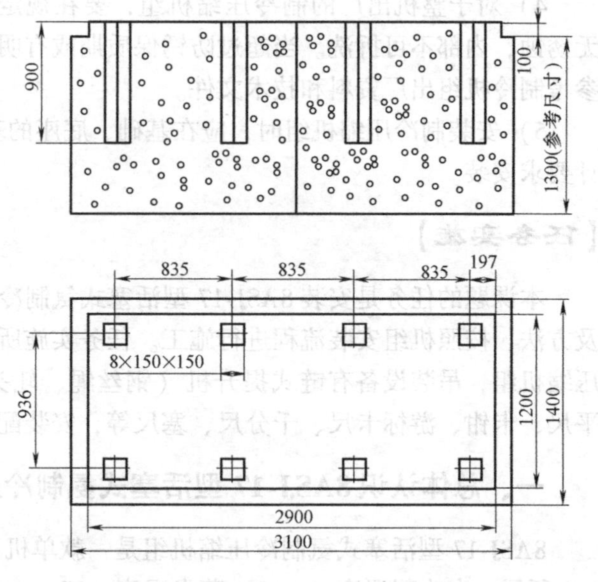

图 2-3　8ASJ-17 型机组基础图

第二步：照图样尺寸要求装好基础模板及 8 个地脚螺栓预留孔的模板，定位要准确，预留孔模板应垂直放置。8ASJ-17 型机组的电动机功率大于 100kW 以上，因此需要在基础模板内适当配置钢筋。此外，还要注意水电等其他预埋件。

第三步：采用标号为 100～150 号的混凝土进行浇灌，浇灌完成后要进行 7～10天的浇水养护，使混凝土保持湿润，并以草袋或麻袋覆盖。

第四步：混凝土初凝后（一般约 8h），应拆除地脚螺栓的预留孔模板，若不及时拆除，待混凝土完全凝固后，模板就不易拆除。整个模板的拆除要待混凝土强度达到 50% 时再拆除，之后清理基础四周和地脚螺栓的模板及孔内积水等。

2. 基础检查

基础要有足够的强度、刚度和稳定性，才能承受机组的静负荷和动负荷，同时吸收和隔离由动力作用产生的振动。在机组安装前，应对基础进行仔细检查，发现问题及时处理。

第一步：基础强度检查的简易方法为敲击法。即先用小锤在混凝土表面敲击，若敲击声响亮，而且表面几乎无痕迹，然后用尖錾轻轻錾混凝土表面后，表面稍有痕迹，这样说明混凝土的强度达到要求。

第二步：用量具检查基础的尺寸。基础尺寸检查的内容有基础的外形结构、平面的水平度、中心线、标高、地脚螺栓的深度和距离、混凝土内的预埋件等。检查完毕，填写表 2-4 的内容。

表 2-4　机组基础检查验收表

检 查 项 目	设计值	实测值	允许偏差	是否合格
1. 混凝土基础 长/宽/高/mm 表面标高/mm 沟坑/地脚螺栓孔/凸部分尺寸/mm			 ±20 ±30 ±10	
2. 地脚螺栓（直径 <50mm） 标高/mm 中心距/mm 垂直度/mm · m^{-1}			 ±5 ±3 ±10	
3. 中心标板上的冲点位置/mm			±1	
4. 基准点上的标高/mm			±0.5	

基础经过检查后不符合要求的，应由土建单位进行处理。

3. 机组就位与找正

将机组由包装箱的底座搬到设备基础上，并将其就位到规定的部位，使机组纵横中心线与基础中心线对正。

第一步：用墨线弹出机组纵横中心线和基础中心线。

第二步：在地脚螺栓预留孔的两侧摆好互呈90°放置的一定数量的垫铁，垫铁的支撑面应在同一水平面上且放置平稳。平垫铁露出基础的长度为10～30mm，斜垫铁露出基础的长度为10～50mm。

第三步：按照吊装技术的安全规程，利用起重机、铲车、人字架或者滑移的方法将机组吊起，机组底座穿上地脚螺栓，把机组移至基础上方，对准基础中心线，把机组放下搁置于垫铁上。

第四步：机组就位后，利用量具、线锤、撬杆将机组纵横中心线调整到与基础中心线重合。

在机组就位与找正的过程中，要注意人身和机组的安全，还要注意机组上的管座等部件的方位符合设计要求。

4. 机组初平与精平

经过初平与精平两次水平调整，使设备达到水平状态，其目的是：①保持机组稳定及重心作用力的平衡，防止变形且较少运转中的振动；②减少机组的磨损和动力消耗；③保证机组的正常润滑和正常运转。

第一步：初平。机组中心线对正后，拧上地脚螺栓的螺母（注意不要拧紧），再用框式水平仪校正，使机组保持水平，即机组的纵向和横向水平度应控制在0.2mm/1000mm范围内。

水平度超差较大时，可将机组较低一侧的垫铁更换为较厚的垫铁；若超差不大，则可将机组较低一侧的垫铁渐渐打入，使机组水平。

第二步：地脚螺栓孔二次灌浆。机组初平后，应用与基础混凝土标号相同或标号略高的细沙混凝土浇灌地脚螺栓，振动直至填实。

每个地脚螺栓孔的浇注必须一次完成，此后洒水保养，一般不少于7天。待混凝土养护达到强度的70%以上时，才能拧紧螺栓。

第三步：精平。精平是机组安装的重要工序，是在初平之后对机组的水平度作进一步的调整，使之达到规范或设备技术文件要求。对于V型与S型压缩机组，既可以气缸端面为基准，用角度水平仪来测量，也可以进排气或安全阀法兰端面为基准，用框式水平仪进行测量。对于8ASJ-17型压缩机组，可利用曲轴箱的盖面进行测量。按现行的施工规范要求，机组纵向和横向水平度不应超过0.2mm/1000mm，若机组水平度达不到规范要求，则调整垫铁，直至机组水平度达标。

5. 基础抹面

机组精平后，将机组机座与基础表面的空隙用混凝土填满，并将垫铁埋于混凝土内，用以固定垫铁并将机组负荷传递到基础上。

第一步：机组精平后，再次拧紧地脚螺栓。

第二步：在基础边缘放一圈模板，模板至机组机座外缘的距离不小于100mm或不小于机座底筋面宽度。

第三步：将机组机座与基础表面的空隙用混凝土填满，并将垫铁埋于混凝土内。灌浆层的高度在机座外面应高于机座的底面。灌浆层的上表面应略有坡度，坡向朝外，以防油、水流入机座。

第四步：混凝土凝固前，用水泥砂浆进行基础抹面，使基础表面光滑美观。

至此，8ASJ-17 型压缩机组的安装全部完成，填写表 2-5 的相关内容。

表 2-5 8ASJ-17 型压缩机组安装过程记载表

序号	操作任务	操作内容	出现的问题	解决的方法	效果	备注
1	基础施工					
2	基础检查					
3	机组就位与找正					
4	机组初平与精平					
5	基础抹面					

三、注意事项

1）在测量设备的水平时，必须将测量平面的油漆、防锈油刮擦干净。使用框式水平仪时，手不能接触水准器的玻璃管，读数时视线应垂直对准水准器。测量过程中，要轻拿轻放，不能碰撞，更不能在测量表面上来回推动。同一位置一般测量两次，第二次测量时应将水平仪在原位置旋转 180°重新测量，然后利用两次读数的结果加以计算。

2）一般情况下，灌浆及基础养护工作不能在低于 5℃的气温下进行。混凝土达到 70%强度的时间与气温有关，参见表 2-6。

表 2-6 混凝土达到 70%强度所需时间

气温/℃	5	10	15	20	25	30
所需天数/天	21	14	11	9	8	6

【拓展知识】

一、活塞式制冷压缩机的型号标识

1）按 GB/T 10079—2001 规定，小型活塞式单级制冷压缩机的型号表示如下：

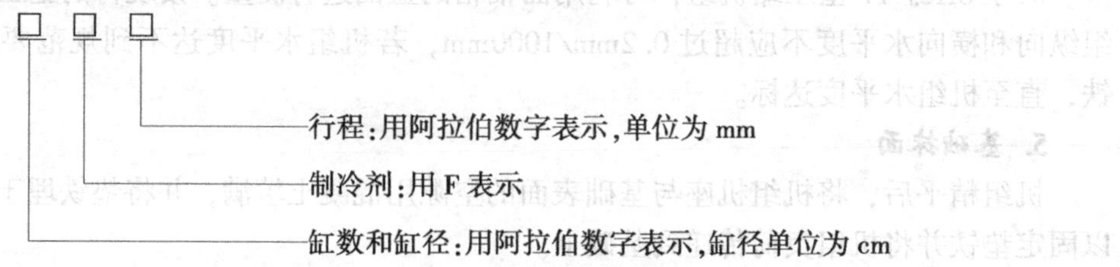

示例 1：25F44 表示 2 缸、50mm 缸径、使用氟利昂制冷剂、44mm 行程的压缩机。

2）中型活塞式单级制冷压缩机的型号表示：

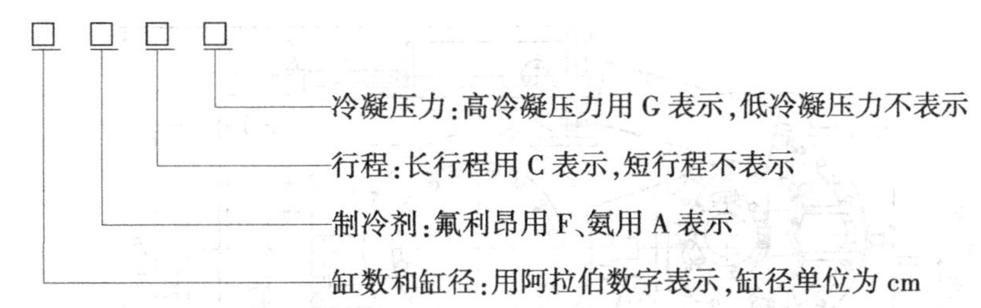

示例2：812.5ACG表示8缸、扇形、缸径125mm、制冷剂为R717、行程为110mm的高冷凝压力压缩机。

3）活塞式制冷压缩机组型号表示：

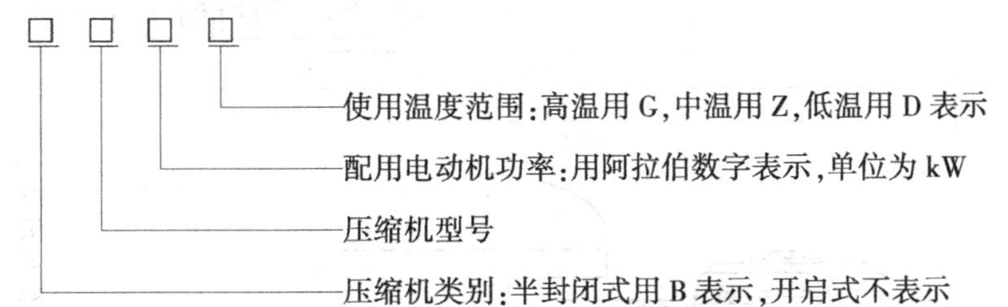

示例3：B25F44-3.7G表示2缸、缸径50mm、使用氟利昂制冷剂、44mm行程、配用电动机功率为3.7kW的高温用半封闭式压缩机组。

二、螺杆式氨制冷压缩机组的安装

下面以W-JLG16Ⅲ（Ⅱ）A型螺杆式氨制冷压缩机组为例，介绍螺杆式制冷压缩机组的安装。其外形如图2-4所示。

1. 安装前开箱检查

1）根据随机出厂的装箱清单清点机组、出厂附件及所附技术资料，并做好记录。

2）查看机组型号是否与合同中所订机组相符。

3）检查机组及出厂附件是否损坏、锈蚀。

4）机组在开箱后必须注意保管，放置平整。法兰及各接口必须封盖、包扎，防止雨水、灰沙侵入。

图2-4　W-JLG16Ⅲ（Ⅱ）A型螺杆式氨制冷压缩机组外形

2. 机组安装

螺杆式制冷压缩机组采用回转式压缩机，其动力平衡性好，振动小，所以对基础的要求比活塞式压缩制冷机组低。一般情况下，参照前面所述活塞式制冷压缩机的基础施工和安装要求，即可满足螺杆式制冷压缩机组的安装要求。W-JLG16Ⅲ（Ⅱ）A型螺杆式氨制冷压缩机组外形尺寸如图2-5所示，机组基础图如图2-6所示。

下面介绍一种简易的机组基础做法，称为“底板+盖板”基础，如图2-7所示。W-JLG16Ⅲ（Ⅱ）A型螺杆式氨制冷压缩机组需要布置6组“底板+盖板”基础，如图2-8所示。

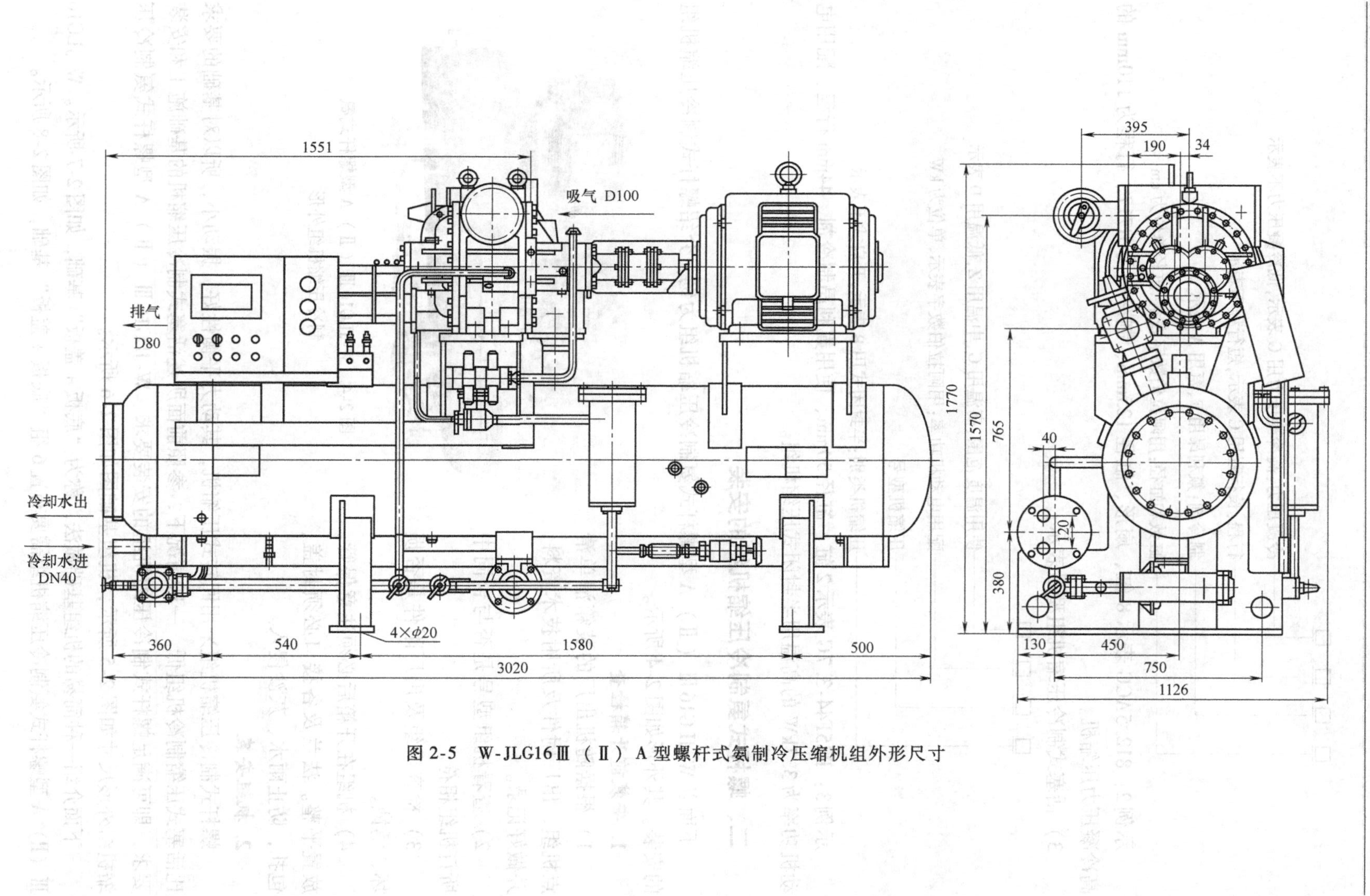

图 2-5 W-JLG16Ⅲ（Ⅱ）A 型螺杆式氨制冷压缩机组外形尺寸

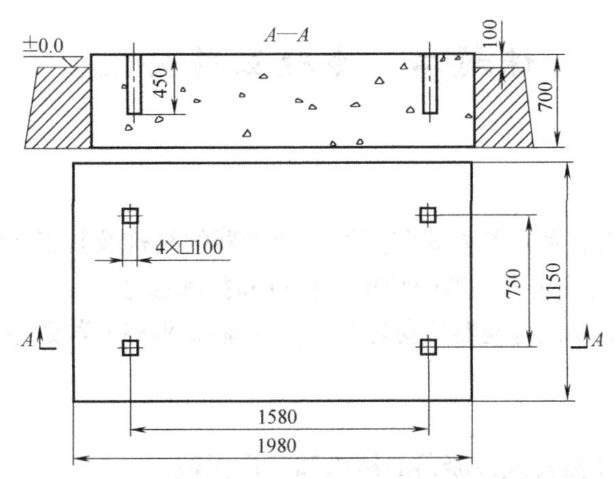

图2-6　W-JLG16Ⅲ（Ⅱ）A型机组基础图

在基础上按图样要求尺寸放置好支板，支板浇注在基础中，然后在主板上安置盖板、防振橡胶垫及底板，让螺栓穿过盖板、防振橡胶垫拧在底板上，并且使螺栓透过底板紧压在支板上。将机组吊放于盖板之前，要把各组“盖板+底板”调整为同一水平面上。

机组就位后，可以用水平仪在机组顶部法兰口的平面上测量水平，用螺栓调整机组的水平度，机组纵向、横向的水平允许差值为1.5mm/1000mm。

机组找平后，底板上的调节螺栓均应紧压在支板上，然后进行灌浆，如图2-7所示。灌浆的做法按活塞式制冷机组基础的施工要求进行。

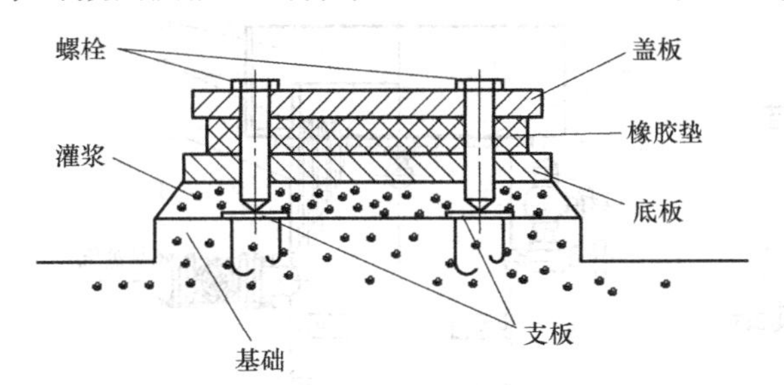

图2-7　“底板+盖板”基础的做法

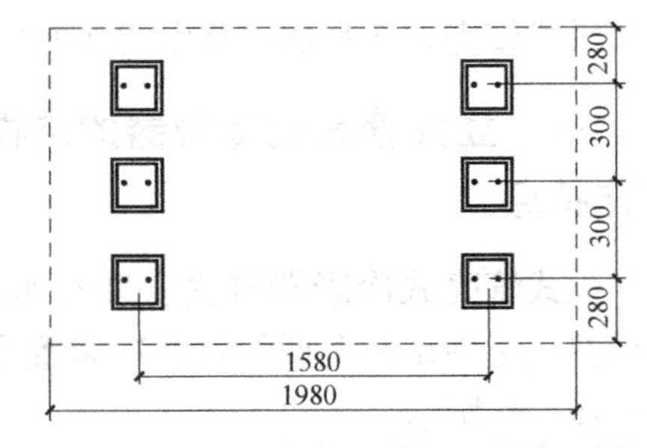

图2-8　6组“底板+盖板”的布置图

【思考与练习】

1. 指出下列活塞式压缩机组型号的含义：

4V-12.5A、6AW17、4FV10B、6FW-12.5、8AS-12.5、8FS-12.5、8AS-17、S8-17。

2. 活塞式制冷压缩机组常见的技术参数有哪些？
3. 制冷压缩机组安装时，有哪些一般要求？
4. 活塞式制冷压缩机组安装流程是什么？
5. 活塞式制冷压缩机组基础施工有哪几个步骤？
6. 如何检查活塞式制冷压缩机组基础的强度和基础尺寸？
7. 活塞式制冷压缩机组如何就位与找正？
8. 活塞式制冷压缩机组要经过初平与精平两次水平调整，其目的是什么？
9. “底板+盖板”基础是怎样施工的？

课题二　冷凝器的安装

【知识目标】

1）熟悉立式管壳式、卧式管壳式和蒸发式冷凝器的结构及其工作特点。

2）了解CZN-830蒸发式冷凝器的结构、特点和技术参数。

3）明确CZN-830蒸发式冷凝器的安装流程，掌握CZN-830蒸发式冷凝器安装注意事项。

【能力目标】

1）能分析CZN-830蒸发式冷凝器的结构和工作原理。

2）掌握机组安装的步骤和方法，能按要求完成CZN-830蒸发式冷凝器的安装。

【相关知识】

在冷库制冷系统中，冷凝器是一种通过制冷剂向系统外释放热量的热交换器。从制冷压缩机经油分离器来的高压过热制冷剂蒸气进入冷凝器后，将热量传递给系统外的冷却介质——水或空气，自身因受冷却凝结为液体。冷凝器按其冷却介质和冷却方式，可以分为水冷却式、空气冷却式（或称风冷式）、水和空气联合冷却式三种类型。目前，应用于氨冷库制冷系统中的冷凝器主要有立式管壳式冷凝器、卧式管壳式冷凝器和蒸发式冷凝器。

一、立式管壳式冷凝器的结构及其工作特点

立式管壳式冷凝器直立安装在水池上方，目前只用于中型及大型的氨制冷装置中，其结构如图2-9所示。

1. 立式管壳式冷凝器的结构

立式管壳式冷凝器的外壳由钢板卷制后焊接成圆柱形，两端无端盖，便于冷却水自上而下流动。外壳上设有放油阀、放空气阀、平衡阀和安全阀等管接头。壳内的换热管用焊接或胀接方法与焊接在冷凝器两端的管板紧固。换热管一般采用 $\phi38\text{mm}\times3\text{mm}$ 或 $\phi51\text{mm}\times3.5\text{mm}$ 的无缝钢管，其长度为4～5m。每个冷凝器的换热管有几十至几百根。

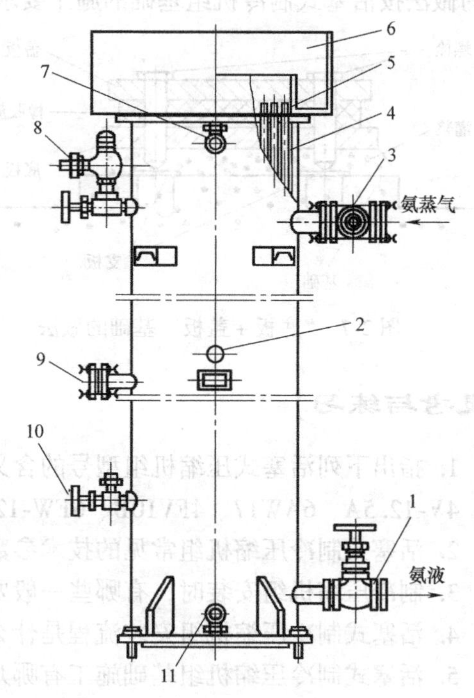

图2-9　立式管壳式冷凝器结构示意图

1—出液管　2—压力表接头　3—进气管　4—传热管　5—导流管嘴　6—配水箱　7—放空气阀　8—安全阀　9—平衡管接头　10—混合气体出口　11—放油阀

配水箱装在冷凝器顶部，分水器（导流管嘴，见图2-10）装在换热管的顶端入水口，冷却水通过三个斜槽流入换热管中。分水器除了具有使水流均匀、增强传热的作用外，还可降

低水流冲击，减缓换热管所受水流的冲击腐蚀。

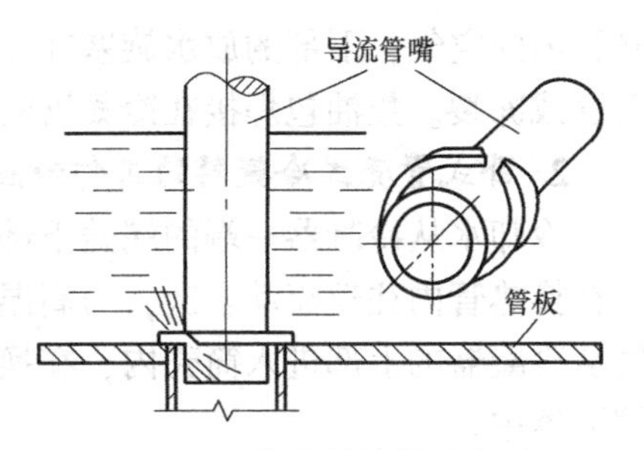

图 2-10　分水器结构示意图

2. 立式管壳式冷凝器的工作特点

冷却水从配水箱经过每根换热管顶部的分水器，通过三个斜槽流入换热管中，并在重力作用下以螺旋线状沿管道内表面成膜层自上而下，换热后流入水池；水再由水泵送上冷却塔冷却后，循环使用。高压过热氨气从冷凝器外壳的中上部，进入冷凝器内的换热管外空间，在换热管外冷却后冷凝成氨液。氨液沿管外流下，并存积在冷凝器底部，从出液管流出。

二、卧式管壳式冷凝器的结构及其工作特点

卧式管壳式冷凝器系水平放置，广泛应用于氨和氟利昂制冷装置之中。其结构如图2-11所示。

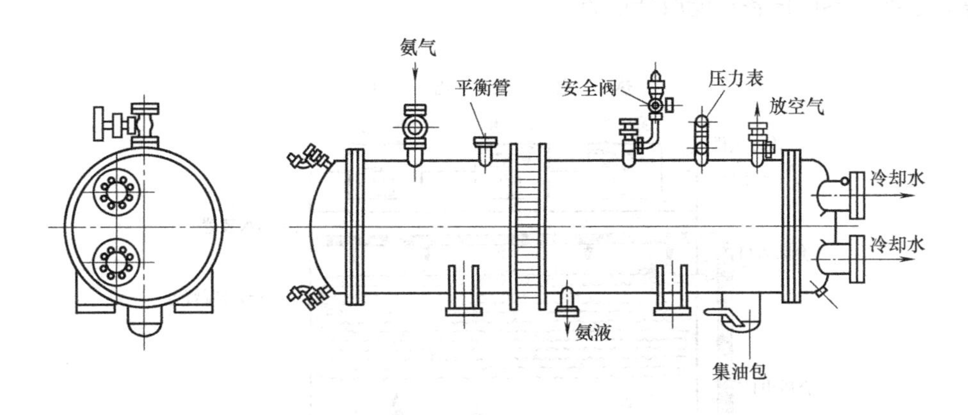

图 2-11　卧式管壳式冷凝器结构示意图

1. 卧式管壳式冷凝器的结构

卧式管壳式冷凝器的外壳由钢板卷制后焊接成圆柱形，两端用两个端盖封住，端盖用螺栓与管板的外缘紧固在一起，两者之间需要有防漏用的橡胶垫片。冷却水的进、出口就可设在同一个端盖上，在端盖的顶部及底部分别装有放气及放水旋塞。外壳上还设有放油阀、放空气阀、平衡阀和安全阀等管接头。

冷凝器两端焊有两块圆形的管板，两个管板钻有许多位置对应的小孔，在每对相对应的小孔中装入一根换热管，管子的两端用胀接法或焊接法紧固在管板的管孔内，这样便组成了一组直管管束。换热管一般采用 ϕ25mm、ϕ32mm 或 ϕ38mm 的无缝钢管。为了强化传热效果，钢管肋化成螺纹管、横纹管（管内壁波纹或管外壁压制螺纹）。

端盖内部用隔板分开，两个端盖的分隔要互相配合，以便冷却水能在管子内多次往返流动。冷却水每向一端流一次，称为一个管程（或称一个流程）。冷凝器的管程数一般做成偶数，这样冷却水的进、出口就可设在同一个端盖上，而且冷却水下进上出，这样就可保证在运行中，冷却水充满整个冷凝器的换热管。

在端盖的顶部及底部分别装有放气及放水旋塞。上部的放气旋塞在开始充水时，用来排

除管内的空气；下部的放水旋塞在冷凝器停止使用时，用来排除其中残留的水，以防管子被腐蚀或冻裂。集油包焊接在冷凝器的下部，用于收集润滑油及机械杂质。

2. 卧式管壳式冷凝器的工作特点

冷却水从冷凝器一端的端盖下部进入筒壳的换热管内，因两个端盖内部有隔板，冷却水能在换热管内往返流动多次，与高温高压氨气换热后，从同一端盖的上部流出。高温高压氨气从冷凝器的上部进入筒壳内，在换热器外表面凝结成液体后，氨液由筒壳的下部流入高压储液器中。

三、蒸发式冷凝器的结构及工作特点

蒸发式冷凝器的结构如图 2-12 所示。它的外壳为一个薄钢板的长方形箱体，内部设有数组蛇形冷凝管组、淋水装置、雾化冷却装置和挡水栅，底部设有集水盘，箱体外部设有循环水泵。蒸发式冷凝器将水冷式冷凝器、水泵、冷却塔、水池和水连接管路优化组合为一体，具有流程简单、结构紧凑、占地面积小、冷凝效果好、换热效率高、运行费用低等优点，是新上冷凝器或设备扩能改造的首选。

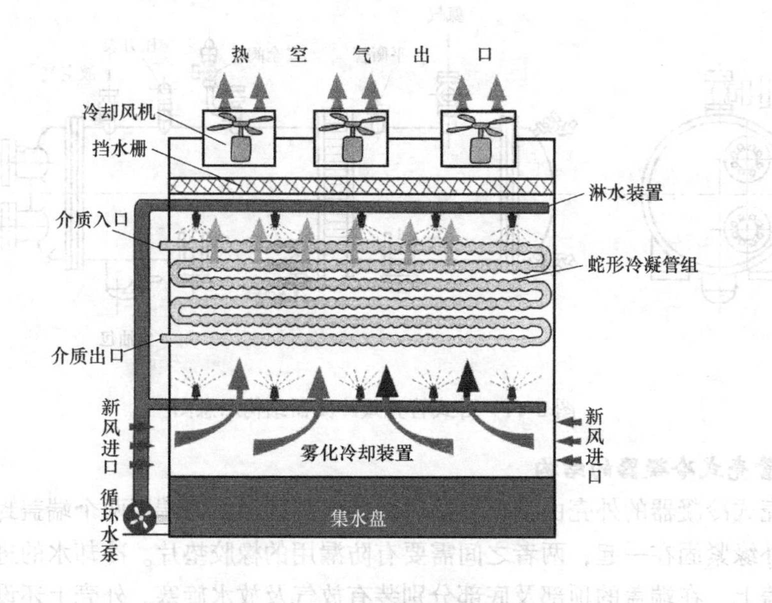

图 2-12　蒸发式冷凝器结构示意图

蒸发式冷凝器工作时，冷却水由循环水泵分别送到冷凝管组下部的雾化冷却装置、上部的淋水装置，均匀地喷淋在冷凝管的外表面，形成很薄的一层水膜。高温制冷剂蒸气从蛇形冷凝管组的上部进入，被管外的冷却水冷凝的液体从下部流出。水吸收了制冷剂的热量以后，部分蒸发变成水蒸气，其余滴落在下部的集水盘内，供水泵循环使用。风机强迫空气以 3~5m/s 的速度自下向上掠过冷凝管组，促进了水膜的蒸发，强化了冷凝管外的放热，并使吸热后的水滴在落下的过程中为空气所冷却，使蒸发形成的水蒸气随同空气流从挡水栅中排出。挡水栅的作用是阻挡空气流中未蒸发的水滴，并使其落回集水盘，以减少冷却水的消耗。此外，集水盘内还设浮球阀，当水分不断地蒸发损耗，集水盘的水位过低时，浮球阀就自动打开补充冷却水。

四、三种冷凝器的工作特性比较（见表2-7）

表2-7　三种冷凝器工作特性比较

序号	冷凝器名称	工作参数	优　点	缺　点
1	立式管壳式冷凝器	冷却水温升为2～4℃，平均传热温差为3℃，传热系数为698～814W/(m^2·K)，冷却水流速为1.0～1.7m/s，单位面积的热负荷为2900～3500W/m^2	1)可以露天安装，以节省机房面积 2)可以装在冷却水塔的下面，以简化冷却水系统 3)冷凝器可以在运行中清洗水管，对冷却水质的要求可以放低一些	1)从冷凝放热的特性看，立管要比水平管差一些(因液膜流动的路程长)，因而它的传热系数比卧式冷凝器要低 2)冷却水用量大，体积大，比较笨重 3)冷凝器管内水流速度低，易结水垢 4)当露天装置时，灰沙易落入，因此需要经常清洗
2	卧式管壳式冷凝器	冷却水温升为4～6℃，冷却水流速为0.5～1.5m/s，平均传热温差为5℃，传热系数为698～930W/(m^2·K)，单位面积的热负荷为1071～5234W/m^2	1)结构紧凑，占地面积小 2)换热管内的水流速度较高，所以传热系数较大 3)冷却水的温升较大，所以冷却水的消耗量较小	1)要求冷却水的水质好，水温低 2)冷却水流动的阻力损失比较大 3)清洗水垢不方便，清洗时需要设备停止工作
3	蒸发式冷凝器	冷却盘管间的风速一般为3～5m/s，传热温差为6～8℃，每1kW的热负荷所需的风量为85～160m^3/h，冷却水量为50～80kg/h	1)冷却水耗量小，耗水量仅是水冷冷凝器的5%～10%，补充水量约为循环水量的5%～10% 2)传热温差大、换热充分，冷凝水热量散发快，水温度低，冷凝温度低 3)不仅节能，而且占地面积小，便于运输安装	价格较高，冷却水质要求高，清洗、维修困难

【任务实施】

本课题的任务是安装CZN-830蒸发式冷凝器，掌握冷凝器安装的步骤和方法，能按要求完成CZN-830蒸发式冷凝器的安装。任务实施所需的主要设备有CZN-830蒸发式冷凝器、吊装设备（链式提升机、钢丝绳、轧头、卡环）；主要量具有框式水平仪、千分表、平尺、卡钳、游标卡尺、千分尺、塞尺等；安装配件有工字钢、螺栓等。

一、总体认识CZN-830蒸发式冷凝器

CZN-830蒸发式冷凝器是一款由大连冷冻设备制造有限责任公司生产的高效冷凝器，其外形和结构如图2-13、图2-14所示。该蒸发式冷凝器集水冷式冷凝器、冷却塔、水池于一身，结构紧凑，占地面积小，重量轻，安装方便，效率高、节水、节电，比其他形式的冷凝器运行费用低。

1. 认识CZN-830蒸发式冷凝器的结构和特点

该冷凝器由盘管系统、喷淋系统、风冷系统、水冷却系统和挡水系统组成。盘管系统由多层蛇形换热盘管与上下进出总管焊接而组成，每根管沿制冷剂流向倾斜，便于液体流出，

图 2-13　CZN-830 蒸发式冷凝器外形图

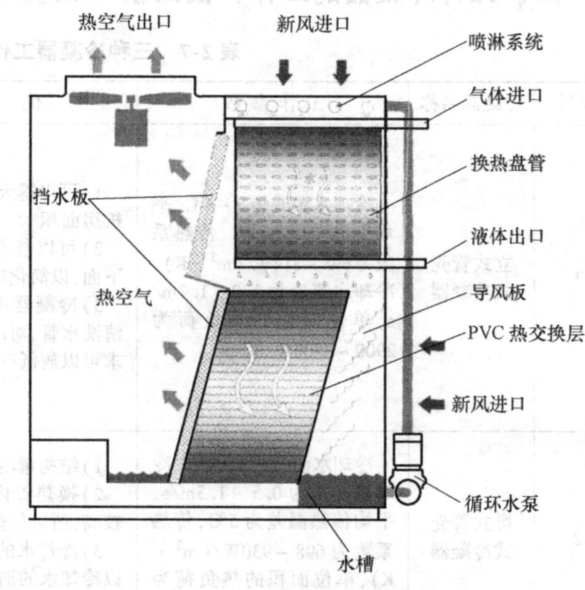

图 2-14　蒸发式冷凝器的结构示意图

减少了压力损失。喷淋系统由过滤装置、循环水泵、聚氯乙烯管路、喷嘴及水槽等组成，水槽内水位由浮球阀控制。风冷系统采用低噪声、大风量轴流风机，叶片材质为铝合金。电动机采用户外型全封闭式，驱动方式为带传动（A 型）和直接驱动（B 型）。水冷却系统采用高效聚氯乙烯（PVC）压制成凸凹薄板叠合而成的 PVC 热交换层，保证水与空气充分接触，且空气阻力较小。挡水系统由采用耐腐蚀的 PVC 材料用模具压制成曲面的挡水板组成，分组安装，拆卸方便。挡水板使空气流向经过三次改变，有效地将气水分离。其特点是：

1）由于蒸发式冷凝器采用了 PVC 热交换层，使水和空气得到充分热交换，换热性能优于其他形式蒸发式冷凝器，水温低于其他蒸发式冷凝器 4～6℃。

2）水温低、风量大，且风水同向，盘管表面被水膜充分包裹，不宜结垢，保持良好的换热性能，从而降低了维护次数。

3）蒸发式冷凝器不仅节能，而且占地面积小，便于运输安装。

4）蒸发式冷凝器的外表面采用不锈钢板或高强度镀锌板，其他钢结构件表面采用热浸锌工艺，延长设备的使用寿命。

2. 认识 CZN-830 蒸发式冷凝器的技术参数（见表 2-8）

表 2-8　CZN-830 蒸发式冷凝器技术参数

型号	标准排热量 /kW	运输质量 /kg	风量 /(m^3/s)	风扇电动机功率/kW	水流量 /(L/s)	水泵功率 /kW	氨充灌量 /kg
CZN-830	830	4490	31.4	2×7.5	24	2.2	76

CZN-830 蒸发式冷凝器的外形尺寸如图 2-15 所示。

CZN-830 蒸发式冷凝器安装流程图如图 2-16 所示。

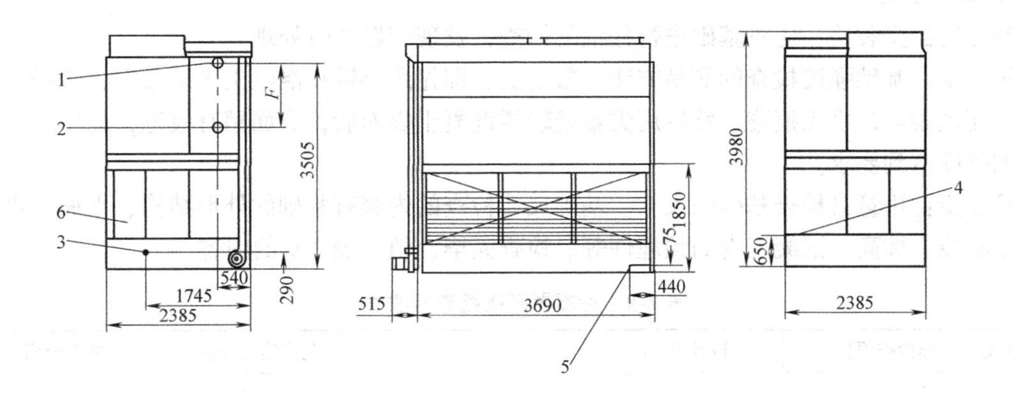

图 2-15　CZN-830 蒸发式冷凝器外形尺寸

1—制冷剂入口（DN100）　2—制冷剂出口（DN100）　3—溢流孔（DN100）　4—补水孔（DN50）　5—排水孔（DN25）　6—检修门

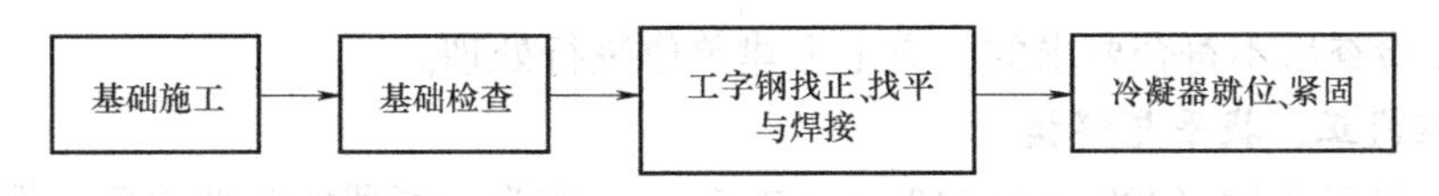

图 2-16　CZN-830 蒸发式冷凝器安装流程图

二、CZN-830 蒸发式冷凝器的安装步骤及方法

1. 基础施工

为保证基础能承受负荷载重量，确保设备的安全稳定运行，CZN-830 蒸发式冷凝器应采用工字钢焊接预埋钢板的砌体结构基础，如图 2-17 所示。

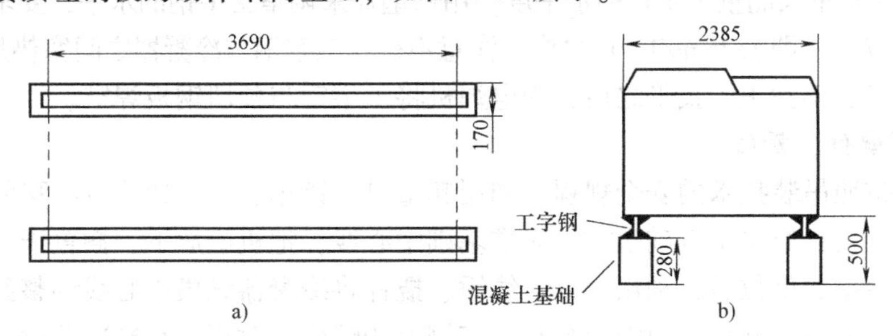

图 2-17　CZN-830 蒸发式冷凝器基础图

a）平面图　b）端面图

第一步：检查设计图样上的尺寸与冷凝器安装要求是否相符，照图样尺寸要求装好基础模板。

第二步：在基础模板内适当配置钢板，采用标号为 100 ~ 150 号的混凝土进行浇灌，浇灌完成后要进行 7 ~ 10 天的浇水养护，使混凝土保持湿润，并以草袋或麻袋覆盖。

第三步：混凝土凝固前，用水泥砂浆进行基础抹面，使基础表面平整、光滑、美观。

第四步：待混凝土强度达到 50% 时，拆除整个模板，并清理基础四周模板和预埋钢板的表面等。

2. 基础检查

在冷凝器安装前，应对基础进行仔细的检查，发现问题及时处理。

第一步：基础强度检查的简易方法为敲击法，即先用小锤在混凝土表面敲击，若敲击声响亮，而且表面几乎无痕迹，然后用尖錾轻轻錾混凝土表面后，表面稍有痕迹，这样说明混凝土的强度达到要求。

第二步：用量具检查基础的尺寸。基础尺寸检查的内容有基础的外形结构、平面的水平度、中心线、标高、混凝土内的预埋件等。检查完毕，填写表2-9的内容。

表2-9 冷凝器基础检查验收表

混凝土基础检查项目	设计值/mm	实测值/mm	允许偏差/mm	是否合格
长			±20	
宽			±20	
高			±20	
表面标高			±30	
钢板水平度			±20	

基础经过检查后不符合要求的，应由土建单位进行处理。

3. 工字钢找正、找平与焊接

采用22A号工字钢（220mm×110mm×7.5mm）作为冷凝器的底部承重支撑。

第一步：用墨线弹出工字钢中心线和预埋钢板中心线。

第二步：量出冷凝器底部承重边安装孔ϕ190mm的位置，在工字钢安装面上钻出相应螺栓孔。

第三步：将工字钢放置在基础预埋的钢板上，并对工字钢找正、找平，使工字钢中心线与预埋钢板中心线对齐、重合。

第四步：用水平尺测量工字钢的水平度，用铁垫片来调整工字钢的水平，要求工字钢的水平度保持在0.17%（即1.7mm/1m）之内。注意不得在工字钢与冷凝器之间塞垫片来找水平。

第五步：工字钢找正、找平之后，用电焊机将工字钢与预埋钢板焊牢。

4. 冷凝器就位、紧固

第一步：按照吊装技术的安全规程，利用起重机、铲车、人字架或者滑移的方法将冷凝器吊起，把冷凝器机组移至基础上方，对准基础中心线，把机组放下，搁置于工字钢上。

第二步：冷凝器就位后，利用量具、线锤、撬杆将冷凝器纵横中心线调整到与基础中心线重合，并使冷凝器底部承重边安装孔与工字钢上的螺栓孔对正。在冷凝器就位与找正的过程中，要注意操作者身体和冷凝器的安全，还要注意冷凝器上的管座等部件的方位符合设计要求。

第三步：装上M16螺栓，并拧紧螺母，固定冷凝器。

至此，CZN-830蒸发式冷凝器的安装全部完成，填写表2-10的相关内容。

三、注意事项

1）在冷凝器的安装过程中进行搬运、起吊时，应注意设备的法兰、接口等部位不能碰撞，还要注意选择起吊点及绳扣的位置。

2）蒸发式冷凝器的安装必须牢固可靠且通风良好，安装时其顶部应高出邻近建筑物

300mm，或至少不低于邻近建筑物的高度。

表2-10 CZN-830蒸发式冷凝器安装过程记录表

序号	操作任务	操作内容	出现的问题	解决的方法	效果	备注
1	基础施工					
2	基础检查					
3	工字钢找正、找平与焊接					
4	冷凝器就位、紧固					

3）安装时需注意与邻近建筑物的间距。

① 当蒸发式冷凝器四周都是墙时，进风口侧与墙壁的最小间距应为1800mm，非进风口侧与墙壁的最小间距应为900mm。

② 当蒸发式冷凝器的三面是实墙，一面是空花墙时，进风口侧与墙壁的最小间距应为900mm，非进风口侧与墙壁的最小间距应为600mm。

③ 当两台蒸发式冷凝器并联安装时，如两者的进风口侧相邻，它们之间的最小间距应为800mm；如一台的进风口侧与另一台的非进风口侧相邻，它们之间的最小间距应为900mm；如两者的非进风口侧相邻，它们之间的最小间距应为600mm。

4）在安装时还要注意蒸发式冷凝器的底部不得小于500mm，以便管道连接、水盘检漏并防止地面脏物被风机吸入。

【拓展知识】

一、立式冷凝器的安装

立式冷凝器一般安装在室外，利用冷凝器的循环水池作为基础，安装位置较高，氨液可以顺利地流到高压储液器。循环水池的顶部要按照冷凝器的筒身直径开孔，以使冷凝水泄入水池，还需留出落水观察孔，以便观察落水情况及测量水温。

立式冷凝器在水池顶上安装时，可以浇灌钢筋混凝土预埋地脚螺栓来固定立式管壳式冷凝器，也可以在水池口预埋钢板，并将槽钢或工字钢焊接在钢板上作为基础，通过在槽钢或工字钢上开螺栓孔，用螺栓来固定安装冷凝器。

安装后应在冷凝器的顶部设置操作平台（包括平台、栏杆、爬梯），目的是便于立式冷凝器的检查、检修与清洗。操作平台的习惯做法是在冷凝器筒壁上焊接斜支撑托平台，在冷凝器筒体上焊接时应注意焊接质量，防止焊接不当损伤筒壁，造成泄漏。操作平台的形式按冷凝器的台数及安装形式确定，具体形式按标准图或设计图选用制作。

二、卧式冷凝器的安装

卧式管壳式冷凝器一般用型钢作支架，用混凝土作基础，通常安装在室内，也可以安装在室外。当安装在室内时，为减少占地面积和管路长度，往往把高压储液器设在冷凝器下部。卧式冷凝器和储液器可以共同安装在混凝土基础和型钢支架上，但安装高度必须保证冷凝器中的氨液能顺利流到储液器中。

在确认安装位置时，应考虑冷凝器的一端留有相当于冷凝器内管长度的距离，或在对准冷凝器的端部处开有门、窗，以便清洗、维修或更换换热管。

卧式冷凝器安装的水平度允许有1%的偏差，但必须是向集油包端倾斜，以利于排油，还可以使冷凝器的液滴尽快落下，以减少液膜热阻。

【思考与练习】

1. 试述立式管壳式冷凝器的结构及其工作特点。
2. 试述卧式管壳式冷凝器的结构及其工作特点。
3. 试述蒸发式冷凝器的结构及工作特点。
4. 比较立式管壳式冷凝器、卧式管壳式冷凝器和蒸发式冷凝器的优、缺点。
5. 试述 CZN-830 蒸发式冷凝器的结构及其工作原理。
6. 试述 CZN-830 蒸发式冷凝器的安装步骤及方法。
7. 在安装冷凝器的过程中，应注意哪些事项？
8. 简述立式冷凝器的安装要点。
9. 简述卧式冷凝器的安装要点。

课题三　蒸发器的安装

【知识目标】

1）熟悉排管和冷风机的形式及工作特点。
2）掌握落地式冷风机及吊顶式冷风机型号的含义。
3）明确顶排管的制作与安装流程，掌握顶排管的制作与安装的步骤和方法。
4）明确冷风机的安装流程，掌握冷风机安装的步骤和方法。

【能力目标】

1）能识读顶排管的制作与安装图。
2）能按要求完成顶排管的制作与安装。
3）能按要求完成冷风机的安装。

【相关知识】

蒸发器是冷库制冷系统中制冷剂在低温下吸热的热交换器。按被冷却介质的特性，蒸发器可分为冷却液体载冷剂的蒸发器及冷却空气的蒸发器两大类。冷却液体载冷剂的蒸发器有管壳式、直立管式、蛇形管式、螺旋管式等；冷却空气的蒸发器有直接蒸发式排管和间冷式冷风机等。本课题重点介绍冷库库房常用的排管和冷风机两种蒸发器。

一、排管的形式及工作特点

在冷库库房中较常用的排管形式有盘管式排管、集管式排管、搁架式排管等。排管内的制冷剂在管内蒸发，管外空气在管外自然对流，所以这类蒸发器是依靠空气自然对流换热，换热效率低，降温速度慢，但结构简单，方便安装。对于氨冷库用的排管一般选用

D57×3.5或D38×3.0的无缝钢管制成，而氟利昂冷库的排管通常采用直径为 ϕ（16~22）mm铜管制成。由于排管外的空气是自然对流，所以传热系数很低，为6~12W/(m^2·K)；翅片管为3.5~6W/(m^2·K)。排管的安装位置对传热系数也有影响，一般顶排管的传热系数比墙排管的要高。

1. 盘管式排管

这种排管适用于氟利昂冷库和氨泵供液上进下出供液系统，其优点是结构简单、制作方便、适用性强；缺点是排管入口处管段中形成的气体必须经过盘管全长后才能由出口接口排出，制冷剂流动阻力较大，内表面传热受到影响，所以这种排管的单根盘管长度不宜超过50m。单根排管的间距为弯管曲率半径的2倍，一般为140~160mm；双套弯的两根排管间距可采用80~110mm。盘管式排管如图2-18所示。

图2-18 盘管式排管

2. 集管式排管

这种排管是冷库库房中应用较为广泛的一种排管，适用于氨泵下进上出供液系统。这种排管结霜比较均匀，制作安装也较方便，根据使用要求可以制作成单排或双排的形式。这种排管常用在冻结物冷藏间中，大多采用D32、D38、D57无缝钢管制作，主要有光滑顶排管和光滑墙排管两种形式。对于库房面积较小的冷间，一般选用顶排管后不再配墙排管；对于大中型冷库的冷间，除了选用顶排管外，一般可再配安装位置较高的高位墙排管，若采用落地墙排管时，其外围必须加护栏以防碰撞。集管式排管如图2-19所示。

3. 搁架式排管

这种排管是集管—盘管式排管的一种变形排管，一般由回气和供液集管连接若干组盘管构成，常设置于冻结间和小型冷库的冷藏间内。为缩短冻结时间，搁架式排管通常采用轴流风机来提高冻结间内的空气流速，增强换热效果。搁架式排管的主要优点是冻结可靠、均匀、省电、可现场安装制作，其缺点是冻结速度慢、进出库劳动强度大，因此仅适合小型冷库。搁架式排管如图2-20所示。

二、冷风机的形式及工作特点

冷风机广泛用于冷库库房中的肉类冷却间、果蔬禽蛋冷藏间、冻结间以及冻结物冷藏间

图 2-19　集管式排管

图 2-20　搁架式排管

等场合，其结构包括空气冷却器和通风机两部分，其中翅片管空气冷却器的结构如图 2-21 所示。在这种蒸发器中，制冷剂是在管内蒸发，而空气在风机的作用下从管外流动，且管外一般多装有翅片（套片或绕片）。这种蒸发器的优点是结构紧凑，占地面积小，冷量损失小；缺点是气密性要求高，制冷量调节比较困难。冷风机的传热系数比较低，当空气的迎面风速为 2 ~ 3m/s 时，冷库冷风机的传热系数为 12 ~ 20W/(m^2 · K)。

根据冷风机在库房中的位置不同，冷风机可分为落地式冷风机和吊顶式冷风机两种。落地式冷风机在库房内靠近墙边落地安装，吊顶式冷风机则悬挂或搁置在库房内库顶下面。

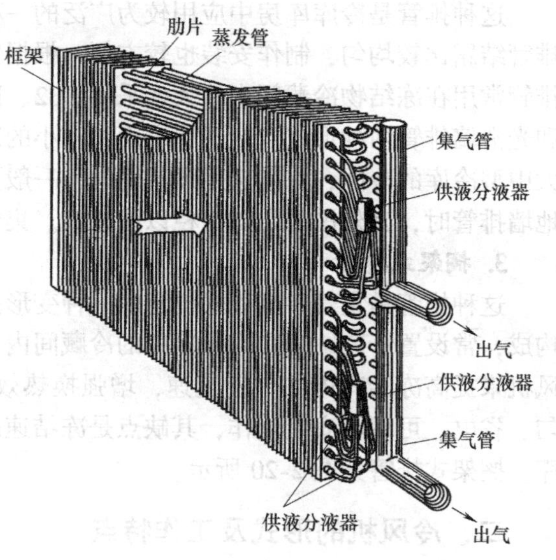

图 2-21　翅片管空气冷却器的结构

1. 落地式冷风机

落地式冷风机按照出风方向不同，分为顶吹式和侧吹式两种。落地式冷风机一般应用于氨冷库，通常采用热氨和水联合融霜，其外壳必须严密不透水，承水盘应不会使融霜水溅入库房内。落地式冷风机的外形图如图 2-22 所示。

落地式冷风机安装简单，便于操作维护，安装及维修费用较低。根据用途可将其分为三类：①KLL 型用于冷却物冷藏间（－2 ~ +4℃）；②KLD型用于冻结物冷藏间（－25 ~ －

a)　　b)　　c)

图 2-22　落地式冷风机外形图

a)、c）落地顶吹式冷风机　b）落地侧吹式冷风机

18℃)；③KLJ 型用于冻结间（－30～－23℃)。落地式冷风机型号各部分的含义如下：

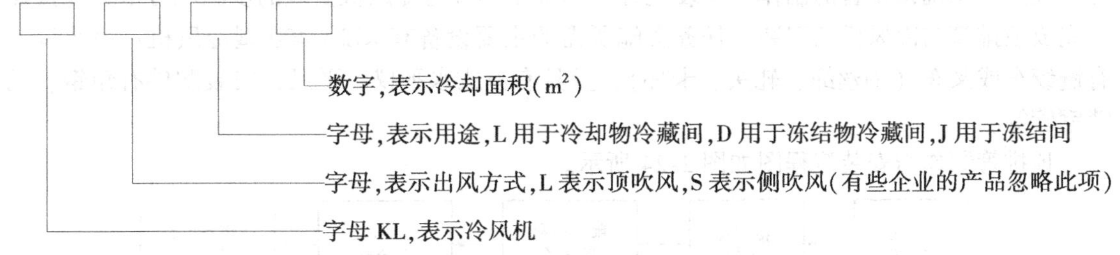

例如，KLLJ-300 表示落地顶吹式冷风机，冷却面积为 300m²，用于冷库冻结间；KLSD-600 表示落地侧吹式冷风机，冷却面积为 600m²，用于冷库冻结物冷藏间。

2. 吊顶式冷风机

吊顶式冷风机体积小，不占用地面面积，便于实行自动化控制。根据用途分为三类：①DDKLL型用于库温为 0℃左右的冷却物冷藏间；②DDKLD 型用于库温为－18℃左右的冻结物冷藏间；③DDKLJ 型用于库温为－25℃或低于－25℃的冻结间。吊顶式冷风机的外形图如图 2-23 所示。水融霜吊顶式冷风机常用于氨冷库，而电融霜吊顶式冷风机常用于氟利昂冷库。

a)　　b)

图 2-23　吊顶式冷风机外形图

a）吊顶式冷风机（水融霜）　b）吊顶式冷风机（电融霜）

吊顶式冷风机型号各部分的含义如下：

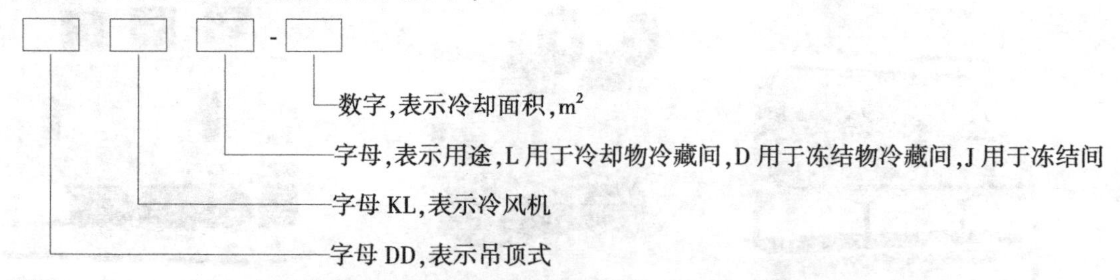

例如，DDKLJ-300 表示吊顶式冷风机，冷却面积为 300m^2，用于冷库冻结间；DDKLD-600 表示吊顶式冷风机，冷却面积为 600m^2，用于冷库冻结物冷藏间。

【任务实施】

本课题的任务是安装顶排管、落地式冷风机、吊顶式冷风机，要求能识读顶排管的制作与安装图，明确顶排管的制作与安装流程，掌握顶排管与冷风机安装的步骤和方法，能按要求完成顶排管与冷风机的安装。任务实施所需的主要设备有 KLLJ-400 型冷风机；吊装设备有链绞车或叉车（钢丝绳、轧头、卡环），量具有框式水平仪、平尺，安装配件有角钢、无缝钢管等。

顶排管制作与安装流程图如图 2-24 所示。

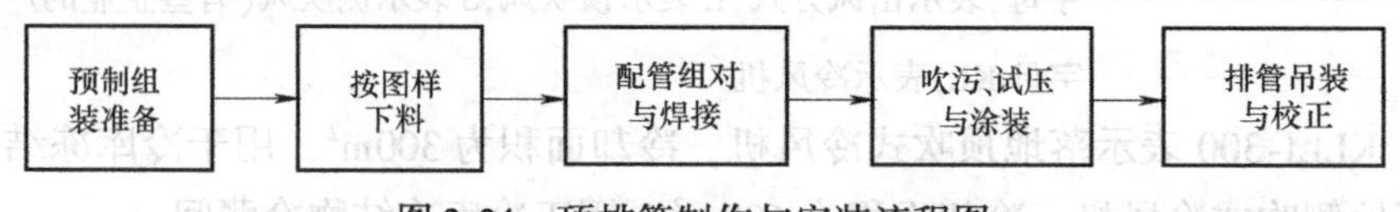

图 2-24　顶排管制作与安装流程图

冷风机安装流程图如图 2-25 所示。

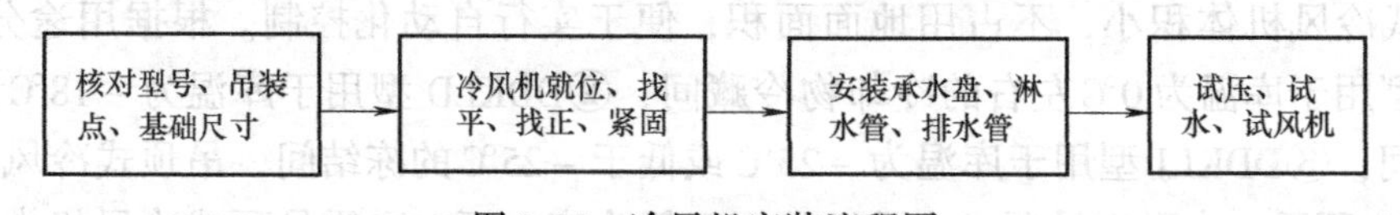

图 2-25　冷风机安装流程图

一、顶排管的制作与安装

下面以某冻结物冷藏间的光滑顶排管为例，完成顶排管的制作与安装任务。该顶排管为双层光滑排管，冷却面积为 136.5m^2，采用焊条电弧焊焊接，U 形弯头采用冲压成形弯头，焊接前应进行管内外除锈。顶排管组装完成后，其表面应用铁红环氧底漆涂刷两遍。

1. 识读顶排管的制作与安装图

某冻结物冷藏间的光滑顶排管制作与安装如图 2-26 所示，该顶排管的材料明细见表 2-11。

2. 预制组装顶排管

顶排管的预制组装步骤及方法如下。

（1）加工 U 形弯头、集管和支架　在预制现场，对管子进行坡口、除锈、调直、弯管等各单项工序的加工处理，然后按图样下好料进行 U 形弯头和集管的加工。U 形弯头采用 D38 × 3.0 无缝钢管冲压成形；供液集管采用 D57 × 3.5 无缝钢管制作，按图样尺寸开好 30 个 ϕ38mm 的孔；回气集管采用 D76 × 3.5 无缝钢管制作，同样按图样尺寸开好 30 个 ϕ38mm

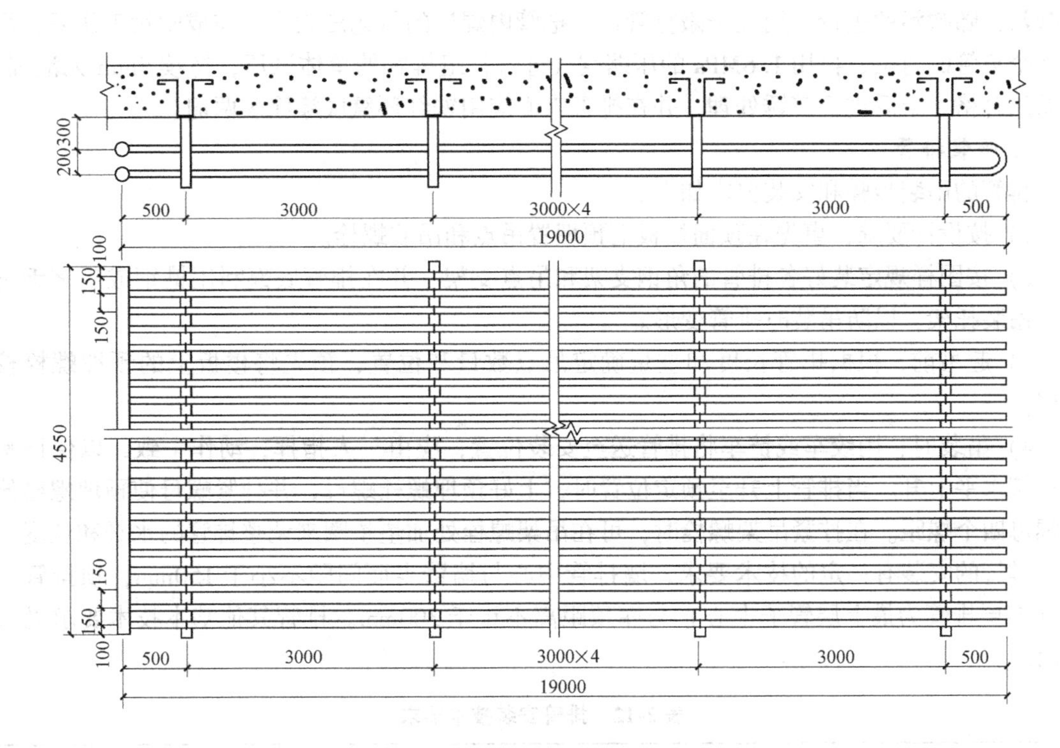

图 2-26　光滑顶排管制作与安装示意图

表 2-11　顶排管材料明细表

序号	材料名称及规格	单位	长度或数量	材质	备注
1	无缝钢管 D38×3.0	m	1134	10	GB/T 8163—2009
2	供液集管 D57×3.5	m	4.55	10	GB/T 8163—2009
3	回气集管 D76×3.5	m	4.55	10	GB/T 8163—2009
4	U 形弯头 D200	个	30	10	GB/T 8163—2009
5	封头 DW76	个	4	Q235-C	
6	角钢 L70×7	m	80	Q235-A	
7	U 形螺钉管卡(M6+螺母)	套	420	Q235-A	GB/T 6170—2000

的孔。支架用 L70×7 角钢按图样尺寸下料，钻好管卡安装孔。

（2）安装上下两组排管　将集管放在预制好的支架上，把下好料的 D38 无缝钢管伸入集管中（伸入集管的深度要求为 10mm），并将上下两组排管固定在上下两层支架上。为了保证每根 D38 无缝钢管伸入深度，先用一根 D50 钢管和 D38 钢管分别插装在 D76 钢管和 D57 钢管中，这样每根 D38 无缝钢管伸入集管的深度就不用尺量即可保证伸入深度的要求。当全部 D38 无缝钢管在集管孔内就位后，依次用 U 形螺钉管卡将 D38 无缝钢管固定在排管的角钢支架上，然后就可将集管中 D50 钢管和 D38 钢管抽出。

（3）排管组对与焊接　在排管一端与集管接好后，另一端用 U 形弯头也接好，即可进行双层组对。按图样检查无误后，用电弧焊机把排管焊接牢固。

（4）吹污、试压与涂装　组对连接结束，对排管用 1.6MPa 的压缩空气进行不少于三次的吹污，随吹污的进行，用锤子敲打管道，把管内焊口的氧化皮吹出。完成吹污工作后，焊接两个集管的封头，再用1.6MPa的压缩空气进行整组排管的单体试压，持续5min无泄漏，则试压合格。最后进行铲锈处理，并在排管表面应用铁红环氧底漆涂装两遍。

3. 吊装排管

排管的吊装步骤和安装要求如下。

1）按设计要求，事先在顶面楼板上预埋置吊点和吊装螺栓。

2）按图样规定装好各排管的角钢支架和吊点支架，并在排管底部利用槽钢或工字钢再做一吊装托架，以防吊装时排管变形。

3）起吊前，根据排管长度和重量确定吊点数量和位置，预先将楼板上的预埋螺栓校正好。

4）吊装时，用绞车或铲车将排管送至安装位置，应由一人指挥，动作一致，以保证整组排管水平上升。当排管上升至预定位置时，上好预埋螺栓螺母，并拧紧螺母使预埋螺栓伸出螺母四个螺距。在拧紧吊架螺栓时，可在吊架螺栓处加垫垫圈来调整排管的水平和坡度。

排管的安装有一定的技术要求，墙排管中心与墙壁表面间距不小于150mm，顶排管中心（多层排管为最上层管子中心）与库顶距离不小于300mm。排管其他基本技术要求见表2-12。

表2-12 排管安装技术要求

检查部位	允许偏差	检查部位	允许偏差
集管上套支管孔的位置： 顺轴线方向位移 横轴线方向位移	≤1.5mm 不允许	排管平面的翘曲 （一角扭出平面的距离）	≤3mm
同一冷间各组排管的标高	±5mm	排管的水平误差	≤1/2000
顶排管各横管的平行度	≤1mm/2000mm	顶排管的上、下弯曲	不允许
立式排管各立管的平行度	≤1mm/1000mm		

排管安装完毕，完成表2-13。

表2-13 排管制作与安装过程记载表

序号	操作任务	操作内容	出现的问题	解决的方法	效果	备注
1	加工U形弯头、集管和支架					
2	安装上下两组排管					
3	排管组对与焊接					
4	吹污、试压与涂装					
5	吊装排管					
6	排管安装技术检查					

二、冷风机的安装

下面以KLJ-400冷风机为例，介绍落地式冷风机的安装，其技术参数见表2-14，其外形结构尺寸如图2-27所示。

表 2-14　KLJ-400 冷风机技术参数

型号	冷却表面积/m^2	电动机		外形尺寸/mm			质量/kg
		数量/台	总功率/kW	长	宽	高	
KLJ-400	400	3	6.6	4430	1180	2262	3200

注：试验压力为水压试验 2.4MPa，气密试验 1.6MPa。

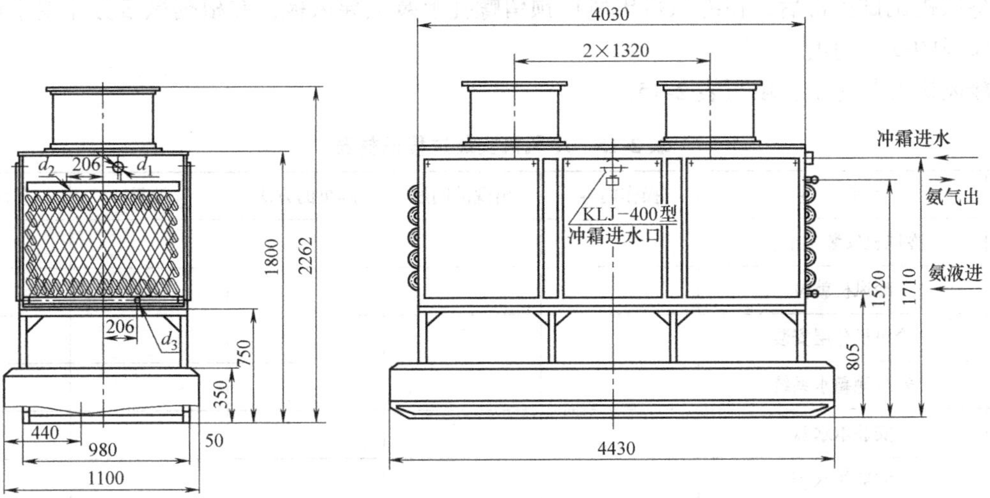

图 2-27　KLJ-400 冷风机的外形结构尺寸示意图

落地式冷风机安装步骤及要求如下。

(1) 冷风机安装前准备　根据设计图样对冷风机的规格型号及外观质量进行核对和检查，仔细阅读安装说明书。还要对土建工程为安装冷风机所预埋的吊点或制作的基础尺寸进行核对后，方可进行安装。

(2) 冷风机就位　用绞车或叉车将冷风机骨架移至基础上，装正找平后，拧紧地脚螺栓。冷风机离墙一侧应留有 350～400mm 距离，出风口应高出地面 600～1000mm。

(3) 冷风机分层安装　装好冷风机骨架后，焊接水盘，然后分层安装各部件。在各层的法兰之间垫入橡皮垫圈，用螺钉连紧，不得有漏风漏水现象。法兰间橡胶垫圈不能对口平接，而应上下斜口搭接，橡胶垫圈的边沿不得突出法兰外。

(4) 安装融霜水系统　融霜供水管应敷设在常年温度大于 0℃ 的穿堂内或其他场所。进入库内的融霜水支管与供水总管的结点位置最高，并按照 3% 的坡度一直坡向淋水管。这样融霜水管停止供水后，库内管道中就不会有积水，不会发生冻塞现象。在融霜供水管的库外控制阀后应有排水，以便在融霜结束后排尽融霜水管内的存水。

(5) 安装承水盘　承水盘应架空在冷库地坪上，不可紧贴地面，更不允许嵌入地坪内，以便及时观察是否漏水。承水盘应制作成 V 形，将淋水反射到承水盘中央，防止淋水外溅。蒸发器的下沿至承水盘底板之间的高度不宜过大，只要满足回风口断面要求即可。承水盘的排水口可开设在承水盘折线上最低位置。

(6) 安装排水管　为保证冷风机融霜排水顺畅，排水管管径不小于 100mm，排水坡度不小于 5%，排水管与承水盘的接口严密不漏水。排水管出口应设水封，管子在库房内应有保温，室外部分保温延伸至1500mm。

(7) 安装后调试 冷风机安装完毕后应进行试压、试水和试验风机。当冷风机安装结束后应用1.6MPa的压缩空气试压检漏，试压合格后进行试水。试水时要求淋水盘喷淋均匀，下水畅通，冷风机各连接处不漏水，承水盘的排水通畅，不积水。试验风机前应先检查叶轮与机壳有无碰撞情况，并向风机轴承注油，做好试机前的准备。在风机运转时，要求主体不产生抖动，无异常杂音，电动机的电流和温升正常，润滑部件温度符合要求，出风均匀。待风机调试正常后，在冷风机出风口预留螺孔上装上导风板，并根据风量分布要求调整好导风板的安装角度。

冷风机安装完毕，填写表2-15。

表2-15 冷风机安装过程记载表

序号	操作任务	操作内容	出现的问题	解决的方法	效果	备注
1	冷风机安装前准备					
2	冷风机就位					
3	冷风机分层安装					
4	安装融霜水系统					
5	安装承水盘					
6	安装排水管					
7	安装后调试					

【拓展知识】

盐水池的安装

盐水池是用于盛装盐水、蒸发器及制冰桶等设备的长方体容器。在盐水池内安装一个螺旋管式蒸发器，利用制冷剂蒸发吸热间接将制冰桶内的水冻结成冰。这种制冰装置安全可靠，操作方便，制冷系统运行工况稳定，所产生的冰块体积大、形状规则、质地密实，便于储存、堆放、搬运、运输。

1. 识别螺旋管式蒸发器的结构及工作特点

螺旋管式蒸发器的蒸发管组沉浸于盐水箱中，制冷剂在管内蒸发，盐水在搅拌器的作用下在箱内流动，以增强传热。这种蒸发器热稳定性好，通常应用于氨制冷装置中，但只能用于开式循环系统，载冷剂（如盐水）必须是非挥发性物质，其结构如图2-28所示。

螺旋管式蒸发器的结构及工作特点的识别过程，见表2-16。

2. 盐水池的安装

(1) 安装箱体 在箱体安装前，应先做好箱体基础，基础表面应平整，在其上先做二毡三油的防潮层，再做150mm厚的软木隔热层，在隔热层上方再做一毡二油的防潮层，然后进行箱体的安装。箱体由制造厂商整套设备组装完备或按图样用钢板制作，安装前箱底应刷防锈漆两道，并用水检漏试压。箱体就位，找平固定后，箱体与隔热层的间隙用沥青灌实。

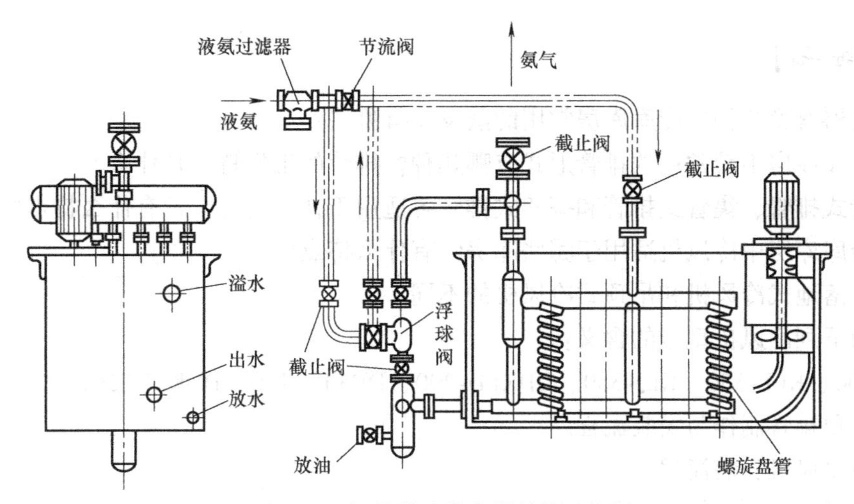

图 2-28　螺旋管式蒸发器结构示意图

表 2-16　螺旋管式蒸发器的结构及工作特点的识别过程

序号	识 别 任 务	构成及工作特点
1	识别螺旋管式蒸发器的结构	螺旋管式蒸发器的蒸发管全部用无缝钢管制成，蒸发管以组为单位，根据不同容量要求，蒸发器可由若干管组组合而成，蒸发管组安装在铁箱子或盐水池中。每组蒸发管组由上下两根水平管及焊在其间单头或双头螺旋管所组成。在管组的一端，上集管接气液分离器，下集管接集油器。为了提高换热效果，在水箱或盐水池内装有立式搅拌器；为了控制蒸发器中的氨液面，在水箱上装有浮球阀控制装置。水箱上部设有溢流管，底部设有泄水口
2	认识螺旋管式蒸发器的工作原理	氨液从中间的供液管进入，供液管由上面一直伸入到下集管，这样氨液从下部进入下集管后，可均匀地进入各螺旋管中去。氨液在管内吸收载冷剂的热量后，不断蒸发汽化，汽化后的氨气通过上集管，经气液分离器分离后，蒸气从上面引出，被压缩机吸入，液体返回下集管。集油器上端有一根管子与吸气管接通，以便将冷冻机油中的制冷剂抽走，积存的润滑油定期从放油管放出
3	认识螺旋管式蒸发器的工作参数	载冷剂的流速一般为 0.5～0.7m/s，传热系数一般在 520～580W/(m^2·K)之间，传热温差约为 5℃
4	认识螺旋管式蒸发器的优点和缺点	优点：传热性能好，结构紧凑，体积较小 缺点：制造复杂，维修困难，金属的腐蚀比较严重

(2) 安装蒸发器　安装前应检查螺旋管式蒸发器有无合格证，并要进行 1.6MPa 的压缩空气试验和检漏，检查合格后用起重设备吊装于用盐水池内，并加以固定，然后进行蒸发器的管道连接，包括供液节流阀、电磁阀和氨液分离器等组装。在配管时，管道与箱体壁、基础和房间墙体的间距应为 150～200mm，以便给管道包隔热层及保护层。

(3) 安装搅拌器　盐水搅拌器分卧式和立式两种。卧式搅拌器在安装前，应拆开检查，清洗轴瓦，再进行组装，轴与轴瓦间不得有过松或过紧现象，装好后不得漏水。立式搅拌器垂直安装在箱体的上面，没有漏水存在，操作管理方便，要注意安装的垂直度。

(4) 安装其余部分　用于冰桶脱冰的脱冰池，安装时要求其上口位置应稍低于盐水池上口，以免在冰桶脱冰时水满后溢入盐水池，使盐水池中盐水浓度下降。翻冰架要求轴承严格同心，翻转灵活。倒冰操作时，转动翻冰架，将冰桶保持一定的倾斜角度，使冰块能自由滑出，倒在冰台上。

【思考与练习】

1. 蒸发器有哪几种？冷库库房常用的蒸发器有哪些？
2. 在冷库库房中较常用的排管形式有哪几种？排管的工作特点是什么？
3. 盘管式排管、集管式排管和搁架式排管各适用于什么场合？各有什么特点？
4. 在冷库库房中冷风机适用于哪些库房？有什么特点？
5. 比较落地式冷风机和吊顶式冷风机的不同。
6. 说明下列冷风机型号的含义：

KLD-300、KLL-350、KLJ-350、DDKLD-200、DDKLL-170、DDKLJ-250。

7. 简述顶排管制作与安装流程。
8. 简述冷风机安装流程。
9. 试述排管的预制组装步骤及方法。
10. 试述排管的吊装步骤和安装要求。
11. 试述落地式冷风机安装步骤及要求。
12. 盐水池由哪几部分组成？如何安装盐水池？

课题四　辅助设备的安装

【知识目标】

1）熟悉四种冷库辅助设备的结构和作用。
2）掌握四种冷库辅助设备的工作特点及相关安装技术要求。

【能力目标】

1）能识读四种冷库辅助设备的型号含义及技术参数。
2）能识读四种冷库辅助设备的外形尺寸图。
3）能按要求完成四种冷库辅助设备的安装。

【相关知识】

在一个完整的蒸气压缩式制冷系统中，除压缩机、冷凝器、膨胀阀和蒸发器四个主件外，为了保证系统正常、经济和安全的运行，还需设置其他起辅助作用的设备。辅助设备的种类很多，按照它们的作用，基本上可以分为两大类：一是维持制冷循环正常工作的设备，如两级压缩的中间冷却器等；二是改善运行指标及运行条件的设备，如油分离器、集油器、氨液分离器、空气分离器，以及各种储液器（或储液桶）等。

此外，在制冷系统中还配有用以调节、控制与保证安全运行所需的器件、仪表和连接管道的附件等。

本课题重点介绍高压储氨器、低压循环储液器、屏蔽氨泵和中间冷却器四种冷库辅助设备的结构、作用、工作特点，以及相关安装技术要求。

一、高压储氨器的作用及结构特点

高压储氨器用于储存来自冷凝器的高压氨液，以适应冷负荷变化时调节系统氨液的循环量，并减小系统内补充氨的次数，起高、低压之间液封的作用，防止高、低压之间串通。

高压储氨器大多制成卧式结构，其上部有压力表、安全阀、进出液口、气体压力平衡管，下部有放油阀等。高压储氨器的液位计用于指示储液量，其液位高度一般不超过筒体直径的80%。因出液口设在容器上部，需装一根伸到容器底部的输液管，在工况变化时能保证供液。高压储氨器的外形结构如图2-29所示。

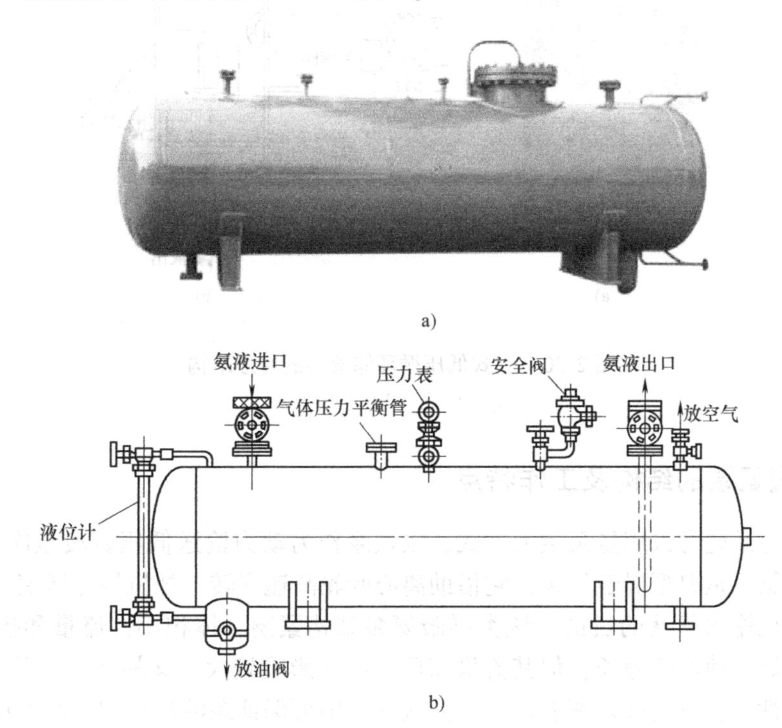

图2-29　高压储氨器外形结构
a）外形图　b）结构图

二、低压循环储液器的作用、结构及工作特点

低压循环储液器在屏蔽氨泵供液系统中用于储存循环使用的低压氨液，同时又可以起气液分离作用，必要时可专供蒸发器融霜或检修时排液之用。立式低压循环储液器由钢板壳体和封头焊接而成，其上部侧面的进气管与库房回气总管相接，立式低压循环储液器的外形结构如图2-30所示。

从库房来的气液两相流体进入容器后，速度骤降至0.5m/s以下，并改变流向，加之伞形挡板的作用，使气液实现分离。为避免进气直接冲击桶底，影响屏蔽氨泵的连续性供液，进气管下端周围开口，并焊有底板。低压循环储液器的出液管有两个方位：一个方位是从底部引出，另一个方位是从桶身两侧接出。立式低压循环储液器高度较高，气液分离效果好，对安全运行有利，同时占地面积小，但设备间需要一定的高度。

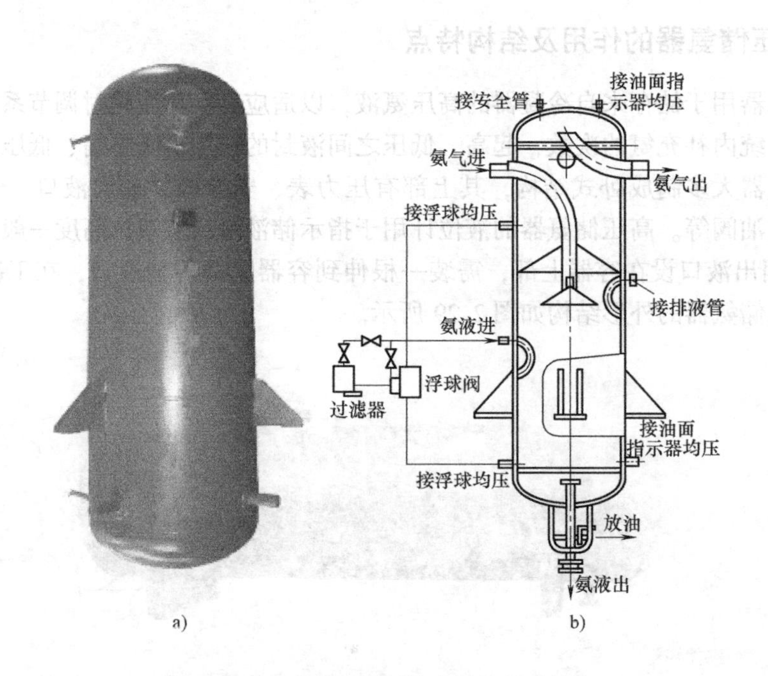

图 2-30　立式低压循环储液器的外形结构

a）外形图　b）结构图

三、屏蔽氨泵的结构及工作特点

氨冷库制冷系统常采用氨泵供液方式，以氨泵作为动力输送低压氨液至库房蒸发器中。氨冷库所用的氨泵是典型屏蔽氨泵，它借助离心叶轮高速回转，把机械能转变为液体的动能和压力能，实现输送氨液的目的。该类屏蔽氨泵结构紧凑，体积小，流量和扬程可选择性大，密封性较好，使用寿命长，但其流量随压头改变影响较大，又易产生“汽蚀”。离心式屏蔽氨泵适用性好，只要吸入端有足够的静液柱，即可保证泵的起动和连续性供液。供液屏蔽氨泵的结构分立式和卧式两类，如图 2-31 所示。

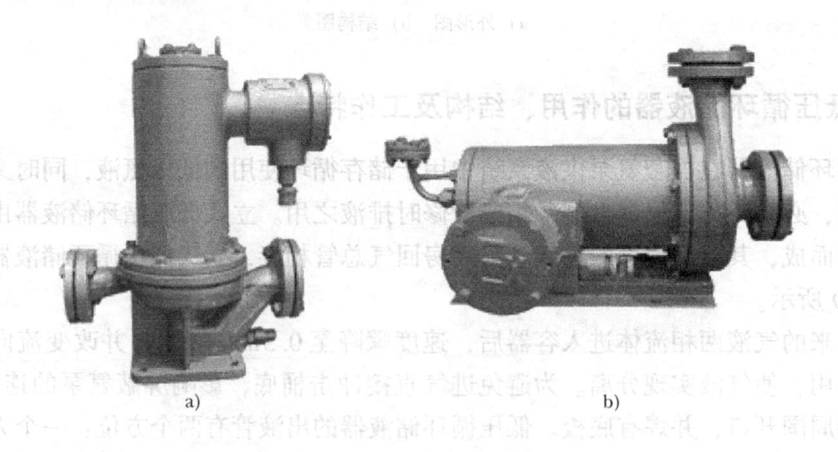

图 2-31　屏蔽氨泵外形图

a）立式屏蔽氨泵　b）卧式屏蔽氨泵

四、中间冷却器的结构及工作特点

中间冷却器用于双级压缩制冷系统中，其作用是使低压级排出的过热蒸气被冷却到与中间压力相对应的饱和温度，以及使冷凝器后的饱和液体被冷却到设计规定的过冷温度。中间冷却器的外形结构如图 2-32 所示。

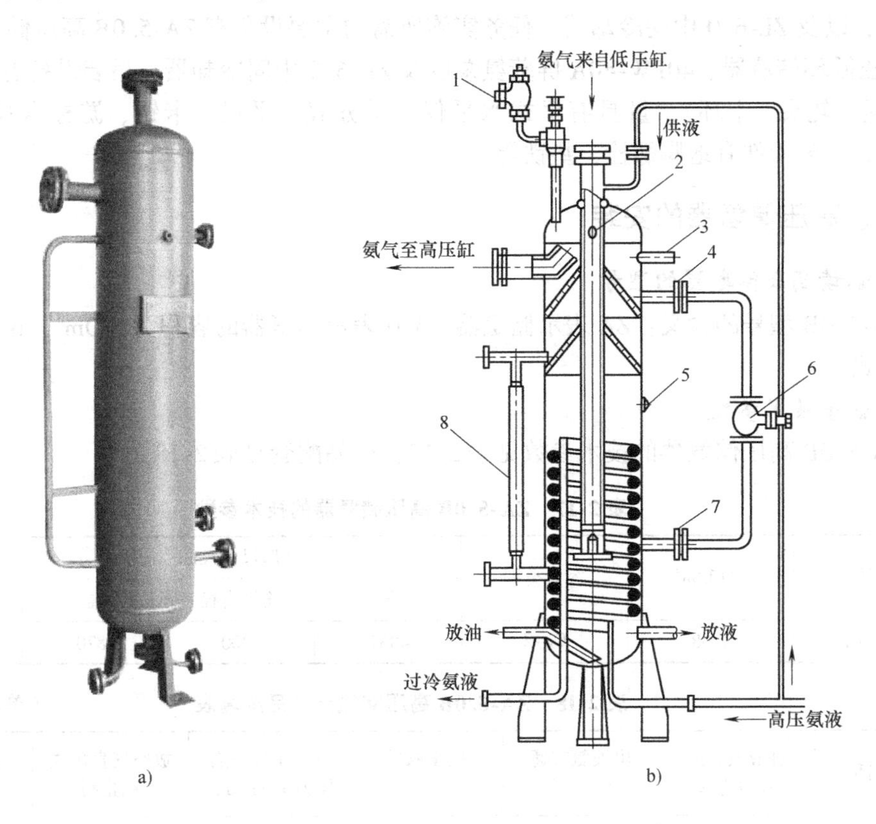

图 2-32　中间冷却器结构

a) 外形图　b) 结构图

1—安全阀　2—压力平衡孔　3—压力表接口　4—气体平衡管　5—液面标志　6—浮球阀　7—液体平衡管　8—液位指示计

进气管从桶体顶部封头伸入桶内，一直往下浸沉在正常氨液面下 150 ~ 200mm，以保证低压排气能充分被洗涤冷却。进气管下端开口并焊有底板，以避免进气直接冲击桶底，将润滑油冲起。桶上部两块多孔伞形挡板可分离蒸气中的液滴。进气管液面以上的管壁上开有一个压力平衡孔，它可以避免停机时氨液进入氨气管道。已冷却的氨蒸气从上部侧面的出气管去高压压缩机。一组蛇形盘管设置于桶体下部，从储氨器来的高压氨液被管外中间温度的氨液冷却而获得过冷。桶上排液管与排液桶或低压循环储液器连接。桶上还有放油管、压力表、安全阀及液位计等各种管接头。

高压氨液经过滤器进入中间冷却器，它分两部分流动：一小部分氨液经浮球阀节流后，从中间冷却器的上部进液管以喷雾状氨液与低压排气混合后一起进入中间冷却器筒体内，实现蒸发吸热，同时降低中间冷却器的温度，因此中间冷却器需要保温；另外大部分氨液进入中间冷却器的双头螺旋管内进行再冷却，使这部分氨液获得过冷，可以增大制冷设备的制冷量。

【任务实施】

本课题的任务是安装 ZA-5.0B 高压储氨器、DXZ-3.5 低压循环储液器、40PW-40A 屏蔽氨泵，以及 ZL-6.0 中间冷却器。任务实施所需的主要设备有 ZA-5.0B 高压储氨器、DXZ-3.5 低压循环储液器、40PW-40A 屏蔽氨泵以及 ZL-6.0 中间冷却器；吊装设备有链式提升机（钢丝绳、轧头、卡环），量具有框式水平仪、千分表、平尺、卡钳、游标卡尺、千分尺、塞尺等，安装配件有地脚螺栓、垫铁等。

一、高压储氨器的安装

1. 识读高压储氨器的型号

ZA-5.0B 型号的含义：ZA 表示储氨器，5.0 表示储氨器的容积为 5.0m^3，B 表示安装方式为卧式。

2. 识读技术参数

ZA-5.0B 高压储氨器的技术参数见表 2-17，产品配套见表 2-18。

表 2-17　ZA-5.0B 高压储氨器的技术参数

型号	容积/m^3	容器类别	外形尺寸/mm			质量/kg
			长	筒体直径	高	
ZA-5.0B	4.98	C_M-2	4937	1200	1870	1715

表 2-18　ZA-5.0B 高压储氨器产品配套表　（单位：mm）

附件名称	进液氨直通式截止阀	出液氨直通式截止阀	安全阀前截止阀	安全阀（开启压力 1.81MPa）	放空气直角式截止阀	放油直角式截止阀
数量	1	1	1	1	1	1
规格	Dg80	Dg50	Dg32	Dg32	Dg10	Dg15
附件名称	液面计	地脚螺栓	安全阀接管	液面计下接管	直通式压力表阀	压力表（1.5 级）
数量	1	4 组	1	1	1	1
规格	L = 1400	M20 × 400	D25 × 2.5	L = 500	Dg4	0 ~ 2.5MPa

3. 识读外形尺寸

ZA-5.0B 高压储氨器的外形尺寸如图 2-33 所示。

4. 高压储氨器的安装要求

1）高压储氨器安装前，应检查出厂合格证件，核对规格型号，检查是否有损伤，若有损伤应进行牢固性和气密性试验。

2）高压储氨器的基础在捣灌前必须按实物核对螺栓预留孔洞的定位。

3）安装时，高压储氨器的水平方向应向放油管一侧倾斜，倾斜度为 0.2%~0.3%。安装时应将玻璃管液面指示器的玻璃管拆下，待设备安装后再装上。

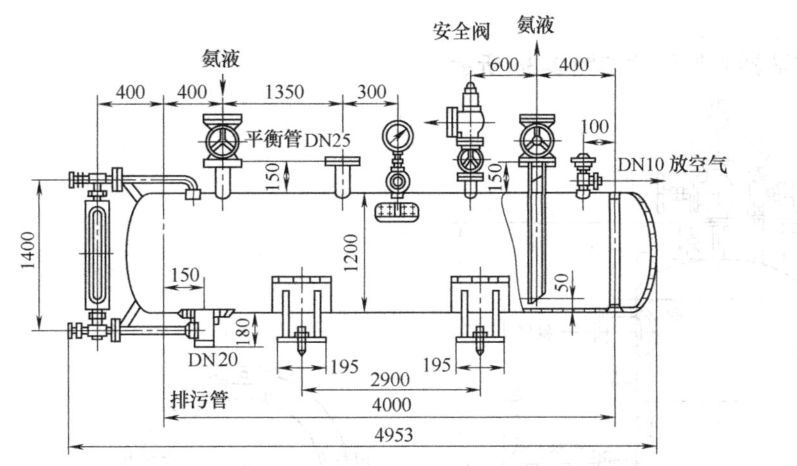

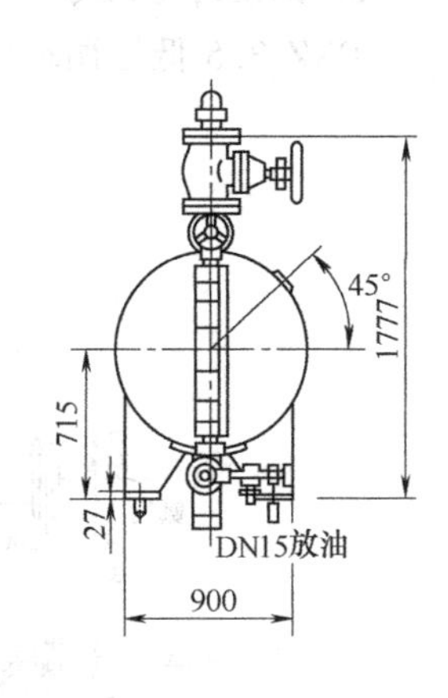

图 2-33　ZA-5.0B 高压储氨器的外形尺寸

4）高压储氨器放置在室外时，应搭建高大的遮阳棚，并保持空气对流。

5）当数台高压储氨器并联使用时，高压储氨器的筒顶应设置在同一水平高度上，并且各高压储氨器之间必须安装液相连通管和气相连通管。

高压储氨器安装完毕，填写表 2-19。

表 2-19　高压储氨器安装操作记载表

序号	操作任务	操作内容	出现的问题	解决的方法	效果	备注
1	安装前检查					
2	检查基础					
3	检查高压储氨器的水平度					
4	检查遮阳与通风情况					
5	检查数台高压储氨器并联的水平度					

二、低压循环储液器的安装

1. 识读低压循环储液器的型号

DXZ-3.5 低压循环储液器型号的含义：

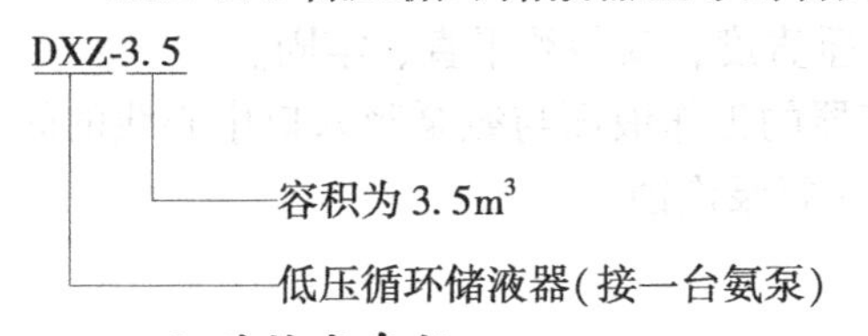

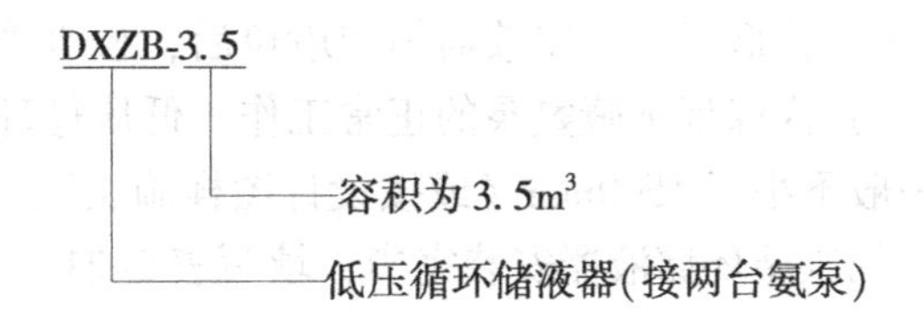

2. 识读技术参数

DXZ-3.5 低压循环储液器技术参数见表 2-20。

表 2-20　DXZ-3.5 低压循环储液器技术参数

型号	容积/m^3	容器类别	外形尺寸/mm		质量/kg
			壳体直径	高	
DXZ-3.5	3.5	C_M-2	1200	3942	1425

3. 识读外形尺寸

DXZ-3.5 低压循环储液器外形尺寸如图 2-34 所示。

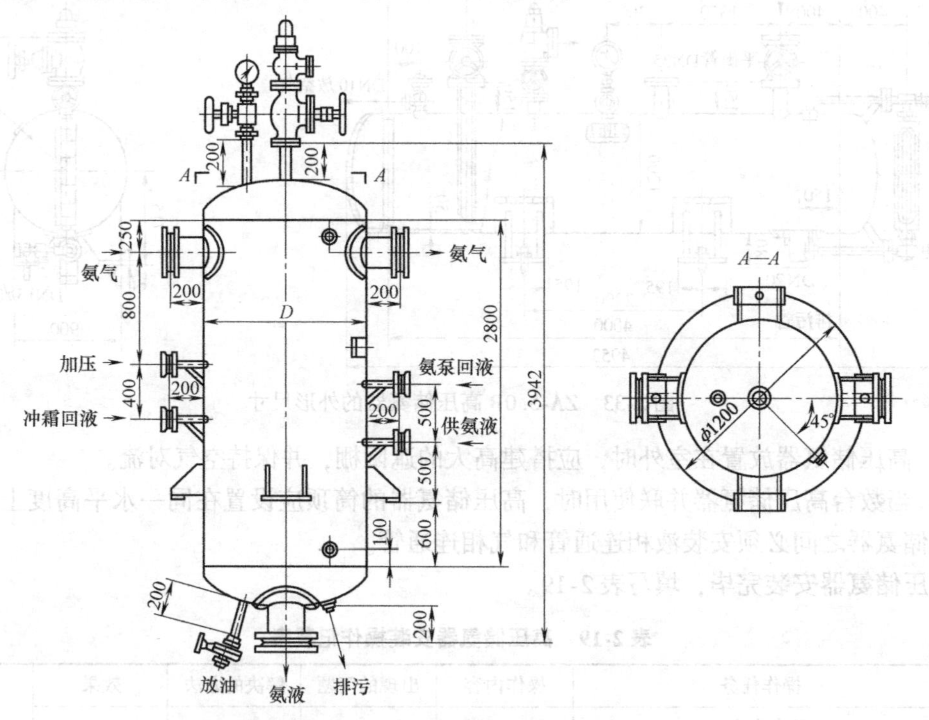

图 2-34　DXZ-3.5 低压循环储液器外形尺寸

4. 低压循环储液器的安装要求

1）安装前，应检查低压循环储液器出厂合格证件，核对规格型号，检查是否有损伤，若有损伤应进行牢固性和气密性试验。

2）一般在设备间里采取中间有楼板的建筑形式来安放低压循环储液器，应根据设计规范和低压循环储液器的直径、保温层厚度，在楼板上预留安装孔洞，并在合适的地方设置预埋地脚螺栓或预埋铁块备用。

3）安装前，应仔细核对预留螺栓与安装孔是否合适，低压循环储液器中心线与标高允许偏差为 5mm。

4）将低压循环储液器吊装就位后，校水平度、垂直度，安装须平直、牢固。

5）为保证屏蔽氨泵的正常工作，低压循环储液器的工作液面与氨泵吸入口中心线的间距一般不小于 1500mm（或按设计图样施工），以防止氨泵汽蚀。

低压循环储液器安装完毕，填写表 2-21。

表 2-21　低压循环储液器安装操作记载表

序号	操作任务	操作内容	出现的问题	解决的方法	效果	备注
1	安装前检查					
2	检查安装位置					
3	核对预留螺栓与安装孔					
4	吊装就位后，校水平度、垂直度					
5	检查工作液面与氨泵吸入口中心线的间距					

三、屏蔽氨泵的安装

1. 识别屏蔽氨泵的型号

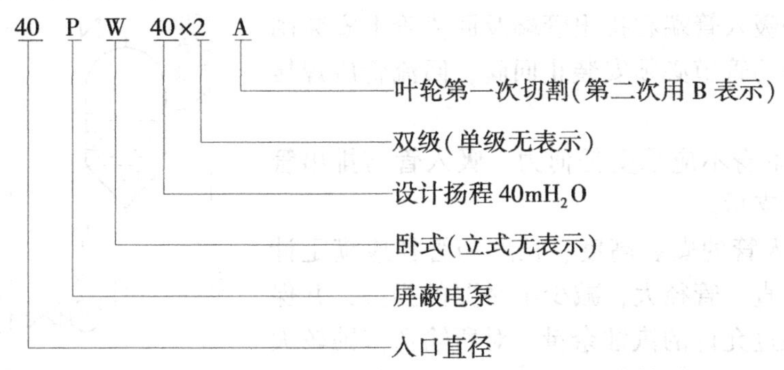

2. 识读技术参数

40PW-40A 屏蔽氨泵技术参数见表 2-22。

表 2-22　40PW-40A 屏蔽氨泵技术参数

型号	流量/(m^3/h)	扬程/mH_2O	转速/(r/min)	效率(%)	轴功率/kW	电动机功率/kW	质量/kg
40PW-40A	5.6	32	2850	29	1.61	3.0	88

3. 识读外形尺寸

40PW-40A 屏蔽氨泵外形尺寸如图 2-35 所示。

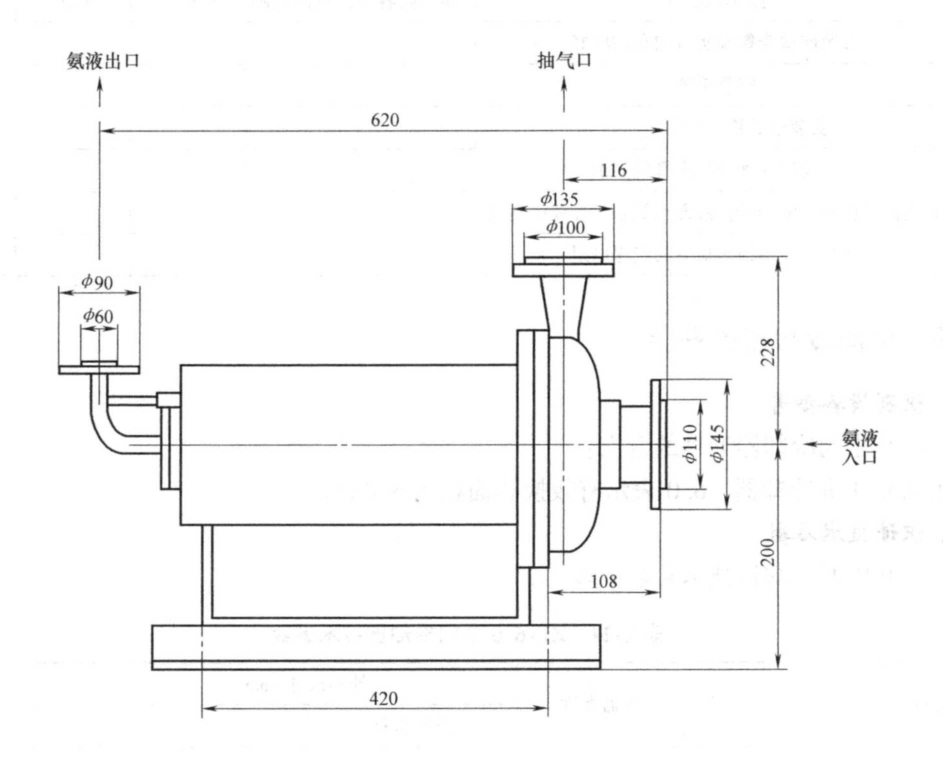

图 2-35　40PW-40A 屏蔽氨泵外形尺寸

4. 屏蔽氨泵的安装要求

1）在安装过程中，为防止杂物进入氨泵内，应将氨泵所有的孔均堵好。

2）在安装的管线上，氨泵前面应安装过滤器，过滤器的有效截面积应大于吸入管3～4倍，靠近氨泵的吸入管端和排出管端及回流管上安装闸阀，排出管以后的管道必须安装止回阀，回流管应焊接在后端小盖上。

3）氨泵的本身不应承受任何力，吸入管与排出管不能依靠泵体来支承。

4）氨泵吸入管的安装高度、长度和管径应满足计算值，力求短、直、管径大，减少不必要的损失，并保持在工作时不超过允许的汽蚀余量。对所输送汽蚀较大的氨液，其安装高度应保持低压循环储液器最低液面至氨泵的基准线在 H 值以上，如图2-36所示。

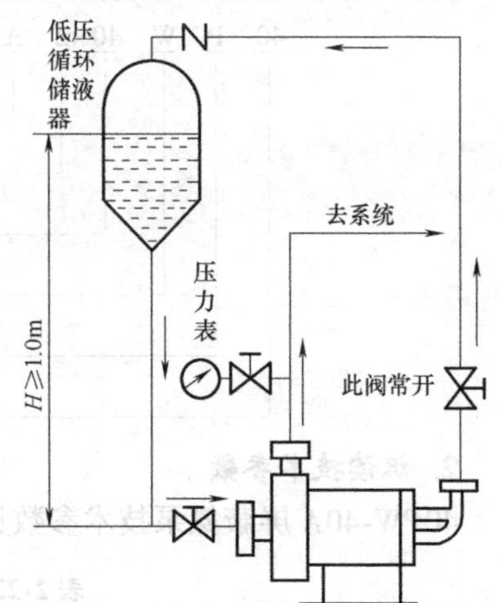

图2-36 屏蔽氨泵安装示意图

5）机组安装后或长期不使用时，在每次开车之前须用500V绝缘电阻表测量定子绕组对机壳的绝缘电阻，其值不得小于0.5MΩ，如低于此值必须进行干燥处理。

屏蔽氨泵安装完毕，填写表2-23。

表2-23 屏蔽氨泵安装操作记载表

序号	操作任务	操作内容	出现的问题	解决的方法	效果	备注
1	安装前检查氨泵所有的孔均堵好					
2	安装泵体					
3	安装过滤器、闸阀、止回阀					
4	安装吸入管与排出管的支承					
5	检查低压循环储液器最低液面至氨泵基准线的高度					
6	测量定子绕组对机壳的绝缘电阻					

四、中间冷却器的安装

1. 识别设备型号

ZL-6.0中间冷却器型号的含义：

ZL表示中间冷却器，6.0表示有效换热面积为6.0m^2。

2. 识读技术参数

ZL-6.0中间冷却器技术参数见表2-24。

表2-24 ZL-6.0中间冷却器技术参数

型号	换热面积/m^2	容器类别	外形尺寸/mm		质量/kg
			壳体直径	高	
ZL-6.0	6.0	E_L-1	150	3230	1180

3. 识读外形尺寸

ZL-6.0 中间冷却器外形尺寸如图 2-37 所示。

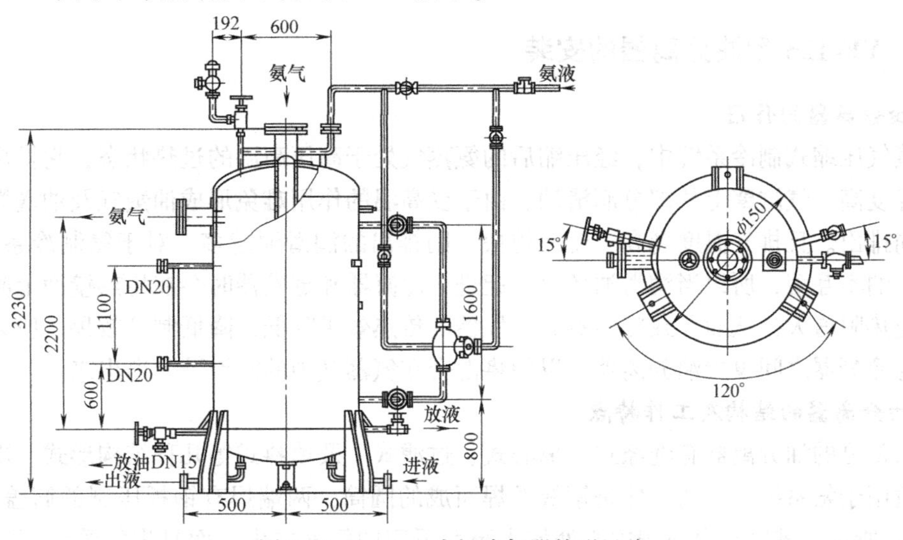

图 2-37　ZL-6.0 中间冷却器外形尺寸

4. 中间冷却器的安装要求

1）安装前，应检查中间冷却器的出厂合格证件，核对规格型号，检查是否有损伤，若有损伤应进行牢固性和气密性试验。

2）在安装时，应根据设计图样核对基础标高及中心线的位置和尺寸，核对无误后再进行安装。

3）中间冷却器应垂直安装，可用水平尺和吊锤找正。还要注意配管的连接，不要接错。

4）中间冷却器必须靠近压缩机（最佳位置是中、低压设备之间），要求压缩机与中间冷却器之间距离控制在 6m 左右。

5）要求管子的裁截工艺、准确性高，要求所有的管段（特别是进、出管段）无应力。

6）制作指示器油包时，注意内部管子设置不能反向。

7）所有靠近中间冷却器的管子应预留有保温层厚度的余量；仪器仪表必须有拆装的空间，以便维修、调试。

中间冷却器安装完毕，完成表 2-25。

表 2-25　中间冷却器安装操作记载表

序号	操作任务	操作内容	出现的问题	解决的方法	效果	备注
1	安装前检查					
2	核对基础标高及中心线的位置和尺寸					
3	垂直安装中间冷却器，检查水平度、垂直度					
4	连接配管、配件					
5	检查压缩机与中间冷却器之间距离					
6	留出拆装、维修、调试的空间，以及保温余量					

【拓展知识】

一、YF-125 型油分离器的安装

1. 油分离器的作用

在蒸气压缩式制冷系统中，经压缩后的氨蒸气处于高压高温的过热状态，它排出时的流速快、温度高。气缸壁上的部分润滑油，由于受高温的作用难免形成油蒸气及油滴微粒与氨蒸气一同排出。且排气温度越高、流速越快，则排出的润滑油越多。对于氨制冷系统来说，由于氨与油不互溶，所以当润滑油随氨一起进入冷凝器和蒸发器时会在传热壁面上凝成一层油膜，使热阻增大，从而导致冷凝器和蒸发器的传热效果降低，降低制冷效果。所以必须在压缩机与冷凝器之间设置油分离器，以便将混合在氨蒸气中的润滑油分离出来。

2. 油分离器的结构及工作特点

目前常见的油分离器有洗涤式、离心式、过滤式、及填料式等几种结构形式。洗涤式油分离器适用于氨系统，它的主体是钢板卷焊而成的圆筒，两端焊有钢板压制的筒盖和筒底，如图 2-38 所示。进气管由筒盖中心处伸入至筒下部的氨液之内，而且进气管的下端焊有底板，管端四周开有出气孔，以免高压蒸气直接冲击筒底，使已沉淀的润滑油搅动浮起。筒内进气管的中部（位于液面之上）管壁上还开有平衡孔，其作用是当压缩机停车时平衡排气管路、油分离器、冷凝器三者之间的压力，特别是在压缩机发生事故时，可以防止因冷凝器的高压将油分离器中的氨液压回压缩机，造成更大的事故。在进气管的外侧上部还装有多孔伞形挡板，起到分离液滴之用。筒体下部侧面设有放油管接头，与集油器相连。伞形挡板之上的筒体侧面设有出气管接头，并使出气管伸入筒内一定的长度，且引出口是朝上开的，其目的是使氨气在排出分离器以前再折流一次，有助于提高分离效果。直立圆筒形筒体和上、下两个椭圆形封头焊成一体，上封头中心伸入一支进气管直至筒体下部，并浸在液氨液面以

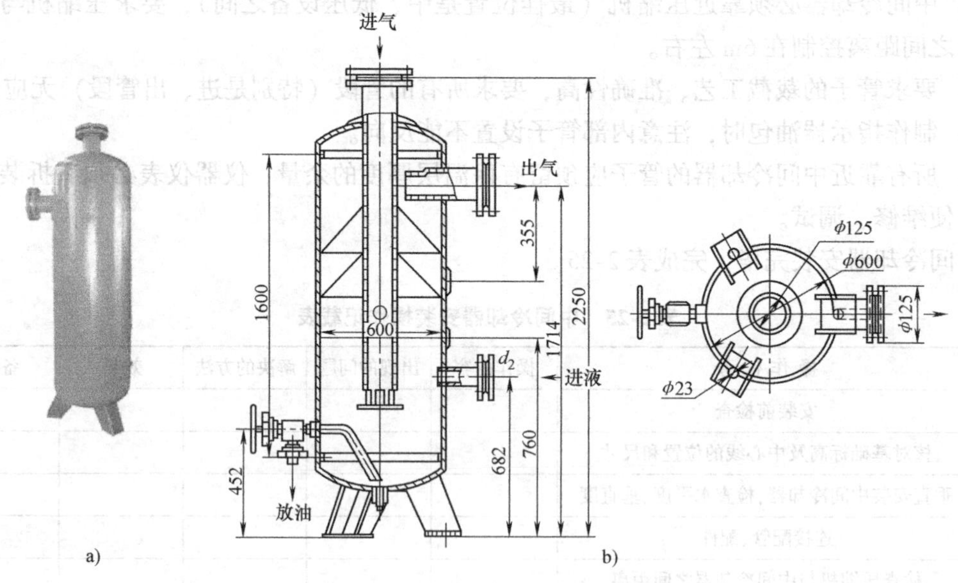

图 2-38　YF-125 型油分离器外形结构

a）外形图　b）外形尺寸

下，开口处有一挡板，防止气流直冲器底，而由径向开口流出，经液氨洗涤后，较纯净的氨气向上流，经多孔挡板又一次接触分离之后，由筒体上部的侧向出气管排出。在筒体中部有供液氨接管，底部有放油阀。

3. 油分离器的安装注意事项

1）安装油分离器时，首先要检查基础标高及中心线尺寸，符合要求后才能实施安装。

2）因进入油分离器的是高温高压气体，易使油分离器产生振动，地脚螺栓固定应采用双螺母或加垫弹簧垫圈并拧紧。

3）洗涤式油分离器中的氨液一般由冷凝器供给，为了保证油分离器内有足够高度的氨液，它的进液管应比冷凝器出液口位置低240～250mm，另外它一般装在机房外，接近冷凝器的地方，这样可以多台压缩机共用一个油分离器。

二、JY-300型集油器的安装

1. 集油器的作用

在氨制冷系统中，如果从油分离器、高压储液器、冷凝器等压力较高的容器中直接放油，对操作人员是很不安全的。另外，这些容器中的氨液也较多，为了保证操作人员的安全并减少氨液的损失，应将系统中各有关容器的油先排至集油器，再在低压下将油从集油器排出。根据放油的需要，可在氨制冷系统中设置高压、低压集油器。

对于氟利昂系统，油分离器分离出来的润滑油一般都通过它下部的手动或浮球自动放油阀直接送回压缩机曲轴箱，其他设备中的润滑油随制冷剂带回压缩机。因此，氟利昂制冷系统一般不单独设置集油器。

2. 集油器的结构及工作特点

集油器是用钢板焊制的立式圆柱形容器，其顶部设有抽气管接头，用于回收氨气的出口和降低筒内的压力，如图2-39所示。筒体上侧设有进油管接头，它与其他容器的放油管相连接，各容器中的油由此进入集油器。筒体的下侧设有放油管，以便在氨回收后将油从筒内放出。此外，为了便于操作管理，在壳体上还装有压力表和玻璃液面指示器，通常集油器的进油量不宜超过其容积的70%。在放油前，为了加速油中氨液的蒸发，更好地回收制冷剂，常采取在集油器顶部用水淋浇加热的措施。放油时只允许各设备逐一进行，避免压力不同的设备互相串通。

3. 集油器的安装注意事项

1）集油器应安装在室外宽敞通风的场地，以便放油时带出的氨能及时散发，便于及时处理事故等。

2）集油器的减压抽气管应接在距压缩机吸气口稍远处的回气管上，以防抽气时抽出油中的氨液，引起湿行程。

三、KF-32型空气分离器的安装

空气分离器是排除制冷系统中不凝性气体（主要是空气）并同时回收制冷剂的制冷剂净化设备。它通常只是在大中型的制冷装置中使用，因为大中型的制冷装置中不凝性气体的数量较多。在小型制冷装置中通常不设置空气分离器，而直接从冷凝器、高压储液器或排气管上的放空阀把空气等不凝气体放出，以求系统的简化。这里着重介绍四重管式空气分离

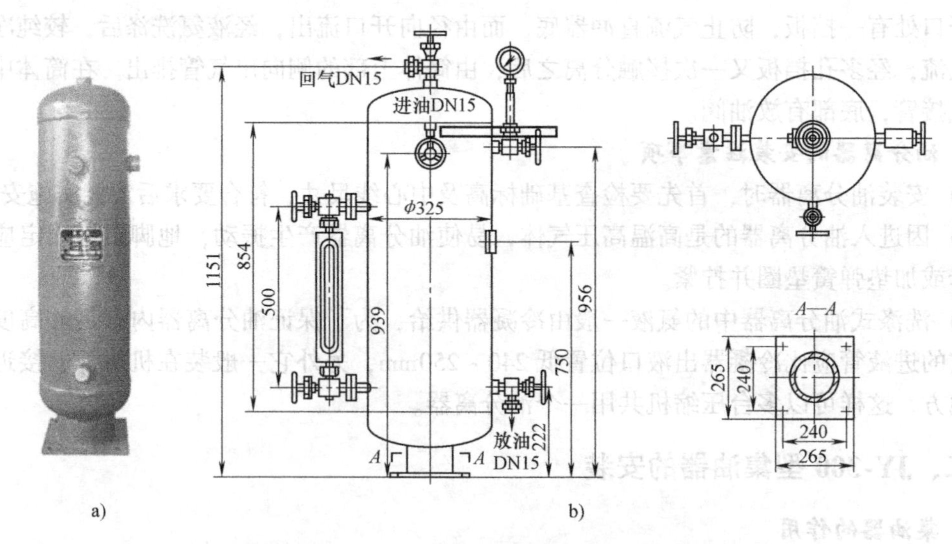

图 2-39　JY-300 型集油器外形结构示意图
a）外形图　b）外形尺寸

器，其外形结构如图 2-40 所示。

图 2-40　四重管式空气分离器外形结构图

1. 空气分离器的作用

制冷系统在运行时，由于在充灌制冷工质前系统中有残留空气，添油及充入制冷工质时有空气侵入，检修压缩机时机腔内残留空气，蒸发压力低于大气压时空气经不严密处渗入等原因，制冷系统中往往会混有空气和其他不凝性气体，这些气体一般集中在冷凝器中，它的存在妨碍了冷凝器的传热，使压缩机排气压力升高、排气温度升高、压缩机耗功增加，故设一空气分离器，以便将空气及其他不凝性气体分离出去。

2. 空气分离器的结构及工作特点

四重管式空气分离器由四根直径不同的无缝钢管互相套置后焊制而成。由内向外数，第一层管与第三层管相通，第二层管与第四层管相通。为了回收混合气体中的氨，在第一层管与第四层管间加一连接管，管上装有节流阀。KF-32 型空气分离器外形尺寸如图 2-41所示。

制冷系统中空气等不凝性气体实际上是与制冷剂蒸气混合存在的，空气分离器就是在冷凝压力下将混合气体冷却到接近蒸发温度，使混合气体中的大部分制冷剂蒸气凝结成液体，并把空气等不凝性气体分离出来，达到回收混合气体中制冷剂的目的，减少制冷剂随不凝性气体的排出对大气的污染及浪费。从储液器来的氨液经节流阀节流后进入内管，然后再进入

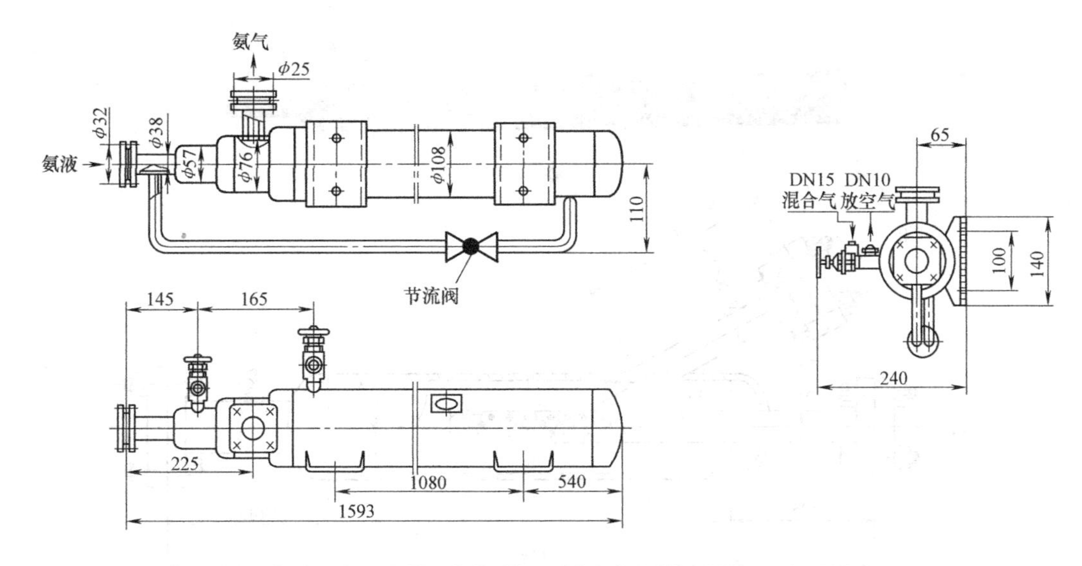

图 2-41 KF-32 型空气分离器外形尺寸

第二夹层，来自储流器和冷凝器的混合气体进入第一夹层和第三夹层，低温的氨液经传热管壁吸收混合气的热量而蒸发，蒸发的气体经回气管进入氨液分离器或低压循环。混合气体则在较高的冷凝压力和较低的蒸发温度下被冷却，其中的氨蒸气被冷凝为液体，并流到空气分离器的底部，通过节流阀节流后，送往空气分离器的第四夹层供使用。空气等不凝性气体通过一接管放至水中，从水中气泡的大小和多少可以判断系统中的空气是否已放尽，当系统中的空气已差不多放尽时，水中便不再有大的气泡。

3. 四重管式空气分离器的安装注意事项

1）四重管式空气分离器通常安装在墙上，安装标高一般为 1.2m。

2）安装时氨液进口端稍高，一般应有 0.5% 的坡度，旁通管应在下部，不得平放。

四、JXA-100 型紧急泄氨器的安装

1. 紧急泄氨器的作用

为防止制冷设备在产生意外事故时引起爆炸，把制冷系统中有大量氨存在的容器（如储氨器、蒸发器）用管路与紧急泄氨器连接，当情况紧急时，可将紧急泄氨器的液氨排出阀和通往紧急泄氨器的自来水阀打开，排出氨液。

2. 紧急泄氨器的结构

紧急泄氨器由直径不同的两支无缝钢管套在一起后焊接而成。伸入大直径壳体内的小直径无缝钢管侧面开有许多出液小孔，壳体侧面有一水管接入壳体，当紧急排氨时，侧向水管喷入大量水，将由出液小孔喷出的液氨溶解于水，溶液则由出口放至下水道内。紧急泄氨器的结构及外形尺寸如图 2-42 所示。

3. 紧急泄氨器的安装注意事项

紧急泄氨器的口径不得小于设备上的管径，泄出管下部不允许设漏斗或地漏，应直接接通排水道。

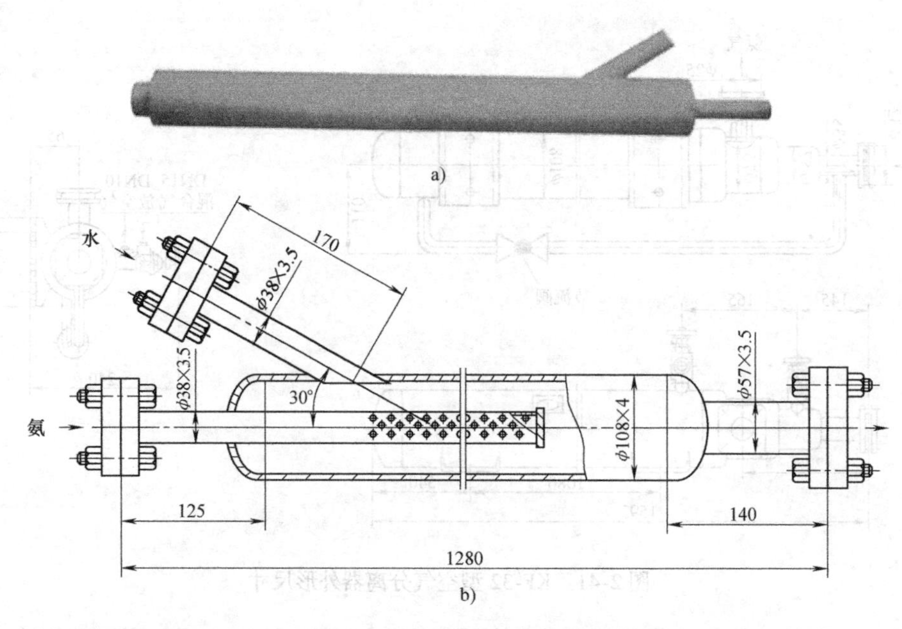

图 2-42 紧急泄氨器的外形结构图

a）外形图 b）外形尺寸

【思考与练习】

1. 在一个蒸气压缩式制冷系统中，有哪几种辅助设备？各起什么作用？
2. 在系统中，高压储氨器起什么作用？其有什么结构特点？
3. 在系统中，低压循环储液器起什么作用？其有什么工作特点？
4. 氨泵有什么特点？其工作原理是什么？
5. 在系统中，中间冷却器起什么作用？其有什么工作特点？
6. 说明下列设备型号的含义：

ZA-5.0B、DXZ-3.5、40PW-40A 及 ZL-6.0。

7. 高压储氨器的安装有哪些基本要求？
8. 低压循环储液器的安装有哪些基本要求？
9. 安装屏蔽氨泵时应注意什么问题？
10. 中间冷却器的安装有哪些基本要求？
11. 油分离器有什么作用？其工作原理是什么？
12. 安装油分离器应注意哪些事项？
13. 集油器有什么作用？其工作原理是什么？
14. 安装集油器应注意哪些事项？
15. 空气分离器有什么作用？其工作原理是什么？
16. 安装空气分离器应注意哪些事项？
17. 紧急泄氨器有什么作用？其工作原理是什么？
18. 安装紧急泄氨器应注意哪些事项？

课题五　制冷系统管道的安装

【知识目标】

1）熟悉制冷系统对管道的材质要求。

2）掌握制冷系统对管道的安装要求。

【能力目标】

1）能正确使用锯割、刀割和气割方法对管道进行切割。

2）能正确使用电焊机按要求完成管道的焊接。

3）掌握管道隔热施工的步骤和方法，能按要求完成管道隔热施工。

【相关知识】

制冷系统管道主要包括排气管（从压缩机排气截止阀至冷凝器入口之间的管路）、输液管（从冷凝器出口至储液器入口，以及蒸发器入口之间的管路）和吸气管（从蒸发器出口至压缩机吸气截止阀之间的管路）等，制冷系统对管道的材质和安装均有特殊要求。

一、制冷系统对管道的材质要求

在制作和安装制冷系统管道时，应选用制冷剂、冷冻机油及其他混合物均不对其产生腐蚀的管材。氨制冷系统通常采用无缝钢管，而不能用铜管或其他管材代替，管内壁不得有镀锌，质量标准应符合 GB/T 8163—2008 中的有关规定。氟利昂制冷系统可用铜管或无缝钢管，一般公称直径在 25mm 以内的用铜管，公称直径在 25mm 以上的用无缝钢管，内壁不得镀锌。纯铜管和黄铜管的质量标准应符合相关国家标准中的有关规定。

制冷系统管道承受制冷剂的压力，除管材应符合质量标准外，对管壁也有一定的厚度要求，才符合安全生产的需要。常用无缝钢管及纯铜管的规格见表 2-26 和表 2-27。

表 2-26　常用无缝钢管的规格

公称直径/mm	10	15	20	25	30	40	50	70	80	100	125	150	200	250
外径/mm	14	18	22	32	38	45	57	76	89	108	133	159	219	273
壁厚/mm	2	2	2	2.5	2.5	2.5	3.5	3.5	3.5	4	4	4.5	6	7

表 2-27　常用纯铜管的规格

外径/mm	3	4	5	6	7	8	10	12	13	16	19	22	28	30
壁厚/mm	0.5	0.75	1	1	1	1	1	1	1	1	1.5	1.5	2	2

二、制冷系统对管道的安装要求

制冷系统管道的安装一般在压缩机、冷凝器、蒸发器等设备安装完毕后进行，在管道安装工程中，应注意以下安装要求。

1）管道安装之前应彻底清除管内的氧化皮、污物及锈迹。

2）尽量缩短接管长度并减少弯头，以减少制冷剂流动阻力。

3）弯管加工要尽量使用弯管机或弯管工具，以保证弯管圆滑平整。

4）节流阀应尽量靠近蒸发器，以减少冷量损失。

5）供液管不应有局部向上弯曲，防止形成气囊；吸气管不应有向下凹的弯曲，防止形成液囊，以保证供液和回气的顺畅，如图 2-43 所示。

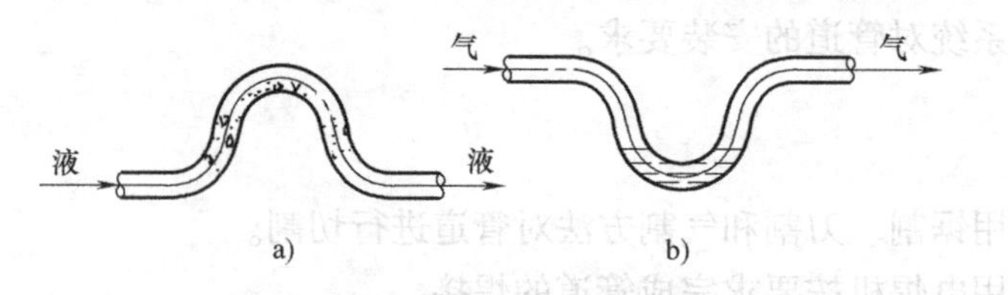

图 2-43　气囊和液囊

a）液体管上气囊　b）气体管上液囊

6）在液体管上接管时，应从主管的底部或侧部接出；在气体管上接管时，应从主管的上部或侧部接出。

7）各种管道在同一支架上敷设时，供液管在下，回气管在上，排气管在最上或外侧。

8）设备并联使用时，配管一定要对称布置，以便供液均匀。

9）两管道在同一水高度时，不应有平面交叉，以免形成∪或∩形的弯曲，造成积液或气阻。

10）管道的法兰、焊缝、接头或管路附件等，不应埋于墙内或不便于检修的地方。

11）排气管穿过墙壁处，应加保护套管，其间宜留 10mm 的间隙，间隙内不应填充材料。

12）有绝热层的管道，在管道与支架之间应衬垫木，其厚度不小于绝热层的厚度。

13）多个管道穿过维护结构时，应尽量合并在一起穿过墙孔，以减少破坏维护结构的绝热层和隔气层。

14）管道安装坡度应符合图样要求，图样中没有标明的应按表 2-28 要求的坡度安装。

表 2-28　制冷系统管道一般坡度要求

管道位置	倾斜方向	坡度参考值(%)
压缩机排气管至油分离器的水平管	坡向油分离器	0.3~0.5
油分离器至冷凝器的水平管	坡向冷凝器	0.3~0.5
压缩机吸气管的水平管	坡向氨液分离器或低压循环储液器	0.1~0.3
冷凝器出液管至高压储氨器的水平管	坡向高压储氨器	0.5~1.0
液体调节站至蒸发排管的水平供液管	坡向排管	0.1~0.3
蒸发排管至气体调节站回气管水平管	坡向排管	0.1~0.3

【任务实施】

本课题的任务是管道的切割及弯曲、管道的布置、管道的连接、管道的除污，以及管道的隔热施工，任务实施所需的工具、设备比较多，需要针对不同的管材，选用不同的安装工具和设备。铜管安装常用的施工工具主要有扩喇叭口工具、冲大小头工具、割管刀、弯管器、气焊设备等，而无缝钢管安装常用的施工工具主要有液压弯管机、切割机、砂轮机、电焊机、电锤、空压机等。常用量具有框式水平仪、平尺、铅垂线等。安装材料有铜管、无缝钢管、保温材料等。

制冷系统管道的安装流程如图 2-44 所示。

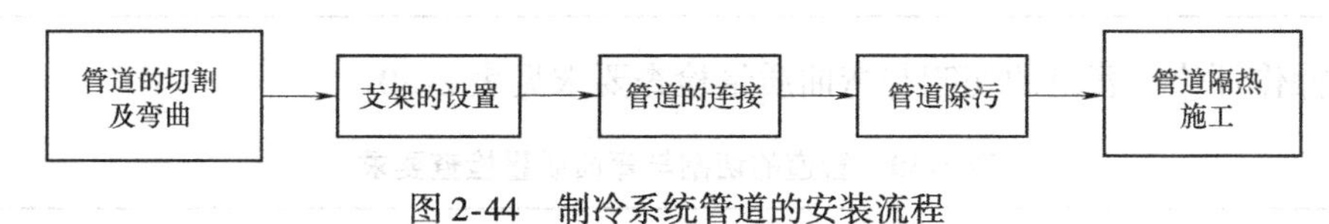

图 2-44　制冷系统管道的安装流程

一、管道的切割及弯曲

1. 管道的切割

管道的切割方法有锯割、刀割和气割等。

（1）锯割　锯割是一种较为常见的切割方法，适用于大部分金属管材，锯割操作方便，锯口平整，可锯不同角度的管口。

（2）刀割　刀割一般采用手动割管器，适用于切割 $\phi4\sim\phi12$mm 的铜管或钢管，而较细的毛细管宜用剪刀在毛细管上来回转动，在毛细管上画出一定深度的刀痕后，再用手轻轻折断。

（3）气割　气割是采用氧气—乙炔气焊设备，使用氧化焰进行切割的方法，适用于管径较大的碳素钢和低合金钢管的切割。

2. 管道的弯曲

管道的弯曲一般有冷弯和热弯两种方法。

（1）冷弯　一般管径在 D57 以下的管道采用冷弯；对于 D25 ~ D57 的管道，可采用电动或液压弯管机弯曲；D25 以下的管道可用手动弯管机弯曲。

冷弯的管道不会脆，管壁减薄长度较低，加工方便，而且管道内壁干净。

冷弯管道的弯曲半径为公称直径的 3.5 ~ 4 倍为宜。冷弯钢管时，因钢的弹性作用，弯曲时应比所需的角度多弯 3° ~ 5°，弯曲半径应比要求半径小 3 ~ 5mm，以便回弹。

（2）热弯　管径为 57mm 以上的管道弯曲时采用热弯。热弯工序为干砂、充砂、划线、加热弯管、检查校正和除砂。

在向管道内充干砂时，应边用锤子敲击管壁振实砂子，当充进的砂子不再下降为合格，然后将管端用木塞堵实。

热弯管道的弯曲半径为公称直径的 3.5 倍。管道加热温度一般为 950 ~ 1000℃，管道呈现橙黄色为宜，在弯曲当中温度降到 700℃时（樱红色），应重新加热。

（3）弯管的制作要求　管道的弯曲角度要准确，弯曲处的外表面要平滑，没有皱纹和裂纹；弯曲处的横断面上不应有明显的减薄和变形。弯管的制作质量应符合表 2-29 的要求。

3. 管道的切割与弯曲操作

（1）操作内容　将一根 D25 无缝钢管用切割机锯割出 2m 长的管子，并用液压弯管机弯曲成两个对折弯。

（2）操作要点　正确使用切割机和液压弯管机，并注意使用安全；割管操作正确，切管口平整光滑；弯管时操作方法正确，弯管平整、无折弯。

表2-29 弯管的制作质量要求

部　位	允许偏差	部　位	允许偏差
弯管断面的椭圆度	≤4%管径	90°弯头的不垂直度	≤3mm
弯管后管壁的减薄度	≤6%管壁厚	180°弯头的不平行度	≤3mm
弯曲部位的皱褶	不允许		

（3）操作评价　管道的切割与弯曲质量检查要求见表2-30。

表2-30 管道的切割与弯曲质量检查要求

检查部位	检查内容			是否合格
	指标名称	允许偏差	实测值	
管道切口	锯口平整	—		
弯管断面	弯管断面的椭圆度	≤4%管径		
弯管后管壁	弯管后管壁的减薄度	≤6%管壁厚		
弯曲部位	弯曲部位的皱褶	不允许		
第一个180°弯头	180°弯头的不平行度	≤3mm		
第二个180°弯头	180°弯头的不平行度	≤3mm		

二、支架的设置

管道的支架设置与安装直接关系到制冷系统运行的经济性和安全性。支架的形式有吊架和托架两种。吊架是悬吊排管和系统管道的支架，用于安装顶面楼板下的排管或管道；托架是利用墙壁作为固定支点的支架，用于安装沿墙面敷设的管道。常见的托架和吊架如图2-45所示。

支架一般用角铁作支撑材料，用U形双头螺栓管卡作固定，用扁钢或角铁作吊杆。

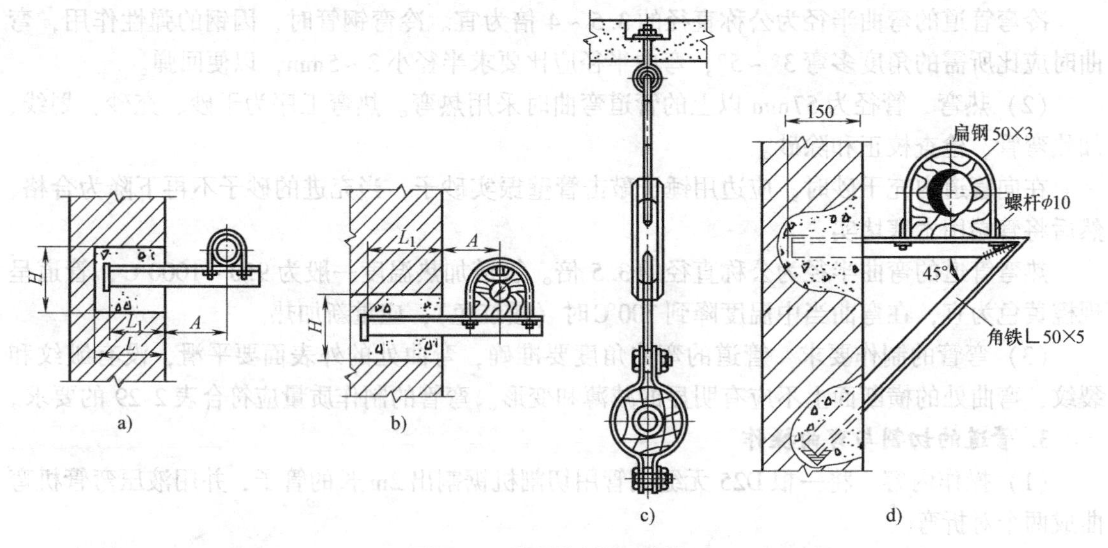

图2-45 常见的托架和吊架

a）无保温半固定支架　b）有保温半固定支架　c）吊架　d）托架

支架是承托管道的主要构件，必须在土建工程进行中预留、预埋。在预埋支架或吊点时，应严格按照设计图样施工，安装前应对支架的材料、尺寸和支架间的跨度尺寸进行核对，防止管道安装后管道成下弧线或管架下沉。管道支架、吊点的间距见表2-31。

表2-31　管道支架、吊点的最大间距（参考）　　（单位：m）

无缝钢管规格（外径/mm）×（壁厚/mm）	不保温管道		保温管道		无缝钢管规格（外径/mm）×（壁厚/mm）	不保温管道		保温管道	
	气管	液管	气管	液管		气管	液管	气管	液管
10×2.0	—	1.05	—	0.27	57×3.5	3.80	3.33	19.2	1.90
14×2.0	—	1.35	—	0.45	75×3.5	4.6	3.94	2.60	2.42
18×2.0	—	1.55	—	0.60	89×3.5	5.15	4.32	2.75	2.60
22×2.0	1.95	1.85	0.75	0.72	108×4.0	5.75	4.75	3.10	3.00
32×2.2	2.60	2.35	1.02	1.02	133×4.0	6.80	5.40	3.80	3.65
38×2.2	2.85	2.50	1.20	1.16	159×4.5	7.65	6.10	4.56	4.30
45×2.2	3.25	2.80	1.42	1.40	219×6.0	9.40	7.38	5.90	—

注：1. 正常间距为最大间距的80%，若管道上有附件（或弯管处）应增加吊点。
2. 排气管管径 $D \geq 108$mm 时，间距取3m；$D < 108$mm 时，间距取2m。

三、管道的连接

制冷系统管道的连接方法主要有焊接、法兰连接、螺纹连接和喇叭口连接等。

1. 焊接

制冷系统管道的焊接方法有气焊、电焊两种。

氟利昂制冷系统的管道连接一般采用氧气—乙炔气焊设备或氧气—液化石油气气焊设备进行焊接。铜管与铜管的焊接可选用铜磷焊条（牌号有HL203、HL204、HL909），不需要用焊剂。铜管与钢管或者钢管与钢管的焊接可选用银铜焊条（牌号有HL301、HL302、HL303、HL312）或者铜锌焊条（牌号有HL103），需要活性化焊剂。

氨制冷系统管道外径为57mm以下一般采用气焊，当管壁厚度达到3mm以上时采用焊条电弧焊。无缝钢管焊接应注意以下事项：

1）无缝钢管焊条电弧焊时应选用E50型焊条，如碱性焊条E5015、E5016。对于厚度小、坡口窄的焊件，可选用E4315、E4316焊条。常用的气焊丝为碳钢焊丝ER49-1、ER50-6等。焊条、焊丝直径应按壁厚选择见表2-32、表2-33。

表2-32　焊条直径与壁厚的关系　　（单位：mm）

管道壁厚	3～5	5～10	10以上
焊条直径	3	4～6	4～7

表2-33　气焊丝直径与壁厚的关系　　（单位：mm）

管道壁厚	3以下	3	4
气焊丝直径	2～3	3	4

2）焊接管道之间要有一定的间隙，以便铁液渗入，增强焊接强度，焊接间隙与壁厚的关系见表2-34。

表 2-34 焊接间隙与壁厚的关系 (单位：mm)

焊接方法 / 管道壁厚	手工气焊	焊条电弧焊
2.75 以下	0 ~ 1	0.5 ~ 1
2.75 ~ 3.5	0.5 ~ 1	1 ~ 1.5
3.5 ~ 6	1 ~ 1.5	1.5 ~ 2

3）壁厚4mm以下的管道对焊一般不开坡口直接对齐管口进行焊接，而壁厚4mm以上的管道对焊需要开坡口，坡口可用砂轮机或气割加工。V形坡口的规格和做法如图2-46所示，V形坡口接头要求尺寸见表2-35。

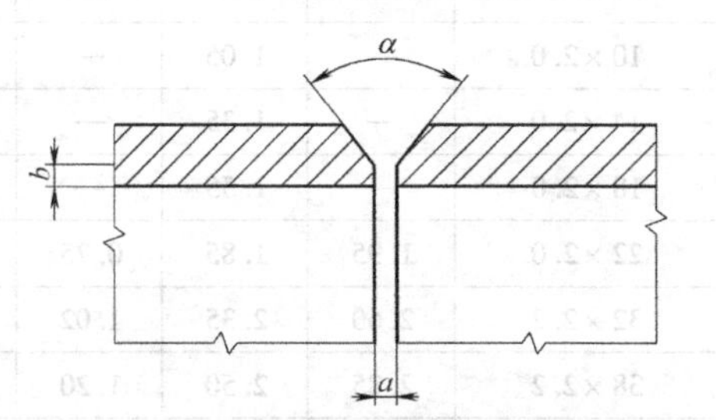

图 2-46 V形坡口的规格和做法

4）管道焊接时对准管口，管口偏差不应超过以下数值：管道壁厚小于6mm，偏差不超过0.25mm；管道壁厚6 ~ 8mm，偏差不超过0.5mm。

表 2-35 V形坡口接头要求尺寸

管道厚度/mm	间隙 a/mm	钝边 b/mm	坡口角度 α
5 ~ 8	1.5 ~ 2	1 ~ 1.5	60° ~ 70°
8 ~ 12	2 ~ 3	1.5 ~ 2	60° ~ 70°

5）管道呈直角焊接时，管道应按制冷剂流动方向弯曲，机房吸入总管接出支管时，应从上部或中部接出，以避免压缩机开机时液体突然进入压缩机而引起倒霜。压缩机的排气管接入排气总管时，支管应顺制冷剂流向弯曲，并从总管的侧面接入，以减少阻力，如图2-47所示。

6）D38以下的管道呈直角焊接时，可用一段较大管径的无缝钢管作为过渡连接，如图2-48所示。

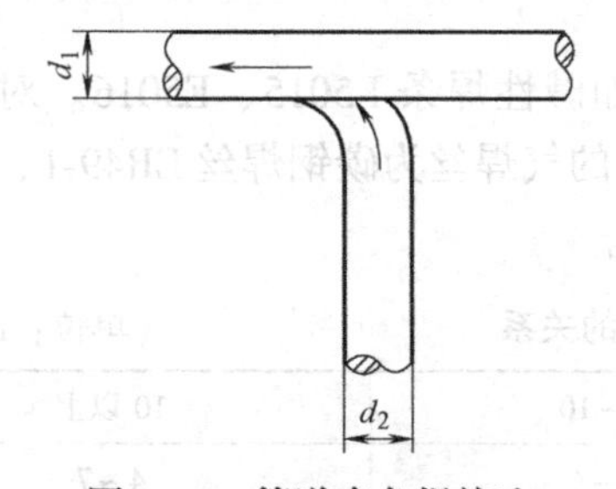

图 2-47 管道直角焊接法

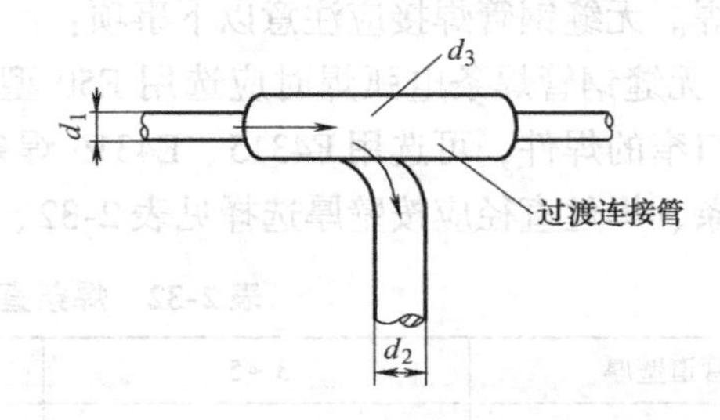

图 2-48 用大管径作为过渡的直角焊接法

7）不同管径的管道焊接时，应将大管径的管口滚圆缩小到与小管径相一致时再焊接，如图2-49所示。

8）液体管上接出支管时，支管保证有充足的液量，支管应从液管的底部接出，如图2-50所示。

9）每个接头焊接不得超过两次，如超过两次就应锯掉一段管道，重新焊接。在焊接弯

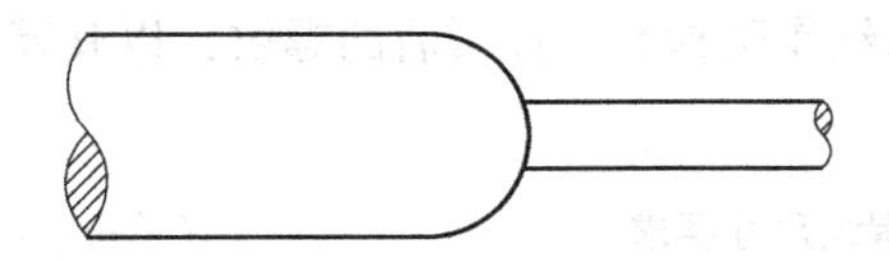

图 2-49　不同管径的焊接方法

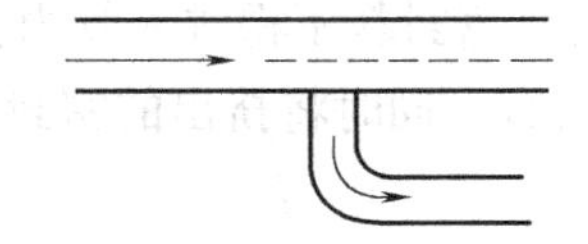

图 2-50　液体管接出支管的焊接方法

管接头时，接头距弯曲起点不应小于 100mm。

10）各种管道焊接完成后，都要进行质量检查，焊缝不应产生未焊透、咬边、气孔、夹渣、裂纹等缺陷。

2. 法兰连接

为了制冷管道维修拆装方便，管道之间可采用法兰连接。此外，凡设备和阀门带有法兰者一律采用法兰连接。法兰盘采用 Q235 钢制作，当工作温度低于 –20℃时，法兰盘应选用 16Mn 钢。法兰盘表面应平整并相互平行，不得有裂纹，要求有良好的密封性，采用凹凸式密封面。

法兰盘与管道装配时，盘内孔与管道外壁的间隙不应超过 2mm，管道插入法兰盘内，管端与法兰盘平面不能齐平，至少应留出 5mm 的距离，但不得超过管壁厚的 3mm。管道与法兰盘的焊接如图 2-51 所示。管道与法兰盘采用双面焊接，焊接时必须保持平直，其密封面与管道轴线的垂直偏差最大不允许超过 0.5mm。法兰焊接的尺寸要求见表 2-36。

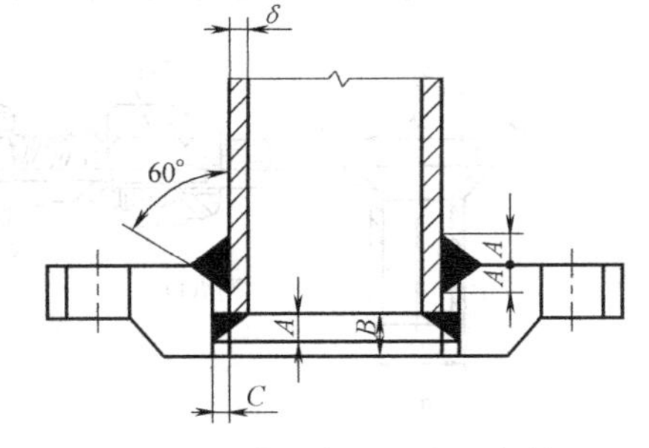

图 2-51　管道与法兰盘的焊接

表 2-36　法兰焊接的尺寸要求　（单位：mm）

管道外径	管道壁厚 δ	焊接高度 A	伸入余量 B	间隙 C	焊条直径
17 ~ 38	3	4	5	0.5 ~ 0.8	3 ~ 4
45 ~ 57	3.5	4	5	0.5 ~ 0.8	3 ~ 4
76	4	5	6	0.5 ~ 0.8	3 ~ 4
89 ~ 133	4	5	6	0.7 ~ 1.0	4 ~ 5
159	4.5	5	6	0.8 ~ 1.2	4 ~ 5
219	6	7	8	0.8 ~ 1.2	4 ~ 5

两片法兰盘之间的密封，应用厚度为 1.5 ~ 2.5mm（根据法兰盘凹槽深度选用）的石棉纸板作垫圈，其尺寸与法兰盘密封面尺寸相同。纸板垫圈不得有开口或厚度不均等缺陷，每对法兰盘之间只能用一个垫圈。垫圈放在法兰盘上时，应在法兰盘表面涂上一层润滑脂。连接法兰时，应使加垫圈后的法兰盘保持平行，螺孔对齐，凹凸相配，然后插入连接螺栓，螺母处于同一侧，应对称地逐步拧紧螺母。拧紧后螺栓露出螺母的长度不应大于螺栓直径的一半，但也不应少于两个螺距。

3. 螺纹联接

D25 以下的钢管与设备、阀门连接时，应采用螺纹联接。用套丝机在钢管上开出符合规定的圆锥形螺纹（尺寸要求见表 2-37），螺纹要完整、光滑，不得有毛刺和乱丝，断丝和缺丝的总长度不得超过螺纹全扣数的 10%。联接螺纹时采用聚四氟乙烯塑料带缠紧在螺纹上作密封料，密封料不得进入管内，严禁用白漆麻丝作密封料。拧紧后的螺纹，以其尾部露出1~2扣为宜，同时将挤出的密封料清除干净。

表2-37　圆锥形螺纹尺寸要求　（单位：mm）

管道公称直径	螺距	螺纹总长度	螺纹工作长度	螺纹尾部长度
15	1.8	18.6	15	3.6
20	1.8	20.6	17	3.6
25	2.3	23.6	19	4.6

4. 喇叭口连接

连接管径小于22mm的纯铜管时，可用胀管工具将管口做成喇叭口形状，然后用管接头和接管螺母压紧喇叭口进行连接，如图2-52所示。

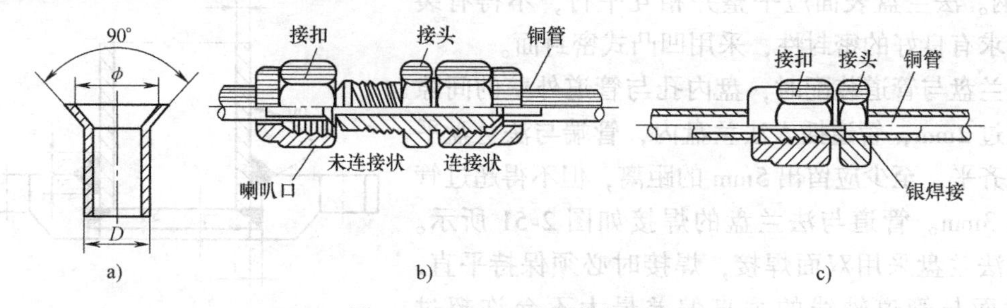

图2-52　喇叭口的制作与连接

a）喇叭口的制作　b）全接头连接　c）半接头连接

制作喇叭口前，应先将纯铜管端部进行退火处理，以免喇叭口处的管壁开裂。制作时，先将接管螺母套在纯铜管上，再用胀管器将铜管管端制成喇叭口。喇叭口制作好后，在内壁涂上少许冷冻机油，将接管螺母与接头拧紧即可。喇叭口的尺寸要求见表2-38。

表2-38　喇叭口的尺寸要求　（单位：mm）

纯铜管外径 D	6	8	9	10	12	16	19	22	25
喇叭口外径 ϕ	9	11	13	13	15	19	23	26	32
允许偏差	0~0.15								

5. 管道的焊接操作

（1）操作内容　D38×3mm，长100mm的无缝钢管两根，实施水平固定对焊。

（2）操作要点　D38×3mm无缝钢管水平固定对焊是小管径全位置焊接，由于管径小，管壁薄，焊接过程中温度上升较快，焊道容易过高，打底焊宜采用断弧焊法。管道的焊缝是环形的，在焊接过程中需经过仰焊、立焊、平焊等几种位置。焊接参数见表2-39。

（3）焊接步骤

表2-39　小管径全位置焊接参数

装配间隙/mm	定位点	焊接层次	焊条直径/mm	焊接电流/A
正上方3.0 正下方2.5	2	第一道：打底焊 第二道：盖面焊	2.5	75~85 70~80

1）装配与定位焊。D38×3mm无缝钢管管道对焊，不用开坡口，直接进行对接装配与定位。把两根管道水平固定对接，接口在垂直面内，要求正上方管道接口间隙为3.0mm，正下方间隙为2.5mm。固定管道后，之间在接口内进行定位焊，定位焊缝沿圆周均布两处，每处定位焊缝长10～15mm。注意不允许在仰焊位置进行定位焊。

2）打底焊。沿管道垂直中心线将管道分成前后两个半周。先焊前半周，再焊后半周。前半周焊接从管道底部仰焊位置开始引弧（引弧部位要超过中心线5～10mm），然后向上经过立焊和平焊两种位置，直至收弧（收弧部位也要超过中心线5～10mm）。接着进行后半周焊接，同样经过仰焊、立焊和平焊三种位置，操作方法同前半周焊接。

3）盖面焊。盖面层施焊前，应将打底层的熔渣和飞溅清除干净，焊缝接头处打磨平整。前半周焊缝起头和收尾同打底层，都要超过中心线5～10mm，采用锯齿形或月牙形运条方法连续施焊，并保持短弧，以保证焊缝质量。

（4）焊缝外观检查　检查焊缝正面和背面的缺陷性质和数量，并用工具测量缺陷位置和尺寸。

1）焊缝表面应是原始状态，没有加工或补焊痕迹。

2）焊缝外观尺寸符合表2-40的要求。

表2-40　焊缝外观尺寸要求　（单位：mm）

焊缝余高		焊缝余高差		焊缝宽度	
平焊位置	其他位置	平焊位置	其他位置	平焊位置	其他位置
0～3	0～4	≤2	≤3	0.5～2.5	≤3

3）焊缝表面不得有裂纹、未熔合、气孔、夹渣和焊瘤。焊缝表面的咬边、未焊透和背面凹坑不得超过表2-41的规定。

表2-41　允许的外观缺陷

缺陷名称	允许的最大尺寸
咬边	深度≤0.5mm，焊缝两侧咬边总长≤20%的管子外圆周长
未焊透	深度≤15%管子壁厚，且≤1.5mm；总长≤10%的管子外圆周长
背面凹坑	当管道壁厚≤6mm时，深度≤25%管道壁厚，且≤1mm；当管道壁厚>6mm时，深度≤20%管道壁厚，且≤2mm；仰焊部位不计，总长不超过管道外圆周长的10%

管道焊接完毕，填写表2-42。

表2-42　管道焊接操作记载表

序号	操作任务	操作内容	出现的问题	解决的方法	效果	备注
1	装配与定位焊					
2	打底焊					
3	盖面焊					
4	焊缝外观检查					

四、管道的除污

制冷系统管道安装完成后，其内部难免有焊渣、铁锈、氧化皮等污物，这些污物可能会堵塞阀门、过滤器，划伤气缸表面，影响设备正常运行，所以需要进行管道安装后的除污处理。

排污所用的气体一般用0.5~0.6MPa的压缩空气或氮气，也可用压缩机的排气来替代，但排气温度不得高于125℃。排污应分为阶段进行，先排高压系统，再排低压系统。每次的排污口尽可能更换位置，选择系统较低的部位为宜。充气时，排污口应先用木栓塞住，到充气压力达到0.6MPa时，拔出木栓，依靠高压排出管道中的污物。排出次数一般根据排污量而定，但不得少于三次，可在排污口放一张白纸，排污到白纸无污点为止。

排污结束后应将各阀门（安全阀除外）取出阀芯检查和清洗，去除污物。

管道排污完毕，完成表2-43。

表2-43　管道排污操作记载表

序号	操作任务	操作内容	出现的问题	解决的方法	效果	备注
1	排污准备					
2	高压系统排污					
3	低压系统排污					
4	各阀门阀芯检查和清洗					

五、管道的隔热施工

在制冷系统质量检查合格后，应对制冷系统管道进行涂装、隔热、防潮、保护，以及颜色标识处理。管道隔热施工应在制冷系统进行气密性试验、抽真空试验和充入制冷剂检漏全部合格之后再进行，隔热层的厚度不应超过设计厚度的10%，并在室温条件下表面不会出现结露或结霜现象。管道隔热层由以下几个部分构成，如图2-53所示。

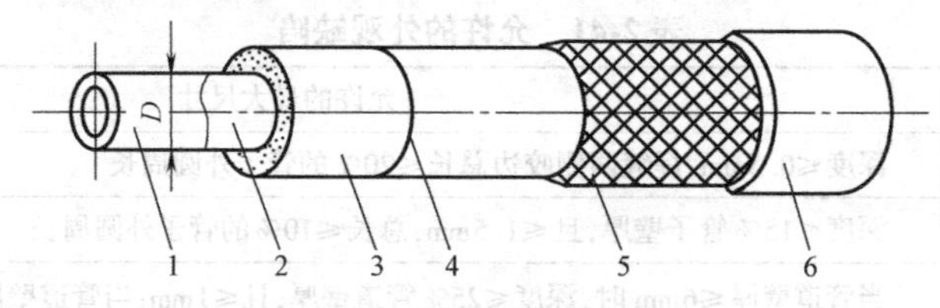

图2-53　管道隔热层的结构

1—管道　2—粘结剂　3—保温层　4—细铁丝　5—玻璃丝布　6—油漆

① 防腐层，为了防止管道金属表面腐蚀，一般在敷设隔热层之前先涂装防锈漆。

② 隔热层，通常用一层热导率很小的材料覆盖在冷表面上。

③ 防潮层，为了防止隔热材料受潮而降低隔热效果，一般在隔热材料外表增加一层防潮材料。

④ 保护层，为了保护隔热材料不受损坏，延长使用期限，常用金属薄板制成的保护壳、石棉水泥保护层、玻璃布外涂装保护层等敷设在防潮层外表面。

⑤ 着色层，在保护层外表面涂装以各色油性调和漆，以区别管道内不同状态的工质。

1. 管道防腐层施工

为了防止管道表面生锈腐蚀，工程中常用的防腐方法是在管道表面涂装油漆，使其表面形成漆膜，与腐蚀介质隔离，从而防止腐蚀现象发生。

首先，做好管道表面的清理工作，清除管道表面的氧化皮、铁锈、污垢、油和水等。然后用防锈漆（如红丹油性防锈漆、硼钡酚醛防锈漆、铝粉硼钡酚醛防锈漆、铁红醇酸底漆等）涂装两遍（注意第一遍干透后再涂装第二遍）。

2. 管道隔热层施工

管道隔热的目的是减少管道内制冷剂及载冷剂向环境吸热，降低冷量损耗；防止管道外表面结露、结霜；改善工作环境，保证人工制冷的效果等。热氨冲霜管道的隔热则是为了减少制冷剂蒸气热量损失，缩短冲霜时间，提高冲霜效果。

制冷系统中需要隔热的管道有：在蒸发压力下工作的低温管道，如低压循环储液器的进出液体和气体管、压缩机吸气管、液体和气体调节站的接管、节流阀后的液体管、排液管等；中间冷却器的出液管；通过楼梯间、穿堂和冷却物冷藏间的供液管和回气管等；用于冲霜的热气管。

由于使用的隔热材料不同，工作环境不同，隔热结构和施工方法也不一样。

（1）用硬质隔热材料施工　常用硬质隔热材料有软木、膨胀珍珠岩、聚苯乙烯泡沫塑料、聚氨酯泡沫塑料等。施工时用上述隔热材料制作成板材、管壳和管件包扎管道，并用粘结剂粘贴、粘合接缝，并用镀锌钢丝或钢带绑扎，绑扎间距为 200 ~ 400mm。要求粘贴密实、不留间隙、表面平整，每层接缝错开。

（2）用软质隔热材料施工　常用的软质隔热材料有毛毡、矿渣棉毡、玻璃棉毡和岩棉毡等制品。用隔热板材缠绕在管道上，边缠边压，边用镀锌钢丝或钢带包扎，捆扎间距为 300 ~ 400mm。直径小于 350mm 的管道隔热，可选用内径合适的棉毡管壳制品，直接套在管道上即可。

（3）用橡胶塑料套管施工　沿套管纵向割开套管，然后卡合在管子上，割口或接合处用氯丁橡胶基粘结剂密封。

3. 管道防潮层施工

管道隔热层施工完成后，接着包缠防潮层。采用油毡、聚乙烯塑料布、复合铝箔等防潮片材时，应敷设平整，搭接宽度为 40mm，搭口用沥青或粘结剂粘牢，外面用钢丝或钢带捆扎。

4. 管道保护层施工

保护层常用的材料为石棉水泥，一般有 1:2.5 水泥砂浆加石棉或麻刀拌和而成，抹面必须平整、光滑，外形美观。保护层也可用玻璃钢制品或金属薄板制作。

5. 着色层施工

制冷系统管道表面涂装不同颜色的油漆，以便识别管内制冷剂的状态，并在显著位置标出制冷剂流动方向的箭头。隔热管道须在保护层外表涂刷有色调和漆，而不做隔热的管道外壁必须先涂装防锈漆，方能刷有色调和漆进行颜色识别。管道识别色见表 2-44。

表 2-44　管道识别色

管道名称	识别色	管道名称	识别色
高压液体管	黄色	低压吸气管	天蓝色
低压液体管	米黄色	放油管	棕色
高压排气管	铁红色	安全管	红色
热气冲霜管	铁红色	水管	绿色

6. 管道隔热施工操作

（1）操作内容　将一根长2m的D38或D350无缝钢管进行隔热施工操作，如图2-54所示。

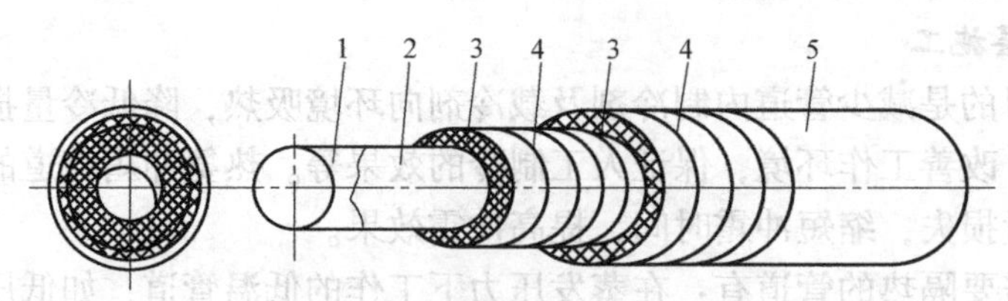

图2-54　管道隔热施工示意图

1—管道　2—防锈漆　3—岩棉毡　4—捆扎铁丝　5—外缠塑料布

（2）操作要点

1）室内小管道（D38无缝钢管）的隔热做法。用内径为38mm的岩棉毡管壳直接套在D38管道上，作为隔热层；防潮层采用聚乙烯塑料布包缠，铺设平整，搭接宽度为40mm，搭口用粘结剂贴牢，外面用钢丝捆扎。

2）室内大管道（D350无缝钢管）的隔热做法。将岩棉毡卷材剪成200～300mm宽的带，以螺旋方式缠绕在管道上，边缠边压边包扎，采用钢丝包扎的间距为300mm，直至第一层包扎完毕。第二层岩棉毡的包扎做法同第一层。防潮层采用聚乙烯塑料布包缠，敷设平整，搭接宽度为40mm，搭口用粘结剂贴牢，外面用钢丝捆扎。

（3）操作评价　管道隔热施工质量检查见表2-45。

表2-45　管道隔热施工质量检查

施工要求	施工情况记录	是否合格
1)隔热材料紧贴管道,不松动 2)隔热材料包扎紧密,不松散,钢丝包扎间距合适 3)防潮层材料敷设平整,搭接宽度合适,搭口贴牢,无间隙		

【拓展知识】

阀门的安装

制冷系统中常用的阀门有截止阀、止回阀、安全阀、节流阀、电磁阀、浮球阀等，均属专用产品，不得以其他产品替代使用。

一、阀门的检查

1）除铅封的安全阀外，阀门在安装前必须逐个拆卸，清洗油污、铁锈。清洗电磁阀的阀芯组件时，不必拆开，电磁阀的垫圈不允许涂抹润滑脂，只要求涂抹冷冻机油安装。

2）对于截止阀、止回阀、电磁阀等阀门，还应检查阀口密封线有无损伤；对于有填料的阀门，须检查填料是否密封良好，必要时须加以更换。

3）对于电磁阀、浮球式和电容式液位控制器等，安装前须检验是否灵活可靠。

4）在安装安全阀前，应检查其铅封情况和出厂合格证，若规定压力与设计不符，应按专业技术规定将该阀进行调整，作出调整记录，然后到有关安全部门检查合格后，再进行封铅。

5）在阀门拆洗重新组装之后，先将阀门启闭4～5次，然后关闭阀门进行单体试压、检漏。试压介质可用压缩空气和煤油。

① 用压缩空气试压、检漏。试压时，利用专用试压夹具，试验压力为1.8MPa或工作压力的1.25倍，以试验时不降压为合格。为了检查阀体是否因裂纹、砂眼等造成阀体渗漏，也可将阀门放入水中通入压缩空气进行阀体检漏。

② 用煤油试漏。即把煤油灌入阀体，经2h不渗漏为合格。采用这种方法试漏，应在阀芯两头分别试验。

二、阀门的安装

1）阀门应安装在便于操作、维护和拆卸的位置。各种阀门必须安装平直，手柄严禁朝下，安装时必须注意制冷剂的流向，不可装反。

2）安全阀应接在设备出口处的截止阀上，阀体的箭头应与制冷剂流动方向一致。

3）安装截止阀时，应使制冷剂从阀门底部流向上部。在水平管管路上安装时，阀杆应垂直向上或倾斜某一个角度，严禁阀杆朝下。若阀门位置难以接近或位置较高，为了操作方便，可将阀杆装成水平。

4）安装止回阀时，要特别注意制冷剂流向，要保证阀芯能自动开启。对于升降式止回阀，应保证阀芯中心线与水平面相互垂直。对于旋启式止回阀，应保证其阀芯的旋转，且阀芯必须装成水平。

5）电磁阀必须垂直安装在水平管路上，阀体上的箭头应与制冷剂的流向一致。

6）热力膨胀阀也必须水平安装，要注意阀的进出口连接，通常在阀的进口端有滤网。膨胀阀应尽可能靠近分液器。感温包应固定在回气管的水平管段上，并保证接触良好，而不能固定在吸气管的回油弯或其他凹槽处。外平衡热力膨胀阀的外平衡管应安装在回气管感温包绑扎处的下游，与感温包的距离为150～200mm，并从回气管水平段的顶部接出。

7）安装浮球阀时，要求浮球室中心线与控制室容器的水平面一致，浮球阀的上、下均压管要安装截止阀，阀前要安装液体过滤器。

【思考与练习】

1. 制冷系统对管道的材质有什么要求？
2. 制冷系统对管道的安装有什么要求？
3. 管道安装坡度有哪些要求？
4. 管道的切割方法有哪几种？分别用于哪些场合？
5. 管道弯曲方法有哪几种？这些方法弯管有什么特点？
6. 管道的切割与弯曲质量检查有哪些项目？应达到什么要求？
7. 管道的支架有几种形式？分别用于哪些场合？
8. 管道的支架用什么材料制作？管道支架、吊点的间距有什么要求？
9. 制冷系统管道的焊接方法有几种？分别用于哪些场合？
10. 无缝钢管焊接应注意哪些事项？

11. 无缝钢管焊接时，在什么情况下需要开坡口？V形坡口的规格和做法有哪些要求？
12. 在什么情况下管道之间采用法兰连接？法兰连接有哪些要求？
13. 在什么情况下管道之间采用螺纹连接？螺纹连接有哪些要求？
14. 在什么情况下管道之间采用喇叭口连接？喇叭口连接有哪些要求？
15. 焊缝外观检查有哪些项目？应达到什么要求？
16. 如何进行管道安装后的除污处理？
17. 管道隔热结构由哪几个部分构成？各部分如何施工？
18. 如何通过制冷系统管道表面不同颜色的油漆来识别管道？
19. 如何进行阀门的检查？
20. 安装阀门有哪些注意事项？

课题六　装配式冷库的安装

【知识目标】

1）熟悉装配式冷库的使用范围及保温板厚度。
2）明确装配式冷库施工前的准备工作及平面布置要求。
3）掌握库体和库门安装的步骤和方法。
4）掌握制冷系统管道安装的步骤和方法。
5）掌握冷库电气控制箱的安装要求及使用注意事项。

【能力目标】

1）能按要求做好安装前的准备工作。
2）能按要求完成库体和库门的安装。
3）能按要求完成制冷设备的安装。
4）能按要求完成制冷管道的安装。
5）能按要求完成冷库电气控制箱的安装。

【相关知识】

装配式冷库广泛使用在超市、连锁餐饮店、宾馆饭店，以及食品加工、副食水产、果蔬批发、工业、医药、研究院等场所。装配式冷库可以按照实际需要，组合成不同高度、宽度或体积的各类冷库，装拆简便。装配式冷库库体外形美观，坚固耐用，保温性好，节能省电，安全可靠。装配式冷库保温层材料一般使用聚氨酯或者聚苯乙烯，其中聚氨酯保温板热导率小、强度高。装配式冷库板内外层表面又有多种金属（彩锌钢板、不锈钢板、压花铝板、镀锌板等）可供选择，以适应客户的实际需求和预算。

一、装配式冷库的使用范围及保温板厚度

根据不同物品的冷藏需要，装配式冷库具有不同的使用温度范围。

1. 高温库

库温为10℃以上，主要用来储藏水果、药品等，一般用建筑墙体本身隔热，也可选用50mm厚度保温板作隔热；库温为-5~5℃，主要用于储藏果蔬、蛋类，药材保鲜，木材干燥等，选用保温板厚度为75mm或以上。

2. 中温库

库温为-18~-10℃，用来储藏肉类、水产品及其他适合该温度范围的物品，选用保温板厚度为100mm或以上。

3. 低温库

库温为-28~-23℃，用来储藏雪糕、冰淇淋和低温食品等，选用保温板厚度为150mm。

4. 超低温库

库温≤-30℃，主要用在速冻食品加工及工业、医疗等特殊场所，选用保温板厚度为150mm以上。

由于保温板和机组的配置不同，温度较高一级的冷库库板不能替代温度低一级的冷库使用。同时，也不推荐将温度低一级的冷库库板替代温度高一级的冷库使用，要考虑冷库在设计使用温度范围内运行最经济。

二、装配式冷库施工前的准备工作

装配式冷库在施工前，首先要根据设计说明了解机组的数量和型号、机组冷凝器的冷却方式、所选蒸发器的形式，以及库体所选用的材料；再进一步确定机房的大小、制冷机组基础的尺寸和地脚螺栓孔的位置等。对于机组冷凝器是风冷方式的，通常机组要置于室外，便于更好地通风散热，但必须要对机组进行防雨、防水处理。在人员流动多的场所，机组周围还必须做防护栅栏，以免冷凝器风叶伤人和碰坏机组。

中小型装配式冷库有室内拼装的，也有放置在室外的。对室内装配式冷库，只考虑基础的加固和找平；对室外装配式冷库，除考虑基础的加固和找平外，还必须对库体进行防雨、防水处理。库顶防雨处理，常采用的方法是在顶部铺贴防水材料，既节省费用，又安全可靠。库体底部处理方法如下：在做冷库基础时，要使基础留有一定坡度，不能太斜，仅供出水即可。然后找平，组装冷库前在基础上铺垫30~50mm的木板或槽钢。这样做一方面防止水对库底的浸蚀，另一方面减缓冷库底部对外传热。

因此，在装配式冷库的施工中，既要考虑制冷设备和库体布置应合理，又要考虑装配式冷库在使用中节省能源和降低冷量损耗。

【任务实施】

本课题的任务是布置冷库的平面，安装装配式冷库的库体与库门，安装制冷设备，安装制冷系统管道以及安装冷库电气控制箱。任务实施所需的安装设备有链式提升机（钢丝绳、轧头、卡环）；主要量具有框式水平仪、平尺、铅垂线；安装工具及材料有常规工具、库板、库门、铜管、耗材等。

装配式冷库安装流程如图2-55所示。

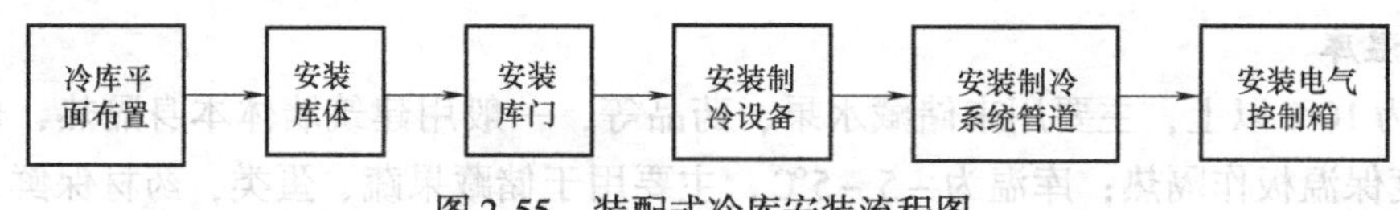

图 2-55　装配式冷库安装流程图

一、冷库平面布置

平面布置分室内型和室外型，两种布置各有其特别之处。

1. 室内型冷库的布置

在布置室内装配式冷库时，应注意下列问题：

1）应有合适的安装间隙，在需要进行安装操作的地方，冷库墙板外侧离墙的距离不小于400mm；在不需要进行安装操作的地方，冷库墙板外侧离墙的距离应为50～100mm。冷库地面隔热板底面应比室内地坪垫高100～200mm；冷库顶面隔热板外侧离梁底应有不小于400mm 的安装间隙；冷库门口侧离墙需有不小于1200mm 的操作距离。

2）应有良好的通风、采光条件。

3）安装场地及附近场所应清洁，符合食品卫生要求，并要远离易燃、易爆物品，避免异味气体进入库内。

4）冷库门的布置应便于冷藏货物的进出。

5）库内地面应放置垫仓板，货物应堆放在垫仓板上。

6）制冷设备的布置应考虑振动、噪声对周围场所的影响，也应考虑设备的操作维修、接管长度等。

7）需根据预制板的宽度、高度模数、安装场地的实际情况进行综合考虑冷库的平面布置。

2. 室外型冷库的布置

在布置室外装配式冷库时，除了食品卫生要求、安全要求、制冷设备布置要求与室内型冷库相同外，还应满足土建式冷库平面布置的一些要求。另外，尚有下列几点特别要求：

1）只设常温穿堂，不设高、低温穿堂。冷库门可设不隔热门斗和薄膜门帘，并设空气幕。

2）门口设防撞柱，沿墙边设600～800mm 高的防护栏。

3）冻结间、冻结物冷藏间应设平衡窗。

4）朝阳的墙面应采取遮阳措施，避免阳光直射。

5）轻型防雨棚下应设防热辐射装置，并应考虑顶棚通风。

6）机房、设备间也可采用预制板装配而成，与冷库成为一体。

冷库平面布置完毕，填写表2-46。

二、安装库体

1. 检查库体安装平面

安装冷库库体的场地要干燥、平整，其平整度不大于5mm。如果选址在室外，则要在库体上方搭建防雨棚，不能受到其他热辐射和雨水的影响。安装位置应充分考虑通风、排水、维修空间等各项因素。检查库体安装平面平整的方法如下：

表 2-46　冷库平面布置记载表

序号	操作任务	操作内容	出现的问题	解决的方法	效果	备注
1	测量冷库的安装间隙					
2	观察通风、采光条件					
3	检查安装场地及附近场所的安全性					
4	检查冷藏货物的进出口及防护措施					
5	观察制冷设备的位置					
6	检查库顶的遮阳及隔热效果					

1）用水平仪检查安装库体地面的水平度，如图 2-56 所示。

2）用细绳索检查对角线，注意绳索要绷紧，使 $AD=BC$，如图 2-57 所示。

图 2-56　检查安装库体地面的水平度

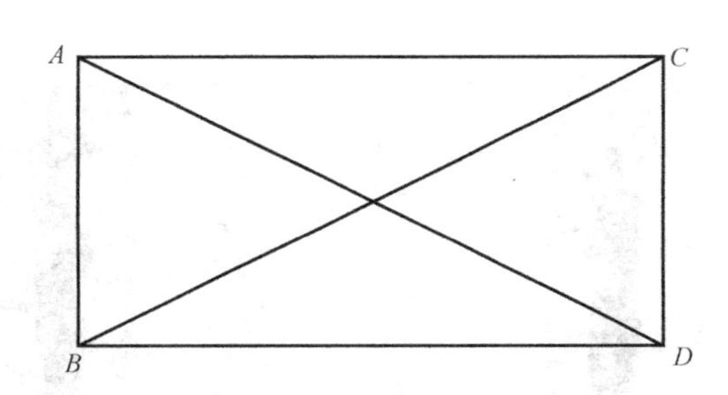

图 2-57　用细绳索检查对角线

2. 安装底板的步骤

1）安装地板前按图 2-58 所示，在板接缝处的点 A、B 打玻璃胶。

2）边与边对齐，并按编号依序用六角匙顺时针锁紧地板。

3）用水平尺检查水平，不平整时要垫平，并保证长宽尺寸符合图样要求，如图 2-59 所示。

4）地板安装完后，将地板上表面擦干净。

5）将地板库内侧表面接缝（点 C）打上发泡料。

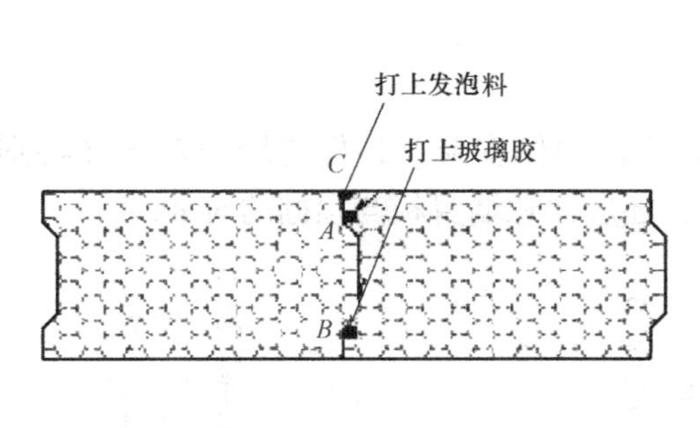

图 2-58　底板接缝的处理

图 2-59　检查底板的水平

3. 安装墙身板的步骤

1）选择靠门一侧的任一角墙身板安装，以求稳固，要求与地板平齐，如图 2-60 所示。

2）用铅垂线检查墙身板的垂直度，如图 2-61 所示。

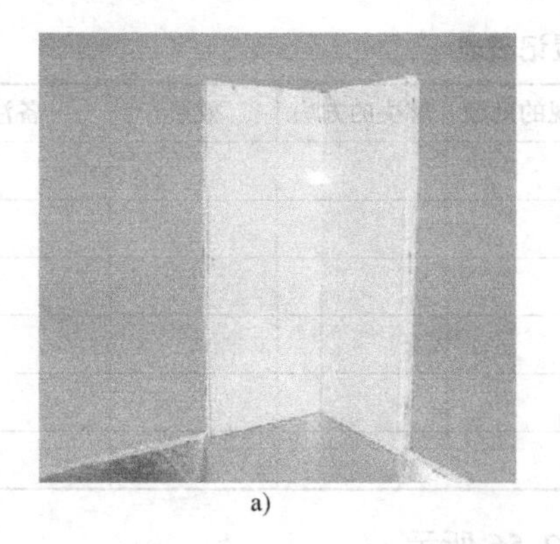

a)

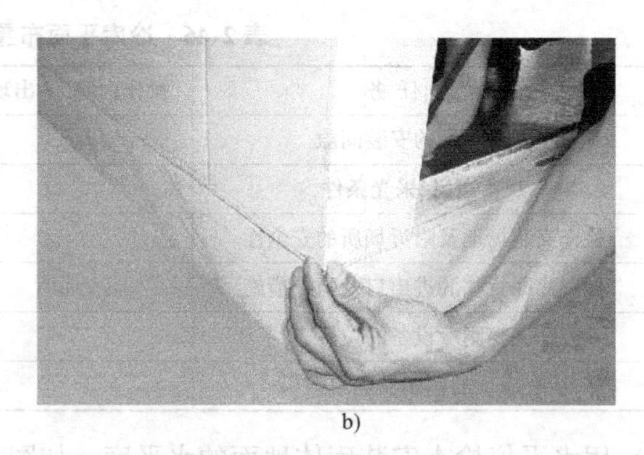

b)

图 2-60　安装任一角墙身板

a）安装内角示意图　b）安装外角示意图

a)

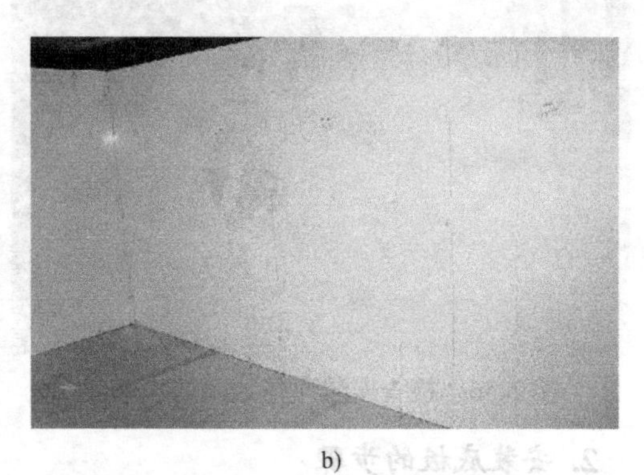

b)

图 2-61　检查墙身板的垂直度

a）检查墙身板垂直度的示意图　b）墙身板安装后的效果图

3）按顺时针方向安装其余墙身板和间隔墙板（只锁部分锁钩，以不倒为前提）。

4）检查墙身板与地板是否对齐。由于库板的积累误差，墙身与地板可能会有几毫米不平齐，如墙身短、地板长，则先锁连接地板的锁钩，再锁墙身之间的锁钩；反之，先锁墙身之间的锁钩，再锁连接地板的锁钩。也可将墙身整体平移，尽可能保证靠门一侧平齐。

5）再次检查墙身板的垂直度。

4. 安装顶棚

如有隔墙板应首先安装隔墙板上的一块顶棚，再向两侧安装。顶棚与墙身对齐（特别是靠门一侧），如有推拉门导轨座安装在顶棚上的，还应注意墙身板与顶棚的对准线。

对于需要吊顶的冷库，可采用专配的吊钩安装在锁钩处，用来吊住顶棚，每个吊钩可承受 980N 拉力（吊钩自行用调节码调整），亦可用大 T 字铝-铝梁吊顶，每米可承受 3920～5880N 拉力，如图 2-62 所示。

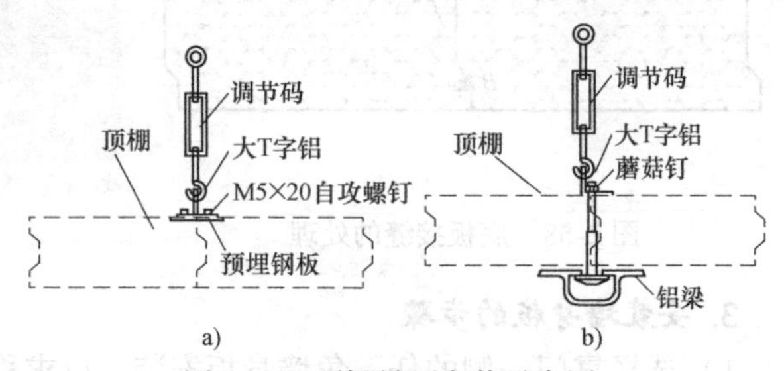

图 2-62　顶棚吊顶安装示意图

a）安装在锁钩处的吊顶　b）大 T 字铝-铝梁吊顶

5. 板缝密封

板缝密封的好与坏，对冷库的质量

影响很大。如果材料使用不当，或安装施工时密封做得不好，必定会增大冷库的冷耗，严重时会造成隔热板外侧严重结水或库板内结冰。板缝的密封材料应无毒、无臭、耐老化、耐低温，有良好的弹性和隔热、防潮性能。国内目前常用的密封材料有聚氨酯软泡沫塑料、聚乙烯软泡沫塑料、硅橡胶、丙烯酸密封胶等。

6. 库体安装注意事项

1）将全部锁钩锁紧，仔细检查板与板是否密封，不密封的地方打玻璃胶，最后盖上所有胶塞。库体连接要牢固，连接机构不得有漏连、虚连现象，其拉力不低于1470N。

2）库体板涂层要均匀、光滑、色调一致，而且无疤痕、无泡孔、无皱裂和剥落现象。

3）库体要平整，接缝处板间错位不大于2mm，板与板之间的接缝应均匀、严密、可靠。

4）吊顶的冷库顶部不可超载。

5）每个冷库要配有适当的平衡窗，否则易使冷库变形，影响密封。

6）一定要确保冷库地坪平整。地板一定要打玻璃胶，以防渗水。

冷库库体安装完毕，填写表2-47。

表2-47　冷库库体安装记载表

序号	操作任务	操作内容	出现的问题	解决的方法	效果	备注
1	检查库体安装平面					
2	安装底板					
3	安装墙身板					
4	安装顶棚					
5	板缝密封					
6	检查库体安装注意事项					

三、安装库门

装配式冷库的门框架固定在预制板上，既要牢固，又要轻巧，还要考虑防撞、防冻。门框架大都采用工程塑料、不锈钢板或硬质木料。库门应装配门锁和把手，并且应有安全脱锁装置，使工作人员在库内外都能开启。门开启应灵活，关闭时密封条应紧贴门框四周。在冻结间与冻结物冷藏间的门或门框上，应安装电压不大于24V的电加热器，以防止凝露和结冰。常见的单开门、平移门如图2-63所示。

1. 安装外贴式单开门

与墙身板的安装相同，只是一定要打铅垂线，否则可能自闭性能差。门扇上有一块L形的脚踏板，应拆下来盖在单开门的U形槽上，并打拉钉固定。门框顶有发热丝和灯开关线，应穿过顶棚上的孔。发热丝电压在线头有注明，如图2-64所示。

外贴式单开门的安装步骤如下：

1）将门框架固定在门框上。

2）在门板上安装铰链，并把门板固定在门框架上。

3）安装门锁和把手。

4）将L形的脚踏板拆下来，盖在单开门的U形槽上，并打拉钉固定。

外贴式单开门的安装效果如图2-65所示。

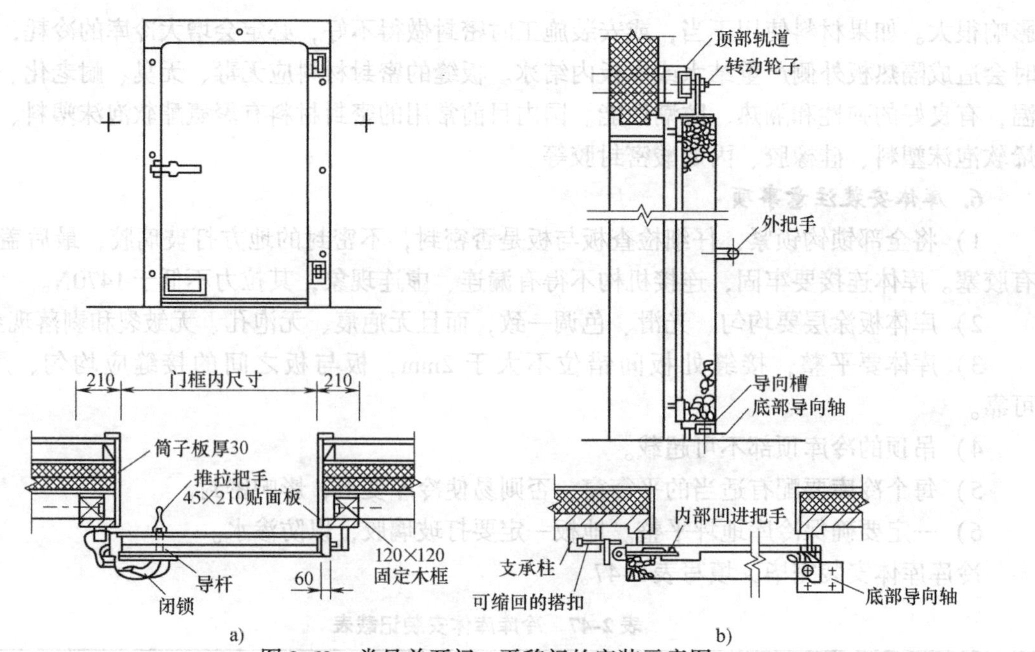

图 2-63　常见单开门、平移门的安装示意图

a）外贴式单开门　b）手动平移门

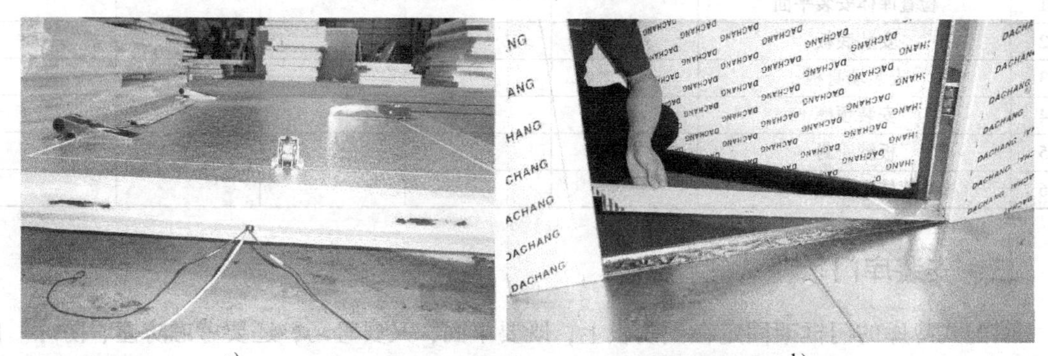

图 2-64　外贴式单开门的安装示意图

a）安装门框顶的发热丝和灯开关线　b）安装 L 形的脚踏板

图 2-65　外贴式单开门的安装效果图

2. 安装手动平移门（推拉门）

手动平移门（推拉门）的安装如图2-66所示。

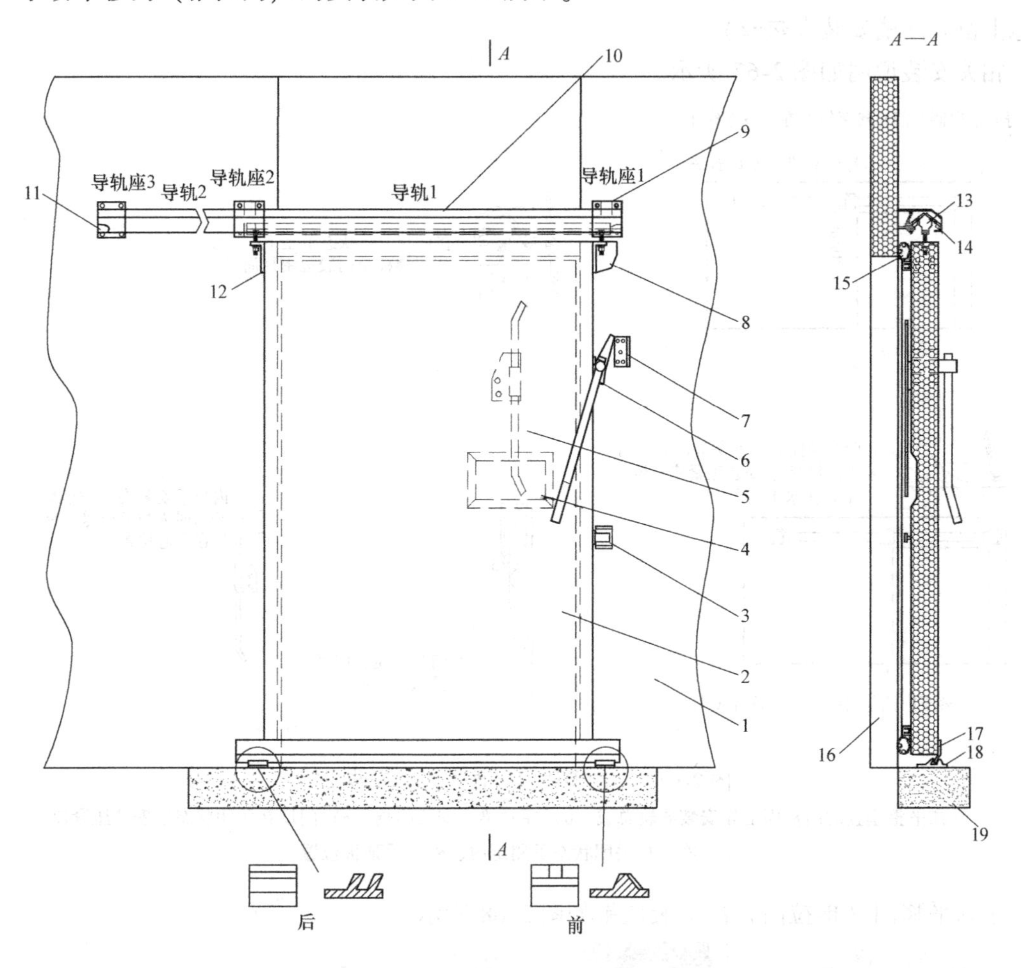

图2-66　手动平移门（推拉门）的安装图

1—门框　2—门扇　3—门锁　4—手拉盒　5—内拉手　6—外拉手　7—外拉手顶块　8—外掩盒　9—导轨座　10—导轨　11—缓冲胶头　12—铝角　13—悬挂梁　14—导轨轮　15—密封胶边　16—胶板　17—压紧轮总成　18—压紧座　19—地基

手动平移门（推拉门）的安装步骤如下：

1）将门级板（亦可打水泥台）固定在门体下。

2）将导轨座1和导轨座2用蘑菇头螺杆固定在墙身上。

3）将门体装进导轨。

4）将导轨座3和导轨2插进导轨座2内，用蘑菇头螺杆固定。

5）装后导向座，再将前导轨座穿进导向板并固定在门级板或水泥台上。

6）装好外拉手挡块、门锁。

7）调节门锁螺母，确保锁孔对齐，同时保证门洞左、右到门体距离为50mm（出厂前已调节合格，一般不要调节）。

8）同时调节前导向座、后导向座及其螺母，确保门体与门框密封，注意门体下部胶边与门级板（或水泥台）密封，推拉门开关灵活。

9）将发热丝装在门框边的铝槽内，下部发热丝在地板的凹槽内（如地板打水泥应在水泥地上留有凹槽安装发热丝）。

相关安装说明如图 2-67 所示。

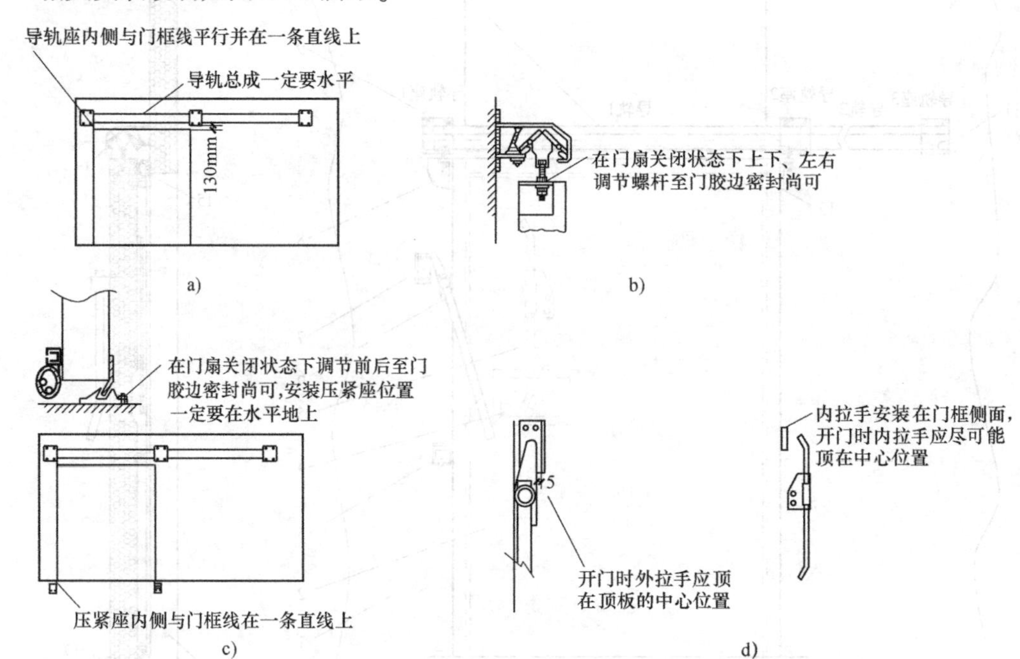

图 2-67　手动平移门（推拉门）安装说明

a）在平整垂直的门框面上先安装导轨总成　b）在悬梁上安装门扇　c）门扇在关闭状态下安装压紧座

d）在门扇关闭状态下测定内、外拉手顶板位置

手动平移门（推拉门）的安装效果如图 2-68 所示。

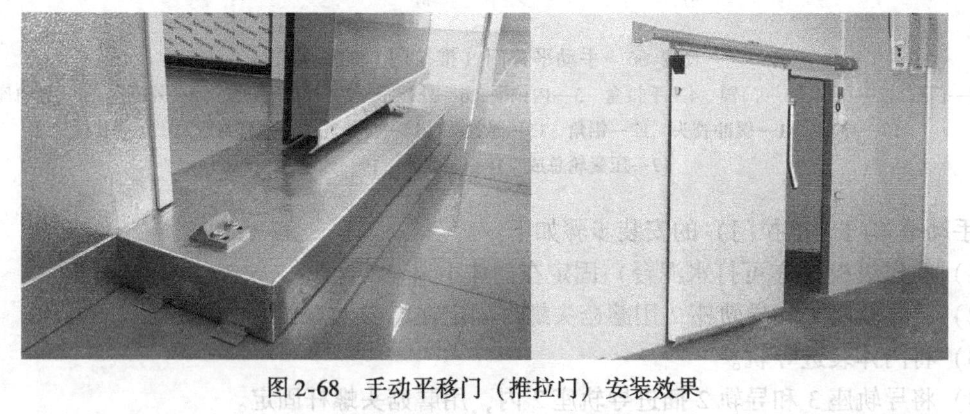

图 2-68　手动平移门（推拉门）安装效果

冷库库门安装完毕，填写表 2-48。

四、安装制冷设备

氟利昂制冷系统的安装主要指设备和管道的布置与安装，主要设备有压缩机组、储液器、风冷冷凝器及风机、水冷冷凝器及冷却塔、冷风机或排管等。其设备安装与氨系统设备

安装方法相近，这里不再重复。

表 2-48　冷库库门安装记载表（以外贴式单开门为例）

序号	操 作 任 务	操作内容	出现的问题	解决的方法	效果	备注
1	固定门框架					
2	在门板上安装铰链					
3	把门板固定在门框架上					
4	安装门锁和把手					
5	安装 L 形的脚踏板					

五、安装制冷系统管道

由于氟利昂与润滑油是相溶的，所以其系统管道布置及安装除了应该考虑管道与设备之间、管道与管道之间要保持合理位置关系外，还要保证制冷剂在系统中顺利地循环流动（一般要求冷却排管采用上进下出方式布置），并处理好回油和制冷机之间的均油等问题。下面就对氟利昂系统的管道布置及安装作详细介绍。

1. 制冷压缩机吸气管道的布置与安装

制冷系统投入运行后，润滑油随着制冷剂进入蒸发器中，液体制冷剂在蒸发器内汽化，润滑油与制冷剂蒸气仍混在一起，吸气管道的布置应使润滑油能顺利地随吸气返回制冷压缩机中。吸气管道与制冷压缩机如何连接，应根据蒸发器与制冷压缩机的相对位置而确定。

1）为保证润滑油随氟利昂气体能顺利地返回压缩机曲轴内，吸气管的水平管段应有不小于 2/1000 的坡度坡向压缩机。

2）蒸发器和制冷压缩机布置在同一水平位置时，吸气管布置应如图 2-69 所示，使蒸发器与制冷压缩机之间的管路形成倒 U 形弯，防止停机后液体制冷剂进入制冷压缩机内。

3）蒸发器在制冷压缩机上方时，蒸发器上部管应做成如图 2-70 所示的倒 U 形弯。

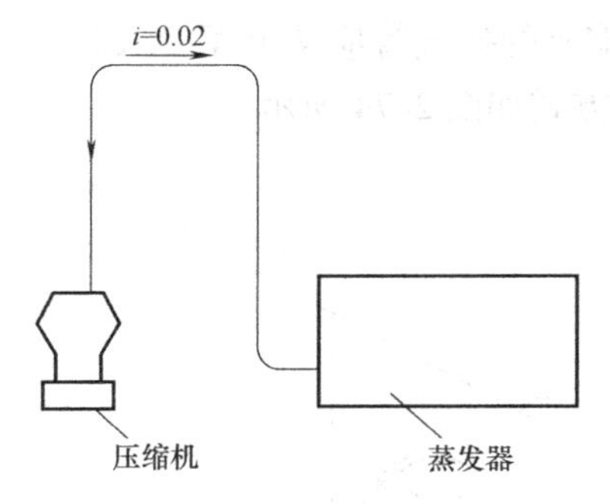

图 2-69　蒸发器与制冷压缩机之间的管路形成倒 U 形弯

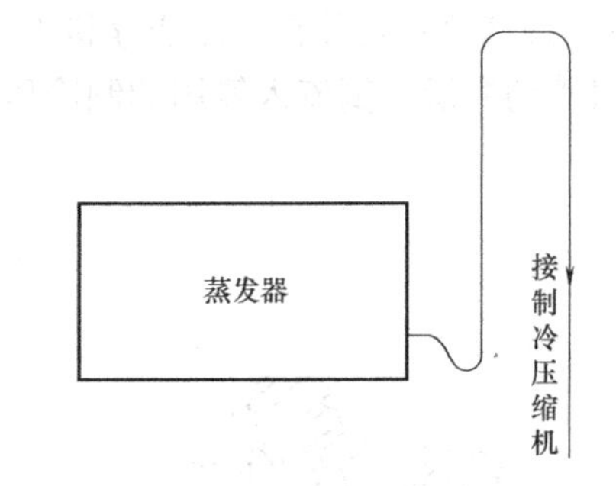

图 2-70　蒸发器在制冷压缩机上方，蒸发器上部管做成倒 U 形弯

4）蒸发器在制冷压缩机下方时，其吸气管的连接方式如图 2-71 所示。由蒸发器至制冷压缩机的吸气立管，在负荷最小、制冷剂气体流速最低时，必须保证能将润滑油均匀地带入制冷压缩机中。润滑油能否被制冷剂气体经向上的吸气立管带至制冷压缩机，取决于立管中制冷剂气体的流速和密度。

2. 制冷压缩机排气管道的布置与安装

制冷压缩机排气管道安装时，应根据下列原则进行。

1）制冷系统排气管的水平管段应有不小于1/100的坡度坡向冷凝器，使制冷压缩机的润滑油流入冷凝器，防止其返回制冷压缩机的顶部。

2）若制冷系统的直立排气管长度达2.5～3m，为防止管内壁沉淀的润滑油进入制冷压缩机顶部，应使排气管上形成如图2-72所示的存油弯。存油弯在停车时存留液体制冷剂和润滑油的混合液体。如直立管较长，除在靠近制冷压缩机处设一个存油弯外，每隔8m再设一个存油弯，以保证存留混合液的容量，如图2-72所示。

设有油分离器的排气管，可不设存油弯，系统停车后排气管的润滑油可流入油分离器中，而不会产生倒灌入制冷压缩机的现象。

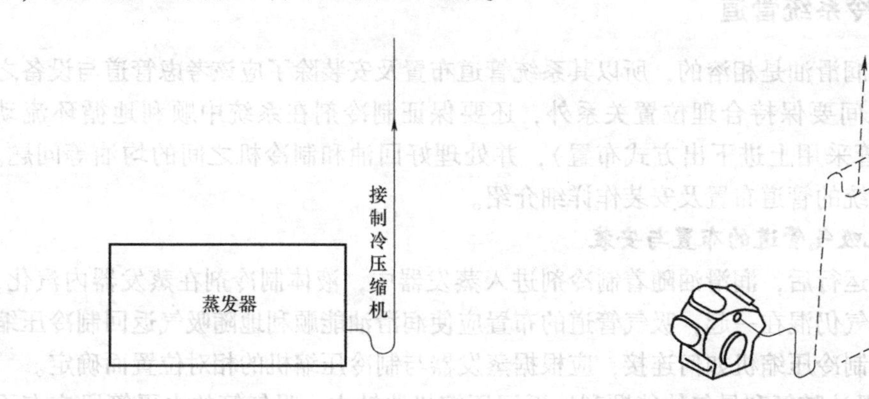

图2-71　蒸发器在制冷压缩机下方时，其吸气管的连接方式

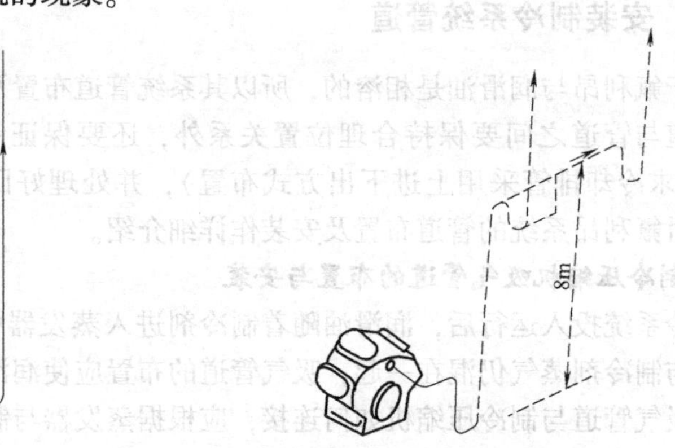

图2-72　排气管至制冷压缩机的存油弯

3）两台或多台制冷压缩机并联时，若排气总管安装在制冷压缩机下方时，为防止在运转中制冷压缩机排出的润滑油流入停用的制冷压缩机中，其排气主管应采取图2-73所示的连接方式。

4）排气总管安装在制冷压缩机上方时，制冷压缩机的排气管应从上面接入总管，可防止排气管的润滑油倒流入停用的制冷压缩机内。连接方式如图2-74所示。

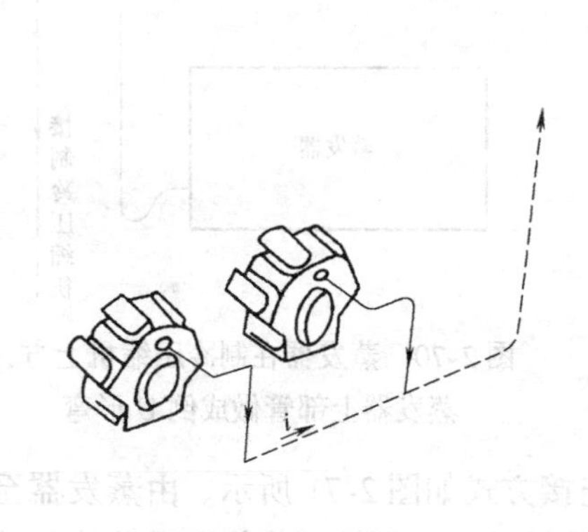

图2-73　多台制冷压缩机并联的排气管连接之一

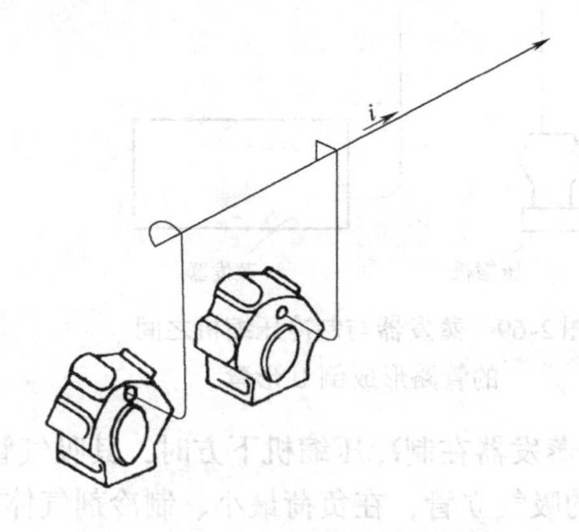

图2-74　多台制冷压缩机并联的排气管连接之二

3. 冷凝器至储液器的液体管道的布置与安装

冷凝器至储液器的液体是靠液体重力流入的，为防止冷凝器排出液体时出现高液位现象，冷凝器与储液器之间应保持一定的高度差，其连接的管道要保持一定的坡度。

（1）卧式冷凝器至储液器的液体管道 管道内的液体流速不应超过0.5m/s，水平管段的坡度为1/50，坡向储液器。冷凝器至储液器之间的阀门，应安装在距离冷凝器下部出口处不少于200mm的部位，其连接方式如图2-75所示。

（2）蒸发式冷凝器至储液器的液体管道 单组冷却排管的蒸发式冷凝器，可用液体管本身进行均压。冷凝液体的流速不应超过0.5m/s，水平管段的坡度为1/50，坡向储液器。如阀门安装位置受施工条件所限，可装在立管上，但必须装在出液口200mm以下的位置。为了保证系统的正常运转，蒸发式冷凝器排管的出口处应安装放空气阀。如冷凝器与储液器之间不安装均压管时，应在储液器上安装放空气阀，其连接方式如图2-76所示。

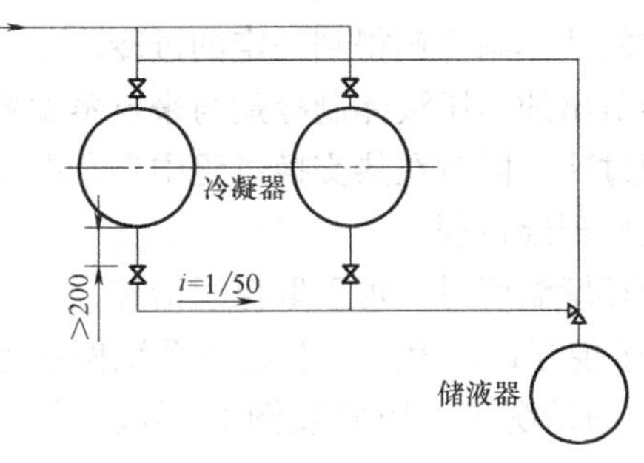

图2-75 卧式冷凝器与储液器的连接方式

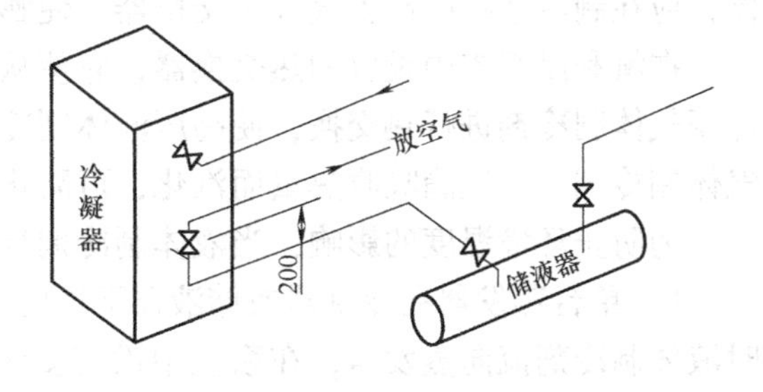

图2-76 单台蒸发式冷凝器与储液器的连接方式

（3）多台蒸发式冷凝器并联使用液体管道 为防止由于各台冷凝器内的压力不一致而造成冷凝器出液回灌入压力较低的冷凝器中，液体出口的立管段应留有足够高度，以平衡各台冷凝器之间的压力差和抵消排管的压力降。液体总管进入储液器前向上弯起作为液封。冷凝器液体出口与储液器进液水平管的垂直高度应不少于600mm。液体管内的液体流速不应大于0.5m/s，并有1/50的坡度坡向储液器。冷凝器与储液器应安装均压管，其连接方式如图2-77所示。

该连接方式仅适用于冷却排管压力降较小的冷凝器（约为0.007MPa）。如压力降较大，则压力降每增加0.007MPa，冷凝器液体出口与储液器进液水平管的垂直高度相应增加600mm。如安装的垂直高度受施工现场的条件所限，可将均压管安装在冷凝器的液体出口管段上，其安装的垂直高度不需考虑冷却排管的压力降，只需考虑克服进液管管件和阀门的阻力，其连接方式如图2-78所示。

该连接方式可以降低冷凝器安装的高度，冷凝器出液口至储液器进液口的高度达到450mm，即可满足要求。需注意，各并联的冷凝器的规格和阻力应相同；在系统运转中，如停用某台冷凝器，必须用阀门将系统切断，以防止制冷压缩机的排气流经停用前冷凝器而倒灌入其他冷凝器的出口端。

（4）冷凝器或储液器至蒸发器的液体管道 在冷凝器或储液器至蒸发器的液体管道上，由于安装有干燥器、过滤器、电磁阀等附件，致使产生膨胀阀前压力损失和供液到高处的静液柱压力损失，且管外浸入的热量使制冷剂温度上升，如以上的因素超过制冷剂的过冷度时，将会出现闪发气体，造成膨胀阀的供液量不足，从而降低制冷能力。为防止产生闪发气

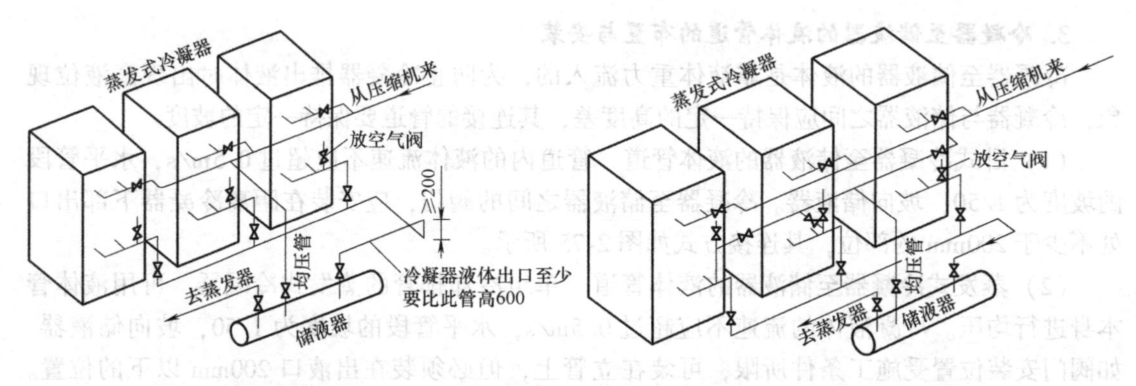

图 2-77 多台蒸发式冷凝器与储液器的连接方式之一

图 2-78 多台蒸发式冷凝器与储液器的连接方式之二

体，应在制冷系统中设置气液热交换器，使膨胀阀前的液体制冷剂得到一定的过冷。

在氟利昂系统中设置的热交换器，它使从储液器引出的高压液体制冷剂与来自蒸发器的低压气体制冷剂进行热交换，使高压液体制冷剂得到过冷，同时在热交换过程中夹杂在低压气体制冷剂中的液滴吸收热量而汽化，可防止压缩机出现湿行程。

为防止环境温度的影响，当液体制冷剂温度低于环境温度时，可采取保温措施。

1）单台蒸发器在冷凝器或储液器下面时的管道连接方式。为防止在制冷系统停止运行时液体制冷剂流向蒸发器，在系统中没有安装电磁阀的情况下，应安装倒 U 形液封管，其高度不低于 2000mm，其连接方式如图 2-79 所示。

2）多台蒸发器在冷凝器或储液器上面时的管道连接方式。采用多台蒸发器在冷凝器或储液器上面时，连接方式如图 2-80 所示。如果液体管道的压力损失较大，则膨胀阀尺寸应比充分过冷时增大一号。

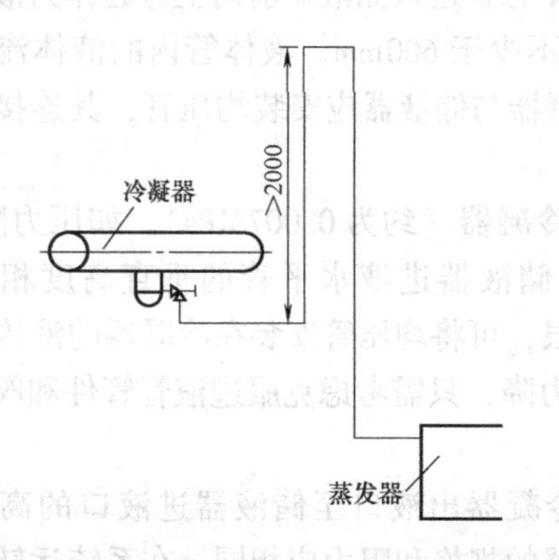

图 2-79 单台蒸发器在冷凝器或储液器下面时的管道连接

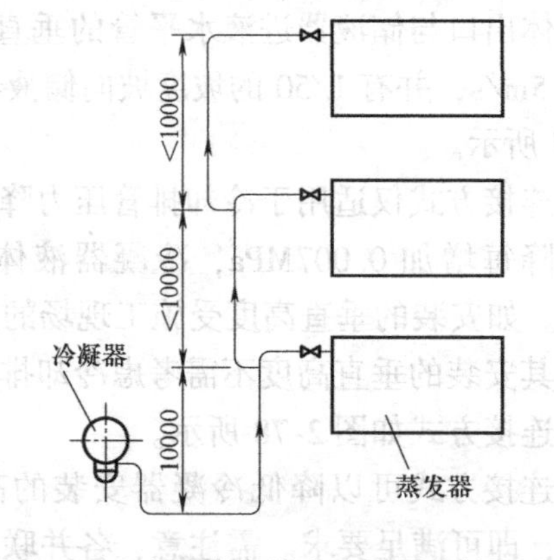

图 2-80 多台蒸发器在冷凝器或储液器上面时的管道连接

冷库制冷系统管道安装完毕，完成表 2-49。

六、安装电气控制箱

装配式冷库电气控制箱安装实例如图 2-81 所示，电气控制箱内部如图 2-82 所示。

表 2-49 冷库制冷系统管道安装记载表

序号	操作任务	操作内容	出现的问题	解决的方法	效果	备注
1	布置制冷压缩机吸气管道					
2	安装制冷压缩机吸气管道					
3	布置制冷压缩机排气管道					
4	安装制冷压缩机排气管道					
5	布置冷凝器至储液器的液体管道					
6	安装冷凝器至储液器的液体管道					

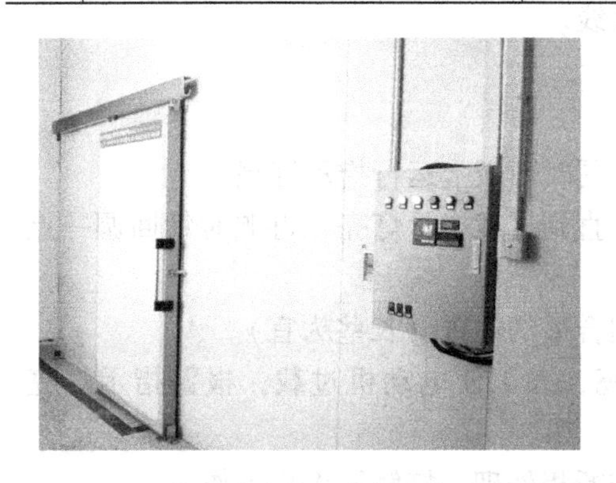

图 2-81 装配式冷库电气控制箱安装实例

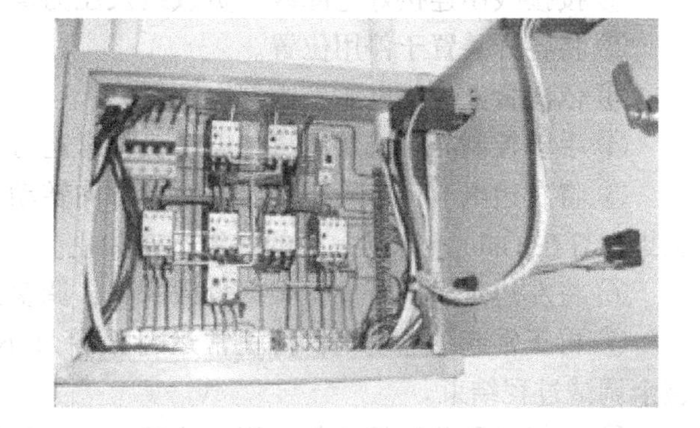

图 2-82 电气控制箱内部

下面以 ECB-200 冷库电气控制箱（其外形如图 2-83所示）为例，说明冷库电气控制箱的功能、安装要求及使用注意事项。

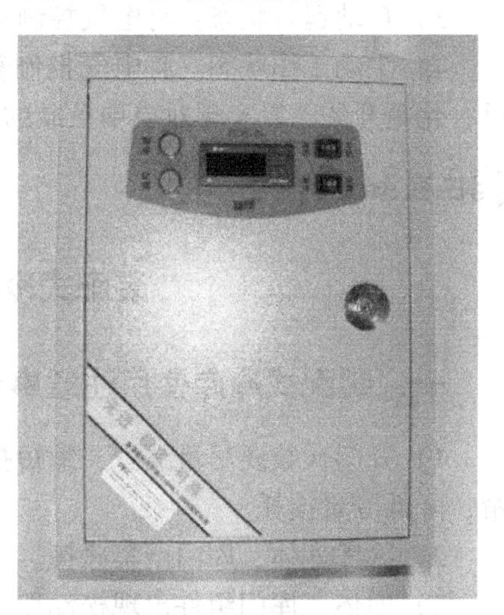

图 2-83 ECB-200 冷库电气控制箱

1. ECB-200 冷库电气控制箱功能及特点

1）采用 USA Microchip-PIC 单片机，抗干扰能力强，稳定可靠。

2）采用 SMT&THT 装配工艺、优化程序设计及多项硬件措施，以确保整机的抗干扰性能。

3）已设定参数可在运行过程中进行不停机修正。

4）具备手动及自动转换功能，手动操作时，可实现对风机压缩机、化霜器单项负载的控制。

5）具备压缩机开机延时保护措施。

6）具备化霜器自动及手动化霜功能。

7）具备压力、过载、缺相故障控制功能。

2. 冷库电气控制箱安装要求

1）必须遵守机电设备安装的通用规程。

2）选择通风、干燥、太阳不直射的安装环境。

3）不得靠近冷凝器或其他热源。

4）尽量避开强磁场或其他干扰源。

5）机箱固定可采用膨胀螺钉进行安装。

6）严格按照接线端子图连接有关线路。

7）传感器应单独布线，且尽量远离其他强电控制线，探头建议安装在距蒸发器背后20cm左右且回风良好的位置。

8）应保证电气控制箱壳体良好接地。

3. 冷库电气控制箱使用注意事项

1）电气控制箱配用机组不得大于最大允许负载。

2）使用前应将电动机综合保护器的整定电流值根据实际负载大小分别调整为合适值。

电动机综合保护器使用说明如下：

① 按接线图连接好电源线、负载线及压力信号线。

② 将各开关置于停用位置。

③ 依次合上外部电源、内部电源开关。

④ 手动控制压缩机及风机，电动机正常运行，同时面板上运行指示灯亮。

⑤ 将右边电流调节旋钮缓慢逆时针方向转动，直到过载指示灯亮，再顺时针回调一点，至指示灯在1min不闪动一次的临界状态为止。

⑥ 将左边延时调节旋钮根据负载情况，调整到合适的位置（长些为宜）。

⑦ 再正常起动电动机，待正常运行报警灯不亮，人工使电动机过载，报警指示灯亮，整个调试过程结束。

⑧ 本保护器若不接负载，因无法馈电，此时按断相处理，接触器无法工作。

3）自动运行状态：将电气控制箱内各开关置于“自动”位置。

4）手动工作状态：将电气控制箱内自动/手动开关置于“手动”位置，调整制冷、风机、化霜开关，以实现对单项负载的调整。

【拓展知识】

装配式冷库的日常使用与维护保养

一、装配式冷库使用注意事项

1）开门次数要尽量减少，缩短打开库门的时间，如有必要可在库门内安装隔冷PVC门帘，降低冷量损耗。

2）冷库库体、库门严禁碰撞。

3）库体、库门组件出现松动要及时调整。

4）库体地台板上面建议铺钢板、胶板、铝板或灌注水泥等防护层，尤其是地台板上面受力较大的情况（如推车、叉车等）。

5）冷库安装平衡窗、门发热丝等一定要由专业人员按标示要求连接对应的电压，且在冷库使用时平衡窗、门发热丝也一定要通电。

6）冷库不能长期在温度高于80℃的环境中使用。

7）两个独立冷库安装在一起时，冷库之间间隔距离不应小于500mm，并保持通风。

8）除专业人员外，任何人不得将冷库及门进行分解或改进，否则会造成库体漏冷或库体强度不够等事故。

二、装配式冷库的日常维护保养

（1）库板表面的维护保养　库板表面的维护保养主要有：用柔软的布蘸中性清洁剂擦掉库体内外表面的污渍；用清洁湿润的布去除库板上残留的清洁剂；用柔软的干布擦干库板。注意不要使用有摩擦剂和腐蚀性的清洁剂，也不要使用酒精擦拭压花铝板等。

（2）封胶边的维护保养　经常检查库门密封胶边，做好清洁保养，防止因胶边变形而漏冷。

（3）拉力锁密封塞的维护保养　发现冷库内部有拉力锁密封塞遗失，应补充塞好，防止水分进入保温层内部。

（4）发热丝的维护保养　门框和平衡窗上的发热丝要确保正常工作，防止被冻结而不能正常工作。

（5）库门安装组件的维护保养　检查并拧紧门铰链组件、门锁、把手，以及挡板等部件上的螺钉；门铰链的转动配合部位在出厂前已用润滑膏润滑过，建议使用后每三个月润滑一次。

（6）库内维护保养　库内维护保养的主要内容有：库内物品堆放要留气流通道，使冷风机吹出的冷空气能形成气流循环；库内要定期清洗、消毒，保持清洁卫生等。

【思考与练习】

1. 如何根据装配式冷库的库温选择保温板的厚度？
2. 装配式冷库在施工前，应做好哪些准备工作？
3. 在布置室内、室外装配式冷库时，应注意哪些问题？
4. 简述装配式冷库库体的安装步骤和方法。
5. 装配式冷库库体的安装应注意哪些事项？
6. 简述外贴式单开门的安装步骤。
7. 简述手动平移门（推拉门）的安装步骤。
8. 氟利昂制冷系统的安装应注意哪些问题？
9. 制冷压缩机吸气管道应如何布置与安装？
10. 制冷压缩机排气管道应如何布置与安装？
11. 卧式冷凝器至储液器的液体管道应如何布置与安装？
12. 蒸发式冷凝器至储液器的液体管道应如何布置与安装？
13. 多台蒸发式冷凝器并联使用液体管道应如何布置与安装？
14. 冷凝器或储液器至蒸发器的液体管道应如何布置与安装？
15. 冷库电气控制箱有哪些安装要求？
16. 安装冷库电气控制箱应注意哪些事项？
17. 日常使用装配式冷库的过程中应注意哪些事项？
18. 装配式冷库的日常维护保养有哪些内容？

模块三　冷库制冷系统的调试与运行

课题一　制冷系统的吹污和气密性试验

【知识目标】

1）了解制冷系统吹污和气密性试验的意义和作用，熟悉吹污和气密性试验的合格标准。

2）明确制冷系统吹污和气密性试验的操作流程。

【能力目标】

1）能按要求完成制冷系统的吹污和气密性试验。

2）能准确判断并正确处理制冷系统的泄漏点。

【相关知识】

一、制冷系统污物来源及影响

1. 制冷系统污物来源

冷库制冷系统安装完毕后，可能在系统中存有一些机械杂质或其他污物，这些机械杂质和污物主要来源于：

1）安装过程中残留在系统内的焊渣、铁屑、砂粒等。

2）管道的内锈、内垢、氧化皮等。

2. 制冷系统污物的影响

如果制冷系统中存在机械杂质或其他污物，对系统设备可能产生如下影响：

1）加速摩擦面的磨损，严重时可产生拉缸现象而损坏机器。

2）影响吸、排气阀片与阀座的密闭性能，使压缩机的排气压力降低、吸气压力升高。

3）降低系统的制冷量。如果污物和机械杂质在某些通道较为狭窄的管件，如热力膨胀阀、毛细管和滤网等堵塞，则会影响制冷剂的正常流动，进而影响制冷压缩机的制冷能力。

4）易造成系统放油困难。制冷系统各设备与集油器连接的放油管及阀门，通径都比较小，一般小于或等于Dg20，特别是低压、低温设备内的冷冻机油粘度较大，如再有污物混合其中，极易造成阀门或管道堵塞，致使系统中的冷冻机油难以放出，冷库降温越来越困难。

5）降低热交换器的换热效率。污物在热交换器内与油混合，积附在热交换器中，严重影响传热效果，势必造成换热效率降低，制冷量减少，能耗增加。

因此，制冷系统内不允许有机械杂质或其他污物存在。冷库制冷系统安装完毕后，必须进行清污处理，以清除系统内部的焊渣、砂子和铁屑等杂物。

二、制冷系统气密性试验的必要性

在制冷系统吹污工作合格后，还必须对整个制冷系统进行气密性试验。制冷剂具有很强的渗透性，制冷系统稍有不严密处，就会造成制冷剂大量泄漏，影响系统的正常工作。同时，有的制冷剂还带有毒性，泄漏后对人体有害。例如，氨有毒，泄漏后对人体有严重危害；氟利昂虽无毒，但泄漏量在空气中超过30%（体积分数）时，也会导致人员窒息休克。另外，如有空气渗入系统，会导致制冷系统工作不正常。

因此，制冷系统应有良好的气密性能。吹污工作完成后，必须对制冷系统进行认真、细致的气密性试验，以检查系统安装质量，检查系统在压力状态下的密封性能是否良好。

【任务实施】

本课题的任务是制冷系统的吹污和气密性试验操作。任务实施所需的主要设备有小型氟利昂制冷系统、真空泵、氮气瓶、减压阀；主要仪器有真空（压力）表、温度计等；主要工具有卤素检漏灯、常规钳工、电工工具等；主要保护用具有护目镜、橡胶手套等；常用耗材有制冷剂（R22）、冷冻机油、白纱布、充氟管等。

一、制冷系统吹污和气密性试验的总体认识

当冷库制冷系统的设备和管道安装完毕后，应对制冷系统进行吹污及试压、检漏等安装质量检查工作。然后向系统充注制冷剂，为系统投入正常生产做好准备工作。

1. 制冷系统吹污

用0.6MPa（表压）的氮气，对小型氟利昂制冷系统进行吹污。在距吹污口300mm处以白色标识板检查，直至无污物排出为合格。氟利昂系统吹污不能用压缩空气，压缩空气中含水蒸气，若残留在氟利昂系统内，将会导致氟利昂制冷系统冰堵故障的发生。

大型氨制冷系统的吹污，一般可用空压机将空气压缩后排至储气罐中，再由储气罐向管组或系统充入气体。在系统吹污时，如果没有空压机，也可用制冷压缩机进行，吹污压力为0.6MPa，但要注意制冷压缩机的排气温度不应超过125℃，否则会降低润滑油的粘度，引起压缩机运动部件的损坏。冷间排管组装后可进行分管组吹污；低压系统的多层库房可进行分层吹污；高压设备及其他设备可进行分段吹污。

2. 气密性试验

气密性试验一般分为压力试漏、真空试漏和充液试漏三个阶段。

（1）压力试漏　通过对整个制冷系统充以一定压力的氮气或空气，使管壁设备的内壁受压，以检查安装后的接头、法兰、管材、设备等是否有泄漏。因氟利昂系统对残留水量有严格的要求，故多采用工业氮气进行试漏。试验压力的大小，通常由制冷系统所使用制冷剂的种类及试验部位来确定。表3-1是常用的制冷系统气密性试验的压力值。

表3-1　制冷系统气密性试验压力　（单位：MPa）

制冷剂	高压系统	低压系统	制冷剂	高压系统	低压系统
R717	1.76	1.18	R12	1.57	0.98
R22	1.76	1.18			

（2）真空试漏　压力试漏后，让制冷系统处在适当真空状态下一定的时间，从真空压力表的读数是否变化，来反映和观察空气是否渗入系统，以检验系统的密封性能。同时，抽除系统中残留的气体和水分，也为制冷剂的充注做好充分的准备。

（3）充液试漏　在完成压力试漏和真空试漏后，就应进行充注制冷剂检漏试验（充液试漏），其目的是进一步检查系统的严密性。因为制冷剂的渗透性强，当系统只存在微小的漏点时，仅用上述两种方法，往往难以确定系统是否存在泄漏隐患，还需要用制冷剂检漏。

制冷系统吹污和气密性试验的操作流程，如图3-1所示。

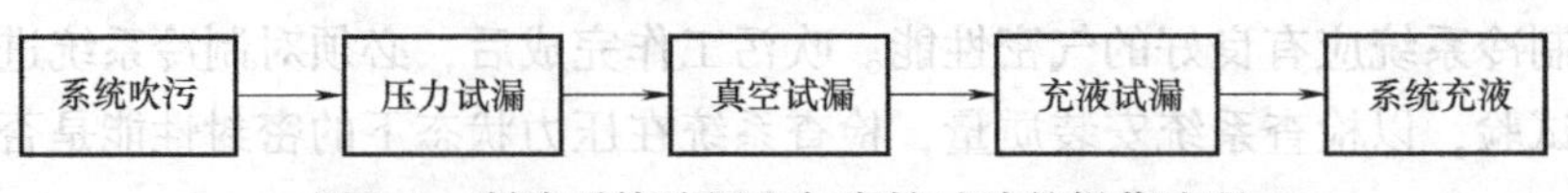

图3-1　制冷系统吹污和气密性试验的操作流程

二、制冷系统吹污和气密性试验的步骤及方法

1. 氟利昂制冷系统的吹污

由于操作的对象为R22制冷系统，因此，必须用氮气进行吹污，吹污气体压力为0.6MPa（表压）。具体操作步骤及方法如下。

第一步：如图3-2a所示，分别断开压缩机吸气截止阀、排气截止阀与制冷系统其他部件的连接口。

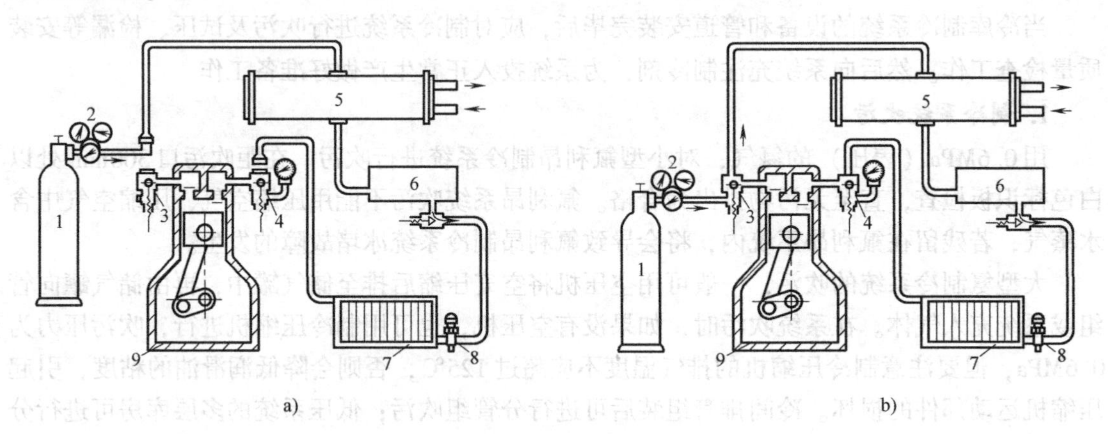

图3-2　小型氟利昂制冷系统吹污、压力试漏示意图

a）吹污　b）压力试漏

1—氮气瓶　2—减压阀　3—排气截止阀　4—吸气截止阀　5—冷凝器

6—储液器　7—蒸发器　8—膨胀阀　9—压缩机

第二步：把制冷系统中所有的阀门打开（如果是氨制冷系统，安全阀、充氨阀、放空气阀需关闭）。

第三步：将高压氮气经减压阀后，通过转换接头连接到冷凝器进口，减压至0.6MPa（表压），对压缩机以外的制冷系统进行吹污，吹污时间的长短应视具体情况确定。

第四步：反复多次吹扫（一般不少于3次），直到吹污口排出的气体吹在白纸或白布上，没有明显污点时为止。

第五步：系统排污结束后，拆卸过滤器及阀门的阀芯进行清洗。

第六步：重新装好过滤器及阀门的阀芯。

实际工作中，可利用气体的爆发力和高速气流进行吹污。其方法是，在排污口装上一个阀门，待系统内压力升高至0.6MPa（表压）时，快速打开阀门，使气体排出，带出污物。也可用木塞堵住排污口，当系统内压力升高至0.6MPa（表压）时，将木塞打掉，使气体迅速排出。这种吹污方法效果较好，但存在一定的危险性，操作时应注意安全。在排污过程中，应尽量少开关阀门，以防污物损坏阀门的密封线。

制冷系统吹污操作过程的有关情况，应记录在表3-2中。

表3-2　制冷系统吹污操作过程记载表

序　号	操作任务	过程记载
1	吹污方法	画出小型氟利昂制冷系统吹污示意图
2	操作要点	吹污的气源：__________,吹污的压力：________ 吹污的方法：(整体、分段、分层),排污口位置：________
3	吹污结果	第一次吹污白布显示结果：__________ 第二次吹污白布显示结果：__________ 第三次吹污白布显示结果：__________
4	总结反思	操作过程出现的疑问：__________ 处理方法：__________

2. 氟利昂制冷系统的气密性试验

（1）压力试漏

第一步：如图3-2b所示，把氮气瓶减压阀，用耐压胶管连接至制冷压缩机的排气旁通孔。

第二步：打开排气旁通口，关闭吸气截止阀，打开系统中其他所有的阀门。

第三步：打开氮气瓶阀门，先充氮气，使系统升压到0.3～0.5MPa，用肥皂水作初步试漏，认为基本无泄漏后，再分别对高压部分和低压部分进行具体的压力试漏。

第四步：用氮气继续加压，使低压系统的压力升高至0.98MPa，待压力平衡后，记下压力表的具体读数和环境温度。保持6h，允许压力降在0.02MPa以下。

由于从压力试验气源排出气体的温度高于室温，进入系统后被冷却，前6h会产生压力降，其压力降应按式（3-1）计算，不应大于试验压力的2%～3%，当压力降超过以上规定时，应查明原因，消除泄漏，并应重新试验，直至合格。

$$\Delta p = p_1 - \frac{273 + t_1}{273 + t_2} p_2 \tag{3-1}$$

式中　Δp——压力降（MPa）；

p_1——试验开始时系统中的气体压力（MPa，绝对压力）；

p_2——试验结束时系统中的气体压力（MPa，绝对压力）；

t_1——试验开始时系统中的气体温度（℃）；

t_2——试验结束时系统中的气体温度（℃）。

第五步：继续保持18～24h，在环境温度变化不大的情况下，若表压无变化，即认为低压压力试漏合格。

第六步：关闭热力膨胀阀前的出液阀，用氮气继续加压，只向系统的高压部分充压，使高压系统的压力升高至1.57MPa，待压力平衡后，记下压力表的具体读数和环境温度。保持6h，允许压力降在0.02MPa以下，继续保持18～24h，在环境温度变化不大的情况下，若表压无变化，即认为高压压力试漏合格。

制冷系统压力试漏操作过程的有关情况，应记录在表3-3中。

表3-3　制冷系统压力试漏操作过程记载表

序　号	操作任务	过程记载
1	操作准备	各阀的状态(开启、关闭或三通)：吸气截止阀______，排气截止阀______，出液阀______
2	初步试漏	试验压力值：__________ 判断有无泄漏：______(如有泄漏，则泄漏点位置：____________)
3	低压试漏	试验压力值：________，此时环境温度：__________ 6h后的压力值：________，压力降：______；此时环境温度：________ 18h后的压力值：________，压力降：______；此时环境温度：________ 判断有无泄漏：______(如有泄漏，则泄漏点位置：____________)
4	高压试漏	试验压力值：________，此时环境温度：__________ 6h后的压力值：________，压力降：______；此时环境温度：________ 18h后的压力值：________，压力降：______；此时环境温度：________ 判断有无泄漏：______(如有泄漏，则泄漏点位置：____________)
5	操作总结	操作过程出现的疑问：____________ 处理方法：____________

（2）真空试漏　制冷系统真空试漏，应在系统排污和压力试漏合格后进行，其目的是检查在真空条件下运行的气密性，排出系统中的空气、水分和其他不凝性气体，并为系统充注制冷剂试漏准备条件。

系统抽真空可用真空泵进行，如无真空泵时，可用自身制冷压缩机代替。对于较大的制冷系统通常用自身抽真空试验法。

1）采用真空泵抽真空试验的具体操作步骤如下。

第一步：如图3-3a所示，逆时针旋下吸气截止阀旁通孔的细牙螺塞，顺时针旋转吸气截止阀杆几圈，使吸气截止阀处于三通状态。

第二步：用带有三通修理阀和真空压力表的软接管将真空泵与吸气截止阀上的旁通孔连接好。

第三步：把系统内的所有阀门打开（包括电磁阀和手动阀等）。

第四步：接通真空泵电源，对系统抽真空。

第五步：观察真空压力表的读数变化，当真空压力表稳定在-0.1MPa后，将吸气截止阀杆逆时针旋转退出并旋紧，停止真空泵工作。

第六步：保持18～24h，若真空度不变，则认为制冷系统真空试验合格。

2）采用自身压缩机抽真空试验的具体操作步骤如下。

第一步：如图3-3b所示，将排气截止阀杆顺时针旋到底，使系统在压缩机的排气口失去循环通道。

第二步：逆时针旋下排气截止阀旁通孔的细牙螺塞，使排气口与大气相通（也可在排气口接一软管，将软管的另一端插入油中）。

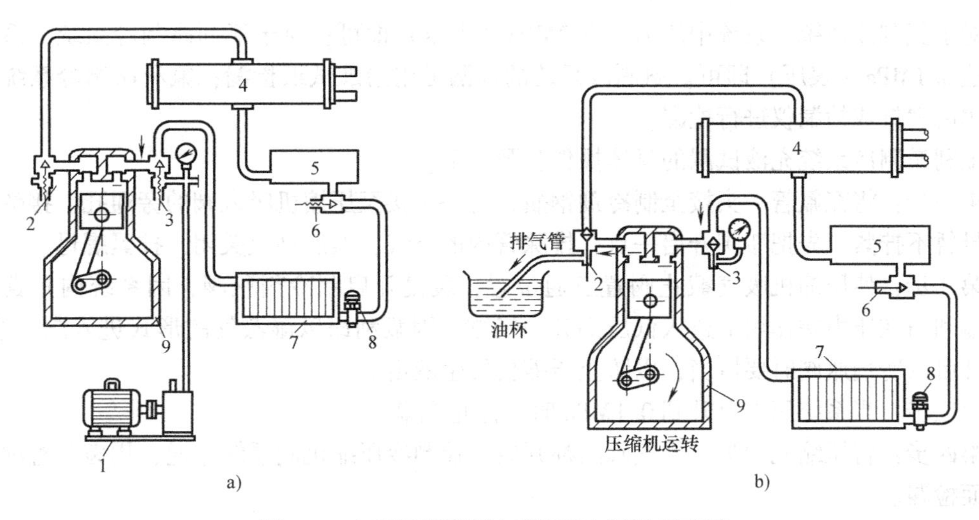

图 3-3　小型氟利昂制冷系统真空试漏示意图

a）用真空泵抽真空　b）用自身压缩机抽真空

1—真空泵　2—排气截止阀　3—吸气截止阀　4—冷凝器　5—储液器　6—出液阀　7—蒸发器　8—膨胀阀　9—压缩机

第三步：打开系统内的所有阀门。

第四步：短接低压继电器的触点，临时性撤去保护功能（事后必须复原）。

第五步：起动压缩机，缓慢打开压缩机的吸入阀门，使系统内的空气排入大气。

第六步：观察低压端的真空压力表，直至真空压力表的读数达到 -0.1MPa，观察油杯表面的气泡逸出情况。若在长时间内无气泡逸出，则可关闭排气截止阀旁通孔，然后停止压缩机的工作，抽真空结束。

第七步：保持 18～24h，若真空度不变，则认为制冷系统真空试验合格。

一般来说，用自身压缩机抽真空时，抽真空时间不能太长，否则压缩机的运动部件长时间在较高的温度下工作，容易产生磨损和金属疲劳。在观察油杯气泡逸出情况时，若气泡长时间不止，可先关闭压缩机的吸气阀，检查压缩机本身是否泄漏，若油中不再出现气泡，说明压缩机本身不泄漏，应是系统中其他部件有泄漏，若气泡仍连续产生，说明压缩机有泄漏，这往往是轴封处不严密所造成的。

制冷系统真空试漏操作过程的有关情况，应记录在表 3-4 中。

表 3-4　制冷系统真空试漏操作过程记载表

序　号	操 作 任 务	过 程 记 载
1	操作准备	采用的抽真空方式：____________ 各阀的状态(开启、关闭或三通)：吸气截止阀______，排气截止阀______，出液阀____________
2	真空试漏	抽真空时间：____________ 判断有无泄漏：______(如有泄漏，则泄漏点位置：____________)
3	操作总结	操作过程出现的疑问：____________ 处理方法：____________

（3）充液试漏　充液试漏是制冷系统在真空状态下，充入少量制冷剂进行检漏，是气密性试验的最后一个阶段，其目的是进一步检查系统的气密性，并为系统充注制冷剂做好准

备。对于氨制冷系统，系统中压力达0.2MPa（表压）即可；对于氟利昂制冷系统，系统中压力达0.1MPa（表压）即可。氨制冷系统的检漏可用酚酞试纸检漏；氟利昂制冷系统的检漏可用卤素灯或检漏仪进行检漏。

氟利昂制冷系统充液试漏的具体操作步骤如下。

第一步：将充氟管一头接至制冷剂钢瓶，另一头接至压缩机吸入阀的旁通孔。接旁通孔的螺母暂不拧紧，先把瓶阀开启一点，排除管内的空气，然后马上关闭，拧紧螺母。

第二步：使压缩机吸气截止阀置三通位置，缓慢开启制冷剂瓶阀，因系统内是真空状态，氟利昂在压力差作用下进入低压部分和气缸。因氟利昂以湿蒸气的形式进入制冷系统，所以开启制冷剂瓶阀时要恰当，以防止压缩机发生液击。

第三步：当系统压力上升到0.1MPa时，停止充氟。

第四步：将压缩机的吸、排气阀门都开启，让制冷压缩机同系统连通，用卤素检漏灯进行全面检漏。

第五步：如发现有泄漏，则需把制冷剂回收或放掉，接通大气后，对焊接处进行补焊或将法兰拆下检修，修补完漏点后，必须重新进行充注制冷剂试漏。如无泄漏，则可继续充注制冷剂，直至补足制冷剂。

制冷系统充液试漏操作过程的有关情况，应记录在表3-5中。

表3-5　制冷系统充液试漏操作过程记载表

序　号	操作任务	过程记载
1	操作准备	采用的充注方式：________ 各阀的状态(开启、关闭或三通)：吸气截止阀______，排气截止阀______，出液阀________
2	充液试漏	充液工质：______，充液压力：______ 判断有无泄漏：______（如有泄漏，则泄漏点位置：______）
3	操作总结	操作过程出现的疑问：______ 处理方法：______

三、注意事项

进行制冷系统吹污和气密性试验时，注意事项如下。

1）在真空状态下查漏时，不能用肥皂水涂抹螺口或疑漏点，否则制冷系统易渗入空气或水分。

2）在对高压系统进行压力试漏时，应注意监测低压侧的压力，以便及时发现排气阀片的渗漏情况。若排气阀片有较严重的渗漏时，高压侧不能充至1.57MPa的气压，因为高压侧气体漏入低压侧后，会破坏某些部件的气密性（如轴封和膨胀阀等）。

3）在压力试漏时，用板刷蘸上肥皂水涂于接头缝隙与焊缝处，每涂一处都必须观察，如果冒出气泡就说明该处有渗漏，发现渗漏点应作出记号。细微的、间断出现的小气泡很难发现，应反复检查2～3次。对于微小渗漏不易检查时，可先将系统内的氮气放空，充入0.5MPa的氟利昂蒸气，然后用仪器检漏。

4）采用自身抽真空试漏时，在起动压缩机并开启排气阀时，若开始运行时发生喷油现象，可使压缩机点动开车，直到不喷油时再转入连续运行，压缩机运转时若油压过低，只允许短时间运转。

【拓展知识】

一、从制冷系统中取出制冷剂的基本方法

在制冷系统的检修中，如果从压缩机排气阀至储液器出口阀，这段系统的部件中有故障需拆修，为了减少环境污染和浪费，就应将制冷剂取出储存到另外的容器中。另外，制冷装置若长期停用，为了防止泄漏，或者需要更换制冷剂等原因，也需要取出制冷剂。

从制冷系统中取出制冷剂的基本方法有两种：一种是将液态制冷剂直接灌入钢瓶，抽取部位选在储液器出液阀与节流阀之间的液体管道上；另一种是，将制冷剂以过热蒸气形式直接压入钢瓶，同时对钢瓶进行强制冷却，使瓶内的过热蒸气变成液体，抽取部位选在压缩机排出端。两种方法相比，前者抽取速度快，但不能抽取干净，常用于大容量系统；后者抽取速度慢，但能把系统中制冷剂抽尽，常用于小容量系统。

二、从制冷系统中取出氨的操作方法

1）准备一定数量的氨瓶、磅秤、取氨工具、保护用具等，按图3-4进行接管。

2）起动制冷系统进行制冷，逐步关小节流阀，当蒸发器水箱中水温接近于0℃时，关闭节流阀，使蒸发器压力维持在0.098MPa左右，停止制冷系统工作。

3）在停止制冷系统工作之前，关小冷凝器冷却水，有意提高冷凝压力到1.25MPa左右。

4）停车之后，蒸发压力不应上升，否则还必须起动压缩机，再次对蒸发器进行抽氨。

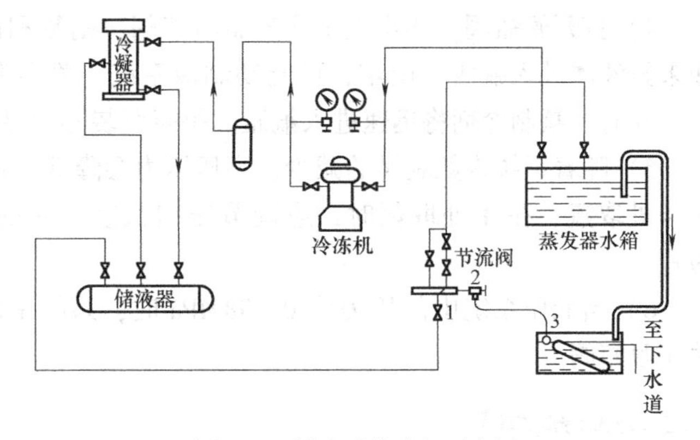

图3-4　制冷系统取氨示意图

1—供液总阀　2—充氨阀　3—氨瓶阀

5）将蒸发器水箱内的低温水引出，淋浇于放在槽内的氨瓶上，并经常搅动槽内低温水，使氨瓶受到均匀冷却。然后开启供液总阀1、充氨阀2和氨瓶阀3，氨瓶内制冷剂由于受到低温水的冷却，其相应的饱和压力不高。这样，氨瓶内与储液器间就形成了一个压力差。此时，储液器中的液态氨在压力差的推动下进入空的氨瓶内。

注意：在抽取氨的过程中，应严格控制液氨进入氨瓶中的重量（经常用秤称），液氨容积一般不得超过氨瓶容积的60%。如果将氨瓶灌满液氨，当氨瓶从低温水中取出时，受到高于低温水的环境温度影响，氨瓶内压力将会上升很快，加之瓶内无膨胀余地，其后果是相当危险的。

6）氨瓶中装足了规定的重量后，关充氨阀2及氨瓶阀3，另换一瓶再抽取，直到储液器内压力下降到与氨瓶受低温水冷却时的饱和压力相等时，可认为制冷系统取氨基本完毕。

三、从制冷系统中取出氟的操作方法

1）将氟压缩机排气阀和冷凝器出液阀开足，此时氟截止阀 A 和 B 处多用孔即被关闭。取下堵头，依照图 3-5 接好取氟管。

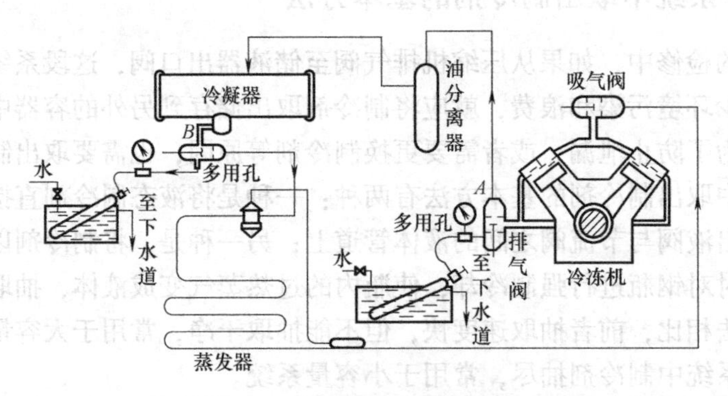

图 3-5　制冷系统取氟示意图

2）利用系统中的氟，排除氟管中空气。

3）接好冷却水管，使氟瓶淹没在低温水中，并使水搅动，降低氟瓶内压力。

4）打开氟瓶阀，逐步关小冷凝器出液阀，则氟利昂液体在压力差的作用下进入氟瓶。如果氟液体进入氟瓶有困难，可起动制冷系统，关小冷凝器冷却水，有意提高冷凝器内压力。此时，氟制冷剂将迅速进入氟瓶。每瓶所装容积要求与氨相同。

5）随着系统内氟利昂的减少，高压压力会降低，在 B 处取氟将会困难。此时，可以换在 A 处取氟。在 A 处取氟时，应调节压缩机吸气阀的大小，以排气压力不超过 0.98MPa 为宜。

6）当低压系统中的压力为 0.098MPa 时，系统中的制冷剂已基本抽取完毕，可停车、关闭氟瓶阀。

【思考与练习】

1. 冷库制冷设备和管道安装后为什么要进行吹污处理？
2. 怎样对冷库制冷设备和管道进行吹污处理？
3. 制冷系统为什么要进行气密性试验？
4. 试述氟利昂制冷系统吹污操作的主要步骤及要点。
5. 试述氟利昂制冷系统气密性试验的主要步骤及要点。

课题二　制冷压缩机的调试

【知识目标】

1）了解制冷压缩机试运转的目的和内容。

2）明确制冷压缩机调试的操作流程。

【能力目标】

1）掌握制冷压缩机调试的操作方法。

2）能按要求完成制冷压缩机空车、重车试运转的调试。

【相关知识】

一、制冷压缩机调试的目的

制冷压缩机是制冷系统的心脏，制冷压缩机的正常运转是整个制冷系统正常运行的重要保证。新安装的制冷压缩机在投产之前进行试车，是为了检查制冷压缩机各部件的装配情况，并使各传动机构、轴封部分互相配合的摩擦件得到必要的磨合。因此，制冷压缩机在投入正常运转之前，应进行调试，以便为整个制冷系统的试运转创造条件。

二、制冷压缩机调试的内容

制冷压缩机调试一般要经过拆卸检查、空车、空气负荷和带制冷剂负荷四个阶段的检查。通过拆卸，可以检查主要零件是否存在制造缺陷。通过三次逐渐加载递进的试车，可以检查零部件的装配质量，使相对运动的零部件得到磨合，各摩擦件间的配合密闭性、摩擦面的表面质量得到进一步提高，并确认油压是否能满足机器正常运转的需要、能量调节装置是否正常。

【任务实施】

本课题的任务是对新安装的活塞式制冷压缩机进行调试。任务实施所需的主要设备有812.5G型制冷压缩机；主要工具有活扳手、呆扳手、套筒扳手、梅花扳手、内六角扳手、尖嘴钳、螺钉旋具、木槌、橡皮锤、吊栓等；主要量具有游标卡尺、千分尺、塞尺、内径千分表等；常用耗材有制冷剂、煤油（柴油）、冷冻机油、棉纱、密封垫片等。

一、活塞式制冷压缩机调试的总体认识

制冷压缩机的调试是一项技术性很强的工作，参加调试工作的人员应是制冷专业的技术人员，或是熟练的制冷压缩机操作维修人员。同时，应组织电气、焊接等其他工种人员参加调试。建设单位或设备生产厂家的技术人员也应到场参加调试。

1. 调试前的准备

在调试前应做好以下各项准备工作。

（1）技术资料的准备　在制冷压缩机试车前，应根据施工图，对制冷压缩机的安装质量进行检查和验收，并认真研究使用说明书和随机的技术资料，依据压缩机使用说明书提供的调试要求及各种技术参数，对压缩机进行调试。试车时要认真填写试车记录表，作为技术档案保存。

（2）供电准备　在试车时，机组应有独立的供电系统。电源应为380V、50Hz交流电，电压要求稳定。在电网电压变化较大时，应配备独立的电压调压器，使电压的偏差值不超过额定值的±10%。接入的试车电源，应配备电源总开关及熔断器，并配置三相电压表和电流

表。试车用的电缆配线容量应按实际用电量的 3～4 倍考虑。设备要求接地可靠，接地应采用多股铜线，以确保人身安全。

（3）系统所需水、油、工质的准备　制冷压缩机调试前，要将制冷系统所需的材料准备就绪，以保证试车工作的正常进行。当制冷系统的冷凝器采用循环冷却水冷却时，应预先对循环水池注水，冷却水泵和冷却塔应可正常运转；准备制冷压缩机使用说明书规定的润滑油、清洗用的煤油，以及制冷压缩机进行负荷试运转时所需充注的制冷剂和其他工具和物品。

（4）压缩机的安全保护设定检查　试车前，要对制冷压缩机的自控元器件和安全保护装置进行检查，要根据使用说明书上提供的调定参照值，对元器件进行校验。制冷压缩机安全保护装置的调定值，在出厂前已调好，不得随意调整。自控元器件的调定值如需更改，必须符合制冷工艺和安全生产的要求。

2. 拆卸检查和清洗

准备工作做好后，即可对制冷压缩机进行拆卸检查和清洗。冷库的压缩机大多是开启式压缩机，整机出厂的压缩机组在规定的防锈保证期内安装，油封、轴封应良好且无锈蚀，其内部可不拆洗；当超过防锈保证期或有明显缺陷时，应按设备技术文件的要求，对机组内部进行拆卸、清洗，检查机器的主要零部件是否存在制造缺陷，机件是否有损坏或拉毛现象，连杆螺栓的松紧是否适度等，对轻微缺陷可及时进行修理。如果发现有严重缺陷，应与制造厂协同解决。

拆卸时，应测量主要零部件的装配间隙，对照产品说明书检查是否合乎技术要求。同时，应对机体及零部件进行清洗，清洗曲轴箱、吸气腔、排气腔等清砂不容易干净的部位，清除由于机器久置不用而引起的锈迹，清洗吸、排气阀组，并检查其密封性，若密封不好要重新拆卸组装；清洗必须达到无杂物为止，按出厂说明注入规定牌号的润滑油，方能进行试车。

另外，拆卸时对各部件的安装位置做好标记，即使是可以互换的零件（例如气缸套、阀组、活塞、连杆等）也不要调错位置，以免影响余隙容积。拆下的零部件清洗完毕后应妥善保存，轻移轻放，不可碰撞，用氮气吹净，然后在摩擦部位涂上冷冻机油。

3. 空车试运转

经过拆卸、检查、清洗、测量、调整和装配完毕后，就可以进行空车试运转。空车试运转的目的是检查压缩机的润滑系统的供油情况是否良好，油分配阀和卸载装置是否灵活准确。还可提高各摩擦部位配合的密封性、摩擦面的表面质量，同时借助大气压调节油压，以达到要求的数值。

空车试运转前，要将压缩机的气缸盖拆下，取出安全弹簧和吸排气阀组。在活塞顶部加入少量的润滑油，用专用试验夹具把气缸套压紧，以防止活塞上下运动或将缸套打出气缸之外。夹具安装时直接用缸套盖上的螺栓紧固即可，如图 3-6 所示。需要注意的是：

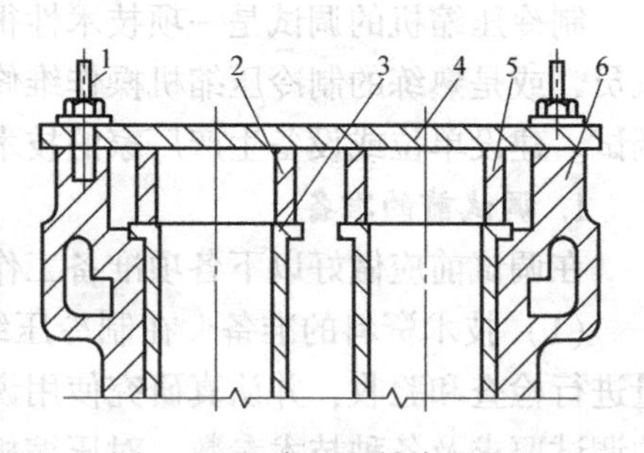

图 3-6　空车试运转专用夹具

1—缸盖螺栓　2、5—试车夹具　3—缸盖　4—压板　6—机身

1）用夹具压气缸套时，不要碰伤气缸套上的密封线。

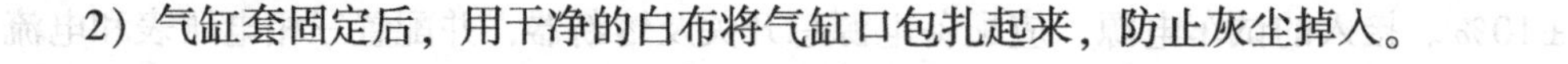

2）气缸套固定后，用干净的白布将气缸口包扎起来，防止灰尘掉入。

3）固定好试验夹具后，就可以起动压缩机。首次起动时应点动 2～3 次，观察压缩机的正反转及机件的组装情况，观察油压能否建立，有无异常声响等。确认压缩机一切正常后可合闸运转，正式试车。

开始试车后，不可连续运转，运转时间应逐渐增加，首次约 3min，然后再运行 10min 后停车检查。主要是检查各运动部位的温度，如连杆大头轴瓦的温度以及配合情况，若发现问题应及时调整。一切正常后运转时间逐渐增加到 4h。需要注意的是：

① 在压缩机起动时，操作人员不要站在气缸附近，防止气缸套飞出伤人。

② 压缩机运转时，应有一名操作人员负责看管控制开关，不得离开，当机器发生意外故障或情况紧急时，可及时停车，防止事故的发生。

③ 在压缩机试运转时，因为新机器各零部件间的间隙较小，需要磨合，应将油压调得高些（可调至 0.3MPa）。

制冷压缩机在空车试运转时，除正常的机件摩擦声外，不应有其他的机件敲击声和杂音。油压表指示读数应稳定，气缸体、油泵、前后轴承及轴封等摩擦部位的温升应正常，不应高于室内温度 25～30℃。

4. 重车试运转

重车试运转是在空车试运转后进行的，分为空气负荷试运转和连通系统负荷试运转两种。

空气负荷试运转是用空气作为压缩对象进行的试运转。空气负荷试运转的目的是观察在有负荷的情况下，机器各运动摩擦部位的工作性能。

试车前要先拆下活塞连杆组，检查气缸壁及活塞连杆组的状况，更换润滑油，清洗过滤器，并将空车试运转时拆下的排气阀组、安全弹簧和气缸盖重新装好。试车时首先关闭压缩机的吸、排气阀门，松开压缩机吸气过滤器法兰螺栓，留出缝隙，扎上防尘纱布作为压缩机的吸气口，拆下压缩机的排空阀作为压缩机的排气口，以便空气排放。然后即可起动压缩机，进行空气负荷试运转。试运转时，排气压力调整在 0.25～0.4MPa，运转时间就不少于 4h。

制冷压缩机空气负荷试运转，除达到空车试运转的要求外，还应注意吸、排气阀片的跳动声应均匀正常。油压差应为 0.15～0.3MPa，要求每个气缸准确上载和卸载，油温比室温高 20～30℃，轴封温度不应超过 70℃，压缩机的排气温度应低于 120℃，气缸盖、气缸冷却水套的水温不应超过 45℃。

在空气负荷试运转后，可连通系统进行负荷试运转。应当注意的是，连通系统负荷试运转，必须在整个制冷系统已经过吹污、试压、真空试漏，全系统充灌制冷剂后方可进行。连通系统负荷试运转前，要检查压缩机的密封性。可利用排空阀将压缩机排空，2h 后压缩机的压力应保持 -0.1MPa，否则应找到渗漏点并进行处理。

连通系统进行负荷试运转的时间也应不少于 4h。进行连通系统负荷试运转时，对制冷压缩机的操作应符合正常的操作规定。

5. 活塞式制冷压缩机调试的操作流程(图 3-7)

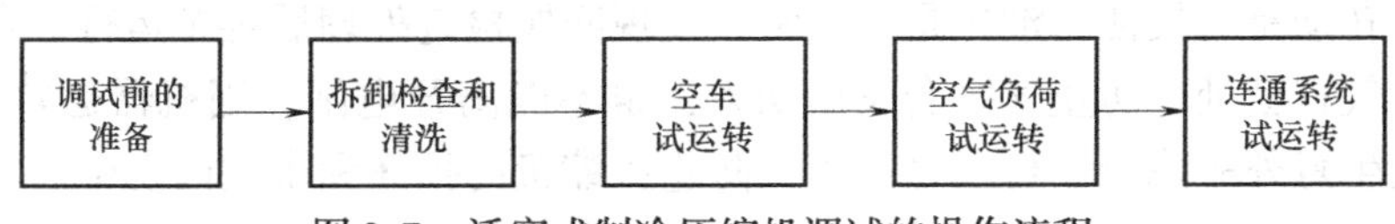

图 3-7　活塞式制冷压缩机调试的操作流程

二、活塞式制冷压缩机调试操作的步骤及方法

1. 调试前的准备

先认真阅读施工图、说明书等技术资料。用万用表测量电源电压，电压应正常；检查系统的工质、油、水的液位，各液位指示应正常；参照说明书，校验压缩机上的自控元件及安全保护装置的设定值，检查压缩机上的高、低压继电器、油压差继电器的动作是否正常。

2. 拆卸检查和清洗

第一步：拆卸压缩机的主要零部件。拆卸时要注意：

① 要按顺序拆卸，拆下的零件分别放置，小零件在上，并对各部件的安装位置做好标记。

② 拆卸时不可用力过猛，锤击时要用软材料垫好。

③ 经拆卸后的开口销一律换新。

拆卸顺序为：卸下水管与油管→卸下吸气过滤器→拆开气缸盖→取出缓冲弹簧及排气阀组（安全盖）→放出曲轴箱内的润滑油→拆下侧盖→拆卸连杆下盖→取出连杆螺栓和大头下轴瓦→取出吸气阀片→取出气缸套→取出活塞连杆组→拆卸联轴器→卸下油泵盖、取出油泵。

第二步：检查压缩机内部主要零部件的固定情况。检查主要零部件是否存在制造缺陷，检查机件是否有损坏或拉毛现象，检查连杆螺栓的松紧是否适度等，对轻微缺陷可及时进行修理，若发现有严重缺陷，应与制造厂协同解决。

第三步：清洗油管、油路。清洗曲轴箱、阀组、吸气腔、排气腔等清砂不容易干净的地方。清洗时要注意：

① 首次清洗，相当于机器的中修，密封器部分可不必拆卸。

② 清洗用的汽油、煤油等易燃品应注意保管，禁止其与明火和高温物体接近，以防发生火灾。

③ 油管、油路等清洗后要用压缩空气吹几次，检查是否干净畅通，清洗后，管端要用布封住，防止进入尘土、污物。

第四步：测量并调整主要零部件的装配间隙，对照产品说明书检查是否合乎技术要求。

第五步：重新装配压缩机。曲轴箱内加油，一般先加到侧盖孔底部，装上侧盖继续加油到玻璃视孔 1/2 处。

3. 空车试运转

第一步：运转前的准备。将压缩机的气缸盖取下，取出假盖弹簧、排气阀组，用自制的夹具压住气缸套，注意不要碰坏缸套密封线，也不要影响顶杆的升降。在气缸顶部浇适量冷冻机油，以形成油膜。缸口用布盖好，防止进入灰尘。用铁管或铁棒插入联轴器顶部的孔内，拨动曲轴，检查转动有无障碍。

第二步：合闸点动压缩机。开机让压缩机点动运行 2～3 次，观察压缩机旋转方向是否正确，联轴器转动是否灵活，油压是否正常，发现问题检查处理后再试运行。合闸时，操作人员不要站在气缸套处，防止气缸套飞出伤人，也不能离开电闸，当机器运转声音不正常、油压建立及发生意外故障时，可及时停车，防止压缩机的损坏和事故的发生。

第三步：间隙起动压缩机。起动压缩机，使压缩机作间隙运转，时间间隔分别为 5min、

15min 和 30min，直至运行 4h；在间隙运转中观察以下几个项目，看是否符合要求：

① 电压表、电流表指针应稳定。

② 气缸体、主轴承外部、轴封腔等摩擦部件温度不高于 25～30℃，轴承温度不高于 65℃。

③ 润滑油油压应比吸气压力高 0.15～0.3MPa。

④ 轴封无漏油现象。

⑤ 试车过程中各部位不应有杂音，运行时间不少于 4h，气缸奔油量不大（压缩机是一个特殊的气泵，大量制冷剂气体在被排出的同时，也夹带走一小部分润滑油）。压缩机奔油是无法避免的，不同的压缩机奔油量有所不同。半封闭活塞式压缩机排气中大约有 2%～3%（质量分数）的润滑油，而涡旋式压缩机为 0.5%～1%（质量分数）。

第四步：更换润滑油，调整间隙。空试合格后，根据润滑油的清洁度确定是否更换，调整好余隙的间隙。检查联轴器的防振橡胶是否磨损。

第五步：重新装配阀组。将安全压板弹簧及排气阀组重新装好，拧紧压缩机气缸盖。

4. 空气负荷试运转

第一步：处理压缩机进、排气口。松开压缩机吸气过滤器法兰螺栓，留出缝隙，外面包上防尘纱布作为吸气口。在压缩机的放空气阀上接管引到室外。

第二步：检查能量调节装置。将压缩机的能量调节装置手柄（图 3-8）从“0”位逐步移向“1”位，根据吸气阀片的声响判断出卸载机构是否动作，若不动作，应检查修复，再试车。

第三步：调节运行压缩机。开压缩机水套，起动压缩机，逐步调节排气压力到 0.4 MPa，并工作 2h，调节油压比吸气压力高 0.15～0.3MPa，润滑油温度不超过 40℃，压缩机轴封、主轴承外侧面温度不超过 70℃；排气温度不超过 120℃（温度过高，可卸载几只缸，待排气温度回落后再逐步上载）；冷却水进口温度不大于 35℃、出口温度不大于 45℃；各连接部位密封良好；吸、排气起跳声音正常。

图 3-8　制冷压缩机的能量调节装置

第四步：检查各部位摩擦情况。曲轴箱油温一般比室温高 20～30℃，密封器内油温不超过 70℃。各参数应符合空车试运转的间隙运转要求。

第五步：连续运转。一切运行正常后，连续运转 4h。试运转时，因为新机器各零部件间的间隙较小，需要磨合，应将油压调得高些。

第六步：全面检查。运行结束后，对整台压缩机全面检查，清洗换油一次，同时做好运转记录。

5. 连通系统试运转

第一步：排除压缩机的空气。

第二步：使压缩机和其他制冷系统连通。

第三步：连续运转压缩机。压缩机连续运转24h，观察方式同空气负荷试运转。

活塞式制冷压缩机调试操作过程的有关情况，应记录在表3-6中。

表3-6 活塞式制冷压缩机调试操作过程记载表

序号	操作任务	过程记载
1	拆卸检查和清洗	1)拆卸部件的顺序:________ 2)检查清洗:________
2	空车试运转	1)起动前准备:________ 2)点动压缩机:压缩机转向________,联轴器转动情况________,油压情况________,出现的问题________,原因________ 3)间隙起动压缩机:电压表情况________,电流表情况________,气缸体温度______,主轴承外部温度______,轴封腔温度______,主轴承温度______ 4)油压________,轴封情况________,奔油量________
3	空气负荷试运转	1)排气压力:______,吸气压力:______,油压:________ 2)各部件温度情况: 油温:______,轴封温度:______,主轴承外侧面温度:______, 排气温度:______,冷却水进水温度:______,出水温度________ 3)各部位的声音:________
4	连通系统试运转	1)排气压力:______,吸气压力:______,油压:________ 2)各部件温度情况: 油温:______,轴封温度:______,主轴承外侧面温度:______,排气温度:______, 冷却水进水温度:______、出水温度________ 3)各部位的声音:________

【拓展知识】

一、螺杆式制冷压缩机调试前的准备工作

螺杆式制冷压缩机安装完毕，准备调试前应做以下工作：

1）给机组加油。用外接油泵通过加油接头，向机组油分离器加润滑油，加至油分离器下视镜满以后，起动油泵，在机组油泵运转下继续加油，加至上视镜的1/2处。

2）用手转动联轴器，主机应无卡壳故障。

3）根据使用说明书，检查油压控制器、压差控制器的设定值，检查其他压力及温度控制器，检查油冷却器冷却水及其他水系统的断水保护，检查整个系统的电气线路。

4）负责调试人员应全面熟悉机组的性能和结构，熟悉安全技术，明确调试方法、步骤和应达到的要求，制订出详细具体的调试计划。

5）清洁调试场地，准备好调试所需的各种工具。

二、螺杆式制冷压缩机的调试

螺杆式制冷压缩机的空气负载运转调试，具体方法如下：

1）打开制冷压缩机的吸、排气截止阀，使压缩机的吸气端、油分离器的排气端与大气相通。

2）开启油冷却器水泵，调整油泵压力，使供油压力比排出压力高0.15～0.3MPa。

3）点动起动，校对压缩机的运转方向。

4）起动压缩机作空气负载运转，逐步递增和递减制冷压缩机的能量卸载，制冷压缩机的能量上下载应灵活、稳定。

5）检查确定制冷压缩机各部位的工作正常，电流、压力、温度参数处于正常范围，无异常响声存在后，可让制冷压缩机空气负载运转2～3h。

6）空气负载运转后，拆洗制冷压缩机的吸气过滤网和油过滤器滤网。

三、螺杆式制冷压缩机的现场试压

螺杆式制冷压缩机或制冷压缩机组在制造时已经过严格的压力检漏和真空检漏，但经过运输和现场吊装，有可能会影响机器的密封性，因此在机器安装结束后，还须进行压力复验。复验时，向机内充入1.0MPa（表压）的氮气进行检漏。

压力试验通常要经历24h。在前6h，允许压力稍有下降，在后18h内应保持不变。如果压力下降明显，说明有泄漏，可用肥皂水检出漏点，再修复（补漏），直至不漏为止。由于气温的影响，充入机内的氮气压力值也会发生变化，其变化值应符合以下关系，即

$$p_2 = p_1 \frac{T_2}{T_1} \tag{3-2}$$

式中　p_1——机内充氮压力稳定后的绝对压力值（MPa）；

T_1——充氮时的环境绝对温度（K）；

p_2——机内充氮18h后的绝对压力值（MPa）；

T_2——机内充氮18h后的环境绝对温度（K）。

充氮压力检查后，为防止设备和管路中存在单向漏气的缺陷，还需经过真空试验，确保系统密封的可靠性。抽真空用外接真空泵，抽真空至700mmHg（1mmHg=133.322Pa）以上保持24h，扣除温度和大气压影响，真空度降低不大于5mmHg为合格。

【思考与练习】

1. 简述制冷压缩机调试的目的及调试内容。
2. 制冷压缩机在调试前应做哪些准备工作？
3. 制冷压缩机空车和重车试运转的目的分别是什么？
4. 试述制冷压缩机空车试运转操作的主要步骤及要点。
5. 试述制冷压缩机空气负荷试运转的主要步骤及要点。
6. 试述制冷压缩机连通系统试运转的主要步骤及要点。

课题三　新建冷库投产前的降温调试

【知识目标】

1）了解制冷系统试运行与冷库降温调试的关系，了解新建冷库必须缓慢降温的原因。

2）熟悉系统抽真空、新建冷库降温速度的要求，掌握充灌制冷剂量的计算方法。

3）明确新建冷库投产前降温调试的工艺流程。

【能力目标】

1）掌握新建冷库投产前降温调试的操作方法。

2）能按要求完成新建冷库投产前降温调试的操作。

【相关知识】

一、新建冷库系统投产前运行调试的作用

新建冷库系统运行调试就是对冷库系统进行初步检查后，进一步对其进行检测和调试，是冷库投产前的重要工作。通过调整制冷系统各设备的运行参数，使制冷系统进入正常工作状态；通过控制库房的降温速度，使库房温度逐渐降至设计温度，避免库房土建结构因急剧降温而遭受破坏。同时，这也是对冷库的整体设计水平和安装质量进行检验的过程。此外，通过调试，还可以发现设计、施工过程中存在的不足及质量问题，以便进一步改进和完善。

二、制冷系统试运行与冷库降温调试的关系

一般而言，新建冷库系统投产前的运行调试主要包括制冷系统试运行和冷库降温调试两方面，彼此相互关联，但侧重点不同。两者的区别与联系见表3-7。

表3-7　制冷系统试运行和冷库降温调试的区别与联系

冷库调试	工作内容	调试重点	调试目的	调试时间	相互关系
制冷系统试运行	调整自动控制系统、冷却水系统和制冷系统的运行状态；确保各机构动作准确协调，保护装置安全可靠	制冷系统的运行参数	确保制冷系统能安全有效运行	投产前后、生产过程	1）冷库降温调试是制冷系统试运行的重要准备和基础 2）制冷系统试运行的结果，往往可通过蒸发温度和降温速度体现出来，而良好的降温效果有赖于系统的有效运行 3）冷库降温调试一般只是单一机组、系统的运行，系统试运行往往涉及多台机组、系统的协同运行
冷库降温调试	制冷系统抽真空、充制冷剂检漏合格后，充灌制冷剂，冷库降温	冷库的降温速度和温度	避免库房土建结构遭到破坏	投产前	

三、新建冷库必须缓慢降温的原因

1）冷库缓慢降温，有利于建筑工程的水分向外排泄，使库房土建结构中所含的游离水分在降温过程中逐渐挥发出来，达到一定的干燥程度，防止建筑物在水分过高的时候结冰，避免土建结构在低温时因水分冻结而遭到破坏，减少冷库的安全隐患。

2）从库房起始温度降至设计温度的最初阶段，是防止冷库外墙结构遭受破坏的一个关键阶段。若温度下降太快，会严重损害外墙结构。这是当库房温度急剧下降时，较热的外墙材料骤然遇冷而收缩的缘故。为防止和减少这种冷缩现象对冷库外墙的影响，必须缓慢降

温，使库房温度逐渐降至设计温度。

3）冷库各楼层、各房间的降温应同时进行，使主体结构的温度应力及干缩率保持均衡，避免建筑物产生裂缝。

【任务实施】

氨和氟冷库投产前降温调试的原理相似，但因制冷系统不同，操作方法也有所不同。氨土建冷库投产前的降温调试，技术较复杂，对安全性要求更高，具有一定代表性。因此，本课题的任务是氨土建冷库投产前降温调试的操作。

任务实施所需的主要设备有冷库氨制冷系统、真空泵、新建土建冷库；主要仪表有压力表、真空表、温度表（遥感）、台秤等；主要工具有常规钳工、电工工具等；主要保护用具有防毒面具、护目镜、橡胶手套、急救药品（包括柠檬酸或食用醋等）等；常用耗材有氨液（氨瓶装，含水率不得超过 0.2%）、酚酞试纸、冷冻机油、填料、橡胶软管（耐压 3.5MPa 以上）等。

一、新建冷库投产前降温调试的总体认识

新建冷库制冷系统经气密性试验、抽真空试验和充灌制冷剂试漏合格，且设备和管道隔热施工已经完成后，方可充灌制冷剂；如果是土建冷库，土建工程也应全部竣工并已充分干燥，砌体结构应达到充分的强度。此时，可进行制冷系统试运行和冷库降温调试。

1. 系统抽真空的作用与要求

虽然在冷库制冷系统的吹污和气密性试验中，已实施了压力试漏、真空试漏和充液试漏，但是，在充灌制冷剂之前，仍要进行系统抽真空，以进一步检查系统的严密性，排除空气和其他不凝性气体，并消除系统中的水分，确保充灌制冷剂后，系统能安全高效运行并顺利降温。

1）氨系统抽真空后的剩余压力应小于 7.91kPa（约 60mmHg），若当地的大气压为 101.33kPa（约 760mmHg），则真空度应大于（760 - 60）mmHg = 700mmHg。氟利昂系统抽真空后的剩余压力应小于 1.3kPa（约 10mmHg），则真空度应大于（760 - 10）mmHg = 750mmHg。

抽真空后应保持 24h 以上，真空（压力）表示值回升不超过 6.67×10^2Pa（约 5mmHg）为合格。若压力上升较快，则应及时查明原因并加以消除。

2）抽真空时，最好用专门的真空泵进行抽真空。若无真空泵，也可用制冷压缩机代替真空泵进行抽真空。要注意压缩机的油压和排气温度。在起动压缩机前，应关闭压缩机的吸、排气阀，排空气阀则应打开。起动压缩机，待油压正常后慢慢打开吸气阀，能量调节装置放在最小挡。因为压缩机排空气阀通径较小，所以吸气阀不能开得很大，能量调节装置也不能放在高挡。

当系统内压力降低至真空度为 39kPa（约 300mmHg）以上时，可开足吸气阀和全部上载，增加吸气量。压缩机的油压最低不得低于 50kPa。压缩机抽真空时采用间断抽真空法。当真空度抽至 86kPa（约 650mmHg）时，压缩机的油压已经很低，不能再继续抽真空。抽真空结束后要对压缩机进行拆洗，更新冷冻机油。

2. 两次充氨试漏的目的

一般来说，大中型冷库多为氨制冷系统，系统较庞大且安装工艺复杂，投产后如有泄漏，尤其是低压系统泄漏，需拆除隔热层寻找漏点，修补十分困难。因此，在系统投入运行前需要充氨试漏。

（1）保温前的充氨试漏　尽管制冷系统已通过气密性试验和抽真空试验，但仍可能存在未发现的微量泄漏。因为氨的渗透性较强，有时在这两项试验合格后，用少量氨试漏还能发现泄漏部位。因此，在系统隔热保温工作前进行充氨检漏，是一项必不可少的试验工序。

（2）保温后的充氨试漏　在系统隔热保温施工期间，因受到振动、压力和温度变化等因素的影响，系统管道和设备某些连接部位可能会松动，充氨后，仍可能会出现泄漏。因此，在隔热保温工作完成后，充灌制冷剂时，一般也要进行充氨检漏。

可见，两次试漏在做法上虽有相似之处，但属于两个不同的工序，而且目的也不同。前者是为了查寻系统中存在的微量泄漏，为下一道工序绝热保温工作提供良好的质量保障；后者主要是为了消除保温期间可能造成的泄漏。

（3）充氨发现泄漏点后的处理方式　若发现泄漏点，必须将系统中的氨抽净，并与大气连通后方能补焊，严禁在系统含氨的情况下补焊。若泄漏点补焊二次后还漏气，应割除泄漏段，换上新管，重新焊接。在泄漏处紧法兰螺栓时，应找出漏气的原因并消除后，再均匀拧紧螺栓，用力不能太大，以免紧坏法兰。阀门关闭时，不能紧阀盖螺栓，以免紧坏阀盖或压坏阀线。安全阀起跳后泄漏或原来就关闭不严，应换新阀或将阀拆卸修理，校验合格后再用。

3. 系统需要充灌制冷剂的量

充灌氨制冷剂的量，应根据系统中制冷设备的大小和数量，按充灌容积百分比和氨液的密度来计算，即

$$系统需要充氨量 = \sum(设备的容积 \times 充灌氨量的容积百分比 \times 氨液密度) \tag{3-3}$$

各设备的充灌氨量的容积百分比，见表3-8。氨液的密度按0.65kg/L计算。

表3-8　各制冷设备充灌氨量的容积百分比

设备名称	充灌氨量(%)	设备名称	充灌氨量(%)
各式冷凝器	15	氨液管	100
储氨器	70	回气管	60
再冷却器	100	氨泵强制供液系统：	
中间冷却器	50	"上进下出"排管	25
立式低压循环储液器	35	"上进下出"冷风机	40～50
卧式低压循环储液器	25	"下进上出"排管	50～60
氨液分离器	20	"下进上出"冷风机	60～70
壳管式蒸发器	80	重力供液系统：	
平板冻结器	50	排管	50～60
搁架式排管	50	冷风机	70

式（3-3）和表3-8同样适用于其他制冷系统充灌制冷剂量的计算。R12制冷剂的密度为1.43kg/L，R22制冷剂的密度为1.3kg/L。

系统充灌氨后，应将制冷压缩机（组）逐台进行带负荷试运转，每台压缩机最后一次连续运转时间不得少于24h，每台压缩机累计运转时间不得少于48h。制冷系统试运转合格

后，应将系统内过滤器拆下，进行彻底清洗并重新组装。

4. 新建冷库降温的速度

由于各种冷库采用的建材不同，新建冷库降温的速度也不同。

1）土建冷库试车降温，必须缓慢地逐渐降温。当库温在4℃以上的水分冻结前阶段，每天降温不宜超过2~3℃；在-4~4℃之间的水分冻结区，每天降温不宜超过1℃，其中库温降到2℃左右时，需保温48h以上；在-4℃以下的水分冻结后阶段，降温速度可比水分冻结区稍快些，但每天降温不宜超过2℃。

2）地坪表层为砌体结构的装配式冷库降温时，每天降温以5~7℃为宜。库温在2℃时，需保温48h以上；库温在2℃以下时，每天允许降温4~5℃。

3）对于地坪表层为非混凝土的小型装配式冷库，地坪也采用预制隔热板拼装而成，空库降温速度不受上述规定的限制，可将库温缓慢地降至设计温度。

例如，在生产实践中，某企业规定，室内装配式（组合式）冷库的空库降温时间，可参考表3-9。

表3-9　室内装配式（组合式）冷库的空库降温时间

冷　库	单间库容/m^3	降温时间(h)			
		G(高温) -2~12℃	Z(中温) -10~-2℃	D(低温) -20~-10℃	J(冻结) -30~-20℃
冷冻冷藏	≤100 101~500 501~1000	≤1.0 ≤2.0 ≤3.0	≤1.5 ≤2.5 ≤3.5	≤2.5 ≤3.5 ≤4.5	≤3.5 ≤5.00
气调	500~800 501~1000	≤3.0 ≤4.0	≤3.5 ≤4.5	≤4.0 ≤5.0	

库温降至设计温度后，应检查库体外表面，应无结露、结霜等现象

5. 新建冷库投产前降温调试的工艺流程(图3-9)

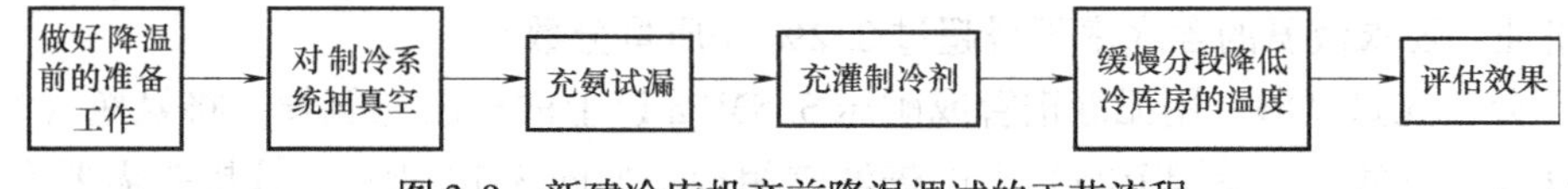

图3-9　新建冷库投产前降温调试的工艺流程

二、新建冷库投产前降温调试的步骤及方法

制冷系统充氨试运行与冷库降温调试可同时进行。冷库降温调试过程是在给系统加入接近足量氨的情况下进行的，具有一定的危险性，要求在进行此项工作过程中严谨细心、严格遵守安全操作规范，并认真做好各种参数的记录。

1. 做好降温前的准备工作

制订好调试方案及工作进度表，安装、操作及安全方面的技术人员已到场，并明确各自职责。各种工具、仪表及防护用品应齐备，供水、供电设施安全可靠。

2. 对制冷系统抽真空

系统试压合格后，可靠关闭制冷系统与外界（大气）相通的所有阀门（如排空气阀、紧急泄氨阀等），并将制冷系统中的阀门全部开启。将真空泵的吸管与加氨站上的进液阀相接并全开，起动真空泵对制冷系统抽真空。

可采用真空（压力）表或U形管式水银压力计测真空度。系统中的空气很难抽尽，抽真空要分数次进行，使系统内压力均匀下降。经抽真空后，氨系统的剩余压力应小于7.91kPa（约60mmHg）。

当系统内剩余压力小于7.91kPa（约60mmHg）时，保持24h，真空（压力）表回升不超过0.667kPa（约5mmHg）为合格。

制冷系统保持真空状况的有关情况，应记录在表3-10中。

表3-10　制冷系统保持真空状况记载表

序　号	保持时间/h	剩余压力/kPa	真空度/kPa	温度/℃	压力回升/kPa	结　论
1	0					
2	6					
3	12					
4	18					
5	24					

若压力上升较快，则应查明原因并消除。如发现泄漏点，补焊后应重新进行气密性和抽真空试验。

3. 充灌制冷剂

制冷系统经抽真空试验合格后，可利用系统的真空度充入部分氨，再起动制冷压缩机继续完成充氨工作。

氨有较强的毒性，当氨气在空气中浓度达到0.5%～0.6%（体积分数）时，人在此环境停留30min可产生致命的后果；当氨气在空气中的浓度达到15%～27%（体积分数）时，遇明火即有爆炸的危险。因此，充氨时必须严格按照有关操作规程进行操作。充氨前要准备好工具、急救药品等物品，充氨操作时，必须使用防毒面具、护目镜、橡胶手套等护具，做好安全防护，并有人可靠地监护。充氨现场应通风良好，严禁吸烟和明火作业。应检查氨的检验合格证，要求液氨的含水率不得超过0.2%（质量分数）。

（1）分段充氨试漏　用无缝钢管或耐压3.5MPa以上的橡胶充氨管，将氨瓶（氨槽车）上的充氨阀与加氨站（总调节站）上的进液阀相接，如图3-10所示。管接头需要有防滑沟槽，并用钢箍扎紧接头，以防脱开发生危险。可微开氨瓶阀门，检查管连接是否牢固。操作人员开关氨瓶阀门时，应站在阀门接管的侧面，缓慢开启阀门。

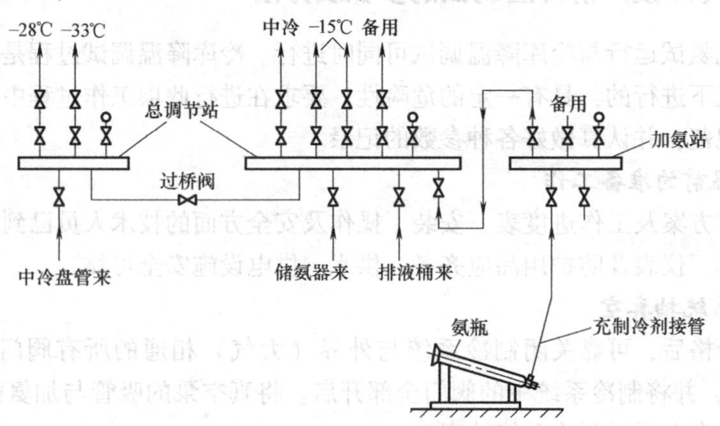

图3-10　由加氨站接管充灌制冷剂示意图

将氨瓶下倾30°左右，用台秤计量。应先开启加氨站通往低压系统的阀门，再缓慢开启氨瓶上的阀门1/2～1圈（不可多开）。因系统内是真空状态，可利用氨瓶与系统的压差将氨充入。

当系统氨气压力达0.2MPa（表压）时，先关闭氨瓶上的阀门，再关闭加氨站（或调节站）上的阀门，进行氨气试漏。可用酚酞试纸分段检漏。将试纸用水湿润后，放在各焊缝、法兰接头和阀门接口等处进行检漏，如有渗漏，试纸遇氨则变为红色。应做好有关记录。

制冷系统充氨试漏过程的有关情况，应记录在表3-11中。

表3-11　制冷系统的充氨试漏过程记载表

序　号	检测部位	表压力/MPa	温度/℃	试纸颜色	是否渗漏
1					
2					
3					

如果发现泄漏点，应将修复段的氨气排净，并与其他部分隔断，连通大气后方可进行补焊修复，严禁在管路内含氨的情况下补焊。

只有在充氨试漏合格后，方可进行系统隔热保温工作，以保证工程质量。

（2）充灌制冷剂　在系统隔热保温工作已完成，且最后一次充氨试漏合格后，为了避免系统局部压力过大，可将氨液分段充入各冷间的系统管道、容器中。充灌氨液的量，应根据式3-3和表3-8来计算。灌氨操作时，应逐步、少量进行，不得将设计用氨量一次注入系统。

第一步：继续利用压差充氨。经全面试漏检查，无异常情况后，开启氨站阀门，再缓慢开启氨瓶上的阀门1～2圈，利用氨瓶与系统的压差，再继续充制冷剂。直至系统压力与氨瓶压力相等时，略关小氨瓶上的阀门1/2～1圈。

第二步：运行冷却水循环系统。将冷凝器的进出水阀打开，起动冷却水循环水泵，向冷凝器足量供水，起动冷却塔散热风机，使冷却水循环系统进入正常工作状态。

第三步：起动制冷压缩机充氨。关闭系统高压储液器的出液阀后，关小压缩机的吸气阀，全开压缩机的排气阀，能量调节装置放在最小挡。起动压缩机，调节能量和吸气阀，适当开大氨瓶上的阀门1/2～1圈，维持低压系统中的压力处于低压状态，使氨液能通过低压段缓慢注入系统。

第四步：结束充灌制冷剂操作。当充灌达到系统需要总氨量的50%～60%时，先关闭氨瓶上的阀门，再关闭加氨站的阀门，停止充氨。继续运行制冷系统，以观察系统各容器设备的液面及各部位的结霜情况。

在充灌过程中，当氨瓶下部结霜又融化时，说明氨瓶已空。这时应先关闭氨瓶上的阀门，再关闭加氨站上的阀门，然后换上新的氨瓶继续充灌。

制冷系统充灌氨操作过程的有关情况，应记录在表3-12中。

表3-12　制冷系统充灌氨操作过程记载表

序号	操 作 任 务	表压力/MPa	温度/℃	出现的现象及问题	解决的方法	实际已加氨量		允许加氨量（氨量的50%～60%）
						新加	累计	
1	充氨试漏							
2	继续利用压差充氨							
3	运行冷却水循环系统							
4	起动制冷压缩机充氨							
5	结束充灌制冷剂操作							

4. 缓慢分段降低冷库房的温度

制冷系统充氨后，随着试运行的进行，冷库开始降温。为了保证库房土建结构免遭破坏，必须缓慢地降温，每天降温的速度与库房的温度有关。

新建土建冷库房降温的速度一般控制在2℃/24h左右，并要维持一段时间暂停，绝对不能一下把库温降下来，否则，库房结构不能适应温度变化可能产生裂缝。库房的降温过程分三个阶段进行，即水分冻结前（4℃以上)、水分冻结（-4～4℃）及水分冻结后（-4℃以下）三个阶段。

新建冷库降温过程因受到进程的限制，在较长的一段时间内回气压力会较高。因此，前、中期只宜用单级机缓慢地逐步降温，后期库房温度较低时，才可用双级机缓慢降温。

第一步：检查和调整各控制阀门。冷库降温前，应对制冷系统的各控制阀门进行检查和调整，使需要降温的库房低压系统管道畅通，压缩机至冷凝器、储液器和高压调节站的高压管路也必须畅通。关紧各库房门。

第二步：对蒸发器适当供液。降温开始时，先对蒸发器适当供液，系统内有一定氨液后，照正常起动程序开动氨压缩机，使机器投入正常运行。

第三步：分段缓慢降温。调整对蒸发器的供液量，使氨液在系统内不断正常循环，库温逐渐下降。库房温度达到一定程度后，应停止供液，关停压缩机，暂停降温。等到了规定时间后再继续降温，直至达到设计要求的低温为止。

例如，某新建氨土建冷库试车降温过程前，实测到环境温度为30℃，库房内温度为28℃，冷冻间最低设计温度为-28℃。试问应如何控制冷库冷冻间的降温速度与进程？

土建冷库冷冻间的降温速度与进程控制，见表3-13。

表3-13　土建冷库冷冻间的降温速度与进程控制

降温阶段	时间顺序(24h)	最大降温速度/(℃/24h)	24h后，库房最低温度/℃	降温阶段	时间顺序(24h)	最大降温速度/(℃/24h)	24h后，库房最低温度/℃
第一阶段：4～28℃	第一天	2	26	第二阶段：-4～+4℃保温至干燥（保温期）	第八天	1	0
	第二天	2	24		第九天	1	-1
	第三天	2	22		第十天	1	-2
	第四天	2	20		第十一天	1	-3
	第五天	3	17		第十二天	1	-4
	第六天	3	14	第三阶段-28～-4℃	第一天	2	-6
	第七天	3	11		第二天	2	-8
	第八天	3	8		第三天	2	-10
	第九天	2	6		第四天	2	-12
	第十天	2	4		第五天	2	-14
第二阶段：-4～+4℃保温至干燥（保温期）	第一天	1	3		第六天	2	-16
	第二天	1	2		第七天	2	-18
	第三天	0	2		第八天	2	-20
	第四天	0	2		第九天	2	-22
	第五天	1	1		第十天	2	-24
	第六天	0	1		第十一天	2	-26
	第七天	0	1		第十二天	2	-28

在整个降温过程中，应将个别冷库门稍打开一些，以免由于空气冷却收缩引起局部真空而损坏库房建筑。

第四步：结束降温操作。当库温降到设计值（-28℃）后，应停机封库24h以上，观察并记录库房自然升温情况及隔热效果。

降温过程中，应注意观察库房各冷间内排管的结霜情况，并做好记录，对结霜不好的管段应进行原因分析。如果是设计安装不理想所致，应会同设计或安装单位采取整改措施。如管内有污物堵塞而造成结霜不良，应抽空后切开排除。

冷库冷冻间降温操作过程的有关情况，应记录在表3-14中。

表3-14 冷库冷冻间降温操作过程记载表

序号	操作任务	时间	蒸发温度	库房温度	降温速度	排管结霜	库房结构			备注
							升温情况	隔热效果	是否开裂	
1	调整控制阀门									
2	对蒸发器供液									
3	分段缓慢降温									
4	结束降温操作									

降温后，如果库温回升过快，应检查隔热层是否不平或受潮，施工质量是否有问题等。

5. 冷库冷冻间降温效果的评估

对新建冷库降温效果的评估是冷库工程验收的重要组成部分，是一项复杂的系统工程，涉及制冷系统、库房结构、控制系统和冷却水循环系统的方方面面，应依据国家有关冷库工程验收规范进行。

一般而言，在各系统设备运行、调节正常的情况下，冷冻间良好的降温效果至少应表现为，在限定时间内，蒸发温度、库房温度可降至设计值，降温速度达到要求，排管结霜正常；库房自然升温情况正常，保温性能良好；经分段缓慢降温后，库房墙体已基本干燥且无裂缝与变形。

将观察到的有关数据和现象，填入表3-15中，对冷库冷冻间的降温效果进行评估。

表3-15 冷库冷冻间降温效果评估记载表

降温阶段	保持时间	蒸发温度/℃		库房温度/℃		降温速度/(℃/24h)		自然升温/(℃/h)		墙体干燥(含水量,%)		裂缝与变形		结论
		要求	实测	要求	实测	要求	实测	要求	实测	降温前	降温后	降温前	降温后	
第一阶段：4~28℃														
第二阶段：-4~4℃														
第三阶段：-28~-4℃														

在生产实践中，新投产土建冷库降温时间的长短，与当地气温、冷库的大小和种类、工程建设质量及调试人员的技术水平有关。例如，有些土建冷库需要30日左右才能完成降温调试，而有些土建冷库只需20日左右就可完成降温调试。

冷库降温情况良好，库温达到设计要求，机器设备运行正常后，冷库可以投入试生产。

三、注意事项

在新建冷库降温调试过程中，应注意事项如下：

1）首次充氨时注意，一般先加到系统需要总氨量的50%～60%，不能一次充得太多，可在系统正常运行后，高压储液器显示出氨循环量不足时再补加。否则，可能因温度变化而使蒸发器的蒸发量过大，容易造成压缩机的湿行程而产生“液击”事故。

2）每瓶氨在充加前应称出总重量，充完后再称出空瓶重量，以便算出实际加氨量。同时注意将空瓶与装有氨液的氨瓶区分开。

3）在冷冻间的降温过程中，要根据库温的变化情况，随时调整制冷系统的运行状况，避免因降温速度过快而导致库房墙体开裂与变形。

4）若库温降不下来，达不到设计要求，应根据情况具体分析、处理。库温降不下来的原因很多，有设计上制冷系统选择不当，如压缩机能力过小，节流阀口径或管道直径选择不合理，库房蒸发器蒸发面不够等；也可能是安装上接管有错误或安装位置不当，或者管内局部阻塞，蒸发器排管不结霜等；也可能是操作时阀门未调整好，蒸发器供液不足等。

【拓展知识】

一、制冷系统的试运行

制冷系统的试运行是指冷库系统安装完毕，在正式投入运行之前，对整个冷库制冷系统（含水系统和冷风机系统）所做的带负荷运行调整过程。

1. 制冷系统试运行的目的

检验冷库制冷系统的设计、设备选型是否合理，安装的工程质量是否达到要求；检查各机器设备工作状态是否正常，并调整运行参数以满足生产工艺要求；检测各电器设备、保护装置性能是否稳定，并调整控制参数，使各电器设备动作准确协调、各保护装置安全可靠。

2. 制冷系统试运行的步骤

先对系统各分项工程进行调试，再进行全面调试。各分项工程的调试是全面调试的基础，是全面调试的一个环节。

二、冷库制冷系统各分项工程的调试

1. 自动控制回路的调试

自动控制回路的调试包括：氨泵回路的调试，主要是低压循环储液器的液面控制和氨泵保护环节的调试；库房回路的调试，主要是库房温度控制和融霜程序控制的调试；制冷压缩机回路的调试，主要有压缩机自动保护、中间冷却器和压缩机的开停车及能量调节的调试等。

2. 冷却水系统的调试

冷却水系统的调试包括水泵和冷却塔试运行。

3. 制冷系统的调试

制冷系统的调试包括制冷压缩机和制冷设备的试运行。运行时，应注意观察，若出现不正常现象，应分析、查明原因并及时排除。

1）制冷压缩机的吸、排气压力和温度，油压差及油温，电动机的温升及电流等都应符合规定值。

2）蒸发器应均匀结霜，膨胀阀结霜应正常。

3）液位控制器应能根据液位变化与电磁阀实现联动，保持储液器液位的稳定。

4）洗涤式油分离器的底部不应烫手。

5）观察高压储液器的液位是否达到要求，判断是否需要添加制冷剂。

三、全面调试

一般是依据工艺流程图进行全面调试。调试前，应了解各环节间的组合关系，分析生产过程中出现某一情况时，各环节应如何反应和动作，以适应生产的需要；出现不正常现象时，各环节应作出怎样的反应和动作来避免事故的发生。在调试过程中，可按照需要，人为地创造一些条件，来检查系统运行是否安全可靠、经济合理。

四、冷库试生产

试生产是从基建、设备安装调试到正式投产的过渡和准备，参试人员将负责对工程的验收，并为正常生产创造条件。冷库试生产时，不仅要求制冷系统运行良好，还应对有关生产准备工作进行通盘筹划。例如，产品冷加工工艺车间的生产能力，冷库正常生产必需的机具、零配件等，都要逐项落实，保证生产需要。

【思考与练习】

1. 简述新建冷库系统投产前运行调试的作用。
2. 简述制冷系统试运行与冷库降温调试的区别与联系。
3. 简述新建冷库必须缓慢降温的原因。
4. 简述充灌制冷剂之前，进行系统抽真空的作用与要求，以及两次充氨试漏的目的。
5. 应如何计算制冷系统需要充灌制冷剂的量？
6. 试述新建冷库充灌制冷剂操作的主要步骤及要点。
7. 试述新建冷库降温调试操作的主要步骤及要点。
8. 应如何进行冷库冷冻间降温效果的评估？

课题四　制冷压缩机的操作

【知识目标】

1）了解正确操作制冷压缩机的重要性，熟悉制冷压缩机正常运行的标志。

2）熟悉制冷压缩机开机前准备工作的内容，明确制冷压缩机的操作流程。

【能力目标】

1）掌握氨制冷压缩机运行调控的操作方法。

2）能按要求完成单、双级氨制冷压缩机（组）开机、运行和停机的操作。

【相关知识】

一、正确操作制冷压缩机的重要性

为了保证冷库制冷压缩机的安全运行，提高制冷运行的经济性，节能降耗，减少检修费用，延长机器设备的使用期限，应严格遵守安全操作规程，正确操作制冷压缩机。

如果操作不当，即有发生事故的可能，除了造成冷库生产性损失以外，还易造成设备损坏和人身伤害。例如，某冷库氨双级压缩系统，由于操作不当，中间冷却器供液过多，造成高压级压缩机严重冻结敲缸，而操作人员没有按规定紧急停机，导致压缩机严重损坏。经检查，连杆弯曲，活塞、阀片都已被敲成碎片。另外，氨有毒、易燃、易爆，一旦因设备事故而大量泄漏，不仅造成制冷剂的大量浪费和环境污染，还会危及人身安全。

因此，操作人员要以预防为主，落实岗位责任制，在运行中正确操作、定期检查，保证机器设备的安全运行，防止事故的发生。

二、对制冷压缩机操作人员的基本要求

在日常管理中，要遵守交接班制度，明确岗位工作职责，熟悉操作规程及相关注意事项，清楚当班生产及机器运转、供液、供水、温度等情况，了解机器设备运行中存在的故障隐患及应急措施。

在操作机器设备过程中，要做到“四要，五勤，六及时”。“四要”是指要确保安全运行，要稳定机器工作温度，要尽量降低冷凝压力，要提高制冷效率、努力降低能耗。“五勤”是指勤看仪表，勤查机器运行状况，勤听机器运转有无杂音，勤调节阀门，勤查系统有无“跑冒滴漏”现象。“六及时”是指及时排除电气故障，及时排除故障隐患，及时加油、放油，及时放空气，及时清洗或更换过滤器，及时清除冷凝器水垢。

此外，还应努力提高操作技术水平，自觉接受安全教育及安全技术训练，初步具备处理紧急情况的能力。

【任务实施】

冷库氨、氟利昂制冷压缩机的工作原理相同，但因系统不同，其操作方法也有所不同。操作氨制冷压缩机的技术较复杂，对安全性要求更高，具有一定代表性。因此，本课题的任务是掌握氨制冷压缩机的操作。

任务实施所需的主要设备有氨制冷系统中的活塞式氨制冷压缩机；主要工具有常规钳工、电工工具；主要保护用具有护目镜、橡胶手套等。

一、冷库制冷压缩机操作的总体认识

1. 制冷压缩机的吸气温度

吸气温度是指压缩机吸入口处的气体温度，通常由设置于压缩机吸气端的温度计测得。在制冷压缩机的操作调节中，吸气温度是判断系统工作状态的重要指标之一。

1）在氨制冷装置中，吸气过热将使制冷系数下降，能耗增大；另外，吸气过热使压缩机排气温度升高，直接影响压缩机的安全、正常运行。

2）如果蒸发温度不变，吸气温度过高，说明蒸发器的供液量不足，或系统中缺乏制冷剂，也可能是回气管道的隔热层损坏等；吸气温度过低，说明回气中带有制冷剂液滴，这是湿行程的前兆，应当尽量避免。

因此，压缩机的吸气温度既是运行效率和能耗水平的标志，又是安全正常运行的标志。在实际操作中应密切监控，及时调整，使其维持在合理的范围内。

2. 制冷压缩机的排气温度

排气温度是指压缩机排气阀处的制冷剂温度，可以通过排气阀处的温度计进行测量。排气温度的高低，取决于吸气压力、排气压力、吸入气体的过热度和干度。在其他参数不变的情况下，压缩机吸、排气的压力比越大，吸气的过热度越大，排气温度越高；吸气的含湿量越大，排气温度越低。

1）压缩机的正常排气温度可以根据吸入状态和排气压力，在制冷剂压—焓图上查得。国家标准规定了小型和中型活塞式压缩机的最高排气温度。为了保证压缩机的正常运行，操作调节中不能超出允许的最高排气温度。

2）压缩机的排气温度应与蒸发温度和冷凝温度相适应。活塞式压缩机的排气温度可用经验公式估算，即

$$排气温度=(蒸发温度+冷凝温度)\times 2.4 \tag{3-4}$$

式中，蒸发温度、冷凝温度均取绝对值。

例如，某冷库制冷系统蒸发温度为－15℃，冷凝温度为＋30℃，则压缩机排气温度＝(15℃＋30℃)×2.4＝108℃。

3）在生产实践中，也可根据排气温度速查表，迅速查出制冷压缩机相应的排气温度，见表3-16。

表3-16　单级活塞式氨制冷压缩机排气温度速查表

蒸发温度/℃	冷凝温度/℃						
	+20	+22.5	+25	+27.5	+30	+32.5	+35
0	45	53	60	65	70	73	80
-2	50	58	64	69	74	77	85
-4	55	63	68	73	78	81	90
-6	62	69	79	82	89	92	95
-8	66	74	80	87	93	96	100
-10	71	79	85	92	98	101	105
-12	75	83	89	96	103	106	110
-14	80	87	93	101	108	111	115
-16	84	92	99	106	113	116	120
-18	89	99	101	111	119	121	125
-20	93	102	109	116	123	126	130
-22	98	107	114	121	128	131	136
-24	103	113	120	126	133	**136**	**140**
-26	109	118	125	130	**137**	**140**	**143**
-28	114	123	130	**134**	**140**	**143**	**146**
-30	120	128	**133**	**138**	**143**	**146**	**150**

其中，双级压缩机高压级排气温度也适用于表3-16，但蒸发温度应以中间温度代替。在表3-16中，粗折线右下方的工况压缩比大于8。

在实际操作中，如果发现排气温度与式3-4或表3-16的要求不相符，且温差超过12℃，可能是由于操作不正常引起的，应注意检查调节站的供液膨胀阀开启情况。

4）制冷压缩机排气温度过高的危害。排气温度过高，会引起压缩机的过热，对压缩机的工作有严重的影响。

① 降低压缩机的输气系数，增加能耗，增加冷凝器的负荷和冷却水的消耗量。

② 降低润滑油的粘度，使摩擦表面油膜不易形成，润滑性能下降，运动部件磨损增加，轴承易产生异常的摩擦损坏，甚至引起烧瓦事故。

③ 易使润滑油炭化、结焦，增加气缸、活塞和活塞环的磨损，使工作条件恶化，影响压缩机正常运行。如果积炭燃烧，还可能引起爆炸事故。

3. 氨制冷压缩机正常运行的标志

一般来说，在制冷压缩机运行过程中，如果其温度、压力、声音、油压和结霜等相关重要指标参数能稳定在一定范围和水平，就标志着压缩机处于正常的运行状态。

因此，压缩机是否正常运行，可以从制冷工况、润滑状况、机件温度、运转声音和结霜情况等指标项目来判断，其相关指标参数也是运行调控的重要依据。氨制冷压缩机正常运行的标志见表3-17。

表3-17　活塞式氨制冷压缩机正常运行的标志

序号	指标项目	运行参数	正常数值与现象	
1	制冷工况	系统蒸发温度	比冷间温度低8~10℃	
		压缩机吸气温度	比蒸发温度高5~15℃	
		压缩机排气温度	单级机(国产系列)	70~145℃
			双级机(国产系列)	低压级:70~90℃
				高压级:80~120℃
2	润滑状况	压缩机油压	有卸载	比吸气压力高0.15~0.30MPa
			无卸载	比吸气压力高0.05~0.15MPa
		曲轴箱油面	保持在侧盖视油镜的1/2处(只有一个视镜时)	
		曲轴箱油温	保持在45~60℃之间,最高不宜超过70℃	
		轴封漏油量	轴封处滴油正常,2~3min内不超过1滴	
3	机件温度	压缩机机体	不应有局部发热现象	
		轴承温度	不应过高,一般为35~60℃	
		轴封处温度	不应超过70℃	
		各摩擦件温度	超过环境温度不应多于30℃	
4	冷却状况	冷却水进、出口温差	3~5℃	
5	运转声音	压缩机运转声音	气缸及曲轴箱中无敲击声,吸、排气阀片起落声清晰,曲轴转动声音均匀而有节奏	
6	结霜情况	压缩机结霜情况	吸气管、阀部分结干霜,气缸外面机体部分不结霜	

其中，制冷压缩机的排气温度应按压缩机的型号和压缩级数来确定。油压的高低，也应根据压缩机的型号来确定。油压应保持在规定值范围内，若油压过低，则输油量减少，将会造成摩擦部件磨损严重；而油压过高，则机器用油量过大，润滑油会随高压气体进入冷凝器而影

响换热效果，甚至引起油击事故。当油压达不到规定值时，可通过油压调节阀进行调节。

制冷压缩机正常运转时，气缸与活塞、活塞销、连杆轴承，以及安全盖等部位均不应有敲击声。曲轴箱中无敲击声表明主轴承与连杆轴承的间隙适中。此外，压力表指针应平稳或小幅均衡摆动，若指针摆动剧烈，且摆幅较大，说明制冷系统可能有空气存在。

4. 制冷压缩机的开机前的准备

在开机前，应查看机器运行记录，了解制冷压缩机的前次运行情况、停机的原因和时间，若是正常停机，应对制冷系统各设备的状态进行检查，确保正常开机。若因事故停机或机器定期修理，应检查机器是否已修复，若是安装后首次开机，应确定已经具备开机条件，且开机时应有相关领导和技术人员到场。此外，还应了解各库房温度及进出货情况，以便确定开机台数。

（1）检查制冷压缩机的状况

1）压缩机与电动机各运转部位应无障碍物，联轴器安全保护罩应固定良好。

2）起动前，曲轴箱的压力不应超过0.2MPa（表压），否则应先降压。若经常发生此种情况，应查明原因，并加以消除。

3）侧盖上只有一个油面视镜的制冷压缩机，油面应在油视镜的1/2以上；有两个油面视镜的，油面应在下油视镜的2/3以上，上油视镜的1/2以下。

4）压缩机的各压力表应准确灵敏，且表阀应全部打开。

5）能量调节装置上载手柄应拨在“0”位，或处于最小挡位上。

6）冷凝器及压缩机水套的冷却水系统应能正常通水。

7）油三通阀门的手柄应处于“运转”或“工作”位置上。

8）油压差继电器、高低压继电器等自动保护装置的设定值应符合要求。

（2）检查氨制冷系统相关阀门的开启状态

1）制冷压缩机的吸气阀、排气阀都应关闭，总调节站的节流阀也应关闭。

2）高压系统管路上的阀门应开启。例如，从压缩机排出管路，经油分离器、冷凝器、高压储液器，到总调节站的有关阀门，都应开启。

3）低压系统管路上的阀门应开启。例如，从总调节站起，经低压循环储液器或氨液分离器、氨泵、液体分调节站至冷库各冷间蒸发器，再经气体分调节站、低压循环储液器或氨液分离器，回到压缩机吸入管路的有关阀门，都应开启。

4）各设备上的压力表阀、液面指示器阀应开启；安全阀前的截止阀、均压阀都应保持常开。

5）系统其他辅助设备的阀门应关闭，例如，热氨冲霜阀、加压阀、放油阀，空气分离器、集油器上的各种阀门都应关闭。

5. 单级与双级氨制冷压缩机的操作流程(图3-11和图3-12)。

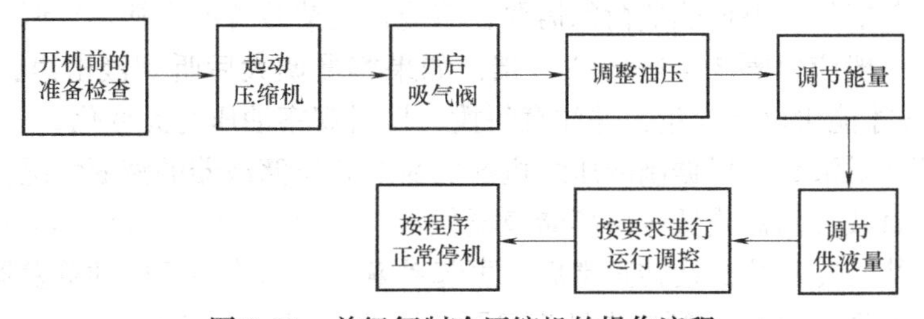

图3-11　单级氨制冷压缩机的操作流程

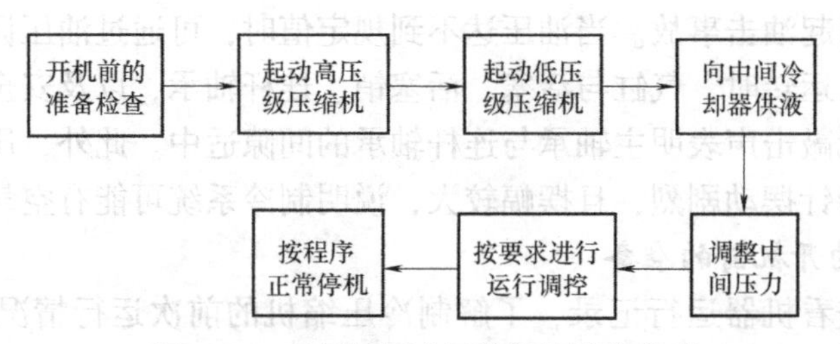

图 3-12 双级氨制冷压缩机的操作流程

二、制冷压缩机操作的步骤及方法

1. 制冷压缩机开机前的准备检查工作

按照制冷压缩机开机前准备工作的具体要求，对相关内容进行逐项检查，确认具备开机条件后，在确保用电安全、有人监护的情况下，可向压缩机的电控柜供电，并起动冷却水循环系统。

2. 单级活塞式氨制冷压缩机的开机、运行操作

开机前，应确认冷却水循环系统已运行，水泵已向冷凝器和压缩机正常供水，且水压（量）和温度符合要求，方可进行压缩机的开机、运行操作。制冷压缩机及其吸、排气阀如图 3-13 所示。

第一步：起动压缩机。接通制冷压缩机电源，起动制冷压缩机电动机，同时迅速全开压缩机的排气阀，然后再倒回 1/8 圈。当电动机全速运转后，检查润滑系统是否已建立起相对稳定的油压，若无油压，应立即停机检查、修理。

第二步：开启吸气阀。缓慢开启制冷压缩机吸气阀，并逐渐开大，直到完全开启。开启吸气阀过程中，若听到液击声则要迅速关闭或关小吸气阀，待液击声消除后再缓慢打开。此过程中，应注意观察压缩机排气压力表与电流表的读数，排气压力不得高于 1.3MPa，工作电流应符合额定值，若电流表读数剧烈升高，则应立即停机检查。

图 3-13 制冷压缩机及其吸、排气阀

第三步：调整油压。当制冷压缩机运转正常后，应调整油压，使润滑系统油压比吸气压力高 0.15 ~ 0.30MPa。

第四步：调节能量。根据热负荷的需要，将能量调节装置的手柄逐级调到所需位置，以逐渐调节容量。一般应每隔 3 ~ 4min 拨一挡，如果容量调大后听到液击声，应立即调小容量，待 5 ~ 10min 才能再增加容量，并注意每拨一挡时观察油压有无变化。

第五步：调节供液量。根据制冷压缩机的负荷及高压储液器的液面情况，开启调节站的有关膨胀阀，向氨液分离器或低压循环储液器供液，其开启度一般为 1/8 ~ 1/4 圈。如果是氨泵供液系统，待制冷压缩机运转正常后，再起动氨泵，向冷库冷间的蒸发器供液。若低压循环储液器的液面高于 50%，则应先开启氨泵，再开启制冷压缩机。

第六步：运行调控。在制冷压缩机的运行过程中，应以氨制冷压缩机正常运行的标志为主要参考依据，对压缩机的运行状况进行实时监测与调控。单级氨制冷压缩机运行调控的工作内容（部分）见表3-18。

表3-18　单级氨制冷压缩机运行调控的工作内容（部分）

序号	调控的内容	参数与现象		影响状况	常见的操作性原因	一般的调控方法(部分)
		正常值	实测值			
1	吸气温度与蒸发温度之差(过热度)	5~15℃	偏大	降低制冷循环的经济性	1)压缩机吸气阀的开度过小 2)压缩机工作容量过小 3)系统供液量过少	1)适当开大压缩机吸气阀 2)将能量调节装置调至高挡 3)适当开大膨胀阀
			适中	可正常运行	1)制冷量与热负荷平衡 2)供液量与蒸发量平衡	维持
			偏小	易发生湿行程	1)压缩机吸气阀的开度过大 2)压缩机工作容量过大 3)系统供液量过多	1)适当关小压缩机吸气阀 2)将能量调节装置调至低挡 3)适当关小膨胀阀
2	压缩机排气温度	70~145℃	偏高	1)降低运行的安全性 2)降低循环的经济性	1)冷凝器冷却水量不足，冷却水温过高 2)系统供液量不足，压缩机吸气过热	1)增开水泵，加大冷却水量，或补充低温水 2)适当开大膨胀阀，增加供液量
			适中	可正常运行	1)制冷量与热负荷平衡 2)供液量与蒸发量平衡	维持
			偏低	易发生湿行程	1)压缩机吸气阀的开度过大 2)压缩机工作容量过大 3)系统供液量过多	1)适当关小压缩机吸气阀 2)将能量调节装置调至低挡 3)适当关小膨胀阀
3	油压与吸气压力之差	0.15~0.3MPa	偏大	机器用油量过大，则易引起油击事故	油压调节阀开启过小，旁通(泄油)量过小	适当开大油压调节阀
			适中	可正常运行	油压调节阀开启合适	维持
			偏小	输油量减少，将造成摩擦部件的严重磨损	1)油压调节阀开启过大，旁通(泄油)量过大 2)系统在低于大气压下运行	1)适当关小油压调节阀 2)调整机器，使系统在高于大气压下运行
4	曲轴箱油温	45~60℃	偏高	降低了油的粘度，润滑性能下降	1)供液量不足，吸气温度过高 2)曲轴箱冷却水量不足，冷却水温过高 3)压缩机高低压旁通阀漏气	1)适当开大膨胀阀，增加供液量 2)增开水泵，加大冷却水量，或补充低温水 3)关严压缩机高低压旁通阀
			适中	可正常运行	冷冻机油对机体润滑、散热的状况良好	维持
			偏低	增大了油的粘度，油压下降，润滑作用降低	系统供液量过大，有液体制冷剂进入曲轴箱	1)关小或关闭压缩机吸气阀 2)适当关小或关闭膨胀阀
5	冷却水进、出口温差	3~5℃	偏大	1)降低运行的安全性 2)降低制冷循环的经济性	冷凝器冷却水量不足，冷却水温过高	增开水泵，加大供水量，或补充低温水
			适中	可正常运行	冷凝器冷却水量合适，冷却水温合适	维持
			偏小	增加了冷却水系统循环的能耗	冷凝器冷却水量过大	停开部分水泵，减少供水量

（续）

<table>
<tr><th rowspan="2">序号</th><th rowspan="2">调控的内容</th><th colspan="2">参数与现象</th><th rowspan="2">影响状况</th><th rowspan="2">常见的操作性原因</th><th rowspan="2">一般的调控方法(部分)</th></tr>
<tr><th>正常值</th><th>实测值</th></tr>
<tr><td rowspan="3">6</td><td>主轴承温度</td><td>35~60℃</td><td rowspan="3">偏高</td><td rowspan="3">润滑、冷却不良,机件磨损增大</td><td rowspan="3">油压调节阀开启过大,旁通(泄油)量过大</td><td rowspan="3">适当关小油压调节阀</td></tr>
<tr><td>轴封温度</td><td>≤70℃</td></tr>
<tr><td>摩擦件温升</td><td>≤30℃</td></tr>
<tr><td rowspan="3">7</td><td rowspan="3">吸气管(阀)结霜范围</td><td rowspan="3">吸气管、阀部分结干霜,气缸外面机体部分不结霜</td><td>过大</td><td>易发生湿行程</td><td>系统供液量过多</td><td>适当关小膨胀阀</td></tr>
<tr><td>适中</td><td>可正常运行</td><td>供液量与蒸发量平衡</td><td>维持</td></tr>
<tr><td>过少</td><td>降低循环经济性</td><td>系统供液量过少</td><td>适当开大膨胀阀</td></tr>
</table>

另外，操作人员还应经常监听机器运转的声音，分析制冷压缩机的运转状况；平时要注意观察压力表指针摆动的幅度，判断制冷系统是否有空气存在。

3. 单级活塞式氨制冷压缩机的正常停机操作

氨制冷压缩机正常停机前，应设法减少蒸发器的存液，降低蒸发器的压力，并尽量将曲轴箱内的制冷剂排出，为机组下一次正常起动创造有利条件。因此，在正常情况下，应按一定的程序停机，而不能以简单的断电停机了事。

第一步：关闭供液阀。停机前12~15min，先关闭调节站上向氨液分离器或低压循环储液器供液的供液阀，关闭有关直接供液的供液阀。若无调节站，可关闭有关向蒸发器直接供液的供液阀。

第二步：逐挡卸载。逐挡调节卸载装置手柄，减少压缩机工作缸数，但至少保留两个气缸工作，待吸气压力降到0.06MPa（表压）以下时，再缓慢关闭压缩机的吸气阀。

第三步：切断电源。关闭吸气阀后，应继续运转0.5~1min，待曲轴箱内压力进一步降低，制冷剂基本被排出后，切断压缩机电动机的电源，在压缩机停止转动的同时，快速关闭排气阀。

第四步：拨挡至“0”位。将压缩机卸载装置手柄拨到“0”位或最小挡位。

第五步：停止供水。全部制冷压缩机停止运转10~15min后，方可关闭冷却水循环系统，停止向冷凝器供水。

完成停机操作后，在已关闭的截止阀手轮上，应挂上有“关”字的标志牌，表明此阀已关闭，并做好停机记录。

单级氨制冷压缩机操作的有关情况应记录在表3-19中。

表3-19 单级氨制冷压缩机操作过程记载表（部分）

序号	操作任务	时间	挡位	电流	压力/MPa				压差/MPa		温度/℃					温差/℃		运转状况
					油压	吸气	排气	冷凝	油吸	排吸	蒸发	吸气	排气	冷凝	油温	吸蒸	冷水	
1	起动压缩机																	
2	开启吸气阀																	
3	调整油压																	
4	调节能量																	
5	调节供液量																	
6	运行调控																	
7	正常停机																	

4. 双级活塞式氨制冷压缩机(组) 的开机、运行操作

双级机（组）的开机操作，必须严格遵循“先开高压级，再开低压级”的原则，按一定的程序进行。双级机开机前的准备检查工作与单级机的要求基本相同，但要注意检查中间冷却器的进、出气阀门，蛇形盘管的进、出液阀门，浮球阀前、后的截止阀等，是否已全部打开。单机双级制冷压缩机及其吸、排气阀，如图3-14所示。

中间冷却器的液面应保持在浮球中心线高度，如果中间冷却器的液位过高，或压力超过0.5MPa，则应进行排液、降压处理。

第一步：起动高压级压缩机。先起动高压级压缩机，其操作程序及注意事项与单级氨压缩机相同。

第二步：起动低压级压缩机。待高压级压缩机运转正常后，中间冷却器的压力降到0.1MPa左右时，方可起动低压级压缩机。在开起低压级压缩机吸气阀时，应注意中间压力与高压级压缩机电流负荷不得超过规定要求。如低压级由几台压缩机组成，则应逐台起动，其操作程序及注意事项与单级机相同。

图3-14 单机双级制冷压缩机及其吸、排气阀

第三步：向中间冷却器供液。如果开机时中间冷却器内有氨液，可在低压级压缩机起动后，高压级压缩机的排气温度达到60℃时，打开中间冷却器的供液阀，通过浮球阀开始向中间冷却器供液。

如果双级制冷压缩机组在停机或检修时，已将中间冷却器内的液体放出，中间冷却器内没有氨液，则应在高压级压缩机起动后，立即向中间冷却器供液。中间冷却器的液位不应超过50%。

中间冷却器使用手动调节阀时，应根据指示器的液面高度和高压级压缩机的吸气温度，调节阀门开启度的大小，一般控制在1/12~1/6圈之间。

第四步：向蒸发器供液。根据库房的热负荷情况，适当开启调节站有关供液膨胀阀，向蒸发器供液，并根据库房的温度适当调节。如果系统采用氨泵供液，则应按照氨泵的操作规程起动氨泵。

第五步：调整中间压力。中间压力取决于低压级压缩机的排气量、中间冷却器的蒸发量和高压级压缩机的吸气量。中间压力应与蒸发压力和冷凝压力相适应，当高、低压级制冷压缩机的容积比为1:2时，中间压力为0.25~0.35MPa；当容积比为1:3时，中间压力应控制在0.35~0.4MPa，最高不得超过0.4MPa。在实际运行调节中，应尽可能接近最佳中间压力，使运行的制冷系数最大、能耗最少。

在操作中，一般可以通过调整低压级压缩机的排气量、增减压缩机运转台数的方法，来调整中间压力。例如，当蒸发温度过高，尤其是停机后初开机器时，将会使中间压力过高。此时，应关小低压级压缩机吸气阀或减少能量调节阀挡数，减少排气量，以降低中间压力。

第六步：运行调控。双级氨制冷压缩机组运行调控的工作内容，同单级机运行调控的工作内容相似，但具体的参数有所不同。此外，要格外注意对中间压力及机组吸、排气温度的监控，以防止湿行程的发生。

例如，在运行中，如果低压级压缩机的吸、排气温度急剧降低，应先关小低压级压缩机的吸气阀，再关小调节站的有关供液膨胀阀。如果高压级压缩机的吸、排气温度急剧降低，应先关闭中间冷却器供液阀，关小高压级压缩机吸气阀，再关小低压级压缩机吸气阀。

5. 双级活塞式氨制冷压缩机的正常停机操作

双级机的正常停机操作，必须严格遵循“先停低压级，再停高压级”的原则，按一定的程序进行。双级机正常停机的其他有关事项与单级机的正常停机相似。

第一步：关闭供液阀。关闭中间冷却器供液阀及调节站供液膨胀阀。

第二步：先停低压级，再停高压级。如果是单机双级制冷压缩机，应先关闭低压缸的吸气阀，待中间压力降到0.1MPa时，再关闭高压缸吸气阀。切断电源，在机器停止转动的同时，关闭高压缸排气阀和低压缸排气阀。

如果是配组双级制冷压缩机，则应先停低压级压缩机，待中间压力降到0.1MPa时，再停高压级压缩机，停机程序与单级机相同。如低压级由几台制冷压缩机组成，则应逐台停机。待全部低压级压缩机停止运转后，再停高压级压缩机。

第三步：停止供水。停机10min后，停止冷却水系统工作。

完成双级机的停机操作后，在已关闭的截止阀手轮上，挂上有“关”字的标志牌，并做好停机记录。

双级氨制冷压缩机操作的有关情况应记录在表3-20中。

表3-20 双级氨制冷压缩机操作过程记载表（部分）

序号	操作任务	运行时间	工作电流	油压差	低压级					中间冷却器		高压级					运转状况
					蒸发温度	吸气压力	排气压力	吸气温度	排气温度	中间压力	中间温度	吸气压力	排气压力	吸气温度	排气温度	冷凝温度	
1	起动高压级压缩机																
2	起动低压级压缩机																
3	向中间冷却器供液																
4	向蒸发器供液																
5	调整中间压力																
6	运行调控																
7	正常停机																

三、注意事项

在操作制冷压缩机时，应注意事项如下：

1）如果制冷压缩机起动后，出现曲轴箱外部结露（霜），曲轴箱中的油起泡沫，油温与油压都偏低，随即自动停机的现象，此时，切不可盲目调整油压差继电器的设定值，或短接油压差继电器，强行起动运行，以防因润滑不良而损坏机器。

其原因可能是，上次停机时操作不当，没有完全将曲轴箱内的制冷剂排出，或本次开机操作不当，吸入了液体制冷剂。机器运转时，压力下降，曲轴箱内的制冷剂大量蒸发，油温急剧下降而粘度增大，导致油压下降，油压差继电器保护性动作，压缩机停机。可适当提高曲轴箱冷却水的温度和流量，加速制冷剂蒸发；最好起动另一台压缩机，将该曲轴箱内的制冷剂抽净后，再重新起动该压缩机。

2）当冷藏间和冻结间分别各自使用一台中间冷却器时，如其中有一台停止了工作，则被停止工作的中冷器，其盘管进液阀要及时关闭，否则将导致中压过高。

3）中冷盘管在充满液氨的情况下，严禁关闭两端的进出液阀，以防“液爆”事故发生。

4）冬季停机、停水后，应将制冷压缩机水套和冷凝器中的存水放净，以免冻裂。如果较长时间停机，应将制冷剂收进高压储液器，以减少泄漏，防止发生事故。

【拓展知识】

一、螺杆式制冷压缩机的排气温度

由于螺杆式制冷压缩机采用喷油式机型，在其工作容积中，大量润滑油吸收了被压缩气体的热量，因此，排气温度较低，一般不超过105℃。

二、制冷压缩机几种非正常停机的处理方法

非正常停机一般是事故停机，主要有以下几种情况。

(1) 突然停电停机　如果制冷压缩机运转时突然停电，应先切断电源开关，并立即将压缩机的吸气阀、排气阀关闭，同时关闭供液阀门，停止向蒸发器供液，以免下次起动机器时，因蒸发器液体过多而产生湿压缩。

(2) 突然停水停机　如果冷却水突然中断，应立即切断电源，停止制冷压缩机运行，避免冷凝器压力过高。压缩机停机后，应立即关闭压缩机的吸、排气阀和有关供液阀，待查明原因、消除故障、恢复供水后再起动。

(3) 制冷压缩机故障停机　在运行中，由于压缩机某零部件损坏而急需停机时，如果时间允许，则可按正常停机操作。若情况紧急，则要切断电动机电源，再关闭吸、排气阀和有关供液阀。若制冷设备跑氨或制冷压缩机发生严重故障时，应切断车间电源，穿戴防毒服装和面具进行抢修。此时应开启全部排风扇，必要时可用水淋浇漏氨部位，以利抢修。

(4) 遇火警停机　若相邻的建筑物发生火灾危及制冷系统的安全，应切断电源，并迅速打开储液器、冷凝器、氨油分离器、蒸发器各排液（放油）阀，迅速打开紧急泄氨器及其水阀，使系统的氨液集中在紧急卸氨口排出，并被大量的水所稀释，防止火灾蔓延引起爆炸。

(5) 湿行程停机　在运行中，如果制冷压缩机发生了湿行程，应根据其严重程度分别处理。对轻微的湿行程，应关小或关闭吸气阀或膨胀阀。对较严重的湿行程，应立即停机，关闭吸气阀、膨胀阀。发生严重的湿行程后，应放掉曲轴箱中制冷剂，或利用其他制冷压缩机，抽出曲轴箱内和气缸中的制冷剂，同时更换润滑油，经抽真空、试压检漏后，方可起动试机。

【思考与练习】

1. 为什么要正确操作制冷压缩机？
2. 简述氨制冷压缩机正常运行的标志。
3. 简述制冷压缩机开机前准备工作的内容。

4. 试述单级活塞式氨制冷压缩机操作的主要步骤及要点。

5. 试述双级活塞式氨制冷压缩机（组）操作的主要步骤及要点。

课题五 制冷系统的运行调节

【知识目标】

1）了解需要对冷库制冷系统进行调节的原因，熟悉蒸发、冷凝温度的选择范围。

2）明确冷库制冷系统运行调节的操作流程。

【能力目标】

1）能正确制订冷库降温冻结的调整方案。

2）掌握氨制冷系统冻结间降温调节的操作方法。

3）能按要求完成氨制冷系统冻结间降温调节的操作。

【相关知识】

一、制冷系统运行工况的主要参数

冷库制冷系统是一个封闭系统，其运行状况可以通过压力和温度等参数反映出来。通过对制冷系统的运行工况参数的分析，可以大致知道制冷系统是否处于安全、高效、经济的运行状态。

比较重要的运行工况参数有蒸发压力和温度、冷凝压力和温度、压缩机吸气与排气温度、中间压力与温度、过冷温度，以及制冷系统中各容器的液位等。其中，蒸发压力和温度、冷凝压力和温度是最主要的参数。

二、需要对制冷系统进行调节的原因

在冷库制冷系统实际运行中，影响运行工况参数的因素是不断变化的。例如，随着环境温度、被冷却物体温度、机器设备的能力、冷却水温度等不断变化，运行工况参数也发生相应的变化，从而与设计的参数值有偏差。因此，实际运行时的参数不可能与设计的数值完全相同，需要实时调整。

制冷系统的运行调节就是要控制各个运行工况参数，使制冷系统在安全、经济的条件下运行，以达到功耗少、制冷量大、效率高，并确保安全运行的目的。

三、蒸发温度的读取

蒸发温度是指液体制冷剂在一定压力下沸腾时的饱和温度，其对应的压力称为蒸发压力。制冷剂的饱和温度是压力的函数。因此，在生产实践中，蒸发温度一般不直接测出，可以通过调节站等处的压力表读数（或用吸气压力近似代替），查制冷剂热力性质表，便可大约知道对应的蒸发温度。

例如，一台正在运行的氟利昂（R22）制冷压缩机，其低压表的指示值为0.18MPa，如果吸气管道的压力降约为0.01MPa，则相应的蒸发压力约为0.19MPa（表压），换算成绝对压力为0.29MPa，查R22饱和蒸气热力性能表，得与其相对应的饱和温度约为-15℃，则这个制冷系统的蒸发温度约为-15℃。

同理，当氨的蒸发压力为0.42941MPa（绝对压力）时，其对应的蒸发温度约为0℃；当氨的蒸发压力为0.10302MPa（绝对压力）时，其对应的蒸发温度约为-33℃。

在生产实践中，一般是通过制冷压缩机吸气压力变化，来了解蒸发压力的变化。在生产工艺上所要求的温度越低，则所需的蒸发温度也越低，其相应蒸发压力也越低。因此，对蒸发温度的调节，实际上是对蒸发压力的调节。在实际的制冷装置运行中，都是通过调节蒸发压力来实现对蒸发温度控制的。

四、冷凝温度的读取

在冷凝器内，制冷剂气体在一定的压力下凝结为液体时的温度称为冷凝温度，其相对应的压力称为冷凝压力。冷凝温度与冷凝压力是相对应的，冷凝温度越高，冷凝压力也越高。因此，可以利用冷凝压力或排气压力表的读数，通过查表求出相应的冷凝温度。

【任务实施】

冷库氨、氟利昂制冷系统运行调节的原理基本相似，但因制冷系统不同，操作方法也有所不同。氨制冷系统运行调节具有一定代表性。因此，本课题的任务是冷库氨制冷系统的运行调节。

任务实施所需的主要设备有冷库氨制冷系统、冷库冻结间；主要工具有常规钳工、电工工具；主要保护用具有护目镜、橡胶手套等。

一、冷库制冷系统运行调节的总体认识

1. 蒸发温度的选择

蒸发温度的高低是根据生产工艺或用冷场合所需温度来确定的。目前冷库常用的温度系统有冷却和制冰-15℃系统，冻结-33℃或-35℃系统，冷藏-28℃或-30℃系统。

1）制冷系统正常工作时，蒸发温度的正常标志如下：

① 蒸发温度一般比库房温度低8~10℃，比载冷剂的出口温度低5℃。其中，在空气自然冷却系统中，如冷库中的光管蒸发器，蒸发温度比冷间温度低10℃；在强制空气冷却系统中，蒸发温度比冷间温度低8℃。

② 当某些冷间对相对湿度要求较严时，蒸发温度可按相对湿度的不同来选用。相对湿度要求在90%时，蒸发温度比冷间温度低5~6℃；相对湿度要求在80%左右时，蒸发温度比冷间温度低6~7℃；相对湿度要求在75%时，蒸发温度比冷间温度低7~9℃。

2）蒸发温度要选择适当。若蒸发温度过高，满足不了系统的降温要求，被冷却对象达不到要求的低温，或降温速度达不到要求；若蒸发温度过低，制冷装置的效率下降，压缩机的制冷量减少，能耗增加，运行的经济性差。

3）蒸发温度并不等于冷间的温度，两者之间始终存在着温度差。只有蒸发温度低于被冷物要求的温度时，被冷物的温度才会下降到所要求的温度。制冷系统运行时，影响蒸发温度变化的主要因素有库房热负荷的变化、蒸发器有效蒸发面积的变化和压缩机制冷量的变化等。

2. 冷凝温度的选择

在压缩机和冷凝器选定之后，水冷式冷凝器的冷凝温度主要取决于冷却水温和进、出水温差。如果出水温度高，冷凝温度和压力也高，从而增加压缩机的耗电量，但是用水量会相对减少，冷却水泵可省电。因此，应根据具体情况选择冷凝器的进出水温差。

1）制冷系统正常工作时，冷凝温度正常的标志如下：

① 水冷式冷凝器的冷凝温度比冷却水出口温度高4~6℃；风冷式冷凝器的冷凝温度比空气温度高8~10℃。

② 蒸发式冷凝器冷凝温度比夏季室外空气湿球温度高5~10℃。

2）制冷系统运行时，若冷凝温度升高，冷凝压力也相应升高，在蒸发温度不变的情况下，压缩机的压缩比增大，造成压缩机的容积效率降低，制冷剂的循环量减少，系统的制冷量减少，耗电量增加，对压缩机的安全运行十分不利，容易造成事故。同时，随着冷凝温度升高，压缩机的排气温度也升高，增加机器的耗油量，使机器的运转条件变坏。据计算，在蒸发温度不变的情况下，冷凝温度在25~40℃内，每升高1℃增加耗电量3.2%左右。

但是，若冷凝温度过低，势必要增加冷却水泵或风机的耗电量，系统整体运行的经济性也会变差。

3）制冷系统运行时冷凝温度的高低取决于冷却介质的温度，与冷凝器的形式和冷却介质的出口温度有关。其中，水（风）冷式冷凝器的冷凝温度取决于冷却水（空气）温度、水（空气）量、冷凝面积、水（空气）的流速、压缩机的排气量，以及空气、油污等影响冷凝器传热的各种因素。蒸发式冷凝器和淋激式冷凝器的冷凝温度，除了以上各种因素外，还与空气的相对湿度有关。

3. 制冷系统制冷量的调节方式

制冷量的调节是指调整制冷系统的制冷量，以适应冷库冷间热负荷的变化，使制冷系统低耗、高效，具有良好的经济性，并在最佳工况下运行。

对于大型冷库制冷系统，由于其冷间较多，而且具有不同的温度系统，热负荷的变化并不同步，应根据现场的实际情况，进行制冷量的调节。

（1）通过改变供液量调节制冷量　向冷间供液时，应根据氨液分离器或低压循环储液器的液位、蒸发器结霜的情况、冷间降温的速度、冷间热负荷的变化及压缩机吸气的温度，来调整供液阀的开度，使系统供液量与蒸发量平衡。

(2）通过改变蒸发面积调节制冷量　冷间有多组蒸发器时，可根据热负荷的变化，调整蒸发器的工作组数。当热负荷变小时，可以关闭几组蒸发器，以达到调节制冷量的目的。对于冷风机，还可以通过改变风机的转速，减小蒸发器传热量的方法，来降低制冷量。

(3）通过配机调节制冷量　“配机”是指正确配用制冷压缩机的制冷能力。操作人员应熟悉每台制冷压缩机的制冷能力，以便根据热负荷的变化，调整压缩机的工作台数，选择单级或双级压缩制冷系统，使运转的压缩机制冷量与冷间热负荷相平衡，以实现系统运行的经济性。

1）当冷凝压力与蒸发压力的绝对压力比值大于或等于8时，应采用双级压缩制冷系统。

2）图3-15~图3-17分别表示同一系列的三台制冷压缩机的运行特性曲线。通过性能曲线可以看出，压缩机虽各异，但其随工况变化的规律是相同的。当蒸发温度一定时，随着冷凝温度的上升，制冷量减少，而轴功率增大；当冷凝温度不变时，蒸发温度越高则制冷量

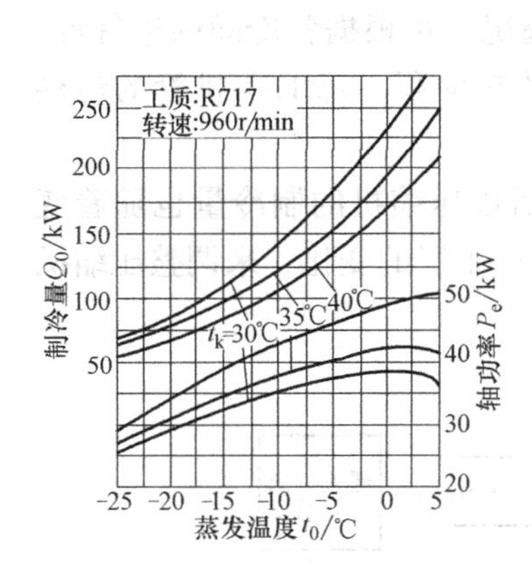

图3-15　810A单级制冷压缩机的运行特性曲线

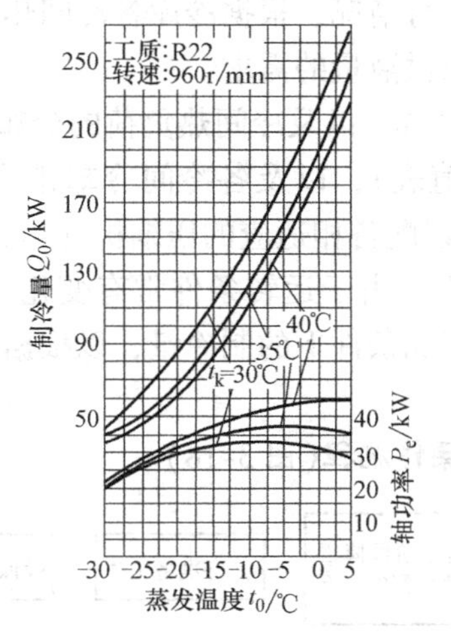

图3-16　810F单级制冷压缩机的运行特性曲线

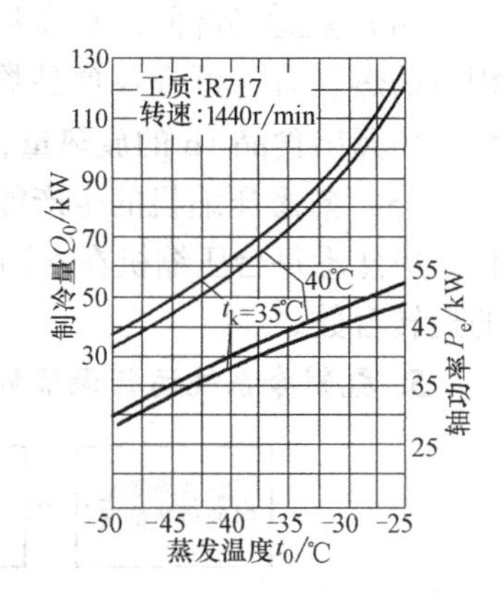

图3-17　S810AC双级制冷压缩机（长行程）的运行特性曲线

越大。

3）当冷间热负荷变化较大时，应充分利用制冷压缩机的容积，提高制冷量。例如，当温度较高的食品大量入库而使库温突然上升时，蒸发温度与冷间温度的温差增大，使制冷剂蒸发温度急剧上升（特别是冻结间温度，有时会从-30℃升高至-18℃左右）。这时，应将系统的压缩级数由双级改为单级进行降温，以提高压缩机的制冷量，待冷间温度降低后，再转换成双级压缩继续降温。

4）当冷间热负荷较大时，应适当增加制冷能力，这时可增加制冷压缩机运行的台数。当库温下降，压缩机的制冷量大于冷间的热负荷时，应减少压缩机运行的台数，或调换制冷量较小的压缩机进行工作。此外，当系统的温度基本达到要求，冷间的温度很低，但被冷却物品的温度仍未达到要求时，应暂时停机，待制冷系统的蒸发压力回升后，再开机继续降温。

4. 冷库制冷系统运行调节前应熟悉的问题

制冷系统是由机器、设备和管道、阀门连接起来的综合装置。制冷系统的运行调节是根据系统各部分的温度、压力、液位等变化进行的。调节前，应熟悉系统的特点、冷间热负荷的分布情况、压缩机的制冷能力及运转特点等。制冷系统的组成不同，其运行调节方法也不同。

（1）直接膨胀式系统　该系统多为10~50t小冷库、氟利昂全自动供液系统采用。冷库的开停机和库温由温度控制器控制。在运行前，已经把温度控制器和热力膨胀阀调试好。系统运行过程中，要通过注意检查，是否有不正常现象并及时检修排除。

（2）重力供液式系统　该系统靠氨液分离器的液柱压力向各冷间输送液体，一般为100~300t的氨系统的小冷库采用。应严格控制节流阀的开度，注意氨液分离器中的液面位置。由于各冷间的热负荷不同，冷间与液体分调节站的距离不同，管道的阻力亦各不相同，因此，还需要调节液体分调节站上供液阀的开启度。

（3）氨泵供液式系统　在氨泵供液制冷系统操作中，主要用UQK-40型液位控制器和电磁阀配合，向低压循环储液器自动供液，因而液面较稳定，但要注意自动控制阀门是否失灵。同时，要经常注意氨泵的运行情况，根据冷库各冷间热负荷的不同，调整液体分调节供液阀的开启度，以满足冷间降温供液量的需求。

(4) 熟悉各冷间冷却设备的特点以及冷间热负荷的分布情况　可根据各冷间的进货量、相应的热负荷（可查各食品焓值表），以及各冷间冷却排管传热面积、每 $1m^2$ 排管的传热量，估算出食品 1h 的放热量，以配备相适应的压缩机（组）。

(5) 熟悉压缩机的生产能力　由于运转条件常有变化，所以压缩机的制冷量也随着变化。应熟悉每台压缩机在不同工况条件下的制冷量，以根据制冷工况的变化，来调整压缩机的运转台数。

5. 氨制冷系统运行调节的操作流程(图 3-18)

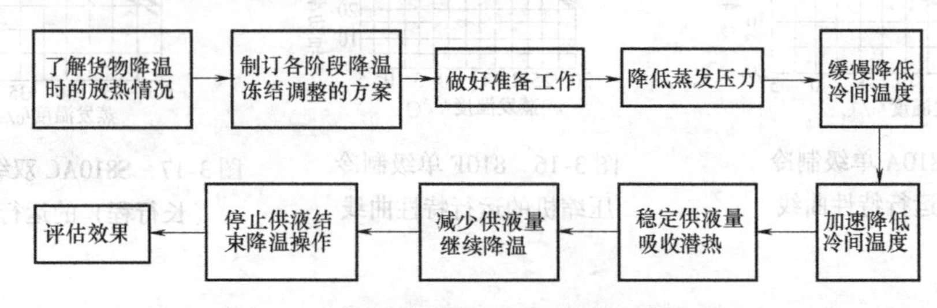

图 3-18　氨制冷系统运行调节的操作流程

二、冷库制冷系统运行调节的步骤及方法

在生产实践中，需要进行降温调节的冷库系统主要有低温冷藏 -28℃系统、冻结加工 -33℃系统、高温冷却 -15℃系统及制冰等。下面以将肉类食品从常温降到 -15℃的调整操作为例，讲解冷库制冷系统的运行调节，以及冻结间的降温调节。

1. 了解食品降温时的放热情况

一般来说，肉类食品的降温分三个阶段：肉品温度由常温降到 0℃，从 0℃降到 -5℃，从 -5℃降到 -15℃。肉类食品降温时的放热情况见表 3-21。

表 3-21　肉类食品降温时的放热情况

序　号	降温阶段	放热过程	放出热量
1	肉温从常温降到 0℃	放出显热	约占总放热量的 33% 左右
2	肉温从 0℃降到 -5℃	放出潜热	约占总放热量的 52% 左右
3	肉温从 -5℃降到 -15℃	放出显热	约占总放热量的 14% 左右

可见，食品在降温过程中，各个阶段放热量不一样，因而热负荷变化也不一样，应使供液调整与热负荷的变化相适应。

2. 制订各阶段降温冻结调整的方案

肉类食品在降温冻结过程中，各阶段的放热量与降温速度不同，应采用不同的供液调整方案。

(1) 肉类食品的温度从常温降到 0℃阶段　在冻结间开始降温时，食品放出的热量大，冷间温度较高，制冷剂蒸发温度会急剧上升，有时会从 -33℃升到 -18℃，此时可用单级压缩机降温。由于传热温差大，蒸发器没有霜层，传热的阻力小，制冷剂呈现强烈的沸腾状态。由于传热不稳定，供液量要经常调节，可以采用减少供液量和少开冷风机的方法控制，以免引起压缩机湿行程，也可防止由于蒸发压力过高而影响其他库房的降温。

(2) 肉类食品的温度从0℃降到－5℃阶段　随着冷间温度逐渐降低，传热温差逐渐减小。当传热温差接近设计要求时，蒸发器内的氨液沸腾逐渐缓和，蒸发压力逐渐下降，此时的操作要以稳定供液量为主。如果制冷压缩机的吸气压力和温度相对稳定，库房降温速度过慢，也可适当开大节流阀，增加供液量，加速冷间的降温。

(3) 肉类食品的温度从－5℃降到－15℃阶段　应逐渐减小供液量和压缩机的工作台数，在冷间温度及食品温度达到要求前，应提前10min关闭供液阀，停止制冷压缩机运行。

3. 冷库冻结间降温调节操作

制冷系统的运行调节主要是依据压力和温度等工况参数的变化进行的，而工况参数的变化大部分是通过仪表显示出来的。因此，要确保调节操作正确，必须保证制冷系统中各仪表准确、灵敏。操作人员应经常注意检查仪表，如发现仪表损坏或失灵，应立即停止使用，进行修理或更换。

在生产实践中，往往是根据工况的变化，通过改变供液量和压缩机配机这两种方式，共同调节制冷量，以实现制冷系统的运行调节。为了保证制冷装置的安全运转，应严格遵守安全操作规程。

第一步：做好准备工作。当冷间食品入库时，应提前10min关闭该冷间的供液阀，以防止新货进库时，制冷剂剧烈沸腾而引起压缩机的湿行程。

第二步：降低蒸发压力。迅速关闭蒸发器供液节流阀，减少供液量，用单级压缩机降温。关小回气阀约5min后，再稍微开大回气阀，听到有气体节流声时，不再开大，等听不到节流声时（7～10min），再慢慢开大。10～15min后，蒸发压力降至吸气压力。这样，可避免因蒸发压力突然升高将液体带回压缩机，而造成湿行程的发生。

第三步：缓慢降低冷间温度。缓慢开启蒸发器供液节流阀1/10～1/12圈，运行5～10min后，观察蒸发压力的变化。如果蒸发压力仍偏高且有继续升高的趋势，则要适当关小蒸发器供液节流阀，使蒸发压力降低；如果蒸发压力稳定且有继续降低的趋势，则应维持蒸发器供液节流阀的开度。在降温初期，由于传热不稳定，供液量要经常调节，使之与热负荷匹配。当冷间温度逐渐降低后，传热温差也逐渐减小，液体制冷剂的沸腾程度也相应减缓。

第四步：加速降低冷间温度。随着冷间温度的逐渐降低，肉类食品的温度从常温降到0℃。此过程是放显热的过程，占总放热量的33%左右。待传热温差接近10℃时，蒸发压力逐渐下降，为了避免压缩机吸入过热气体，应适当开大供液阀至1/10～1/8圈，以发挥制冷压缩机的效率，加速冷间的降温。这时压缩机的吸气压力基本稳定，其吸气温度缓慢下降，高压储液器的液面波动不大。

第五步：稳定供液量吸收潜热。肉类食品的温度从0℃降到－5℃的过程中，放出潜热，冷间的热负荷最大，占总放热量的52%左右。这时压缩机的吸入压力和温度相对稳定，库房降温速度较慢，这时不要认为库温降得慢而将供液阀开得过大，以免造成压缩机湿行程；也不要认为供液过多而减少供液量，使蒸发压力过低，机器的吸气量过少，制冷量减少，这样可能引起库温不但不降低反而升温。只有回气压力基本稳定，吸气温度缓慢下降，高压储液器和低压循环储液器的液面波动不大时，才是正常的。

第六步：减少供液量继续降温。肉类食品的温度从－5℃降到－15℃，此过程是放出显热的过程，放热量占总放热量的14%左右。随着冷间热负荷的逐渐减少，冷间温度在不断降低，传热温差会进一步减少。当温差小于6℃时，应逐渐关小供液阀，减少供液量，并适当减少压缩机工作台数或缸数，以使冷间热负荷与压缩机制冷量相适应。若压缩比大于8，则用双级压缩制冷系统降温。

第七步：停止供液结束降温操作。当冷间温度及食品温度达到要求，冷加工结束前10～15min，关闭供液停止向冷间供液，降低蒸发器内的液面，以利于下一批食品进库降温时的安全操作，防止湿行程，确保压缩机的安全运转。

当压缩机制冷量大于冷间热负荷时，应调换制冷量较小的制冷压缩机，或者利用能量调节装置部分卸载运转。当运转中的压缩机与新降温的房间相连通时，应密切注意机器的回气压力和温度，如吸气压力上升，吸气温度下降，应迅速关小压缩机的吸入阀，防止压缩机湿行程。

冻结间降温调节操过程的有关情况应记录在表3-22中。

表3-22　冻结间降温调节操作过程记载表

序号	操作任务	时间	蒸发压力/MPa	蒸发温度/℃	冷间温度/℃	降温速度(℃/h)	传热温差/℃	冷凝温度/℃
1	做好准备工作							
2	降低蒸发压力							
3	缓慢降低冷间温度							
4	加速降低冷间温度							
5	稳定供液量							
6	逐渐减少供液量							
7	结束降温操作							

4. 冻结间降温调节效果的评估

停止供液结束降温操作后，就可评估制冷系统运行调节的效果。良好的运行调节效果应表现为，整体降温速度、最终食品温度、单位产品耗电量等指标参数都符合生产工艺的要求。若单位产品耗电量超出理论计算的15%时，就被认为不合理，需查找原因并及时纠正。

将观察到的有关数据和现象填入表3-23中，对冻结间降温调节的效果进行评估。

表3-23　冻结间降温调节效果评估表

批次	时间	起始食品温度/℃	整体降温速度/(℃/h)	最终食品温度/℃	单位产品耗电量/(kW·h/t)	结论
1						
2						
3						

在生产实践中，进行制冷系统运行调节时，冷库整体降温速度（℃/h）和单位产品耗电量（kW·h/t）等指标水平的高低，与制冷系统的运行状况及操作人员的技术水平有关。

三、注意事项

在进行制冷系统运行调节时，应注意事项如下：

1）如果需要将运转中的配组双级机改为单级机运转，或者将运转中的单级压缩机配组改为双级机运转，必须先将运转中的压缩机停止，然后调整排气阀门及其他阀门，调整无误后，再重新起动压缩机。严禁在压缩机运转时调整阀门，以免造成严重事故的发生。

2）由于冷库制冷系统的容器大、管路较长，压力、温度等系统运行工况参数的变化，相对于运行调节的动作，具有一定的迟滞性，每次调节动作完成后，都要经过一定的时间，状态才能重新达到稳定。因此，每次运行调节的动作完成后，都要耐心观察系统的变化情况，间隔一定时间后，才能实施下一步运行调节。

3）当冷间热负荷减小时，除适当减少压缩机台数外，冷风机应尽量少开。另外，当库房温度达到要求后，以保持温度为主，冷风机应尽量少开或不开，以免造成浪费、增加食品的干耗。

【拓展知识】

一、小型冷库制冷系统的调节

使用单台机组的小型冷库制冷系统，其制冷量的调节方式一般是固定的，可利用热力膨胀阀进行供液量的小幅调节。当冷间的热负荷变化较大时，机器设置的自动检测和控制电路会根据蒸发器出口处的温度变化或蒸发压力的变化，调节制冷压缩机的能量输出，使压缩机上载或下载而调整制冷量，以适应冷间热负荷的变化。

二、高温冷库的降温调节

高温冷库是储存鲜蛋、果品和蔬菜等食品的库房，库温一般在 -1 ~ +4℃之间。这种冷库的降温调节分为两类操作：一是库内大量进货时，库内热负荷大，需要较快地降温；二是库内达到保温要求时，库房内热负荷较小，要求能稳定库房内温度，防止温差波动过大。

操作人员应严格掌握允许的库内温差，调好风道送风的均匀度，根据热负荷的大小和外界环境温度的变化，安全合理地调配机器设备，这样才能既保证食品的质量又能节能。一般来说，压缩机的吸气压力掌握在0.20MPa（表压）左右为宜。

三、低温冷藏间的降温调节

低温冷藏间的特点是热负荷变化较小，库房温度的波动较小，在 -18℃左右。当选配适当的压缩机降温时，蒸发压力比较稳定，对于氨系统一般控制在0.13 ~0.15MPa（绝对压力）之间较好。若蒸发压力过高，则降温慢；若蒸发压力过低，则会浪费电，运转不经济。在库房出、入货时，热负荷波动较大，应关小供液膨胀阀，使排管中的液面降低，以防压缩机湿行程。库房出入货结束后，再把膨胀阀调大些，使之成为正常降温的状态。

四、多个冻结间连续降温的次序

多个冻结间连续降温时，应根据先后次序进行降温。由于库房温度差别较大，热负荷差别也大，运行调节时较难掌握。一般可用三种方法进行运行调节：一是用两个系统降温，先期3 ~4h用单级机降温，当库温接近于蒸发温度正常差值时，改为 -33℃双级压缩系统降温；二是关小回气阀并适当调节；三是控制冷风机的供液量，并控制风机的开启台数，实现正常降温。其中最后一种方法应用较广泛。

五、根据不同的蒸发温度调配制冷压缩机

应根据不同的蒸发压力和温度，由不同压缩机分别担负降温任务，以免热负荷变动时互相影响。如果有的系统热负荷不大，单独开一台压缩机不经济，或者机器调配困难时，也允许用一台压缩机同时给蒸发温度相近的系统（如 -28℃和 -33℃）降温。

【思考与练习】

1. 制冷系统运行工况的主要参数有哪些？
2. 简述需要对制冷系统进行调节的原因。
3. 应如何选择冷库的蒸发温度和冷凝温度？
4. 一般制冷系统制冷量调节的方式有哪几种？
5. 试述冻结间降温调节操作的主要步骤及要点。
6. 应如何进行冻结间降温调节效果的评估？

模块四 冷库制冷装置的维护

课题一 制冷系统的放空气操作

【知识目标】

1）了解制冷系统中混有空气的原因、危害和积存的部位，熟悉空气分离器的工作原理。

2）明确制冷系统放空气的操作流程。

【能力目标】

1）能正确判断制冷系统中是否混有空气、是否需要实施放空气操作。

2）掌握氨制冷系统放空气的操作方法。

3）能按要求完成氨制冷系统放空气的操作。

【相关知识】

一、制冷系统中混有空气的原因

1）机器设备或管道经安装或检修后，投产前，抽空不彻底，使空气残留于制冷系统中。

2）制冷系统在运行调试、操作和维修过程中，有时不可避免地会使一些空气混入制冷系统。例如，在系统运行或充注制冷剂、加注冷冻机油时，若低压系统或曲轴箱内压力低于外界大气压，空气容易由阀门、轴封等密封不严处渗入系统。

3）制冷压缩机因排气温度过高，使部分润滑油和制冷剂（氨）分解为气体，并存留在系统内，这些气体与空气一样，在冷凝条件下不会凝结为液体，被称为不凝性气体。在生产实践中，有时习惯上将这类不凝性气体也称为“空气”，或将空气也称为“不凝性气体”。

二、制冷系统中混有空气的危害与放空气的必要性

1. 冷凝压力升高

如果制冷系统中混有空气，即使空气量不多，也会在冷凝器的传热面附近形成气膜热阻，使冷凝器的传热系数下降，换热效率和放热量降低，冷凝压力和冷凝温度升高，从而导致制冷循环的压缩比增大，压缩机输气量减少，制冷量减小，系统能耗增加。

2. 排气温度升高

空气的存在，会导致制冷压缩机的排气压力和排气温度升高，引起压缩机摩擦面的润滑条件恶化。同时，炽热的制冷剂（氨）蒸气与空气的混合气体，遇到油蒸气或明火时有爆炸的危险。

3. 腐蚀性增加

空气进入系统后，空气中的水分和氧气会加剧金属材料的腐蚀，并加速润滑油的氧化，对制冷系统有较大影响。

因此，在操作维修过程中，应采取适当的措施防止空气进入制冷系统。例如，停机时，若曲轴箱内压力低于大气压，可打开吸气阀，使曲轴箱内压力等于或略高于大气压。如发现有空气渗入系统，应及时进行放空气操作。

三、制冷系统中空气积存的部位

制冷系统中的空气主要积存在高压区。不论空气从哪个部位进入制冷系统，都将被压缩机排到冷凝器和储液器中，由于冷凝器的位置较高，加之膨胀阀之前的液管具有液封作用，所以空气很难再进入低压系统。因此，制冷系统中的空气主要积存在冷凝器和储液器中。

【任务实施】

冷库氨、氟利昂制冷系统的放空气的原理基本相似，但因制冷系统不同，操作方法也有所不同。氨制冷系统放空气操作具有一定代表性。因此，本课题的任务是氨制冷系统放空气的操作。

任务实施所需的主要设备有氨制冷系统中的立式空气分离器；主要工具有常规钳工、电工工具；主要保护用具有护目镜、橡胶手套、防毒面具等。

一、制冷系统放空气操作的总体认识

1. 制冷系统放空气的原理

利用制冷剂和空气在不同温度下冷凝的物理特性，先把空气等不凝性气体与制冷剂分离，然后再放出不凝性气体。

2. 氨、氟利昂制冷系统放空气的操作有所不同

由于空气的密度比氟利昂气体的密度小，空气积聚在容器设备的上部，所以，中小型氟利昂制冷系统一般不采用空气分离器，可直接用手工进行放空气操作。然而，空气的密度比氨气的密度大、比氨液的密度小，系统中空气的积聚位置主要在冷凝器的中、下部和高压储液器的上部。因此，氨制冷系统应采用空气分离器进行放空气操作。

3. 空气分离器的种类及作用

空气分离器有立式和卧式两种，目前在氨制冷系统中，用得比较多的是立式空气分离器，其优点是操作简单，装上自控元件后即可实现自动操作。

立式空气分离器的壳体用无缝钢管制成，内设一组蒸发盘管，结构原理如图 4-1 所示。分离空气时，从储液器来的氨液经节流进入空气分离器内的盘管，在盘管内吸收分离器中混合气体的热量蒸发。混合气体中的氨气受到冷却后液化，空气因不能冷凝而被分离出来，经放空气阀排出，液化的氨进入制冷系统重复使用。

立式空气分离器相关管路的连接，如图 4-2 所示。

4. 氨制冷系统放空气的操作流程(图 4-3)

二、制冷系统放空气操作的步骤及方法

1. 判断制冷系统中是否混有空气

制冷系统中混有空气及不凝性气体时，会出现如下现象（征兆）。

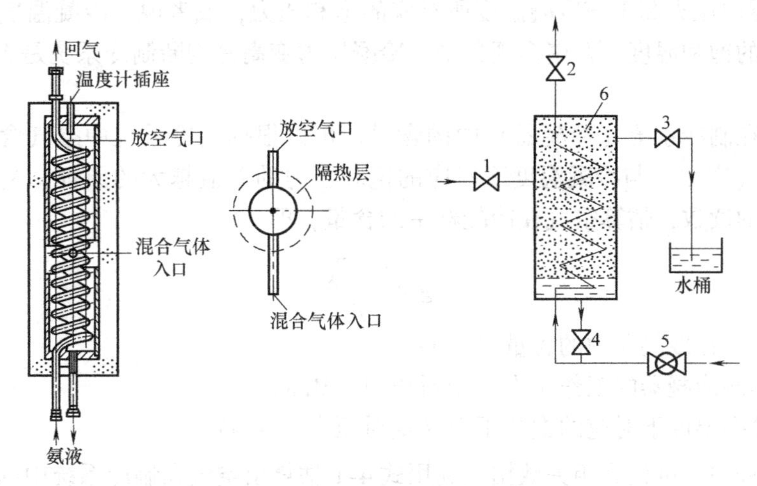

图4-1　氨立式空气分离器结构原理图

1—混合气体入口阀　2—回气阀　3—放空气阀　4—回液阀　5—节流阀　6—温度计

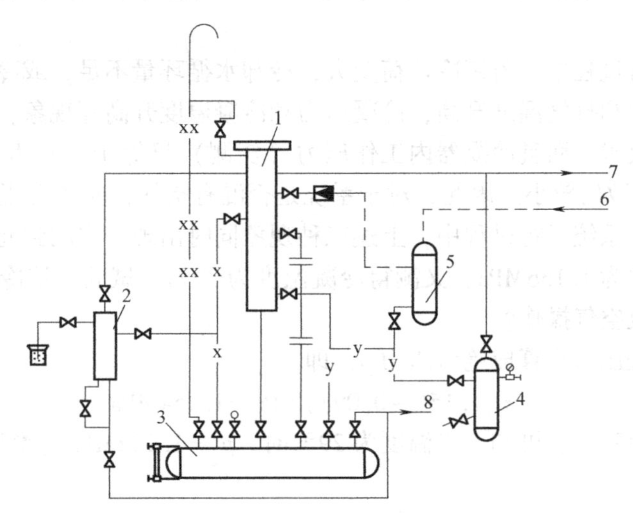

图4-2　立式空气分离器相关管路的连接

1—立式冷凝器　2—立式空气分离器　3—储氨器　4—集油器　5—油分离器

6—接自压缩机排气管　7—接往回气管　8—供液管

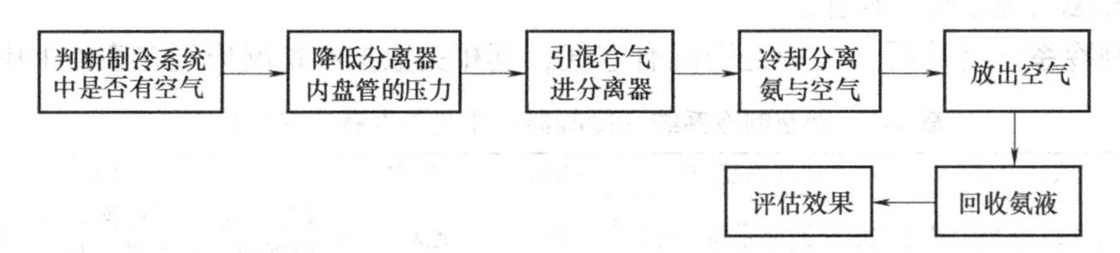

图4-3　氨制冷系统放空气的操作流程

1）排气压力表指针剧烈摆动，而且摆动幅度较大、速度较慢（即使系统中不含有空气，如果排气量不连续，表针也会摆动，但摆幅小、速度快）。

2）制冷压缩机的排气压力和排气温度都高于正常值。经合理操作调整后，此现象无明显改善。

3）冷凝器内压力高于该冷凝温度所对应的饱和压力，或者说，冷凝温度低于该冷凝器内压力所对应的饱和温度。在诸多现象中，冷凝压力变高是判断制冷系统是否混有空气的重要依据。

估算空气在制冷系统（冷凝器）中的含量。可以根据制冷系统中空气含量越多，冷凝器的工作压力（实测）与冷凝温度下对应的饱和压力的差值越大的原理，利用冷凝器上压力表和温度计的读数，估算空气在冷凝器中的含量，即

$$g=\frac{p-p_k}{p} \tag{4-1}$$

式中　g——空气在冷凝器中的含量（%）；

p——实测冷凝器的工作压力（绝对压力，MPa）；

p_k——冷凝温度下对应的饱和压力（绝对压力，MPa）。

在生产实践中，可根据相关数据，利用式4-1估算出空气在制冷系统中的含量，并结合有关现象作出相应判断。各企业的操作规程略有不同，要求也不同。一般认为，若上述三种现象同时出现，且g的数值在5%以上，则认为系统中已混有空气，影响正常运行，应考虑实施放空气操作。

在制冷系统运行过程中，若制冷负荷变大，冷却水循环量不足，或冷凝效果不好，也会导致压缩机排气压力和排气温度升高，冷凝压力和冷凝温度升高等现象，但经合理操作调整后，此现象应有所改善，而且冷凝器内工作压力（实测）仍等于（接近）该冷凝温度所对应的饱和压力，g的数值较小。因此，对于系统是否混有空气，要认真甄别。

例如，某氨制冷系统运行过程中，上述三种现象同时出现。实测到此制冷系统中，某一氨冷凝器压力表读数为1.156MPa，又测得冷凝温度为29℃。试问，该冷凝器中是否混有空气？是否需要实施放空气操作？

解：将冷凝器表压力换算成绝对压力p，即

$$p=(1.156+0.098)\text{MPa}=1.254\text{MPa}$$

查氨温度与饱和压力对应表可知，当温度为29℃时，$p_k=1.132$MPa（绝对压力），则空气含量为

$$g=\frac{1.254-1.132}{1.254}\times100\%=9.73\%$$

因上述三种现象同时出现，且9.73%已大于5%，可认为制冷系统中已混有空气，影响正常运行，应考虑实施放空气操作。

判断制冷系统（冷凝器）中是否混有空气，其相关数据和情况应记在表4-1中。

表4-1　判断制冷系统（冷凝器）中是否混有空气记载表

序号	排气表压/MPa				排气温度/℃			实测冷凝压力/MPa		饱和冷凝压力/MPa		空气含量	结论
	上限	下限	摆幅	摆速	实测值	正常值	差值	表压	绝对压	实测冷凝温度/℃	对应饱和绝对压力		
1													
2													
3													

2. 氨制冷系统的放空气操作

及时放空气是保证制冷装置高效节能运行的重要一环。若冷库制冷系统中含有空气等不

凝性气体，应及时排放。氨制冷系统手动空气分离器的操作，如图4-4所示。在放空气操作过程中，制冷机组应处于运行状态，以保证进入空气分离器内盘管的氨液蒸发后，能被抽吸回系统的低压部分。放空气操作时，必须使用护目镜、橡胶手套等护具，做好安全防护，并有人可靠地监护。

第一步：降低分离器内盘管的压力。开启空气分离器的降压（回气）阀5，使空气分离器内盘管的压力降至吸气压力。此时，其他各阀应处于关闭状态。

第二步：将混合气体引入分离器。开启空气分离器的混合气体进气阀3，使制冷系统（冷凝器）的混合气体进入空气分离器。当空气分离器与冷凝器的压力接近，不再流入气体时，应关闭混合气体进气阀3。

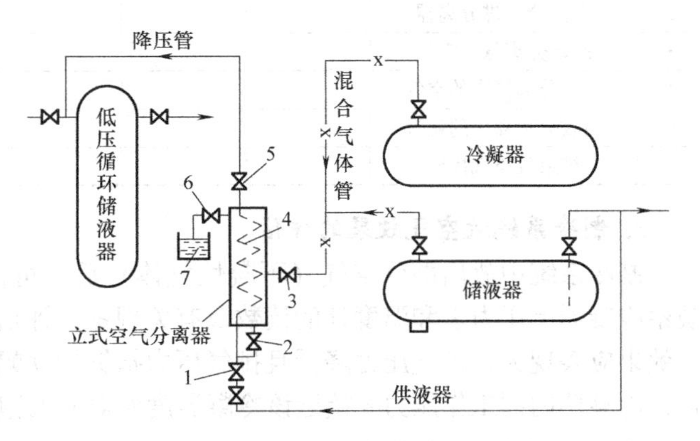

图4-4　氨制冷系统放空气操作示意图

1—供液膨胀阀　2—回液节流阀　3—混合气体进气阀　4—盘管　5—降压（回气）阀　6—放空气阀　7—盛水容器

第三步：冷却分离氨与空气。开启空气分离器的供液膨胀阀1约1/12～1/6圈，使氨液经节流阀降压后，进入空气分离器盘管内蒸发吸热。混合气体中的氨气被冷却降温后，凝结为液体沉积于空气分离器的底部，空气聚集于上部。供液膨胀阀开度的大小，应视回气管道的结霜情况而定，一般控制在使回气管结霜1m左右。

第四步：放出分离器中的空气。约8min后，当混合气体中的氨被冷却成氨液时，空气分离器底部就会结霜。这时，可微开空气分离器上的放空气阀6，将空气放入盛水容器7的水中。最好在放空气阀的出口处接一根橡胶软管插入水中。若气泡在水中上升的过程中呈圆形并无体积变化，水不混浊，水温也不上升，说明放出的是空气，放空气阀开得合适；若气泡在上升过程中体积逐渐缩小甚至消失，且有氨味，水呈乳白色且出现混浊，水温升高，则说明放出的气体中含有较多的氨气（若发出轻微的爆裂声，则是有氨液放出），空气已放完，应关闭放空气阀6以防氨气泄出，再关闭供液膨胀阀1，停止放空气操作。

在放出分离器中空气的过程中，也可以从其顶部温度计的读数，来估计放空气完成的程度。当温度值明显低于冷凝压力所对应的饱和冷凝温度 t_k 时，说明空气含量仍较多，应继续放空气。反之，若温度计读数接近饱和冷凝温度 t_k 时，说明空气含量已较少，应停止放空气操作。

第五步：回收分离器中的氨液。放完空气并关闭供液膨胀阀1后，应开启回液节流阀2，使底层氨液进入盘管，蒸发成气体，通过降压（回气）管进入系统回收利用。底层冷凝的氨液即将排完时，应迅速关闭回液节流阀2。

第六步：结束放空气操作。降压（回气）阀5此时仍需保持为开启状态，不可关闭。只有能确认分离器盘管内已无氨液，余氨已被抽尽，才可关闭降压（回气）阀5，以防“液爆”事故发生。因此，降压（回气）阀5也可不关闭，平时处于常开状态。

如一次未完成，可按上述办法和程序反复进行。上述为立式空气分离器放空气的步骤及方法，也适用于套管式空气分离器。

制冷系统放空气操作过程的有关情况应记录在表4-2中。

表4-2　制冷系统的放空气操作过程记载表

序号	操作任务	操作内容	表压/MPa	温度/℃	出现现象	出现问题	解决方法	效果
1	降低分离器内压力							
2	引混合气进分离器							
3	冷却分离氨与空气							
4	放出分离器中的空气							
5	回收分离器中的氨液							
6	结束放空气操作							

3. 制冷系统放空气效果的评估

制冷系统中放出部分空气（不凝性气体）后，可保持制冷机（组）继续运行，并继续观察冷凝器上压力表和温度计的读数及有关现象，评估制冷系统的放空气效果。良好的放空气效果应表现为，排气压力降低且排气压力指针摆动幅度变小，排气温度有所下降且趋于正常，冷凝器内的工作压力 p 接近该冷凝温度所对应的饱和压力 p_k。

将观察到的有关数据和现象填入表4-3中，对制冷系统放空气的效果进行评估。

表4-3　制冷系统放空气效果评估表

班次	排气压力表读数/MPa				排气温度/℃			实测冷凝压力/MPa		饱和冷凝压力/MPa		空气含量	结论
	上限	下限	摆幅	摆速	实测值	正常值	差值	表压	绝对压	实测冷凝温度/℃	对应饱和绝对压力		
1													
2													
3													

在制冷装置的维护管理中，要根据冷凝压力升高等现象（征兆），经常分析系统中含有空气（不凝性气体）的量，及时将空气排除出系统外。在生产实践中，各企业放空气的周期与制冷系统设备的运行管理水平有关，例如，有些企业每月要放1~2次空气，而有些企业每年只需放3~4次空气。

三、注意事项

在制冷系统放空气的操作过程中，应注意事项如下：

1）降压（回气）阀5在放空气的操作过程中应保持开启状态。混合气体进气阀3应适当开大，以减少混合气体进入空气分离器的阻力。放空气阀6要开小些，以促使混合气体中氨气获得充分冷凝，提高空气分离效率，减少放空气时氨的损失。

2）供液膨胀阀1、回液节流阀2开启都不能过大，否则会因盘管蒸发面积小，氨液不能完全蒸发，被压缩机吸入而引起湿行程。回液节流阀2开启的时间也不能过早，否则，底层冷凝的氨液一旦排完，将会致使混合气体中的空气返回到低压系统中。

【拓展知识】

一、应经常有规律地定期、逐台设备放空气

当制冷系统中有多个冷凝器、储液器等时，要想确定空气聚积的准确位置是困难的。冷

凝器的管路设计、部件布置，以及系统运行管理的方式，都会影响空气的聚集位置，气候的季节性变化对此也有影响。因此，应经常有规律地定期、逐台设备放空气，才能保证将所有的空气从整个系统中排除。

二、氟利昂制冷系统直接用手工放空气的步骤及方法

氟利昂制冷系统中的空气可在停机后，直接从制冷压缩机排气阀的旁通孔或从冷凝器顶部的放空气阀放出。其手工放空气操作的步骤及方法如下：

1）开启冷凝器冷却水系统或冷凝风机。

2）关闭冷凝器出液阀。若有高压储液器，则只需关闭高压储液器出液阀。

3）起动制冷压缩机，将低压系统内的制冷剂气体排入高压系统，并在冷凝器被冷却成液体。

4）待低压系统压力降至稳定的真空状态时，停止压缩机的运行，并关闭压缩机吸气阀，但排气阀不关闭。保持较大的冷却水量或冷凝风量，使高压气态制冷剂能最大程度地液化。

5）静置30min后，将排气阀关闭半圈，拧松压缩机排气阀的旁通孔螺塞，使高压气体从旁通孔逸出，或打开冷凝器顶部的放空气阀放出空气。用手感觉有凉气时说明空气已排完，拧紧螺塞，或关闭好冷凝器上的放空气阀。

6）关闭冷凝器冷却水系统或冷凝风机，将排气阀全开，恢复制冷压缩机的工作状态，放空气操作结束。

在生产实践中，若实测到冷凝器内压力仍明显高于该冷凝温度所对应的饱和压力，说明其中还有空气，应待混合气体充分冷却后，再实施放空气操作。以上操作可间歇进行2~3次，每次放气时间不宜过长，以防浪费制冷剂。

【思考与练习】

1. 简述制冷系统中混有空气的原因、危害及积存的部位。
2. 简述空气分离器的种类及作用，说明立式空气分离器的工作原理。
3. 如何判断制冷系统中是否混有空气、是否需要实施放空气操作？
4. 试述氨制冷系统放空气操作的主要步骤及要点。
5. 应如何进行制冷系统放空气效果的评估？

课题二　制冷系统的放油与压缩机的加油操作

【知识目标】

1）了解润滑油进入制冷系统的原因、危害和积存的部位，熟悉油分离器的种类及适用范围，知道集油器的作用。

2）明确氨制冷系统放油与制冷压缩机加油的操作流程。

【能力目标】

1）能正确判断氨制冷系统是否需要实施放油操作。

2）掌握氨制冷系统放油与制冷压缩机加油的操作方法。

3）能按要求完成氨制冷系统的放油与制冷压缩机的加油操作。

【相关知识】

一、润滑油进入制冷系统的原因

制冷系统中的往复活塞式和回转式制冷压缩机都需要用冷冻机油润滑并冷却压缩机的机械摩擦面，螺杆式和滚动转子式压缩机还需要向机内喷入一定量的润滑油，起到密封和冷却作用。制冷压缩机运转时排气温度可达70～150℃，部分油因受热而变成蒸气，随制冷剂气体进入系统。另一方面，制冷压缩机的排气速度也很高，可达24～30m/s，很容易把油滴带入系统。有时，因刮油环失效，活塞与气缸之间的间隙增大，润滑油就沿着气缸壁升至活塞顶部，从排气管道进入系统。

润滑油的蒸发量随压缩机的排气温度升高而增加。根据试验，不同排气温度下润滑油的蒸发率见表4-4。

表4-4 不同排气温度下润滑油的蒸发率

温度/℃	80	100	120	140
蒸发率(%)	3.10	7.53	15.86	32.75

二、润滑油对氨制冷系统的危害

1. 冷凝温度升高

润滑油进入冷凝器后，会在传热面上形成油膜使热阻增大、传热系数减小。当冷凝器热负荷一定时，随着冷凝器传热系数的减小，冷凝时的对数平均温差增大，冷凝温度升高，对应的冷凝压力也升高。据介绍，当冷凝器换热表面附有0.1mm厚油膜时，氨制冷装置的制冷量将降低11%左右。

2. 蒸发温度降低

润滑油进入蒸发器后，与进入冷凝器一样产生油膜，使换热效率降低。另外，积油还会减少蒸发器的有效换热面积。当蒸发器热负荷一定时，随着传热系数和传热面积的减小，蒸发时的传热温差增大，蒸发温度降低，对应的蒸发压力也降低，导致降温困难，耗电量增加。据介绍，在蒸发器表面附有0.1mm油膜时，将使蒸发温度降低2.3℃，多耗电9%～10%。

3. 制冷剂流动阻力增加

进入系统的油遇到污物或机械杂质后，易混合成为胶状的物质，势必增加制冷剂流动的阻力，增加运行的功耗。特别是长期停机后胶状物更加稠化，当其积聚在过滤网或断面小的管路、阀门中时，制冷剂流过时，就会产生节流降压效应，外壳出现结露、结霜现象。严重时，甚至造成管路堵塞，使系统不能正常工作。

因此，在氨制冷系统的运行过程中，应采取有效措施，尽量减少油进入制冷系统。例如，避免压缩机排气温度过高，正确掌握压缩机加油量，防止曲轴箱内油面过高，设置性能良好的油分离器等。另外，在平时维护管理中，应及时放出沉积在各容器设备底部的润滑油。

三、氨制冷系统中润滑油积存的部位

制冷剂与润滑油的混合气体经过设在压缩机和冷凝器之间的油分离器后，大部分油被分离出来，沉积在油分离器的底部，但仍有一部分油随制冷剂进入冷凝器和管路系统内，并随着温度的降低，油以薄膜状态积附在换热设备的传热表面上，或沉积于容器设备底部。例如，氨制冷系统运行一定的时间后，冷凝器、储液器、中间冷却器、低压循环储液器、氨液分离器、排液桶和蒸发器等设备，都可能不同程度积存有油。

四、氨压缩机曲轴箱内油量不足的原因

氨制冷系统运行一定的时间后，总会有部分润滑油沉积于容器设备底部，不能返回压缩机曲轴箱，加上轴封泄漏等原因，造成曲轴箱内的冷冻机油逐渐消耗，最终导致油量不足，因此需要适时添加一定的润滑油。

【任务实施】

润滑油进入氨制冷系统，会导致系统制冷量下降，系统能耗增加，设备工作效率降低，应及时将油从系统中放出。本课题的任务是氨制冷系统放油与加油的操作。

任务实施所需的主要设备有氨制冷系统中的洗涤式油分离器、集油器；主要工具有常规钳工、电工工具；主要保护用具有防毒面具、护目镜、橡胶手套等；常用耗材有冷冻机油、橡胶软管、密封垫片等。

一、制冷系统放油操作的总体认识

1. 氨、氟利昂制冷系统油操作的区别

在氨制冷系统中，放油与加油操作都是系统维护管理中的一项重要工作。由于氨与冷冻机油不能互溶，且油的密度比氨液的密度大，被压缩机排气带到系统中的冷冻机油部分沉降于容器设备的底部，难以随制冷剂的流动而返回压缩机，对制冷系统的正常运行造成危害。因此，要经常从油分离器、冷凝器和蒸发器等设备底部排放积油。压缩机曲轴箱缺油时，还需要添加润滑油。其中，油分离器和集油器是油排放系统重要的设备。

在氟利昂系统中，由于制冷剂和冷冻机油互溶或微溶，进入系统中的冷冻机油主要依靠制冷剂的带动而返回压缩机，即“回油”。因此，一般氟利昂系统不需要进行放油操作，除轴封泄漏、回油不利等原因，氟利昂压缩机一般也不需经常添加润滑油。

2. 油分离器的种类及适用范围

为了分离制冷剂蒸气中挟带的润滑油，通常在压缩机与冷凝器之间装设油分离器，将制冷剂过热蒸气挟带的油蒸气和油滴分离出来，并利用回油装置使油返回压缩机曲轴箱。目前常用的油分离器有洗涤式、离心式、填料式及过滤式四种结构形式，其结构如图 4-5 所示，常用油分离器的适用范围，见表 4-5。

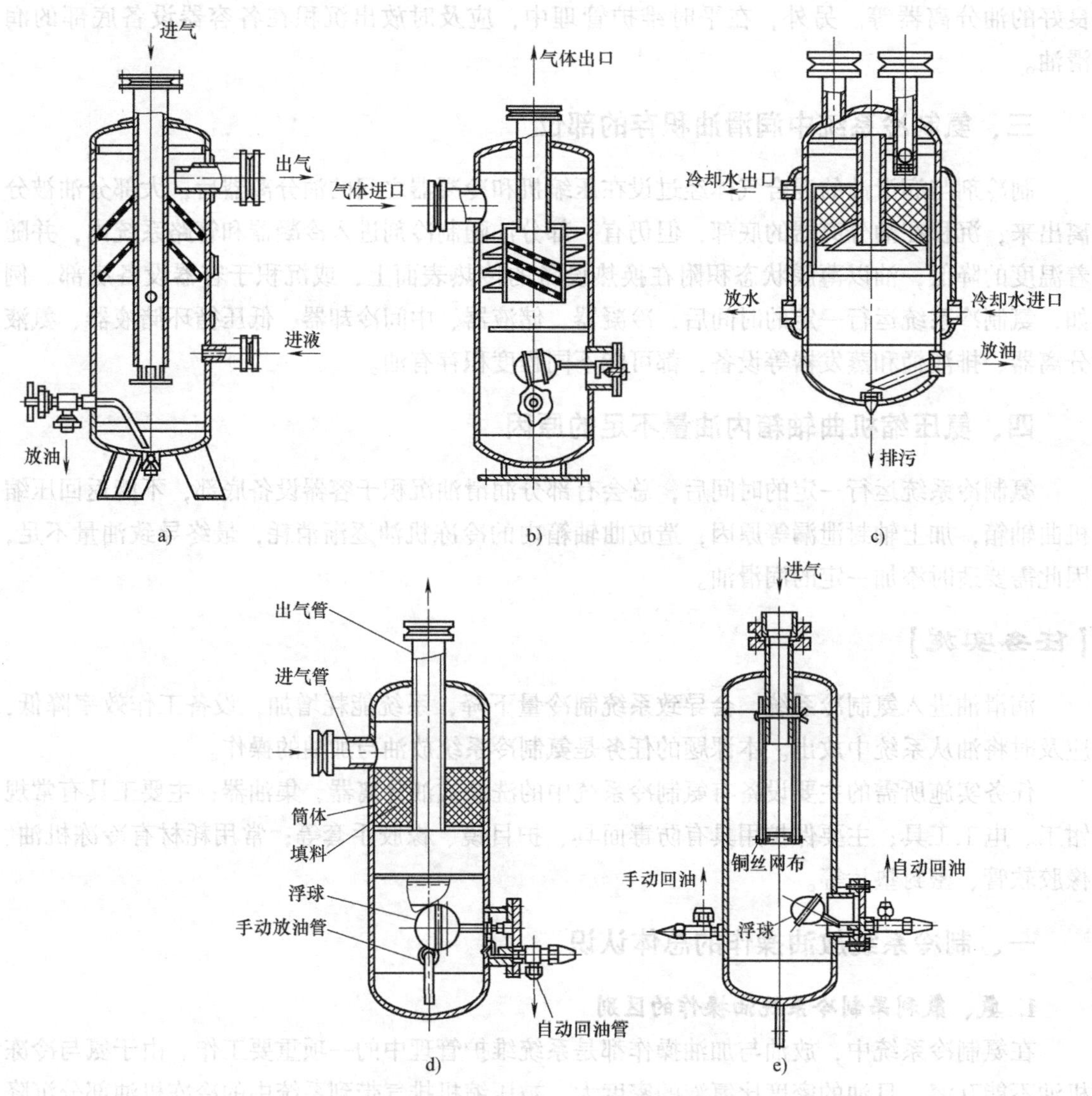

图 4-5　常用油分离器的结构形式

a）洗涤式　b）离心式　c）氨用填料式　d）氟利昂用填料式　e）过滤式

表 4-5　常用油分离器的适用范围

结构形式	适用系统	工作原理	效果	放油方式	备注
洗涤式	氨制冷系统	气体在氨液中被洗涤和冷却，同时降低、改变气流速度与方向，使油滴自然沉降来实现油的分离	较好	可定期用手动阀向集油器排油	分油效果取决于冷却作用，一般氨液液位应比进气管底部高出 125～150mm
离心式	大中型制冷系统	借离心力的作用，将气流中密度较大的油滴抛在筒壁上分离出来	较好	可定期用手动阀向集油器排油，或通过浮球阀自动向压缩机曲轴箱回油	氨用与氟利昂用的油分离器结构相似，多在 6AW12.5 和 8AS12.5 型压缩机中配置
填料式	中小型制冷系统	通过降低气流速度、改变流动方向及填料过滤来分离出润滑油	较好	可定期用手动阀向集油器排油，或通过浮球阀自动向压缩机曲轴箱回油	结构简单，但填料层阻力较大，氨用与氟利昂用的结构不同

（续）

结构形式	适 用 系 统	工 作 原 理	效果	放 油 方 式	备　注
过滤式	小型氟利昂制冷系统	通过降低气流速度、改变流动方向及过滤丝网过滤来分离出润滑油	一般	通过浮球阀自动向压缩机曲轴箱回油，或可用手动阀回油	结构简单，但分油效果不如填料式好

3. 润滑油的收集设备

集油器是润滑油的收集设备，其结构如图4-6所示。如果从油分离器、高压储液器、冷凝器等压力较高的容器中直接放油，对操作人员是很不安全的。为了保证安全并减少制冷剂的损失，必须定期先将各设备的积油排入集油器，在降低压力并回收制冷剂后，在低压状况下将油安全地排出系统。集油器的作用是，可以在低压状况下从系统中放出润滑油，既安全可靠又不会造成制冷剂的损耗。因此，在氨制冷系统中，部分可能积油的设备均有放油管与集油器进油口相连，如图4-7所示。

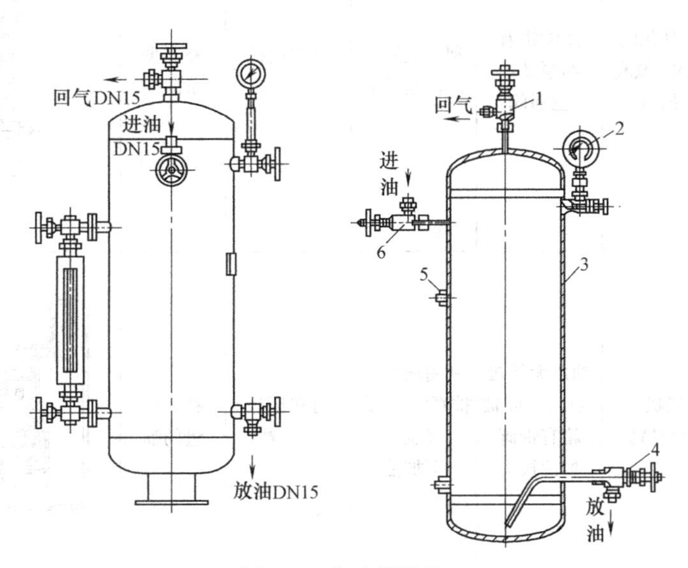

图4-6　集油器结构

1—回气阀　2—压力表　3—壳体　4—放油阀　5—液位计接头　6—进油阀

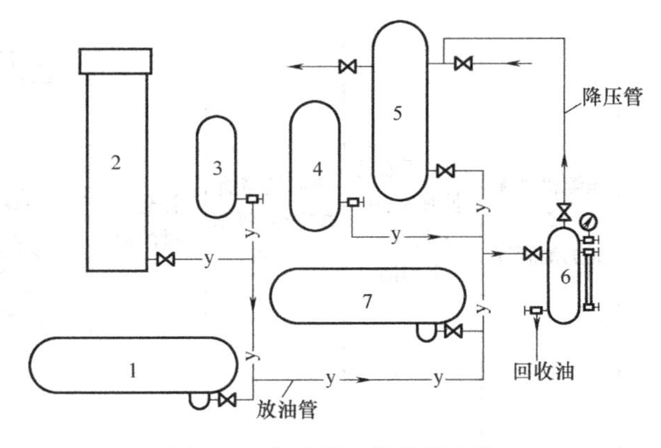

图4-7　集油器系统管道连接

1—储液器　2—冷凝器　3—油氨分离器　4—中间冷却器　5—低压循环储液器　6—集油器　7—排液桶

集油器在氨制冷系统中的设置，应符合积油排放安全、方便的原则。一般情况下，油分离器放油最频繁，所以集油器一般布置在油分离器附近。对于大型的氨制冷系统，集油器还可按高、低压系统分别设置。高压部分的集油器，一般设置于放油频繁的油分离器附近；而低压部分的集油器，一般设置在低压循环储液器或排液桶附近。

4. 制冷压缩机加油常用的操作方法

应根据制冷系统的机型配置、压缩机存油量等实际情况，选择加油操作方法，见表4-6。

表 4-6　制冷压缩机加油常用的操作方法

序号	操作方法	适用机型	应有配置	加油原理	工作特点	适用情况	图示
1	从油三通阀加油	系列化的氨机、氟利昂机	压缩机有油泵及油三通阀	利用压缩机的油泵吸油	可在运行中加油	补充少量的油	
2	从专用加油阀加油	氨机、氟利昂机	油泵无外接吸口，但曲轴箱有带阀加油接头	利用压缩机抽真空，在大气压力下加油	可在运行中加油	补充少量的油	水 压缩机运转
3	从吸气阀旁通孔加油	氨机、氟利昂机	压缩机既无加油接头，又无加油旋塞	利用压缩机抽真空，在大气压力下加油	将曲轴箱抽真空后，停车加油	补充少量的油	压缩机

（续）

序号	操作方法	适用机型	应有配置	加油原理	工作特点	适用情况	图示
4	从专用注油口加油	小型氟机	压缩机只有加油旋塞	利用自然压力，用漏斗灌注润滑油	停止压缩机，关闭吸、排气阀	添加大量的油	
5	用专用（外置）油泵加油	氨机、多台氨机组	压缩机外置油泵、专设油泵	外置油泵，专设油泵强制加油	可在停止或运行中加油，不用临时加接管	添加大量的油	无

5. 油三通阀的作用与使用方法

活塞式制冷压缩机的油三通阀是实现手动加油和放油的重要部件，安装在油泵下方的曲轴箱端面上，位于曲轴箱油面以下，在出油口、粗过滤器外部，如图 4-8 所示。

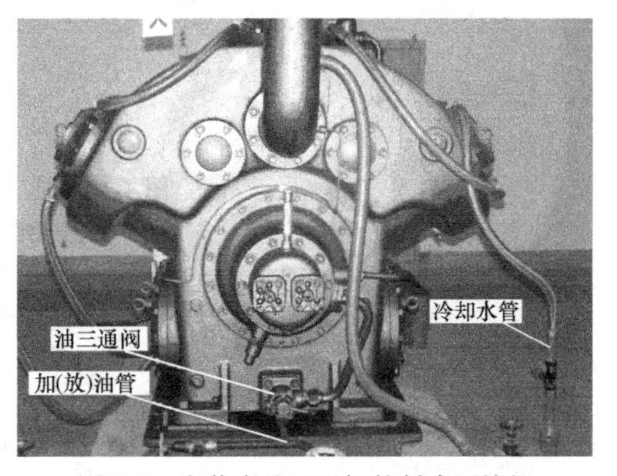

图 4-8　安装有油三通阀的制冷压缩机

如图 4-9 所示，油三通阀主要由阀体、阀芯、指示盘、手柄等组成。阀芯将阀体内部的圆柱形空间分为两部分，依靠阀芯位置的变换，可实现三通阀的“两通一堵”，从而实现加油、运转和放油的状态转换。

油三通阀的转盘上标有“加油”、“运转”、“放油”三个工作位置，可按需要将手柄转到指定位置进行相应的操作。当手柄拨到“加油”位置，阀芯处于图 4-9a 所示位置，油嘴与油泵相通，为加油过程，可实现不停机加油；当手柄拨到“运转”位置，阀芯处于图 4-9b 所示位置，曲轴箱与油泵相通，压缩机正常工作；当手柄拨到“放油”位置，阀芯处于图 4-9c 所示位置，曲轴箱与油嘴相通，为放油过程。

油三通阀实物与结构如图 4-10 所示。

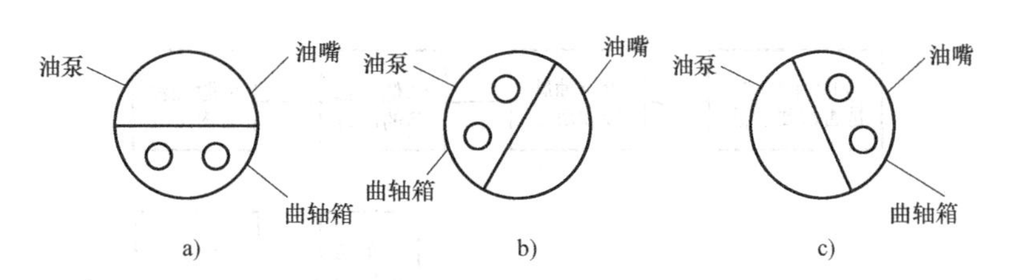

图 4-9　油三通阀的工作原理

a）加油　b）运转　c）放油

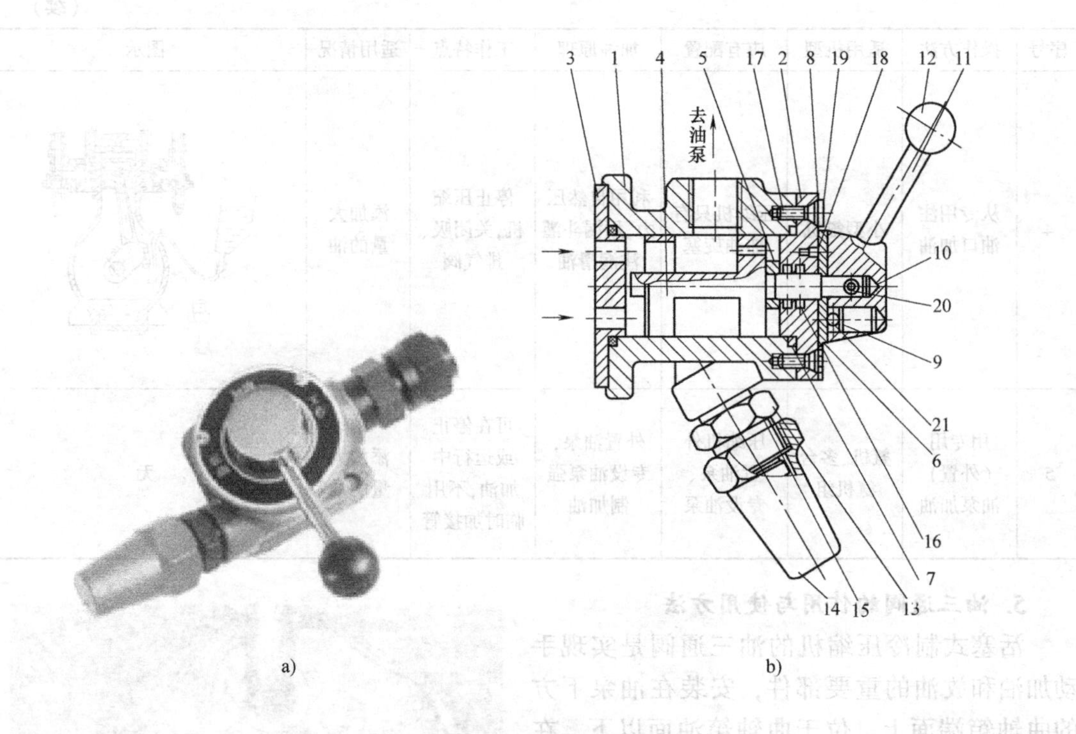

图4-10　油三通阀实物与结构

a）油三通阀实物图　b）油三通阀结构图

1—阀体　2—阀盖　3—六孔盖　4—阀芯　5—垫片　6—限位板　7—圆环　8—指示盘　9—弹簧　10—手柄头　11—手柄　12—手柄球　13—油接头　14—封帽　15—垫片　16—橡胶圈　17、18—螺钉　19—铆钉　20—锥端固定螺钉　21—钢珠

6. 氨制冷系统放油与加油的操作流程（图4-11和图4-12）

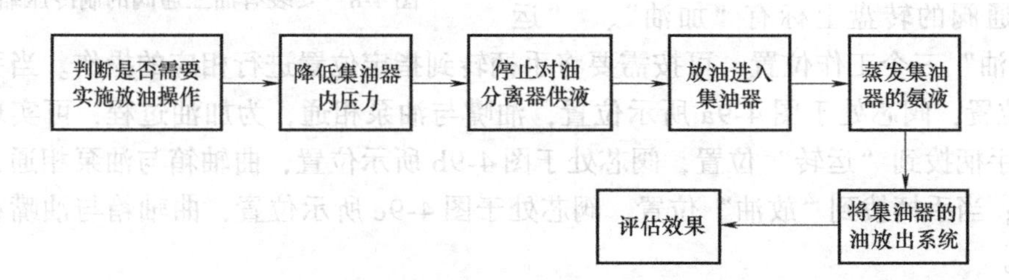

图4-11　氨制冷系统放油的操作流程

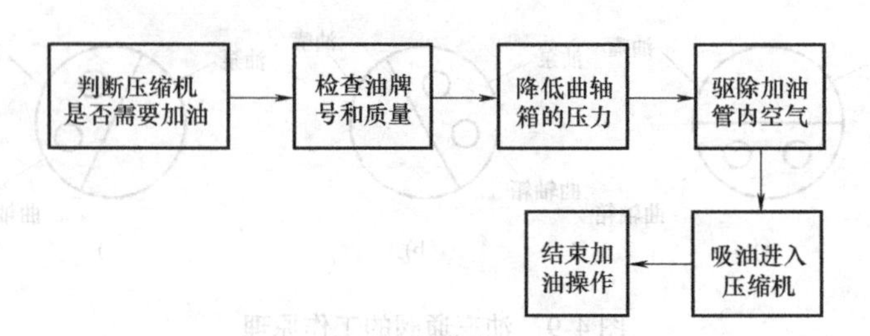

图4-12　氨制冷系统加油的操作流程

二、氨制冷系统放油操作的步骤及方法

1. 判断氨制冷系统是否需要实施放油操作

在生产实践中，一般是根据企业的管理水平及设备运行状况，对可能积油的设备实行定期放油。或者是以系统运行中出现的有关迹象为依据，在排除其他原因的基础上，结合放油周期作出综合判断。氨制冷设备需要实施放油操作的判断依据，见表4-7。

表4-7　氨制冷设备需要实施放油操作的判断依据

序号	设备	判断依据		其他原因
		迹象	周期	
1	油分离器	压缩机排气温度偏高、耗油量较大	每月1~2次	压缩机漏油，油环损坏或回油阀故障
2	冷凝器	冷凝温度和压力都偏高，冷凝效果变差	每月1~2次。在周期内，冷凝温度和压力呈逐渐上升趋势	冷凝负荷、冷却水变化及设备故障
3	蒸发器	蒸发温度和压力都偏低，冷库降温变难	每月3~4次。在周期内，蒸发温度和压力呈逐渐下降趋势	蒸发负荷、结霜变化及设备故障
4	高压储液器	液位指示器的油位上升	每月1~2	液位指示错误，氨液量增多

例如，某氨制冷系统运行过程中，发现冷凝温度和压力都偏高，从连续的记录来看，呈缓慢上升趋势，且制冷量下降。经查，冷凝负荷、冷却水均无变化，相关设备并无故障，而且已接近放油周期。因此，冷凝温度（压力）偏高，应是冷凝器积油到一定程度所致。考虑到油分离器在冷凝器之前，此时也应有一定量的积油。所以，应先对油分离器实施放油操作，后对冷凝器实施放油操作。

在制冷装置的维护管理中，要根据上述征兆作出综合分析，随时掌握系统各相关设备的积油情况，及时将积油排除出系统。

2. 氨制冷系统的放油操作

在氨制冷系统的运行管理中，及时放油是保证制冷装置高效节能运行的重要一环。若冷库制冷系统相关设备积油到一定程度，应及时排放。放油操作时，必须使用护目镜、橡胶手套等护具，做好安全防护，并有人可靠地监护。

氨制冷系统洗涤式油分离器的放油操作，如图4-13所示。在实施制冷系统的放油操作前，必须做好充分的准备工作：明确各设备的放油顺序，仔细检查制冷设备的各阀门能否正常关启，并可靠地关闭各设备的放油阀，以防阀门关闭不严或操作失误。放油操作时，操作人员应戴上护目镜和橡胶手套，站在放油管出口的侧面工作，并有人可靠地监护。放油过程中不得离开操作地点。放油完毕后，应记录放油的时间和放出油的数量。

第一步：降低集油器的压力。如集油器内有积油，应先放出。确认集油器已处于排空状态后，缓慢打开集油器降压（回气）阀6，降低集油器压力，当与吸气压力相近时再关闭集油器降压（回气）阀6，使集油器处于低压工作状态。

第二步：停止对油分离器供液。放油前应先关闭油分离器进液阀3，停止氨油分离器工作。15min后，油分离器内的制冷剂液体基本蒸发完毕，油沉淀于底部。停止供液时间不宜过长，以免妨碍油分离器的正常工作。

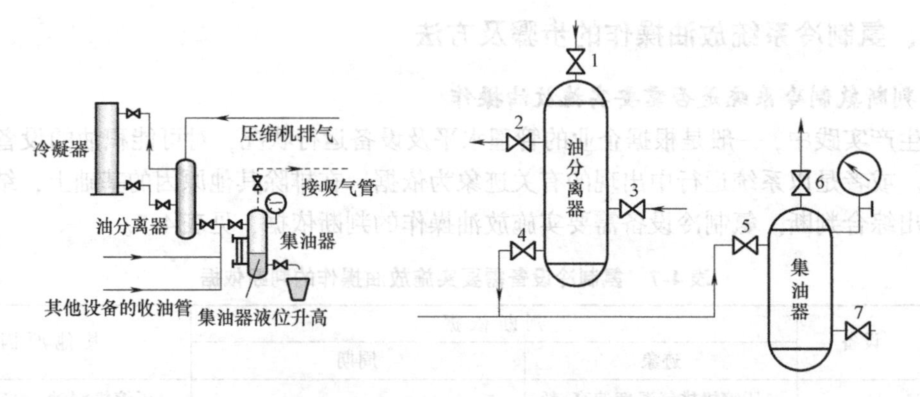

图4-13 氨制冷系统洗涤式油分离器放油操作示意图
1—油分离器进气阀 2—油分离器出气阀 3—油分离器进液阀 4—油分离器放油阀
5—集油器进油阀 6—集油器降压（回气）阀 7—集油器放油阀

第三步：放油进入集油器。当油分离器外壳中下部温度升到40~45℃时，缓慢打开油分离器放油阀4及集油器进油阀5，向集油器放油。由于压差关系，氨油分离器中的油及少部分氨进入集油器。应密切注视集油器上压力表指针的变化，当压力较高、进油困难时，应关闭集油器进油阀5，慢慢打开集油器降压（回气）阀6（不可过快，以免集油器内氨液剧烈蒸发，导致压缩机湿行程）。待压力降至回气压力时，关闭集油器降压（回气）阀6，再缓慢打开集油器进油阀5，继续进油。依次重复操作，逐步将设备内的油排至集油器。集油器的进油量不应超过其高度的70%，以免降压时由于液面过高引起压缩机液击。

当集油器进油阀后面的管子上发潮或结霜时，说明油分离器内油已基本放完，应可靠关闭油分离器放油阀4和集油器进油阀5，开启油分离器供液阀3，恢复氨油分离器工作。

第四步：蒸发集油器的氨液。微开集油器降压（回气）阀6，使油中夹杂的氨液蒸发，氨气沿集油器降压（回气）阀6被制冷压缩机吸气管抽走。当集油器压力降至吸气压力时，关闭集油器降压（回气）阀6，观察集油器压力是否还上升，如果压力还上升再开启集油器降压（回气）阀6，以继续蒸发、抽走剩余的氨液。

第五步：放集油器的油出系统。如果集油器压力不上升，可关闭集油器降压（回气）阀6，静置20min左右，观察集油器内压力回升情况。若压力明显上升，说明油内还有较多氨液，此时应重新降压，将氨液抽净。若压力不再回升，且趋于稳定，说明油中的氨液已基本抽净，可稍稍开启集油器放油阀7，观察出油的情况。如果出油稳定而缓慢，就可以开大集油器放油阀7，开始放油。

在放油过程中，要随时观察集油器玻璃管指示器的油面高度，当玻璃管下部的油面高度还剩2~3cm时，应立即关闭集油器放油阀7，停止放油操作，以防吸入空气。

第六步：结束放油操作。待放油完毕后，应再次检查相关阀的开启状况，确保已将其恢复原状，并记录放油的时间和放出油的数量。

如一次未完成，可按上述方法和程序反复进行。上述为洗涤式油分离器放油操作的步骤及方法，冷凝器等其他高压设备放油操作的步骤及方法也相似。

蒸发器等低压设备放油时，一定要停止其工作，静置20~30min，或更长一点时间，待蒸发压力上升、并大于集油器压力时，才能把油放进集油器。

洗涤式油分离器放油操作过程的有关情况应记录在表4-8中。

表4-8　洗涤式油分离器放油操作过程记载表

序号	操作任务	时间	出现的现象	出现的问题	解决的方法	放油量/kg
1	降低集油器的压力					
2	停止对油分离器供液					
3	放油进入集油器					
4	蒸发集油器的氨液					
5	放集油器的油出系统					
6	结束放油操作					

3. 氨制冷系统放油效果的评估

油分离器、冷凝器和蒸发器等制冷设备的积油放出完毕后，可保持制冷压缩机（组）继续运行，并继续观察冷凝器、蒸发器上温度计和压力表的读数及有关现象，评估制冷系统的放油效果。良好的放油效果应表现为：冷凝压力和冷凝温度有所下降且趋于正常，蒸发压力和蒸发温度有所上升且趋于正常，单位耗电有所下降且趋于正常。

将观察到的有关数据和现象填入表4-9中，对氨制冷系统放油的效果进行评估。

表4-9　氨制冷系统放油效果评估表

序号	设备	时间	油量/kg		冷凝温度/℃		蒸发温度/℃		结论
			设备放油量	总放油量	放油前	放油后	放油前	放油后	
1	油分离器								
2	冷凝器								
3	蒸发器								
4	高压储液器								

在制冷装置的维护管理中，应根据冷凝温度升高、蒸发温度降低等征兆，随时掌握系统中的积油情况，及时将积油排除出系统。在生产实践中，各设备放油的周期与压缩机耗油量及系统的运行管理水平有关。例如，有些设备每月要放油1~2次，而有些设备每月则需放油3~4次。

三、制冷压缩机的加油操作

在完成制冷系统放油操作以后，应检查制冷压缩机曲轴箱油位，判断是否需要加油。只有一个油面视镜的压缩机，运转中油位应维持在视镜的1/2处，或略高于该位置；有两个油面视镜的压缩机，运转中油位应在下油视镜的2/3以上，上油视镜的1/2以下。若油面视镜的油面低于正常油位，说明压缩机曲轴箱内油量已不足，需要添加润滑油。

一般来说，氨制冷压缩机与新系列氟利昂制冷压缩机的油泵接有油三通阀，可以在正常运行中加油。在运行中，通过油三通阀给制冷压缩机加油，如图4-14所示。

第一步：检查油的牌号和质量。添加的润滑油应与系统内润滑油牌号相同，质量符合压缩机的使用要求。不允许将不同牌号的润滑油相互混合，以防油的性能发生变化。应记录油桶的油量。

第二步：降低曲轴箱的压力。起动压缩机，缓缓关小压缩机吸气阀，使压缩机在吸气压力（表压）略高于0MPa（略高于大气压力）下运行。

第三步：排除加油管内空气。先确认油三通阀处于“运转”位置，油泵与吸油过滤器相通。然后再旋下加油口（旁通孔）的密封螺母，将清洁干燥的加油软管套接在三通阀的加油管上，另一端（带有过滤器）插入加油桶内。将油三通阀指示位置由“运转”拨到“放油”位置，让曲轴箱排出少许冷冻机油，以驱除管内空气。

第四步：吸油进入压缩机。当软管不出气泡时，迅速将油三通阀指示位置由“放油”拨到“加油”位置。此时油泵不再从曲轴箱内吸油，而是从容器中吸油。当曲轴箱油面达到要求后，将油三通阀手柄拨回“运转”位置，加油完毕。应严格控制吸入的油量，曲轴箱油位过低会导致润滑效果欠佳，但油位过高会造成油的输送量过大，易引起压缩机油击等事故发生。

第五步：结束加油操作。缓缓开大压缩机吸气阀，恢复压缩机正常工作。

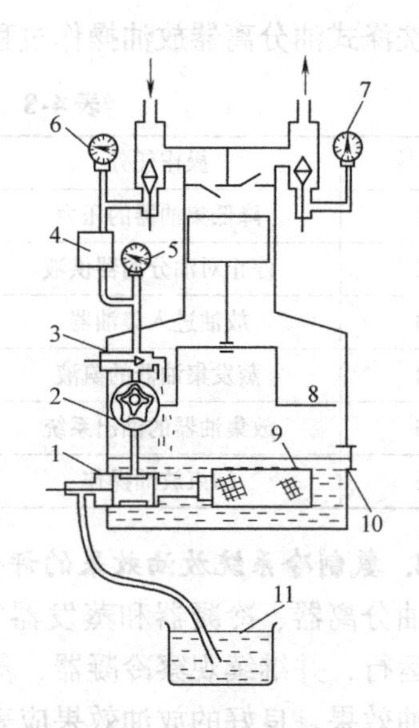

图4-14　通过油三通阀给制冷压缩机加油

1—油三通阀　2—油泵　3—油压调节阀　4—油压差继电器　5—油压表　6—低压表　7—高压表　8—曲轴　9—吸油过滤网　10—示油镜　11—冷冻机油

制冷压缩机加油操作的有关情况应记录在表4-10中。

表4-10　制冷压缩机加油记载表

序号	压缩机	时间	油牌号和质量		曲轴箱油位		加油桶油量/kg		加油量/kg
			曲轴箱	加油桶	加油前	加油后	加油前	加油后	
1	1号机								
2	2号机								
3	3号机								
总加油量/kg									

在一定的时期内，压缩机加油的总量应与系统放油的总量大致平衡。如果发现压缩机加油量增多，而放出的油量少，应查明原因后排除，并增加放油次数，以防止过多的油进入制冷系统内。

四、注意事项

在制冷系统放油与压缩机加油的操作过程中，应注意事项如下：

1）制冷设备的放油操作应在该设备停止运行后进行，这样不仅可以获得较好的放油效果，而且安全可靠。

2）制冷设备放油必须经集油器集油后，再排出制冷系统，以保证操作人员的安全并减少制冷剂的损失。

3）为了防止因各设备压力不同而造成“串压”事故，放油时，只能等一个设备放油完毕后，再进行另一个设备的放油，不能两个及多个设备同时进行放油操作。

4）放油时，如有阻塞现象，严禁用热水淋浇集油器，以防爆炸。

5）加油时，加油软管的吸入端应始终浸没在油中，不得露出油面，以防吸入空气。

【拓展知识】

一、冷冻机油变质的主要原因及判断方法

制冷压缩机运行过程中，冷冻机油高温氧化、金属磨屑和水分等杂质的混入、不同牌号的冷冻机油混合使用，是制冷压缩机曲轴箱冷冻机油变质的主要原因。

冷冻机油使用一段时间后，颜色一般都要变深，但不一定是变质，简易的判断方法如下：将冷冻机油滴在吸水性好的白纸上，若油滴中心部分没有黑色，说明油没有变质，可继续使用；若油滴中心部分呈现黑色斑点，说明油变质，应该换油。一般来说，只要油的颜色明显变深，且到了规定换油时间（周期），就应进行换油操作。

二、氟利昂制冷系统蒸发器回油管的连接

氟利昂制冷剂易溶于润滑油的特性，决定了制冷系统中的润滑油必须采取回流循环。制冷系统中回流入压缩机的润滑油，通常来自两个途径：一是从油分离器中分离出的润滑油定时返回压缩机，返回方法通常用浮球阀自动控制；二是在供液中带进蒸发系统的润滑油必须及时地与吸回的气体一起流回压缩机。

1）对于采用热力膨胀阀直接供液的蒸发器，如上进下出的蒸发排管、冷风机等设备，可以利用较高的回气速度，将蒸发器内的油带回压缩机。图 4-15 所示为回气管接法的几种形式。

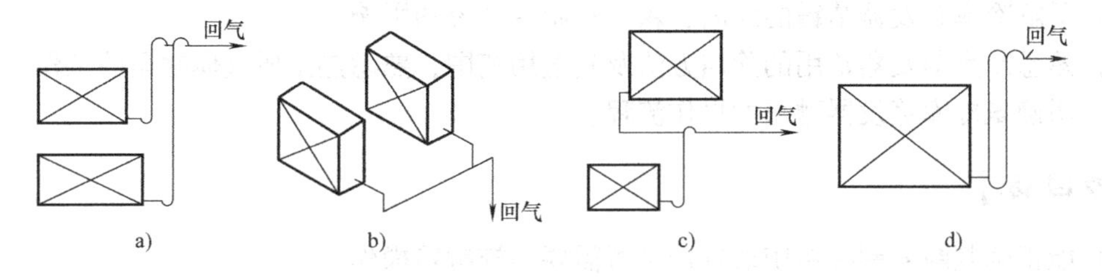

图 4-15　保证蒸发器回油的几种回气管接法

a）蒸发器均低于回气主管时　b）蒸发器均高于回气主管时　c）蒸发器位于回气主管上方和下方时
d）负荷变化大时的双上升立管形式

2）对于某些下进上出的蒸发排管、壳管式蒸发器等，设备内存有较多制冷剂，借回气速度无法将油带回压缩机。这时，必须采取“抽液”的办法，即抽取设备内含油较多的混合液，经过换热器，把油浓缩，然后再送回压缩机。图 4-16 所示为采用 R12 的管壳式蒸发器“抽液”回路示意图。

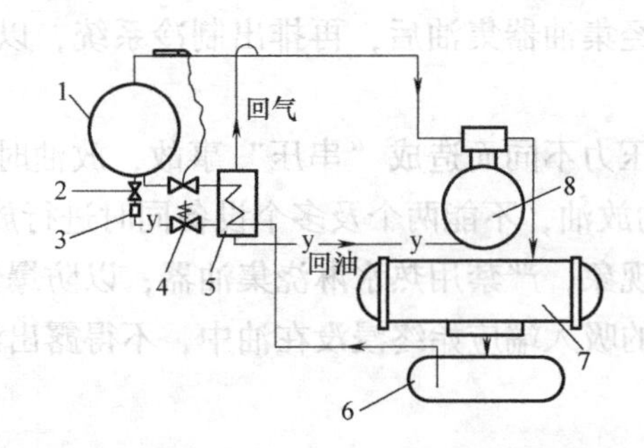

图4-16 管壳式蒸发器“抽液”回路示意图

1—蒸发器 2—调节阀 3—视孔 4—电磁阀 5—换热器 6—储液器 7—冷凝器 8—压缩机

【思考与练习】

1. 简述润滑油进入制冷系统的原因、产生的危害及积存的部位。
2. 简述油分离器的种类及适用范围。
3. 简述集油器的工作原理。
4. 制冷压缩机加油常用的操作方法有哪些？
5. 简述油三通阀的作用与使用方法。
6. 如何判断氨制冷系统是否需要实施放油操作？
7. 试述氨制冷系统放油操作的主要步骤及要点。
8. 应如何进行氨制冷系统放油效果的评估？
9. 试述制冷压缩机加油操作的主要步骤及要点。

课题三 蒸发器的除霜操作

【知识目标】

1）了解冷库蒸发器结霜的原因、霜层对制冷系统的影响。
2）熟悉冷库蒸发器常用的除霜方法及其适用范围，熟悉热工质气体融霜的工作原理。
3）明确氨冷库蒸发器融霜的操作流程。

【能力目标】

1）能正确判断氨制冷系统蒸发器是否需要实施融霜操作。
2）掌握氨制冷系统蒸发器融霜的操作方法。
3）能按要求完成氨制冷系统蒸发器的融霜操作。

【相关知识】

一、冷库蒸发器结霜的原因

一般来说，冷库冷间内的空气相对湿度都比较高。制冷系统正常运行时，蒸发器的表面温度远低于空气的露点温度，空气中的水分会析出而凝结在蒸发器管壁上。当管壁温度低于0℃时，水露则凝结成霜。霜层的热导率只有0.3W/(m·K)左右，而钢管壁的热导率为36～49W/(m·K)，霜层的热导率远比钢管壁的热导率小。在相同厚度的情况下，霜层热阻约为钢管壁热阻的120倍以上。

二、冷库蒸发器结霜对制冷系统的影响

由于霜层的热导率很低，热阻很大，霜层过厚将使蒸发器换热条件恶化，换热效率明显下降，从而造成制冷量减小，冷间降温困难，制冷压缩机功耗增大，制冷效率下降。同时，结霜对于由翅片管组成的冷风机影响更为突出，当翅片管间的间隙逐渐被霜层堵塞后，空气流动阻力增大，通风量减少，也会造成冷库温度下降缓慢。另外，因为挂霜的原因，制冷剂在蒸发器管内的蒸发逐渐减弱，不完全蒸发的氨液有可能被制冷压缩机吸入而造成湿压缩事故。

因此，必须定期（及时）从蒸发器管组表面除去霜层，否则霜层会越结越厚，直接影响到制冷系统的正常运行。

【任务实施】

冷库蒸发器表面结霜过厚会导致系统制冷量下降，电能消耗增加，设备工作效率降低，应及时除霜。本课题的任务是氨制冷系统蒸发器的除霜操作。

任务实施所需的主要设备有氨制冷系统中的蒸发器、排液桶等；主要工具有常规钳工、电工工具；主要保护用具有护目镜、橡胶手套等。

一、冷库蒸发器除霜操作的总体认识

1. 冷库蒸发器常见的除霜方法及其适用范围

清除蒸发器表面的积霜，是冷库日常维护必须做的工作之一，是冷库节能降耗的重要环节。蒸发器的除霜方法很多，应视蒸发器的形式、制冷系统的管路设置等情况而定。冷库蒸发器常用的除霜方法及适用范围见表4-11。

表4-11　冷库蒸发器常见的除霜方法及适用范围

序号	除霜方法	适用范围	工作方式	效果	优点	缺点	备注
1	人工除霜	适用于光滑排管蒸发器,多用于小型冷库及排管不多的地方	可使用专用工具,对蒸发器管道进行除霜	除霜不彻底	可不停止蒸发器工作,因而不影响冷间降温	劳动强度大	
2	热工质气体融霜	适用于所有形式的蒸发器,多用大型冷库和氨压缩制冷系统	利用压缩机排出过热蒸汽的显热和潜热,加热并融化蒸发器外表面的凝霜层	融霜效果好	时间短、劳动强度低,可将蒸发器内的油和污物排出	操作较复杂,能量损失大	融霜时需停止蒸发器工作
3	水融霜	适用于带有排水管道的冷风机	利用喷水装置,向蒸发器外表面喷水,使霜层被水的热量融化并冲掉	融霜效果好	时间短,操作简单,便于管理	蒸发器管道内的油污无法排出,且水量消耗较大	需要有严格的技术措施,防止水对冷库造成危害

（续）

序号	除霜方法	适用范围	工作方式	效果	优点	缺点	备注
4	电热融霜	适用于冷风机，多用于小型氟利昂制冷系统	通电后，电热管发热，加热并融化蒸发器外表面的凝霜层	融霜效果好	融霜方便，操作简单，易于实现自动化控制	消耗电能较多，冷间温度波动也大	融霜时需停止冷风机的运行，并关闭供液阀门
5	热工质气体和水联合融霜	适合用于冷风机	先采用热气融霜，到霜层与蒸发器表面已能基本脱开，再打开冲霜供水阀，进行水冲霜	融霜效果好	速度快，既能将蒸发器管道外的霜层融化干净，又能将蒸发器内的积油及时排出	操作和设备安装比较复杂	常用于冻结间的冷风机融霜

在生产实践中，大型冷库和氨单级压缩制冷系统，一般都采用热工质气体融霜代替人工除霜，这就大大减轻了劳动强度，提高了工作效率。

2. 热工质气体融霜

将制冷压缩机排出的制冷剂高温过热蒸气，经油分离器分油后引入蒸发器内，利用过热蒸气的显热和潜热，来加热和融化蒸发器外表面的凝霜。同时，利用制冷剂过热蒸气的压力，还可将蒸发器内的油和污物排出。过热蒸气放热后变为液体，同蒸发器内原有的积液一道排入排液桶或低压循环储液器中。此法融霜效果好、时间短、劳动强度低，但操作比较复杂，能量损失大，融霜时需停止冷间的降温工作。这种方法适用于所有形式的蒸发器。图4-17所示为单级压缩氨制冷系统热氨气体融霜示意图。

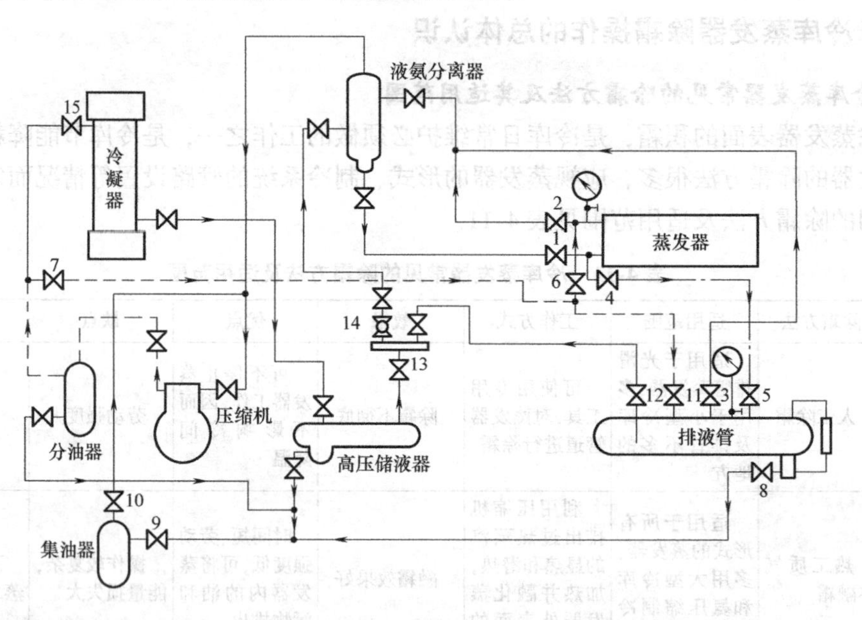

图4-17 单级压缩氨制冷系统热氨气体融霜示意图

1—进液阀 2—出气阀 3—降压阀 4、5—排液阀 6、7—融霜阀 8—放油阀 9—进油阀 10—回气阀 11—升压阀 12—出液阀 13—供液总阀 14—节流阀 15—冷凝器出气阀

3. 融霜排液桶的作用与结构

融霜排液桶的主要作用是储存蒸发器热氨融霜时排出的氨液和油，对融霜后的排液进行气

液分离，并沉淀分离氨液中的润滑油。另外，也可用于中间冷却器、低压循环储液器、气液分离器等设备液位过高或检修时的排液。融霜排液桶一般布置在设备间且靠近冷库的一侧。

融霜排液桶的结构如图4-18所示，是用钢板焊制成圆筒形压力容器，在桶身上应有进液管、出液管、加压管和减压管、安全阀和压力表等接头。桶体下部有排污、放油管接头，容器的一端装有液面指示器。融霜排液桶的容积应能够储存一次融霜所排出的全部液体，一般不小于一次融霜的蒸发盘（排）管容积。

由于排出液体温度低，融霜排液桶属低温设备，外面应包有隔热层。

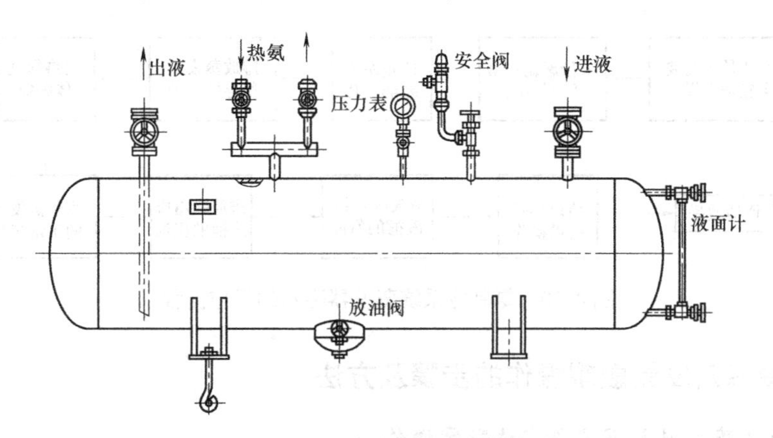

图4-18　融霜排液桶的结构

4. 热氨融霜系统管路连接

热氨融霜系统应包括由制冷压缩机排气管上接出的融霜管、排液管和一个融霜排液桶等。融霜用的热氨应从油分离器后的高压热氨管上接出，从蒸发器顶端接入，氨液从底端排出。热氨融霜系统管路连接如图4-19所示。

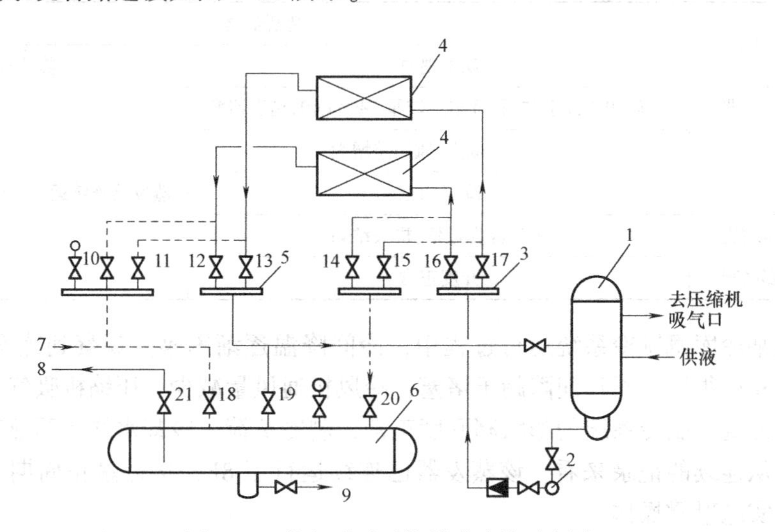

图4-19　热氨融霜系统管路连接示意图

1—低压循环储液器　2—氨泵　3—液体调节站　4—蒸发器　5—气体调节站　6—融霜排液桶
7—热氨气体（从油分离器引来）　8—出液（到低压循环储液器或氨液分离器的液体管去）
9—放油　10、11—冷间热氨融霜阀　12、13—冷间回气阀　14、15—冷间排液阀
16、17—冷间供液阀　18—加压阀　19—减压阀　20—进液阀　21—出液阀

融霜排液桶上的进液管与液体调节站的排液管相连接。减压管与氨液分离器或低压循环储液器的回气管相连接，以降低融霜排液桶内压力，使热氨融霜后的氨液能顺利进入桶内。

出液管与通往低压循环储液器（氨液分离器）的液体管或库房供液调节站相连接。加压管一般与油分离器的出气管相连接，当需要排出桶内氨液时，关闭进液管和减压管阀门，开启加压管阀门，对容器加压，将氨液送往各冷间蒸发器。

在氨液排出前，应先将沉积在融霜排液桶内的润滑油排至集油器。

5. 氨制冷系统蒸发器融霜的操作流程（图4-20）

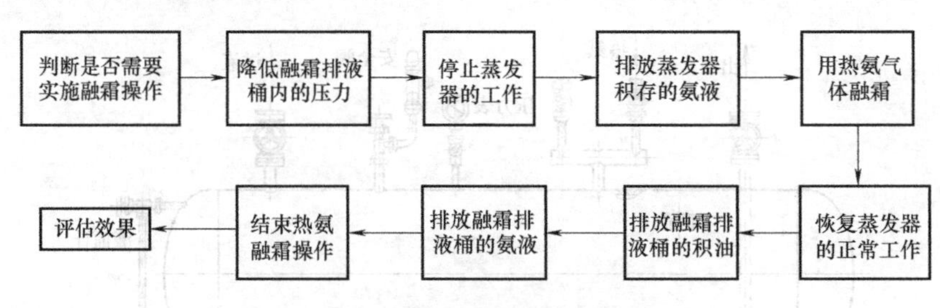

图4-20　氨制冷系统蒸发器融霜的操作流程

二、氨冷库蒸发器融霜操作的步骤及方法

1. 判断冷库蒸发器是否需要实施融霜操作

在生产实践中，一般是根据冷库的运行规律及设备运行状况对冷库蒸发器实行定期融霜。或者是以蒸发器的结霜情况为依据，结合融霜周期，对是否需要实施融霜操作作出综合判断。其综合判断依据见表4-12。

表4-12　蒸发器需要实施融霜操作的判断依据

序号	设备	判断依据	
		观察现象	除霜周期
1	蒸发器	表面70%以上结霜，且霜层较厚，翅片间隙趋于堵塞	蒸发器连续运行10～12h，则应除霜
2	冷风机	通风量减少，风压差增大	
3	冷间	降温困难	
4	压缩机	吸气温度过低，机头结霜	
5	膨胀阀	开度正常	

例如，在某冷库氨制冷系统运行过程中，冷间降温逐渐困难。观察到蒸发器表面80%以上已结霜，霜层很厚，翅片间隙趋于堵塞，冷风机通风量减少，压缩机吸气温度过低，机头结霜明显。经查，制冷系统的膨胀阀开度正常，制冷负荷、冷却水均无明显变化，相关设备并无故障。从连续的记录来看，该蒸发器已连续运行了8h，接近融霜周期。因此，应考虑对该蒸发器实施融霜操作。

2. 氨制冷系统蒸发器的融霜操作

在制冷系统的维护管理中，及时除霜是保证制冷装置高效节能运行的重要一环。若冷库蒸发器的霜层结到一定厚度，就应及时除霜。

在较大的制冷系统中，蒸发器融霜应按组分别进行。一般情况下，当一组蒸发盘管融霜时，其他蒸发器仍在继续进行工作，制冷压缩机也应维持正常运转，以保证有足够的排气供融霜使用。

下面以重力供液系统的热氨融霜操作为例，介绍氨制冷系统蒸发器的融霜操作。如图4-21所示，冷间的蒸发器3为被融霜的蒸发器。在实施融霜操作前，必须做好充分的准备工作：明确各设备的融霜顺序，仔细检查制冷设备的各阀门能否正常关启，并可靠地关闭各设备的融霜阀，以防阀门关闭失严或操作失误。融霜操作时，操作人员应戴上护目镜和橡胶手套，站在阀门的侧面工作，并有人可靠地监护。融霜过程中不得离开操作地点。融霜完毕后，应记录融霜的时间。

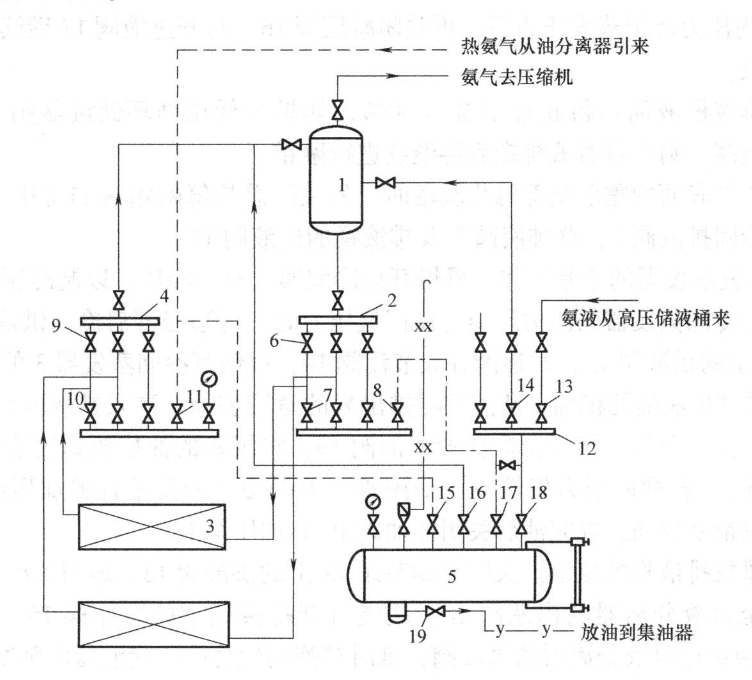

图4-21　重力供液系统热氨融霜操作示意图

1—氨液分离器　2—液体调节站　3—蒸发器　4—气体调节站　5—排液桶　6—冷间供液阀　7—冷间排液阀　8—总排液阀　9—冷间回气阀　10—冷间热氨融霜阀　11—总热氨融霜阀　12—总调节站　13—供液阀　14—节流阀　15—加压阀　16—减压阀　17—进液阀　18—出液阀　19—放油阀

第一步：降低排液桶内的压力。融霜开始前，如排液桶内有积液，应先将其排出，使设备处于待工作状态。确认排液桶已处于排空状态后，缓慢打开排液桶的减压阀16，降低排液桶内的压力，当桶内的压力与吸气压力相近时，再关闭减压阀16，使排液桶处于减压工作状态。

第二步：停止蒸发器的工作。适当关小总调节站12上的供液阀13和节流阀14，减少氨液分离器的供液量。关闭液体调节站2上的冷间供液阀6，停止蒸发器3的工作，抽回一部分氨到高压储液桶，以防排液桶装满。然后，关闭气体调节站4上的冷间回气阀9。

第三步：排放蒸发器积存的氨液。打开排液桶5上的进液阀17，打开液体调节站2上的冷间排液阀7和总排液阀8，让蒸发器3内的部分氨液在压差的作用下自行流回排液桶5。

当液氨不能自行流入排液桶5时，可微开气体调节站4上的冷间热氨融霜阀10和总热氨融霜阀11，让过热氨蒸气进入蒸发器3，使蒸发器的压力升高（但以不超过0.5MPa为宜），以帮助蒸发器3排液。

第四步：用热氨气体融霜。蒸发器3的积液排放完毕后，继续缓慢开启气体调节站4上的冷间热氨融霜阀10和总热氨融霜阀11，使热氨蒸气进入蒸发器3各排（盘）管，将霜层融化。热氨融霜阀的开启不应过大，热氨压力应不超过0.6～0.7MPa。为了加速融霜和排液，可采用间歇开关的方法进行。

进入蒸发器3的热氨蒸气，受到管外霜层的冷却变成液体，和油一起排进排液桶5。在融霜、排液过程中，如果排液桶5内的压力超过0.6MPa，应关闭进液阀17，并慢慢开启减压阀16。待桶内压力降至蒸发压力后，再关闭减压阀16，打开进液阀17继续排液。如此反复直到排液结束。

排液时，排液桶液面不得超过70%～80%，如果是低压循环储液器则液面不得超过50%。如液面过高，则应将氨液排走后再继续进行融霜。

当蒸发器3外表面的霜层全部融化脱落时，先关闭总热氨融霜阀11和冷间热氨融霜阀10，然后关闭冷间排液阀7、总排液阀8及排液桶的进液阀17。

第五步：恢复蒸发器的正常工作。慢慢开启冷间回气阀9降压，以制冷压缩机不产生湿压缩为原则。待冷间蒸发器的压力降至低压回气压力时，可适当开启冷间供液阀6，适当开大总调节站12上的供液阀13，并逐渐开大节流阀14，以恢复冷间蒸发器3的正常工作。

第六步：排放排液桶的积油。从蒸发器排出来的氨液和油，进入排液桶静置25～35min后，液体逐渐沉淀、分层。打开排液桶的放油阀19，将沉积的油排放到集油器（详见制冷系统的放油操作）。若桶内压力偏低而放油困难，可缓慢打开排液桶的加压阀15，加压至0.5～0.6MPa以帮助放油。放完油后关闭放油阀19和加压阀15。

第七步：排放排液桶的氨液。关闭总调节站12上的供液阀13，适当关小节流阀14。缓慢打开排液桶至氨液分离器的出液阀18，缓慢打开排液桶上的加压阀15，加压至0.6～0.7MPa，将氨液送往氨液分离器的供液阀，这时排液桶代替高压储液器向蒸发器供液。

待排液桶5的氨液排放完后，关闭排液桶上的出液阀18和加压阀15。缓慢打开排液桶的减压阀16，将排液桶减压后待用。关闭减压阀16。

第八步：结束热氨融霜操作。再次缓慢调整总调节站12上的供液阀13和节流阀14至正常位置，以恢复制冷系统的正常工作。最后对融霜系统所有阀门进行仔细地检查，确认其已恢复到正常的工作状态。

至此，热氨融霜操作完毕。

热氨融霜的操作比较复杂。因此，在融霜前要做好准备，融霜过程中要仔细、认真操作，注意各个阀门之间的相互关系。为了缩短热氨融霜的时间，在融霜的同时可以配合人工扫霜。如一次未完成，可按上述方法和程序反复进行。

上述为重力供液系统热氨融霜操作的步骤及方法，氨泵供液系统热氨融霜的操作也相似，热氨也应采用上进下出的方式，以便排液回流。

重力供液系统热氨融霜的有关情况，应记录在表4-13中。

3. 氨冷库蒸发器融霜效果的评估

蒸发器融霜完毕后，可保持制冷机组继续运行，并继续观察冷间降温情况，评估融霜的效果。良好的融霜效果应表现为：蒸发器外表面90%以上的霜层应融化脱落，冷风机通风量明显增大，风压差减少，恢复到正常水平；冷间温度下降且降温速度趋于正常，蒸发压力和蒸发温度有所上升且趋于正常，制冷压缩机吸气温度上升，压缩机机头结霜现象消失，单位耗电有所下降且趋于正常等。

表 4-13　重力供液系统热氨融霜操作过程记载表

序号	操作任务	操作内容	压力/MPa	温度/℃	出现的现象、问题	解决的方法	效果	备注
1	降低排液桶内的压力							
2	停止蒸发器的工作							
3	排放蒸发器积存的氨液							
4	用热氨气体融霜							
5	恢复蒸发器的正常工作							
6	排放排液桶的积油							
7	排放排液桶的氨液							
8	结束热氨融霜操作							

将观察到的有关数据和现象填入表 4-14 中，对制冷系统蒸发器融霜的效果进行评估。

表 4-14　氨制冷系统蒸发器融霜效果评估表

序号	设备	时间	冷间降温速度/(℃/h)		蒸发温度/℃		吸气温度/℃		结论
			融霜前	融霜后	融霜前	融霜后	融霜前	融霜后	
1	蒸发器 1								
2	蒸发器 2								
3	蒸发器 3								

在制冷装置的运行、维护、管理过程中，如果除霜次数不足，会影响制冷系统的正常运行，造成库温下降困难、系统能耗增加；如果除霜次数过多，则会造成库温频繁波动，且系统能耗也会增加。因此，应根据蒸发器运行时间、结霜厚度、制冷压缩机吸气温度等情况，掌握系统除霜的最佳时机，及时将蒸发器表面的霜层除去。

在生产实践中，各冷间蒸发器融霜的周期与冷库及蒸发器的种类、储藏温度、冷间相对湿度及系统的运行调节水平等因素有关。例如，有些蒸发器每日需要除霜 1～2 次，而有些蒸发器间隔十几日后才需要除霜 1 次。

三、注意事项

在冷库蒸发器除霜的操作过程中，应注意事项如下：

1）热氨融霜操作时，会引起库温的波动。因此，一般选择在货物出库后，或库内货物很少时进行热氨融霜操作。

2）冷风机蒸发器除霜必须在风机停止运行时进行，这样不仅可以提高融霜效果，减少系统能耗，防止库温明显波动，而且安全可靠。

3）冬季融霜时，为了提高热氨温度，可适当减少冷却水量，但必须确保安全，严禁全部停水，以免发生事故。

4）如果制冷系统没有设置排液桶，应使用低压循环储液器做好接收排液的准备，桶的液面不得高于20%，桶内压力应保持与低压回气压力相近。

5）热氨融霜时，热氨气体进入蒸发器前的压力不得超过0.8MPa，禁止用关小或关闭冷凝器进气阀的方法加快融霜速度。融霜完毕后，应缓慢开启蒸发器的回气阀。

6）冷风机单独用水冲霜时，严禁将该冷风机在分配站上的回气阀、排液阀全部关闭后闭路淋浇，以防“液爆”事故发生。

【拓展知识】

一、氟利昂制冷系统热氟融霜的特点

氟利昂制冷系统采用热氟融霜的原理，与氨制冷系统采用热氨融霜的原理相同。但氟利昂系统一般不设排液桶，通常将冷却的液体排往气液分离器，经气液分离后由压缩机渐渐吸入，如图4-22所示。

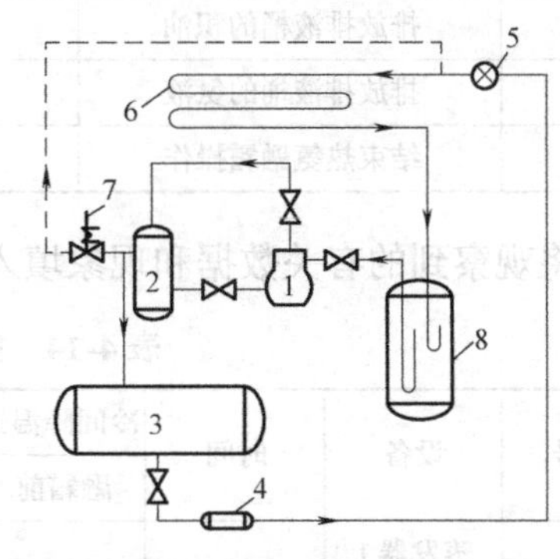

图4-22 氟利昂制冷系统热氟融霜示意图

1—氟利昂压缩机 2—油分离器 3—冷凝器 4—干燥过滤器 5—热力膨胀阀 6—蒸发器 7—融霜电磁阀 8—气液分离器

二、氟利昂制冷系统的自动融霜方案

近年来，氟利昂制冷系统的自动控制融霜技术发展较快，可分为单级压缩系统的自动融霜、双级压缩系统的自动融霜两大类。一般来说，氟利昂制冷系统可选择的融霜方案较多，具体应用时，可根据实际情况进行选择。

1. 单级压缩氟利昂制冷系统的自动融霜方案

如图4-23所示，当系统在融霜时，将设在压缩机排气管上的融霜三通阀打开，压缩机排气通过融霜电磁阀后，进入蒸发器融化霜层，由原系统回气管经热交换器后返回制冷压缩机。系统中的热交换器在一定程度上能防止在融霜过程中压缩机湿行程的发生。在此融霜系统中，为防止冷风机下面水盘冻结，先将排气管经过水盘之后，再把热气体送入冷却器内。

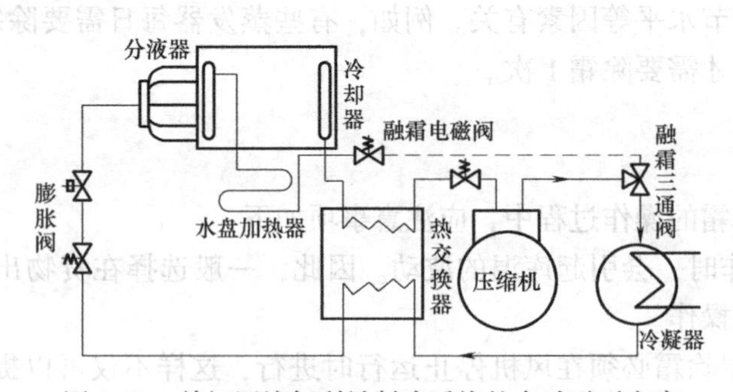

图4-23 单级压缩氟利昂制冷系统的自动融霜方案

2. 双级压缩氟利昂制冷系统的自动融霜方案

如图4-24所示，该系统采用一次节流中间不完全冷却的方式。融霜时把系统中的融霜电磁阀打开，压缩机排气先经过冷却器下面的水盘后进入蒸发器，进行融霜。在返回的管路中，回气管线上的回气电磁阀已关，这时制冷剂已变为液体，从蒸发器出来后，经恒压阀进入热交换器，吸收水的热量转变为气体，随后返回压缩机。

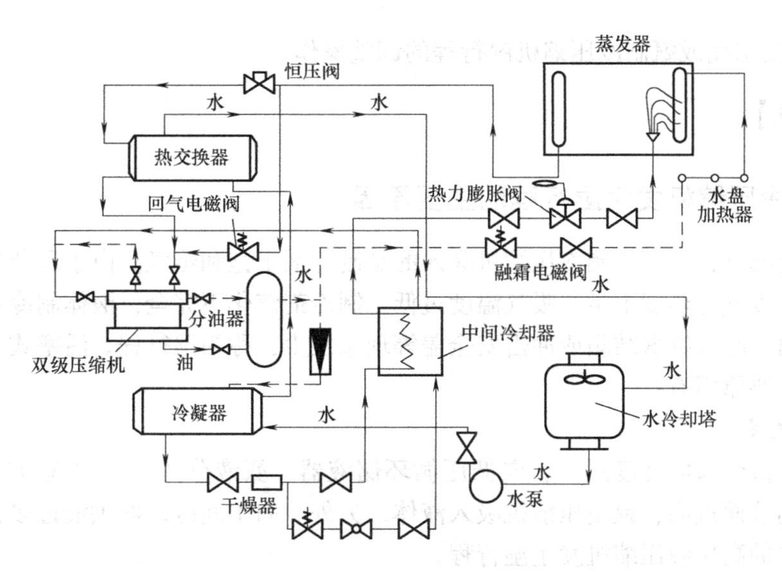

图 4-24　双级压缩氟利昂制冷系统的自动融霜方案

此方案适合于一台单机双级压缩机只带一台空气冷却器的情况。系统中水和制冷剂的热交换器能使融霜后由高温气体变为液体的制冷剂，吸收从冷凝器中出来的水的热量变成气体，可在一定程度上防止在融霜过程中液体进入压缩机而产生“液击”现象。

【思考与练习】

1. 简述冷库蒸发器结霜的原因及霜层过厚对制冷系统的影响。
2. 简述冷库蒸发器常见的除霜方法及其适用范围。
3. 简述热工质气体融霜的工作原理。
4. 简述热氨融霜系统管路的连接方式。
5. 如何判断冷库蒸发器是否需要实施融霜操作？
6. 试述氨制冷系统蒸发器融霜操作的主要步骤及要点。
7. 应如何进行氨冷库蒸发器融霜效果的评估？

课题四　制冷压缩机湿行程的调整操作

【知识目标】

1）了解制冷压缩机发生湿行程的主要原因、危害，熟悉发生湿行程的征兆现象。
2）熟悉氨制冷系统湿行程常见的预防措施。
3）明确制冷压缩机湿行程调整的操作流程。

【能力目标】

1）能正确判断运行中的制冷压缩机是否已发生湿行程，掌握氨制冷压缩机湿行程的调整操作方法。

2）能按要求完成氨制冷压缩机湿行程的调整操作。

【相关知识】

一、制冷压缩机发生湿行程的主要原因

在正常情况下，活塞式制冷压缩机吸入的是制冷剂干饱和蒸气。由于调节操作不当或其他原因，导致吸气过热度不足，吸气温度过低，制冷剂汽化不完全，液体制冷剂进入压缩机的气缸，从而引起气缸壁结霜或冲击安全盖等现象发生，称为湿行程。活塞式制冷压缩机发生湿行程的主要原因有：

1. 供液过多

节流阀、供液阀的开度过大，向低压循环储液器、氨液分离器、空气分离器等供液过多，使容器的液面过高，致使压缩机吸入液体。另外，向中间冷却器供液过多，也会致使双级压缩系统中的高压级压缩机发生湿行程。

对于使用热力节流阀的制冷系统，湿行程的发生与热力节流阀选型和使用不当密切相关。若热力节流阀选型过大、过热度设定太小、感温包安装方法不正确或绝热包扎破损、节流阀失灵等，都可能导致湿行程的发生。

对于几个蒸发器共用一个氨液分离器的系统，若蒸发器的供液阀调整不当，也会造成部分蒸发器供液过多而发生湿行程。

2. 吸气阀开得过快

开机时，压缩机的吸气阀开得过快，管道内少量液体被吸入压缩机内而出现湿行程。在库房降温时，若吸气阀开得过快，蒸发器内的氨液受热急剧蒸发、沸腾，大量的液体快速回到低压循环储液器，导致桶内液面过高，大量液体被压缩机吸入，可能会造成压缩机严重湿行程。

3. 库房内热负荷突然增大

制冷系统正常运转时，库房内突然增加热负荷，而机房操作人员调整不及时，也会引起压缩机湿行程。

4. 蒸发器霜层过厚

在系统运行过程中，随着蒸发器表面结霜的加厚，制冷剂在蒸发器管内的蒸发逐渐减弱，液体制冷剂不能完全蒸发，可能被制冷压缩机吸入而造成湿行程。另外，若设计不合理，蒸发器蒸发面积过小，传热量减少，也容易引起压缩机湿行程。

5. 积油过多

若氨液分离器内积油过多，会致使该容器液面过高而引起压缩机湿行程。

6. 加氨量过多

若制冷系统加氨量过多，且压缩机配置过大，容易把低压循环储液器或氨液分离器的液体吸回，形成压缩机的湿行程。

二、制冷压缩机湿行程的危害

1. 损坏机件

由于气缸壁结霜并急剧降温，使制冷压缩机的运动部件产生不均匀收缩，容易出现卡缸或气缸拉毛等现象，吸、排气阀片和气阀弹簧遇冷而变脆，如受较大冲击力，阀片易产生裂纹或折断。

2. 油压过低

曲轴箱内的润滑油呈泡沫状态，导致油泵工作条件恶化，供油不持续，引起油压过低，造成主轴和轴承的损坏。此时，若冷却水未及时开通，曲轴箱内的油冷却器管道也可能被冻裂。另外，制冷剂进入气缸后，会稀释或冲刷掉活塞及气缸壁上的润滑油，加剧磨损。

3. “液击”事故

当活塞快速向上运行时，因排气通道面积小，液体来不及从排气通道内排出，且液体是不可压缩的，气缸内便产生很高的压力，把安全盖顶起；当活塞向下运行时，气缸内压力降低，安全盖随之落下。这样，安全盖便敲击气缸而发出声音，俗称为“敲缸”。

在发生严重湿行程时，如果处置不果断、不及时，除了活塞破碎、连杆弯曲外，还有可能将缸盖顶坏或打穿，甚至造成机器报废、人员伤害的严重“液击”事故。

【任务实施】

冷库氨、氟利昂制冷压缩机湿行程调整的原理相似。与氟利昂制冷系统相比，氨制冷系统发生湿行程的可能性比较大，其调整操作更具代表性。因此，本课题的任务是氨制冷压缩机湿行程的调整操作。

任务实施所需的主要设备有氨制冷系统中的单级活塞式制冷压缩机、双级活塞式制冷压缩机（组）；主要保护用具有护目镜、橡胶手套等。

一、制冷压缩机湿行程调整操作的总体认识

1. 吸气温度与吸气过热度

吸气温度是指压缩机吸入口处的制冷剂温度。为了保证压缩机的安全运行，防止液体制冷剂进入气缸而发生湿行程，一般要求吸气温度高于蒸发温度，使制冷剂蒸气成为过热气体。吸气温度与蒸发温度之差，称为吸气过热度。

在氨制冷系统中，应有一定的吸气过热度以防液击，但也不宜过大，否则会影响循环的经济性。因此，吸气过热度一般为5～15℃，吸气温度一般限制在5℃以下，以免压缩机排气温度过高。氨制冷压缩机允许吸气过热度和吸气温度见表4-15。

表4-15 氨制冷压缩机允许吸气过热度和吸气温度 （单位：℃）

蒸发温度	0	-5	-10	-15	-20	-25	-28	-30	-33	-40
过热度	1	1	3	5	7	9	10	11	12	15
吸气温度	1	-4	-7	-10	-13	-16	-18	-19	-21	-25

对氟利昂制冷系统，一般希望有一定的吸气过热度，以保证系统正常运行。这是因为，氟利昂制冷系统大多采用热力节流阀，靠回气调节其流量，要求回气管有适当的过热度。一

般来说，在没有回热器的情况下，吸气温度应比蒸发温度高5℃左右比较适宜；在有回热器的情况下，吸气温度应比蒸发温度高14℃左右比较适宜，但不论何种情况，吸气温度不应超过15℃。

氟利昂的等熵指数（κ值）较低，排气温度不会过高，允许吸气过热度比较大。因此，相对氨制冷系统而言，氟利昂制冷系统在运行中发生湿行程的可能性较小。

制冷系统运行时，影响吸气温度变化的主要因素是蒸发温度、吸气过热度和供液量的变化。例如，若系统供液过多，液体制冷剂汽化不完全，将使压缩机吸气温度过低，这时有可能发生湿行程，应尽量避免。

2. 发生湿行程的征兆现象

活塞式制冷压缩机发生湿行程时，往往表现在温度、声音、油压和结霜等方面的变化。

1）吸气温度偏低，结霜范围异常的大。制冷压缩机发生湿行程的前兆一般是潮车（或称回霜），这时有可能发生湿行程。如果压缩机吸气、排气温度下降较快，且吸气温度偏低，曲轴箱和气缸外壁结霜，气液分离器的霜一直不融化，这时已发生轻度的湿行程。

2）阀片起落声音异常，有敲击声。压缩机正常运转时，运转声音较轻而均匀，吸、排气阀片起落声清晰且均匀。如果压缩机运转声沉闷，阀片起落声音不清晰并伴有轻微的敲击气缸的声音，这时已经发生中度的湿行程。如果再出现“当当当”的液击声，并伴随着异常振动，这时已经发生严重的湿行程。

3）油压偏低，油位过高。压缩机正常运转中油位应维持在视镜的1/2，或略高于该位置，油压应保持在规定值范围内（无卸载装置的油压应比吸气压力高0.05～0.15MPa；带有卸载装置的油压应比吸气压力高0.15～0.3MPa）。如果压缩机油压急剧下降、明显偏低，且油位过高，说明已发生严重的湿行程。

3. 节流阀开度及容器液位的调整

节流阀的开度过小，制冷剂的流量少，单位容积制冷量下降，制冷效率降低；节流阀的开度大，制冷剂的流量大，进入蒸发器的液体蒸发可能会过剩，湿蒸气被压缩机吸入，极容易引起压缩机的湿行程。当库房的热负荷需要调整时，节流阀必须缓慢开启，尽可能避免突然开大或时大时小。

在重力供液制冷系统中，氨液分离器的液位一般控制在30%～40%，最高不得超过50%。通常根据冷间热负荷的变化相应地调节供液节流阀的开度，以维持氨液分离器液位的稳定。若液位过低，不能保证每组蒸发器的均匀供液；若液位过高，压缩机容易发生湿行程。

在氨泵供液系统中，低压循环储液器的液面高度一般稳定在30%～40%，最高不超过50%。若液位过低，氨泵不上液，制冷系统无法正常制冷；若液位过高，压缩机容易发生湿行程。

中间冷却器的液位一般由浮球阀或液位控制器加电磁阀自动控制，通常为50%。液位过低，将使高压级压缩机的吸、排气温度升高，中间冷却器的分油能力降低，冷却盘管内的制冷剂液体得不到较好的冷却，影响制冷效果；液位过高也容易造成高压级压缩机的湿行程。

4. 能量调节机构

在大中型多缸活塞式制冷压缩机中，普遍采用的能量调节装置是油缸拉杆机构，利用顶开吸气阀片的方式来实现能量调节。

1）油缸拉杆机构的工作原理，如图4-25所示。油缸拉杆机构由油缸1、油活塞2、拉杆5、拉杆弹簧3、油管4等组成。该机构动作可以使气缸外的动环旋转，将吸气阀阀片顶起或关闭。其工作原理是：油泵不向油管4供油时，因弹簧的作用，油活塞及拉杆处于右端位置，吸气阀片被顶起，气缸处于卸载状态。若油泵向油缸1供油，在油压力的作用下，油活塞2和拉杆5被推向左方，同时拉杆上凸缘6使转动环7转动，顶杆相应落至转动环上的斜槽底，吸气阀阀片关闭，气缸处于正常工作状态。

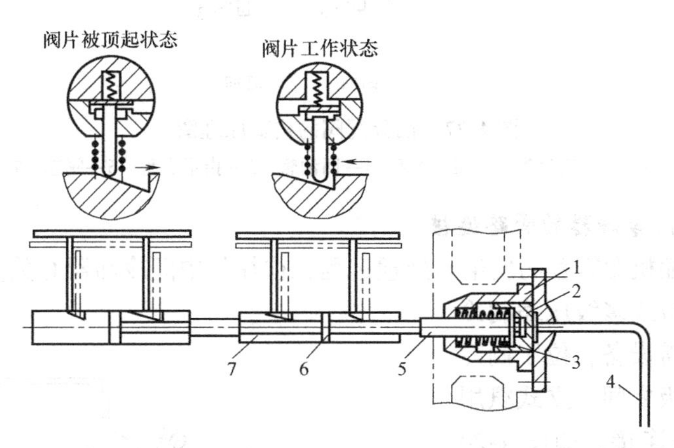

图4-25　油缸拉杆机构的工作原理

1—油缸　2—油活塞　3—拉杆弹簧　4—油管　5—拉杆　6—凸缘　7—转动环

停车时，油泵不供油，所有气缸的吸气阀阀片被顶开，气缸处于卸载状态，压缩机可以实现空载起动。压缩机起动后，油泵正常工作，油压逐渐上升，当油压力超过弹簧3的弹簧力时，活塞动作，使吸气阀阀片下落，压缩机进入正常运行状态。

2）油缸拉杆机构一端通过油管与油分配阀相连，另一端与气缸套上的转动环和小顶杆等能量调节的执行机构相连，如图4-26所示。

3）油缸拉杆机构中的油是通过油分配阀供给的。812.5G型压缩机的油分配阀的构造原理如图4-27所示。油分配阀体上有四个出油管接头，一个进油管接头，一个回油管接头和一个压力表接头。去油缸的每根油管控制一组油缸推杆机构（两个气缸）的工作。在油分配阀的标牌上有0、1/4、1/2、3/4、1这五个指示数字，分别表示不同的能量调节范围。当手柄分别搬到圆盘上1/4、1/2、3/4和1的位置时，将分别有2、4、6、8个气缸投入工作。

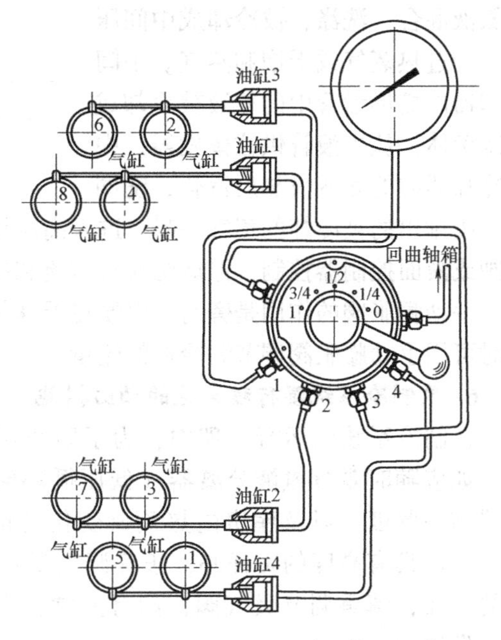

图4-26　812.5G型压缩机能量调节装置管路连接示意图

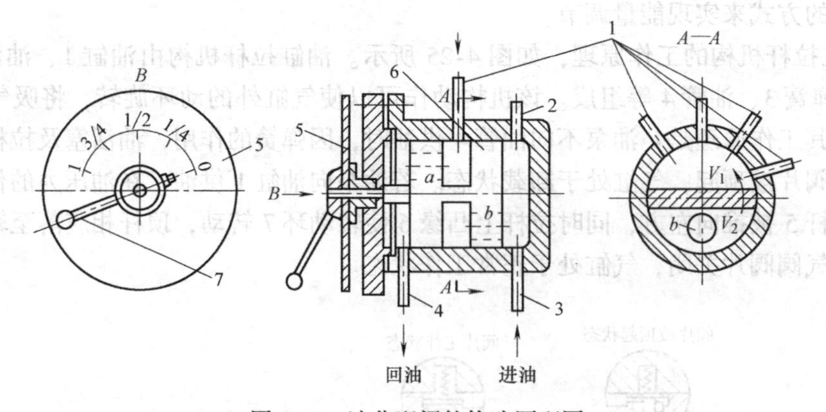

图 4-27　油分配阀的构造原理图

1—油管　2—压力表接管　3—进油管　4—回油管　5—指示表盘　6—阀芯　7—手柄

5. 立式氨用中间冷却器的管路连接

双级氨制冷压缩机湿行程的发生与处理过程，往往与中间冷却器有关。中间冷却器简称中冷器，是维持两级或多级压缩制冷循环正常工作的必需设备，位于制冷压缩机的低、高压级之间。立式氨用中间冷却器的管路连接，如图 4-28 所示。

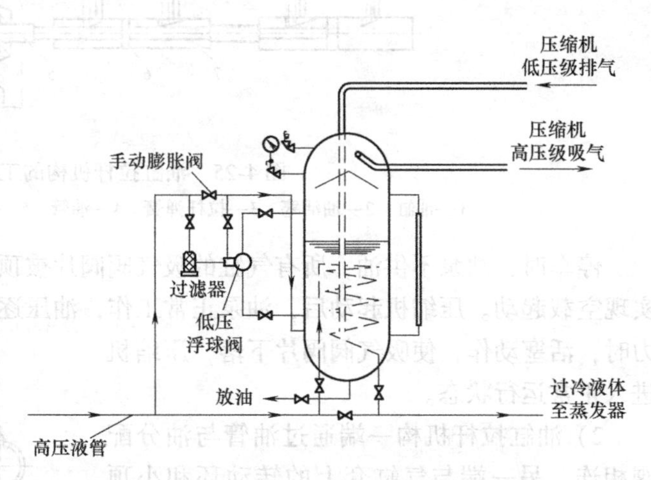

图 4-28　立式氨用中间冷却器的管路连接

氨用中间冷却器工作时，低压级压缩机或低压缸排出的过热蒸气，由进气管进入中间冷却器后，与容器内的氨液混合、洗涤，被冷却成中间压力下的过热蒸气或干饱和蒸气。中间冷却器内蛇形盘管中的氨液被冷却成过冷液体，从出液管供往蒸发器。中间冷却器内的氨液吸热后汽化，随同低压级排出的被冷却的蒸气一起，进入高压级压缩机或高压缸。中间冷却器的液面高度由浮球阀或液面控制器控制，浮球阀兼有节流和控制液面高度的作用。

手动膨胀阀的作用是旁通，以便在浮球阀失灵进行检修时，中间冷却器仍能正常工作，同时可用手动膨胀阀调节制冷剂的流量。

6. 氨制冷系统湿行程常见的预防措施

在制冷系统的运行管理中，为了防止压缩机湿行程的发生，应重点关注一些操作环节。如应随时观察氨液分离器（低压循环储液器）和中间冷却器等容器的液面高度，蒸发器结霜厚度，以及库房内热负荷变化的情况，及时调整节流阀、供液阀的开度。只要操作人员具有高度的责任心，正确调整低压循环储液器、氨液分离器和中间冷却器等容器的液面，慎重调节吸气阀，如有异常，立即关小吸气阀和供液阀，就能有效防止湿行程的发生。

氨制冷系统湿行程常见的预防措施见表 4-16。

表 4-16　氨制冷系统湿行程常见的预防措施

序号	应重点关注的环节	应及时调整的措施
1	节流阀开启是否过大	关小或关闭节流阀
2	氨液分离器(低压循环储液器)液面是否过高	调整节流阀,排液或停止供液。液面高度一般在30%~40%,最高不得超过50%
3	中间冷却器液面是否过高	停止供液,液位高度通常为50%
4	压缩机吸气阀是否开得过大	关小或关闭吸气阀,处理完毕后再缓慢打开
5	库房内热负荷是否突然增大	冷库出入货物通知机房操作人员,以作出相应的调整
6	系统冲霜后,是否过快打开回气阀	关闭回气阀,处理后再缓慢打开
7	放空气节流阀开启是否过大	关小放空气节流阀
8	压缩机能量输出是否过大	调配压缩机容量
9	系统中制冷剂是否过多	排除多余的制冷剂
10	蒸发器积油是否过多	排放积油

在生产实践中，能否有效地防止压缩机湿行程的发生，与操作人员的技术水平、应急能力及企业的管理水平有关。

7. 单级与高压级氨制冷压缩机湿行程调整的操作流程（图 4-29 和图 4-30）

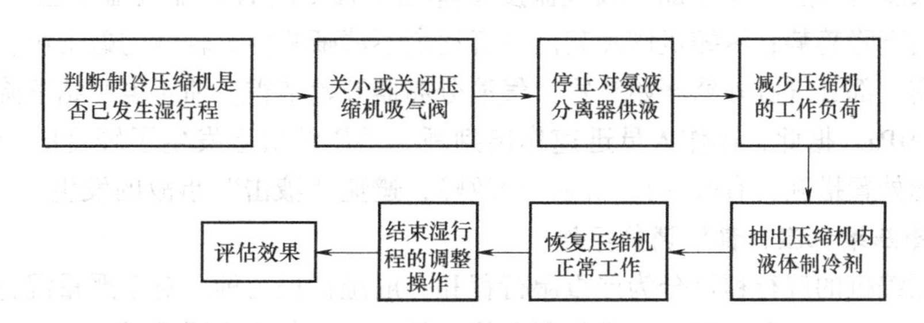

图 4-29　单级氨制冷压缩机湿行程调整的操作流程

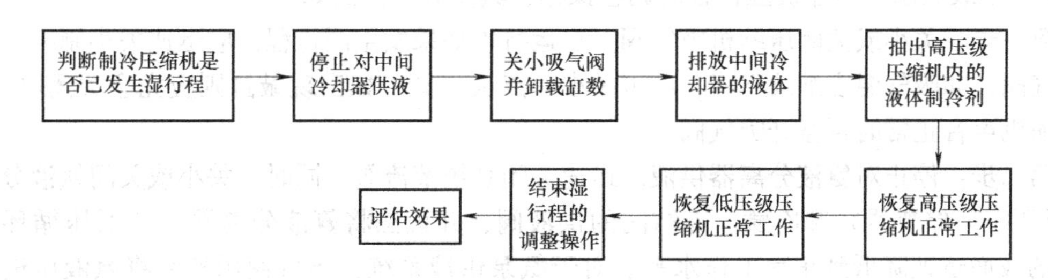

图 4-30　高压级氨制冷压缩机湿行程调整的操作流程

二、制冷压缩机湿行程调整操作的步骤及方法

1. 判断制冷压缩机是否已发生湿行程

在生产实践中，一般是通过观察压缩机的运转状态和系统的各项技术参数，以吸气温度、运行声音、油压油位和结霜情况为依据，判断压缩机是否发生湿行程。制冷压缩机发生湿行程的判断方法见表 4-17。

表 4-17 制冷压缩机发生湿行程的判断方法

序号	标志	压缩机正常运行	压缩机发生湿行程	
			湿行程	严重程度
1	吸气温度	氨系统吸气过热度为 5～15℃，氟利昂系统吸气过热度为15℃，吸气阀结露或部分结霜。吸气温度见表 4-15	吸气、排气温度偏低，吸气管结霜，压缩机的机体发凉、潮车（结露）	前兆或轻度
			吸气、排气温度急剧下降，明显偏低，曲轴箱、气缸外壁和气液分离器结霜	中度
2	运行声音	吸、排气阀片起落声清晰均匀，运转声音较轻而且均匀	阀片起落阀门启闭声音不清晰，运转声变得沉闷	中度
			出现“当当当”的异常敲击（撞击）声，机体振动	极重度（液击）
3	油压油位	油压应比吸气压力高 0.15～0.3MPa，油位正常	油压低于正常值	中度
			油压急剧下降、明显偏低，且油位过高	重度

例如，某氨冷库制冷系统，配置有 812.5G 型压缩机 2 台。系统正常运行时，蒸发温度为－10℃左右，冷凝温度为35℃左右，过热度为 3℃左右，吸气温度应为－7℃左右，排气温度为 115℃左右，油压应比吸气压力高 0.18MPa 左右。在某次系统运行中，一台压缩机吸气管结霜的长度与厚度明显增加，吸气温度下降至－12℃左右，排气温度也下降至 95℃左右，且呈继续下降趋势；压缩机阀片起落声音逐渐不清晰并伴有轻微的敲击声，部分机体开始发凉、结露，部分气缸外壁开始结霜，气液分离器开始结霜。油压也开始下降，只比吸气压力高 0.03 MPa。据此，操作人员迅速作出判断，是压缩机已发生了轻度的湿行程，并果断采取相应的处置措施，有效地排除湿行程故障，避免“液击”事故的发生。

2. 氨制冷压缩机湿行程的调整操作

氨制冷压缩机的湿行程可分为严重湿行程和一般湿行程两种。对于严重湿行程，如压缩机出现严重敲缸，应立即按下按钮进行紧急停车处理，以免造成严重后果。

1）单级氨制冷压缩机湿行程的调整操作，其步骤及方法如下。

第一步：关小或关闭压缩机吸气阀。在运行中如果发生湿行程，应迅速关小制冷压缩机的吸气阀，如吸气温度继续下降，应再关小一点吸气阀。如出现敲缸则应完全关闭吸气阀，待压缩机声音正常时再微开吸气阀。

第二步：停止对氨液分离器供液。迅速关闭系统节流阀，同时，关小或关闭氨液分离器（或低压循环储液器）和冷藏、冻结间的供液阀，并设法将氨液分离器（或低压循环储液器）的液面迅速降低到正常工作水平。对于氨泵供液系统，还可使用氨泵将氨液压进相关蒸发器内，以降低低压循环储液器的液面高度。此外，还可向排液桶排液。

第三步：减少压缩机的工作负荷。将能量调节装置手柄拨到最小位置，只留下一组气缸工作，使进入气缸中的液体逐渐汽化，待温度回升后，再逐渐增大。

第四步：抽出压缩机内液体制冷剂。间断开关压缩机的吸入阀。如果吸气温度没有变化，且排气温度逐渐上升，气缸和吸气腔外部的霜层融化，制冷机的运转声趋于正常，可增加一组气缸工作，并适当开大一点吸气阀，但要注意防止液体再次进入气缸。如此反复操作，直至把压缩机和吸入管内的液体制冷剂全部汽化抽出。

第五步：恢复压缩机正常工作。当排气温度上升到 75 ~ 80℃时，可缓慢开大吸气阀，并逐挡上载，直到气缸全部上载，恢复压缩机正常工作。

第六步：结束湿行程的调整操作。先缓慢开大氨液分离器（或低压循环储液器）和冷藏、冻结间的供液阀，再缓慢开大系统节流阀。如此反复操作，直至将氨液分离器或低压循环储液器的液面调整至正常液位。

单级氨制冷压缩机湿行程的调整操作过程应记录在表 4-18 中。

表 4-18　单级氨制冷压缩机湿行程调整操作过程记载表

序号	操作任务	时间	出现的现象和问题	解决的方法	效果
1	关小或关闭压缩机吸气阀				
2	停止对氨液分离器供液				
3	减少压缩机的工作负荷				
4	抽出压缩机内液体制冷剂				
5	恢复压缩机正常工作				
6	结束湿行程的调整操作				

2）双级氨制冷压缩机湿行程的调整操作，首先应准确判断是低压级压缩机发生湿行程，还是高压级压缩机发生湿行程，然后再作相应的调整。双级氨制冷压缩机湿行程的调整操作如图 4-31 所示。

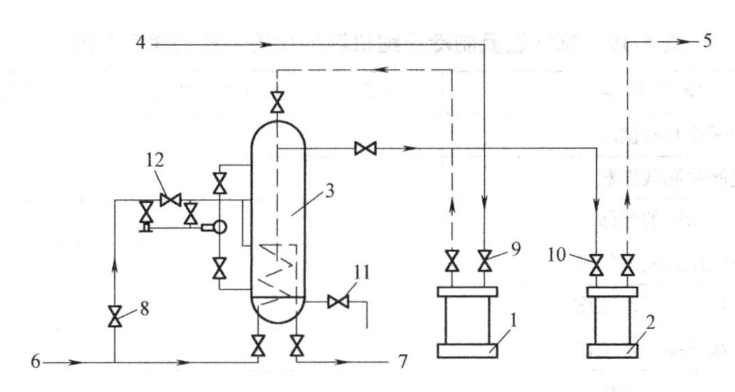

图 4-31　双级氨制冷压缩机湿行程调整操作示意图

1—低压级压缩机　2—高压级压缩机　3—中间冷却器　4—来自氨液分离器　5—接至油分离器　6—来自储液器　7—过冷液体至蒸发器　8—供液阀　9—低压级压缩机吸气阀　10—高压级压缩机吸气阀　11—排液阀　12—手动膨胀阀

① 低压级压缩机发生湿行程，往往是由于蒸发系统或低压设备操作不当，其调整操作方法与单级制冷压缩机基本相同。所不同点是，在处理低压级压缩机湿行程的同时，应迅速关闭中间冷却器的供液阀 8，当调节时间较长而中间压力下降较快时，还应适当关小高压级压缩机吸气阀 10，以免中间冷却器内的液体因压力突降而剧烈蒸发，使高压级压缩机发生湿行程。若中间冷却器液面过高，则应开启排液阀 11，向排液桶或低压循环储液器进行排液，以免引起高压级压缩机湿行程。待中间冷却器液面降低，并恢复正常后，应关闭排液阀 11，停止排液。

② 高压级压缩机发生湿行程，通常是因为中间冷却器液面过高引起的，其调整方法

如下。

第一步：停止对中间冷却器供液。迅速关闭中间冷却器的供液阀8，同时，迅速关小或关闭低压级压缩机吸气阀9，将低压级压缩机卸载到最小能量位置，以最少缸数运转。

第二步：关小吸气阀并卸载缸数。迅速关小高压级压缩机吸气阀10，并卸载到最少缸数运转。如吸气温度继续下降，应再关小一点吸气阀。

第三步：排放中间冷却器的液体。开启排液阀11，将中间冷却器内过多的液体制冷剂，排到排液桶或低压循环储液器中，使中间冷却器液面恢复正常。关闭排液阀11，停止排液。

第四步：抽出高压级压缩机内的液体制冷剂。如高压级吸气温度没有变化，且排气温度逐渐上升，气缸和吸气腔外部的霜层融化，制冷机的运转声趋于正常，可增加一组气缸工作，并适当开大一点高压级压缩机吸气阀10，但要注意防止液体再次进入气缸。如此反复操作，直至把高压级压缩机和吸入管内的液体制冷剂全部汽化抽出。

第五步：恢复高压级压缩机正常工作。当排气温度上升到60～65℃以上，可缓慢开大高压级压缩机吸气阀10，并逐挡上载，直到气缸全部上载，恢复高压级压缩机正常工作。

第六步：恢复低压级压缩机正常工作。待高压级制冷压缩机恢复正常运转后，缓慢开大低压级压缩机吸气阀9，并逐级上载，逐渐恢复低压级制冷压缩机的正常运转。

第七步：结束湿行程的调整操作。根据中间冷却器的液位情况，缓慢开大中间冷却器的供液阀8，恢复向中间冷却器供液，直至将中间冷却器的液面调整至正常液位，使双级压缩制冷系统正常运行。

高压级氨制冷压缩机湿行程的调整过程应记录在表4-19中。

表4-19　高压级氨制冷压缩机湿行程的调整过程记载表

序号	操作任务	时间	出现的现象和问题	解决的方法	效果
1	停止对中间冷却器供液				
2	关小吸气阀并卸载缸数				
3	排放中间冷却器的液体				
4	抽出高压级压缩机内的液体制冷剂				
5	恢复高压级压缩正常工作				
6	恢复低压级压缩正常工作				
7	结束湿行程的调整操作				

3. 制冷压缩机湿行程调整效果的评估

压缩机湿行程的调整完毕后，可保持制冷机组继续运行，并继续观察吸气、排气温度表的读数及有关现象，评估压缩机湿行程的调整的效果。良好的调整效果应表现为吸气、排气温度逐渐上升且恢复正常，吸气管结霜情况、压缩机部件温度、运行声音、润滑油压力和氨液分离器液位等都应恢复正常。

将观察到的有关数据和现象填入表4-20中，对制冷系统湿行程调整的效果进行评估。

湿行程的发生，特别是严重湿行程的发生，往往是由于调整不及时而引起的。因此，在制冷压缩机运行过程中，应经常观察压缩机的吸气温度，分析、判断压缩机吸入气体是否过湿。只要操作人员措施得当、动作果断，如出现吸、排气温度下降等异常现象，立即关小吸气阀，及时调小压缩机工作的缸数，迅速关闭节流阀和供液阀，降低氨液分离器（低压循环储液器）、中间冷却器等容器的液面，就能有效排除湿行程故障，避免严重湿行程的发生。

表 4-20 制冷压缩机湿行程调整效果评估表

压缩机	吸气温度/℃		排气温度/℃		结霜现象		运行声音		油压/MPa		氨液分离器液位		中间冷却器液位		结论
	调整前	调整后	调整前	调整后	调整前	调整后	调整前	调整后	调整前	调整后	调整前	调整后	调整前	调整后	
单级机															
低压级															
高压级															

三、注意事项

实施制冷压缩机湿行程调整操作时，应注意事项如下。

1. 应注意油压的变化

在关小压缩机的吸气阀后，吸气压力一般低于0MPa（表压）。此时，混入曲轴箱的制冷剂会突然沸腾，使润滑油呈泡沫状，导致油压下降。另外，随着油温的下降，油粘度的增加，油泵的输油量也在减少，使得油压明显下降，压缩机的润滑条件进一步恶化。因此，如果油压下降到接近于0MPa（表压）时，应停止运行，以免发生机件严重磨损事故。

2. 注意加大供水量

当制冷压缩机发生湿行程时，应加大压缩机水套和曲轴箱油冷却器的供水量，以防冻裂。

【拓展知识】

一、螺杆式制冷压缩机对湿行程不敏感

螺杆式制冷压缩机对湿行程不敏感，当系统少量液体进入其工作容积时，对其正常运行影响不大。

二、使用满液式蒸发器应注意防湿行程

对于使用满液式蒸发器的盐水池，在制冷压缩机停止运行时，应关闭浮球阀前的截止阀。因为在压缩机停止运行时，蒸发器中制冷剂停止汽化，液体中的气泡消失，蒸发器中的液位下降，浮球室中的液位也随之下降，因此阀孔开大，大量氨液进入蒸发器，直至蒸发器中的液位达到最高限时，阀门才自动关闭，因此，在下次起动压缩机时，蒸发器中的液位已处于高限，加上汽化使液位上升，极易导致压缩机湿行程的发生。

三、制冷压缩机严重湿行程故障的排除

制冷压缩机发生严重湿行程时，首先应停机，待处理完液体制冷剂后，再重新开机运行，以免造成严重后果。在有备用机的情况下，排除严重湿行程故障的步骤及方法如下。

1. 紧急停车

对于严重湿行程，如压缩机出现严重敲缸，应立即按下按钮进行紧急停车处理，以免发生重大安全事故。

2. 开大冷却水量

停机后，为防止曲轴箱内的油冷却器管道冻裂，冷却水阀不应关闭，而应开大。

3. 降低低压循环储液器的液面

在关闭低压循环储液器供液阀的同时，打开氨泵，将低压循环储液器的液面降到正常液面水平。

4. 抽出压缩机内的液体制冷剂

开备用压缩机，一方面恢复制冷系统的正常运转；另一方面打开故障压缩机的吸气阀，使该机内的氨液靠自然吸热而蒸发，并被抽回到系统中。当油温升到10℃以上时，可再开机运转。这种处理方法安全，节约制冷剂，但需要4～6h的处理时间。

若没有备用机，急需故障机开机运行时，其处理方法如下：用橡胶管一端接到机器的排空阀上，另一端放到机房外水池内，把压缩机内的氨排到外面的水池里。同时，将另一根橡胶管一端接到油三通阀的加油嘴上，另一端放在油盘里，开油三通阀放出曲轴箱中的油和氨。处理后压缩机加油即可投入运转。这样处理不太安全，浪费制冷剂，但只需一个多小时的时间就可处理好。

四、制冷压缩机“油击”的产生

如果曲轴箱油位太高，高速旋转的曲轴和连杆大头致使润滑油大量飞溅，窜入进气道和气缸，就可能引起压缩机“油击”。

在氟利昂的制冷系统中，若压缩机冷车起动，吸气侧压力突然下降，溶解在油中的制冷剂突然沸腾，并引起润滑油起泡，油会随着制冷剂一起被压缩机吸入而引起压缩机“油击”。

【思考与练习】

1. 简述制冷压缩机发生湿行程的主要原因及其危害。
2. 制冷压缩机发生湿行程时，一般有哪些征兆现象？
3. 为了防止湿行程的发生，应如何调整节流阀的开度及容器的液位？
4. 简述能量调节机构的作用及其使用方法。
5. 简述氨制冷系统湿行程常见的预防措施。
6. 如何判断制冷压缩机是否已发生湿行程？
7. 试述单级氨制冷压缩机湿行程调整操作的主要步骤及要点。
8. 试述双级氨制冷压缩机湿行程调整操作的主要步骤及要点。
9. 应如何进行制冷压缩机湿行程调整效果的评估？

课题五　制冷压缩机的拆卸与检测

【知识目标】

1）了解活塞式制冷压缩机的组成结构，熟悉活塞式制冷压缩机拆卸的基本要求。

2）明确活塞式制冷压缩机拆卸与检测的工艺流程。

【能力目标】

1）掌握活塞式制冷压缩机拆卸与检测的方法。

2）能正确制订制冷压缩机拆卸与检测的方案。

3）能按要求完成活塞式制冷压缩机的拆卸与检测。

【相关知识】

一、活塞式制冷压缩机的组成结构、工作原理及结构特点

各种活塞式制冷压缩机在制冷量、外形、使用制冷剂等方面不尽相同，但其基本结构和组成大体相同，主要由机体、气阀组件、气缸（套）、活塞连杆组件、曲轴和轴封等组成。机体包括气缸体和曲轴箱两个部分。机体的外形主要取决于气缸数和气缸的布置形式，可分为无气缸套和有气缸套两种。

活塞式制冷压缩机工作原理是：电动机带动曲轴转动，驱使活塞上下运动。当活塞下行时，缸内压力降低，吸气阀打开，排气阀关闭，从蒸发器来的低温、低压制冷剂蒸气被吸入气缸内；当活塞上行时，吸气阀关闭，气体被压缩，当缸内压力升高至一定程度时，排气阀打开，高温、高压气体排出，经冷凝器冷却后变成液体。

开启式活塞式制冷压缩机的结构特点在于压缩机可以与原动机分装，容易拆修，但密封性较差，工质易泄漏。因此，曲轴外伸端有轴封装置。目前，国产氨压缩机和容量较大的氟利昂压缩机，多采用这种结构形式。

二、活塞式制冷压缩机拆卸前的准备工作

在拆卸制冷系统中的压缩机之前，必须做好回收制冷剂、放油、切断电源、关闭压缩机与高低压系统连接管道的阀门等工作。

【任务实施】

冷库常用的各类活塞式制冷压缩机的拆卸工艺基本相似，但因结构不同，要求也不同。其中，812.5G 型制冷压缩机的拆卸具有一定代表性。因此，本任务的实施，可通过 812.5G 型制冷压缩机的拆卸来实现。

任务实施所需的主要设备有 812.5G 型制冷压缩机；主要工具有活扳手、呆扳手、套筒扳手、梅花扳手、内六角扳手、尖嘴钳、螺钉旋具、活塞环及活塞销拆卸工具、木（铜）锤、吊栓等；主要量具有游标卡尺、千分尺、塞尺、内径千分表等；常用耗材有煤油（柴油）、冷冻机油、棉纱、密封垫片等。

一、活塞式制冷压缩机拆卸与检测的总体认识

1. 812.5G 型制冷压缩机总体结构

如图 4-32 所示，812.5G 型制冷压缩机是一种典型的开启式中型制冷压缩机，可根据负荷大小进行能量调节，共有 8 个气缸，分 4 列排成扇形，气缸直径为 125mm，活塞行程为 100mm，转速为 960r/min，为 R12、R22 和 R717 三种工质通用。

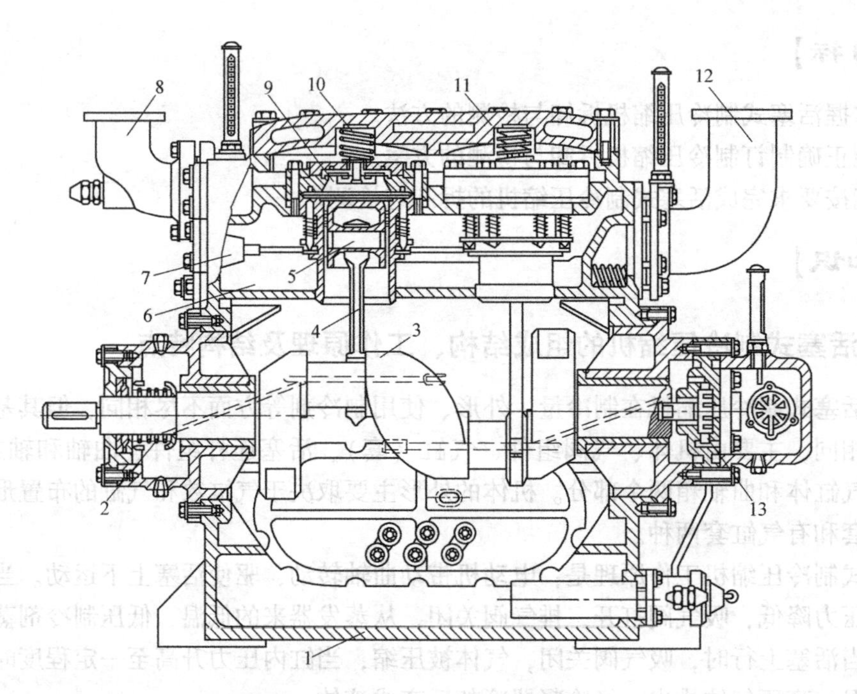

图 4-32 812.5G 型制冷压缩机

1—曲轴箱 2—轴封 3—曲轴 4—连杆 5—活塞 6—吸气腔 7—卸载装置 8—排气管
9—气缸套及吸、排气阀组合件 10—假盖弹簧 11—气缸盖 12—吸气管 13—油泵

812.5G 型制冷压缩机结构比较复杂，组合件较多，可以概括为机体、曲柄连杆机构、气阀缸套组件、润滑系统、能量调节装置和轴封六部分。

2. 活塞式制冷压缩机拆卸的基本要求

压缩机的拆卸是检修工作的开始，拆卸检查工作做得好，就为检修和装配调整工作创造了有利条件。因此，在压缩机在拆卸过程中，应同时检查机器各零部件的磨损程度，以便判断损坏原因和确定检修方法。

制冷压缩机的结构复杂，各零部件间的配合性能要求较高，拆卸时一定要讲究步骤和方法，尽量避免损伤零部件。以下是制冷压缩机拆卸的基本要求。

1）拆卸机器时应有步骤、有计划进行。一般是先拆部件，后拆零件；由上到下、由外到里，并注意防止碰撞。

2）拆卸各种螺栓、螺母时，应使用专用扳手；拆卸气缸套和活塞连杆组件时，应使用专用工具。对一时拆不下的零部件，应分析、找出原因，采用适当拆卸方法（如用柴油、煤油浸润后再拆卸），切不可用力硬拆，避免因盲目用力拆卸而损坏零部件。

3）拆卸过盈配合的零件时，应注意方向，需要敲打时，必须使用木（铜）锤或垫上木料（软金属）垫片方可敲打，以免击坏零件。

4）拆下的零部件应按零件上的编号（如无编号，应自行编号），有顺序地放置到专用台架上，切不可乱堆乱放，以免造成零件表面的损伤。

5）对于位置固定或不可改变方向的零件，拆卸时都应划好装配记号，记下零部件的原有组合关系和相对位置，如标记、位置和朝向等，以免装配时装反或装错。

6）拆卸的零件应用酒精、汽油、煤油等清洁剂及时清洗，并不许损坏结合面。对所有结合面和精密件，清洗完毕应及时干燥，并涂上油脂封存或浸泡在冷冻机油内，以防腐、防锈蚀。细小零件经拆卸、清洗涂油后，应装配在原来部件上，以免丢失或弄错。

7）对拆下的管道、管件和阀件等，经清洗后，须及时用布条包扎、封口，或用木塞堵住孔口，防止进入污物。

8）开口销或锁紧钢片是一次性零件，为保证安全严禁重复使用。

3. 活塞式制冷压缩机拆卸与检测的工艺流程（图4-33）

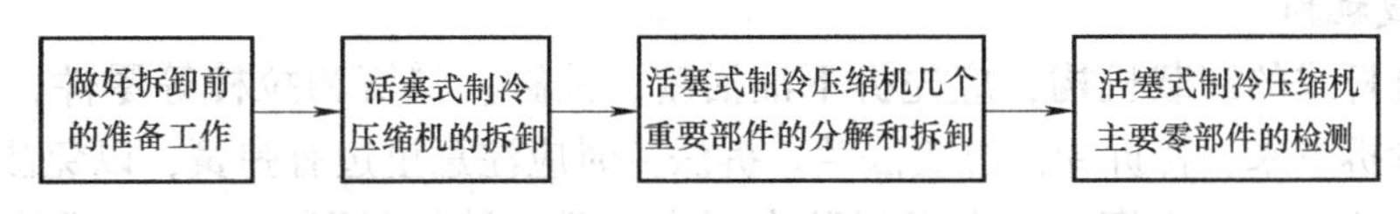

图4-33 活塞式制冷压缩机拆卸与检测的工艺流程

二、活塞式制冷压缩机的拆卸

1. 做好拆卸前的准备工作

先将制冷压缩机的吸气阀和吸入控制阀关闭，起动压缩机，将曲轴箱内的制冷剂排入高压区（压缩机能运转时），关闭排气阀和油分离器的回油阀门。停机，等待5min后，观察曲轴箱压力是否回升，如不回升说明排气阀不漏，然后通过真空放气阀，将机体内剩余制冷剂放掉，接通大气。随后，切断设备的电源，放出曲轴箱内的冷冻机油和缸盖的存水，拆下保护元器件和压力表，准备拆卸机器。

2. 拆卸气缸盖与排气阀

用专用扳手，先松动并拧下气缸盖短螺栓螺母，再缓缓松动气缸盖长螺栓螺母，让假盖弹簧逐渐顶起气缸盖。当气缸盖升起2～3mm时，观察气缸垫片在哪一边粘得多，然后在粘得少的一边用螺钉旋具起下垫片，以免损坏。拆下气缸盖后，就可取出假盖弹簧、排气阀组及吸气阀片。对于没有假盖的小型压缩机，拆下气缸盖的联接螺栓后，用木槌振松气缸盖，就可取下缸盖（注意：有的气缸盖被垫片上的密封胶粘住，不能弹起，可用旋具从密封面轻轻撬入，此时的螺栓不要松得过多，以防止气缸盖突然弹起造成事故）。

3. 拆卸曲轴箱侧盖

把曲轴箱两旁的侧盖螺母拆下，用螺钉旋具把侧盖起开一条缝，然后取下曲轴箱侧盖。若侧盖和垫片粘牢，可用薄錾子将密封面轻轻剔开，但不能损坏密封面。有能量调节装置的压缩机，其前侧盖安置的是油分配阀。拆卸时，先拆下后侧盖，再拆下油分配阀的油管接头和手柄，之后将前侧盖取下。

注意：小型开启式压缩机没有曲轴箱侧盖，只有一个端盖而且还作为轴承座而支撑曲轴。因此，应先拆下带轮锁紧螺母、带轮、键和轴封等零件，再拆下侧盖、底盖。

4. 拆卸活塞连杆部件

将曲轴盘到适当的位置，先用钳子取出连杆大头开口销或锁紧钢片，松动并拧下连杆大头盖的螺栓，取出大头盖和下轴瓦，然后用专用吊栓拧进活塞顶部的中心螺孔内，用吊栓拉出活塞连杆部件。活塞连杆部件取出后，应装上原来的大头盖，以免出现大头盖的混装现象，影响装配质量。取出的活塞连杆部件与相应的气缸套是同一编号，将其涂油后按次序放在支架上并用布盖好。

注意：对于小型压缩机，连杆大头宽于气缸，也没有气缸套。先拆下连杆大头盖，从端孔抽出曲轴，再将压缩机倒置，从曲轴箱中抽出活塞连杆部件。

5. 拆卸气缸套

用两只专用吊栓拧进气缸套顶部吸气阀座的螺孔内，用吊栓拉出气缸套。若过紧，拉不出，可用木棒轻轻敲击气缸套底部，或将木块一端放在曲轴上，而另一端与气缸套底部接触，将曲轴稍微转动一下，即可拉出。

6. 拆卸载机构

对于油缸杆式的卸载机构，应先拆下油活塞、油缸、弹簧和拉杆等零件，再拉出气缸体。先将油管拆下来，再拆卸油缸盖法兰。拆法兰时应注意里边有弹簧，以免法兰盖掉到地上伤人。拿下法兰和油活塞后，在吸气腔内用木棒敲击油缸即可把油缸、弹簧和拉杆一起取出。

注意：每台812.5G型制冷压缩机有四套卸载机构，因四列气缸对机体前侧的距离不同，而拉杆长度也不同，拆卸时应做好记号，以免装错。

7. 拆卸过滤器和油泵部件

先拆卸油三通阀与油泵体的连接头和油管，再拆下油三通阀，取出过滤器，拆下油泵端盖，再拆下油泵转子（或齿轮）、传动块等零件。

8. 拆卸吸气过滤器

先拧下法兰螺栓，将吸气过滤器法兰螺栓拧松，拆下最后的螺栓时，用手推住法兰，以防弹簧把法兰弹出，分别取下法兰、弹簧、盖和过滤器。

9. 拆卸联轴器

首先拆下传动块、电动机半联轴器和中间接筒的联接螺栓，移开电动机，再拆下压缩机半联轴器与中间接筒的联接螺栓，取下中间接筒，拆下曲轴端挡块，然后敲击联轴器，分别将两个半联轴器和键从电动机轴和压缩机轴上取下，并把键放好。

对于12.5系列机器，可不移动电动机，但应将压缩机联轴块、中间联接块和电动机联轴块统一划上装配记号。然后拆下橡皮塞销挡板，取出橡皮塞销，再拆下中间联接块的螺栓，把中间联接块推到电动机轴一侧。

10. 拆轴封部件

首先均匀拧松压盖螺母，对角留下两个螺母暂不拧下，将其他螺母拧下，用手推住压盖，再慢慢地对称拧余下的两个螺母，以防轴封弹簧将轴封盖和其他零件弹出，损伤零件或者伤人。然后依次取出端盖、外弹性圈、固定密封环、活动密封环、内弹性圈、压圈及轴封弹簧等部件，注意不要碰伤固定环与活动环的密封面。

11. 拆后轴承座

在拆后主轴承座之前，应先将曲柄销用布包好，以防碰伤，再用方木在曲轴箱内把曲轴垫好。分别将前后轴承座连接的油管拆掉，然后拧下后轴承座周围的螺母，将两根专用螺栓（M12）拧进后轴承座的螺孔内，把轴承座均匀地顶开，慢慢地将轴承座取出，注意不要损伤轴承座的密封平面。

12. 拆卸曲轴

用布条缠好主轴颈，以防擦伤。有的曲轴前端面有两个螺孔，可拧进两只长螺栓，再套上适当长度的圆管，用以抬起曲轴。在曲轴箱中部用方木抬曲轴，前、中、后都做好准备，协同一致，慢慢将曲轴从后轴承座孔中抽出，注意不要让曲轴碰伤后轴承座孔。

13. 拆前轴承座

拆卸时，将两根专用螺栓（M12）拧进前轴承座的螺孔内，把轴承座均匀地顶开，然后用撬棍慢慢撬出。

三、活塞式制冷压缩机几个重要部件的分解和拆卸

分解部件时，要记下各零件的编号、位置和方向，以免错装零件。

1. 分解排气阀组和阀板组

（1）分解排气阀组　拆下开口销和联接螺栓，取下排气阀的内阀座，再拆下阀盖与外阀座的联接螺栓，使排气阀片和气阀弹簧与外阀座分开，并将密封面向下放在布上，以免碰伤。

（2）分解阀板组（指小型压缩机）　小型压缩机的吸、排气阀片都组装在阀板上。对于排气阀片，先拆下锁紧铅丝，拧下压板上的两个螺钉，再取下压板、升程限制盖、排气阀片弹簧、排气阀片。对于吸气阀片，先拆下升程限制螺钉的螺母和弹簧垫圈，取下升程限制螺钉时，吸气阀片即可随之退出。

2. 拆卸活塞环

拆卸活塞环的方法有以下三种：

1）用两块布条套在活塞环搭口的两端，两手拿住布条轻轻地向外扩张即可把环取出。注意不能用力过猛，以免损坏活塞环。

2）用几根 0.75～1mm 厚的薄钢片，轻轻插入环与槽中间，使活塞环均匀地扩张，然后使之顺着钢片滑出，如图 4-34a 所示。

3）用专用工具拆卸活塞环，如图 4-34b 所示。

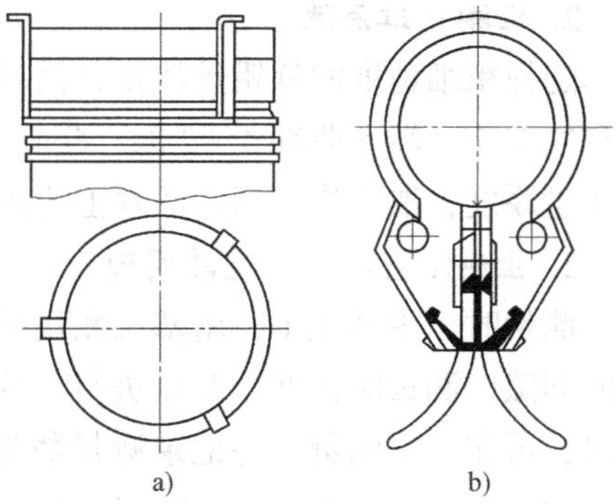

a)　　b)

图 4-34　用工具拆卸（装入）活塞环
a）用薄钢片拆卸（装入）活塞环
b）用专用工具拆卸（装入）活塞环

3. 拆卸活塞销

先用尖嘴钳把活塞销座孔内的挡圈拆下，若活塞销不紧，可用木榔或用铜棒轻击，将活塞销敲出。若难以拆卸，可将活塞和连杆小头一起浸在 80～100℃ 的油中浸几分钟，使活塞膨胀，然后用木棒将活塞销从座孔内推出，也可用专用工具——拉力器拉出，如图 4-35 所示。

4. 分解气缸套部件

气缸套上的油缸拉杆式卸载机构包括弹性圈、垫环、转动环、开口销、弹簧和顶杆。拆卸时应按上述顺序进行。拆卸前应检查顶杆的高度是否相同，高低不平会导致吸气阀片关闭不严，压缩机漏气。

5. 拆卸主轴承

用螺旋式工具将主轴承从轴承座上拉出（或用压床压出），取下定位圆销。注意不要碰伤轴承座孔。

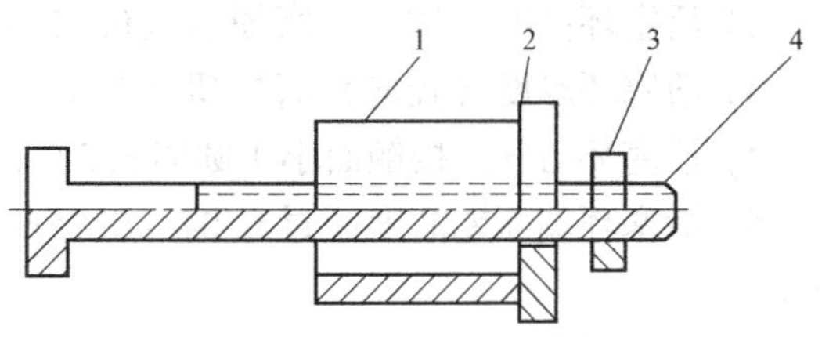

图 4-35　拆卸活塞销的专用工具
1—套筒　2—垫圈　3—螺母　4—拉杆

四、活塞式制冷压缩机主要零部件的检测

零部件的检测主要是测量配合间隙是否超出规定范围，检查各零部件的磨损量是否超过极限，由此来确定零件是否需要修理或更换。一般情况下，测量工作应与拆卸工作同时进行。此外，在测量检查的同时，必须将所得的数据进行详细记录，作为压缩机的重要修理档案，以备装配或下次修理时参考。

虽然各种活塞式制冷压缩机的技术数据不尽相同，但其检查和测量的方法是相通的。

1. 检测吸、排气阀片

阀片开度过大，则阀片运动速度大，阀片容易被击碎；开度过小，则制冷剂蒸气通过阀片的阻力增大，影响吸、排气效率。可用深度尺或塞尺测量阀片开度。阀片严密性的检查可用煤油作渗漏试验的方法进行。当阀片有轻微磨损或划伤时，应重新研磨和检修。若出现下列情况之一，就必须更换阀片。

1）阀片磨损使其厚度比原标准尺寸小0.15mm。

2）间隙比正常值大0.3～0.5mm。

3）阀片的密封面磨薄到原厚度的1/3，或磨损出环沟状且沟深达0.2mm。

2. 检测气缸余隙

选择粗细适度的软铅丝放置在活塞顶部，一般均匀地选择四个位置放置，再装好排气阀组和气缸盖，转动曲轴1～2圈，将铅丝压扁，然后取出四根压扁的铅丝，用外径千分尺分别测量厚度，取平均值即为活塞上止点余隙。

3. 检测活塞与气缸壁的间隙

测量时，手动盘车，用塞尺测量活塞与气缸（或气缸套）配合面的上、中、下三个部位的间隙。测量时仍然分四点进行。为了精确起见，当上述测量完毕之后，将活塞环全部取出，再作一次测量，并记录测量数据，以供分析参考。若气缸（或气缸套）磨损比原标准尺寸大0.15～0.25mm，或气缸与活塞的间隙超过0.5～0.6mm，应检修。当活塞最大磨损在0.3～0.35mm时，应更换活塞。

4. 检测活塞环

将活塞连杆组取出气缸之外，用塞尺直接测量活塞环与环槽的轴向间隙。而活塞环的开口间隙，则是活塞环放入相当于气缸公称直径的量规中，用塞尺测量的。活塞环一般不进行修理，当出现下列情况之一时，就必须更换。

1）活塞环在工作状态时的开口间隙，超过了$0.004D^{+0.2}_{-0.0}$（直径D小于120mm）或$0.004D^{+0.3}_{-0.0}$（直径D大于120mm），或搭口间隙超过正常间隙的2～3倍。

2）活塞环高度（轴向）磨损超过0.15mm。

3）活塞环厚度（径向）磨损超过1mm。

4）活塞环与气缸接触面小于圆周长2/3，其他不接触部分与气缸壁间隙超过0.03mm。

5）活塞环端面翘曲度超过0.04～0.05mm（活塞环的直径越小，其端面翘曲度要求就越小）。

6）活塞环重量减轻了10%。

7）活塞环弹性减弱到原来的25%。

5. 检测活塞销

用外径千分尺测量活塞销，一般磨损量达 0.1mm 或椭圆度超过直径公差的 1/2 时，应更换活塞销。可以用内径千分尺测量小头衬套，一般磨损量达 0.1mm 以上时，应更换小头衬套。

6. 检测曲轴

（1）测量曲柄销中心线与主轴颈轴线的平行度误差　将曲轴架在标准的检验装置上，将两主轴颈校平，平行度误差要小于 0.01mm。然后以主轴颈为基准，用带支架的千分表沿着轴向移动，检查主轴颈和曲柄销的平行度误差，在 100mm 长度上不大于 0.02mm，否则应检修。

（2）测量主轴颈、曲柄销的椭圆度和圆锥度误差　测量主轴颈可用千分表，测量曲柄可用外径千分尺。主轴颈的椭圆度达到直径的 1/1500 时，最好进行修正；达到 1/1250 时，必须修理。曲柄销的椭圆度达到 1/1250 时，最好进行修理；达到 1/1000 时，必须进行修理。总磨损量超过 5/1000 时，必须更换曲轴。

7. 检测连杆

检测时，若连杆出现裂纹、弯曲、扭曲或折断等现象，必须予以更换。

（1）测量连杆大头轴瓦中心线与活塞销的平行度误差　把装有连杆的曲轴架在标准的检验装置上。连杆大头轴瓦在最低、最高位置时，用千分表分别测量活塞销的倾斜度误差，在 100mm 长度上，应不大于 0.1mm。如果倾斜度误差过大，说明连杆弯曲，应进行检查。

（2）测量连杆大头轴瓦的间隙　一般是在下轴瓦两侧放置两根软铅丝（铅丝直径比轴瓦标准间隙大 2～3 倍），把下轴瓦装上、上紧，再把下轴瓦拆掉，用外径千分尺测量铅丝的直径。连杆大头轴瓦的间隙一般为轴颈的 1/1000，上轴瓦 100°角内不应有间隙。

8. 检测轴封

1）轴封装置中的动环和静环的摩擦面平行度误差，不应超过 0.015～0.02mm，表面粗糙度应符合要求，磨损过度应更换。

2）轴封漏油每小时超过 10 滴时，应拆卸检修或更换。

3）轴封装置良好时，不需拆卸。因轴封零件每拆一次就变动一次位置，加之轴封橡胶圈被润滑油浸泡发胀，拆后不再恢复原尺寸。

9. 检测油泵

一般用塞尺测量油泵齿轮与泵壳之间的径向间隙，再用压铅法分别测量油泵齿轮的啮合间隙和轴向间隙。

活塞式制冷压缩机拆卸与检测过程的有关情况与数据应记录在表 4-21 中。

表 4-21　活塞式制冷压缩机拆卸与检测过程记载表

序号	工作任务	出现的问题	解决的方法	数据记录	备注
1	制冷压缩机的拆卸				
2	几个重要部件的分解				
3	主要零部件的检测				

五、注意事项

拆卸与检测制冷压缩机时，应注意事项如下：

1）制冷压缩机拆卸全过程，必须严格遵守各项检修和安全操作规程，落实各项安全措施。

2）拆卸前，必须关闭所有与压缩机相关联的外管阀门，挂牌警示。一定要打开压缩机放空阀，接通大气，确保将吸排气腔、曲轴箱和气缸内的气压卸为常压后，才能开始进行下一步的拆卸工作。

3）拆卸前，必须可靠地切断压缩机的所有电源，挂牌警示，并有专人监护，禁止合闸。

4）工作环境应保持良好通风，防止制冷剂浓度超标；拆卸过程应用安全行灯照明。

5）检修及盘车应相互监护，以免人身或设备事故的发生；吸、排气阀盖及气缸盖拆卸时，应对称留两个螺母，用螺钉旋具将压盖撬起检查，确认缸内已卸为常压后再将螺母全部卸去。

6）在处理临时故障时，应待气缸温度降至60℃以下，方可拆卸气缸上的部件，否则，因润滑油的高温汽化，可能会引起气缸着火爆炸事故。

【拓展知识】

一、活塞式制冷压缩机轴封的修理

在轴封的修理中，对变形、老化、失去弹性的密封橡胶圈和弹簧应及时更换，对有轻度磨损和划伤的动、静密封环，可通过研磨来修复。

为提高密封面的研磨效果，应准备三个研磨平板。平板制作简单，将0.5μm、1.5μm、2.5μm三种不同的金刚砂（研磨粉）用汽油浸泡后，分别洒在三个一级精度的400mm×400mm的平板上。加少许煤油涂抹均匀后，用表面粗糙度*Ra*值为0.8μm的圆钢来回碾压，直到金刚砂均匀嵌镶在平板表面，然后用布擦光即可看见暗灰色亚光镜面。

可根据密封面的磨损或划伤的程度，分别在粗、中、细平板上研磨（其中0.5μm平板为精研磨，2.5μm平板为粗研磨）。研磨时用汽油作润滑剂，用力均匀地沿“8”形轨迹研磨。也可用毛玻璃（磨砂玻璃）作平板进行研磨。但这种研磨平板的金刚砂或研磨膏呈浮动状态，相对切削量小，速度极慢。在精研磨时，把绸布铺在玻璃板上，涂上研磨粉和冷冻机油后进行研磨。检验动、静密封面的研磨质量，主要用零级刀口尺检查其平面度。

二、活塞式制冷压缩机卸载机构的修理

卸载机构中，顶杆与转动环是容易磨损的，特别是顶杆的长度既不可过长又不可过短，过长会把吸气阀片顶变形或者顶杆本身弯曲，过短又不能顶起阀片，使气缸不能卸载。特别是当吸气阀片座的密封线经几次研磨后，顶杆也相对地变长，必须用锉修方法使顶杆缩短到要求尺寸。

【思考与练习】

1. 简述活塞式制冷压缩机拆卸的基本要求。

2. 试述活塞式制冷压缩机拆卸的主要步骤和要点。

3. 试述活塞式制冷压缩机重要部件分解的主要步骤和要点。

4. 简述活塞式制冷压缩机主要零部件的检测方法。

5. 如何判断活塞式制冷压缩机的零部件是否需要更换？

课题六　制冷压缩机的装配

【知识目标】

1）了解活塞式制冷压缩机连杆大头和气缸的基本形式。

2）熟悉制冷压缩机装配的基本要求。

3）明确活塞式制冷压缩机各零部件的装配关系和总装配的工艺流程。

【能力目标】

1）掌握活塞式制冷压缩机装配与检漏的方法。

2）能按要求完成活塞式制冷压缩机的装配与检漏。

【相关知识】

一、活塞式制冷压缩机连杆大头和气缸的基本形式

1）连杆大头的基本型式有剖分式和整体式两种。整体式连杆大头仅用于曲柄轴或偏心轴结构的压缩机中，为小型封闭式压缩机广泛采用。剖分式连杆大头又分为平剖式和斜剖式两种。斜剖的目的在于减少连杆的外缘尺寸，以便能把活塞连杆组件从气缸中直接取出，但由于加工复杂，远不如平剖式使用广泛。

剖分式连杆大头内孔与大头盖是单配加工完成的，因而没有互换性，装配时要对方向记号，并由定位装置来确保大头内圆的正确形状。

2）根据气缸与曲轴箱的连接方式，可将气缸的结构形式分为三类：第一类是气缸直接在机体上加工而成，气缸和曲轴箱呈一体结构，没有气缸套，如2F6.3；第二类是将机体分为气缸体和曲轴箱上、下两部分，这两部分依靠螺栓联接，没有卸载机构，也没有气缸套，如2F10；第三类是在机体上加工了气缸孔，把气缸套嵌在气缸孔内，卸载机构就安装在气缸套外壁上，气缸套外壁周围是低压制冷剂气体，如4FS7B、812.5G等。

气缸体和气缸套分开的结构形式机体刚性好、结合面少、结构简单，气缸套和机体可分别采用不同的材料，对气缸体的要求低，所以为国内外高速多缸的压缩机广泛采用。

二、活塞式制冷压缩机装配的基本要求

制冷压缩机的装配是检修工作的最后阶段，零部件经拆卸、检测和修理（或更换）后，可进行装配。整机性能的好坏与装配技术和质量密切相关。因此，压缩机在装配后，必须进行检漏和试运转，以检查和判断装配的质量，确定机器能否接入系统并投入运行。

制冷压缩机的结构复杂，各零部件间的配合要求较高，应当根据技术要求，照图按程序

进行装配。一般是先装相关组合件，再总体装配。以下是制冷压缩机装配的基本要求。

1）各零部件在装配前，都应用煤油或汽油清洗干净并作干燥处理。要特别注意对油孔、油路的清洗和检查，轴承的油孔不要错位。不允许有任何异物进入轴承、气缸、缝隙、填料及进出口管道中。

2）应按拆机的相反顺序装配各零部件，同型零件应按记号组装。各零部件、组合件，经检查合格后，才能用于部件的装配和机器的总装。

3）凡有相对运动的机件光洁面、摩擦面，装配时均要涂滴上适量的冷冻机油，这样既利于装配又可防锈。

4）应确保连杆、活塞等部件的配合间隙在规定范围内，用手盘动应灵活而又不松动。气缸余隙可通过气缸盖垫片厚度来调整的，更换新活塞后，应对余隙进行测量。在正常情况下，垫片厚度和余隙都不作调整。

5）与机体装配有间隙的结合面（如前、后主轴承座与机体孔的结合面等），纸垫厚度应按要求选用，不得任意改变。必要时，可在垫片上涂上密封胶，以加强密封性。

6）紧固各部件的螺栓（螺母）时，扳手大小应适合，用力要均匀，最好使用力矩扳手，根据螺栓的直径大小选择不同的转矩。

7）压缩机组装完毕后，还应对轴封、密封垫、紧固螺栓等部位进行检漏。

【任务实施】

冷库常用的各类活塞式制冷压缩机装配工艺基本相似，但因结构不同，要求也不同。2F10 型制冷压缩机是小型冷库常用的压缩机，其装配的步骤和方法具有一定代表性。因此，任务的实施，可通过 2F10 型制冷压缩机的装配来实现。

任务实施所需的主要设备有 2F10 型制冷压缩机、4FS7B 气缸套及阀片组件；主要工具有活扳手、呆扳手、套筒扳手、梅花扳手、内六角扳手、尖嘴钳、螺钉旋具、活塞环及活塞销拆卸工具、木（铜）锤、吊栓等；主要量具有游标卡尺、千分尺、塞尺、内径千分表等；常用耗材有煤油（柴油）、冷冻机油、棉纱、密封垫片等。

一、活塞式制冷压缩机装配工艺的总体认识

1. 压缩机的装配关系

在装配压缩机前，应熟悉各零部件的名称、数量和主要作用，明确各零部件和机构的装配关系，了解压缩机装配的一般规律和要求。2F10 型制冷压缩机的装配关系，如图 4-36 所示。

2. 总装配工艺流程

总装配是将各个组装好的部件逐一装入机体。一台制冷压缩机是由许多零部件组装而成的，哪些零部件先装，哪些后装，要有一个合理的程序。只有按照一定的程序装配压缩机，才能保证零部件装得进，装得正确，装得快，不出装配差错，整机性能良好。

总体的要求是，先将零件组装成部件，再把部件和整体构件进行组装，装配成整机。2F10 型制冷压缩机总装配的工艺流程，如图 4-37 所示。

3. 配合间隙要求

主要部件配合间隙应达到一定的技术要求，见表 4-22。在装配过程中，若零部件已磨

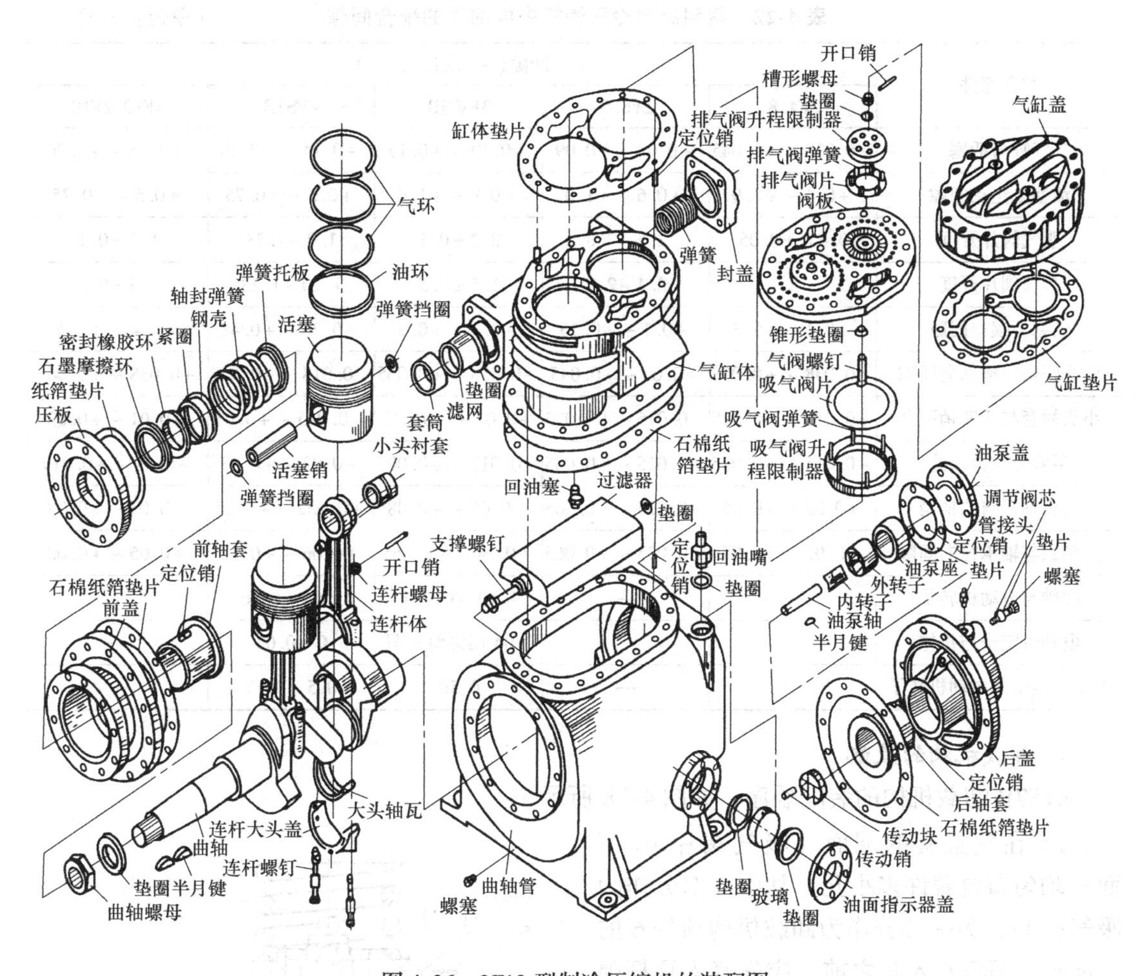

图 4-36　2F10 型制冷压缩机的装配图

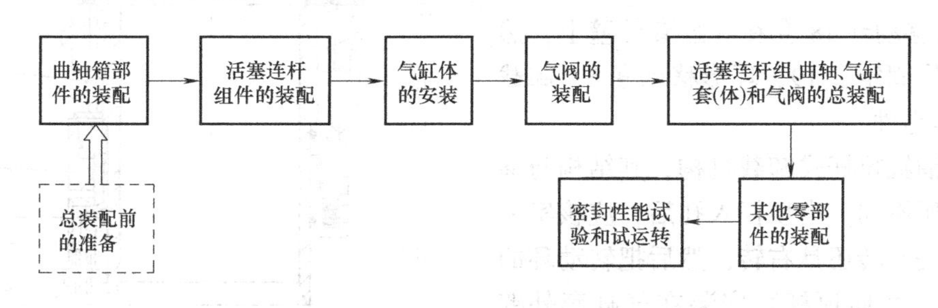

图 4-37　2F10 型制冷压缩机总装配的工艺流程

损，经修配后仍然达不到要求，应更换。

二、气缸套及阀片组件的装配

大、中型冷库用的活塞式制冷压缩机，常采用气缸体与气缸套分开、卸载机构安装在气缸套外壁上的形式（如 4FS7B）。此类压缩机气缸套及阀片组件的装配，主要包括卸载机构和气阀两部分。

表 4-22 氟利昂制冷压缩机主要部件的配合间隙 (单位：mm)

配合部件	间隙(+)或过盈(-)				
	2F4.8	2F6.5	3FW5B	4FS7B	4F10,2F10
气缸与活塞	+0.025~+0.045	+0.03~+0.09	+0.13~+0.17	+0.14~+0.20	+0.16~+0.20
活塞上止点间隙	+0.4~+0.9	+0.6~+1.0	+0.8~+1.0	+0.5~+0.75	+0.5~+0.75
吸气阀片开度	0.45 ±0.05	2.5~2.8	2.2±0.1	1.0~1.28	1.2±0.1
排气阀片开度	2	2.4~2.7	1.5±0.5	1.10~1.28	1.5±0.5
活塞环锁口间隙	+0.1~+0.3	+0.1~+0.25	+0.2~+0.3	+0.28~+0.48	+0.4~+0.6
活塞环与环槽轴向间隙	+0.038~+0.058	+0.02~+0.045	+0.038~+0.065	+0.018~+0.048	+0.038~+0.065
小头衬套与活塞销配合	+0.015~+0.025	+0.015~+0.035	+0.01~+0.025	+0.015~+0.03	+0.01~+0.03
活塞销与销座孔	-0.015~+0.025	-0.015~+0.005	-0.017~+0.005	-0.02~+0.03	-0.01~+0.019
大头轴瓦与曲柄销	+0.03~+0.06	+0.035~+0.065	+0.05~+0.08	+0.052~+0.12	+0.05~+0.08
主轴颈与轴承径向间隙	+0.02~+0.05	+0.035~+0.065	+0.04~+0.065	+0.06~+0.12	+0.05~+0.08
曲轴与电动机转子	—	—	0.01~0.054	0.04~0.06	—
电动机定子与机体	—	—	0.04 用螺钉一只	0~0.03	—
电动机定子与电动机转子	—	—	0.50	0.5~0.75	—

1. 卸载机构的装配

4FS7B 卸载机构的装配顺序，如图 4-38 所示。

1）在气缸套的端面（吸气阀片 10 下面）均匀布置着许多小孔，其中一部分作为吸气孔 17，另一部分作为卸载机构顶杆 6 的导向孔。顶杆 6 入孔之前，应先套入顶杆弹簧 7。

2）把移动环 18 套在气缸套外壁上，然后安装环形固定套 19、环形移动套 5、卸载弹簧 20 等零件。

对于油缸拉杆式卸载机构，其结构与移动套式有所不同。当顶杆入孔后，应核实一下转动环是左转还是右转，然后把转动环的缺口向上（面向顶杆）安装在气缸套外壁上，再装上垫环和弹性圈，并检查转动环的移动是否灵活、准确。

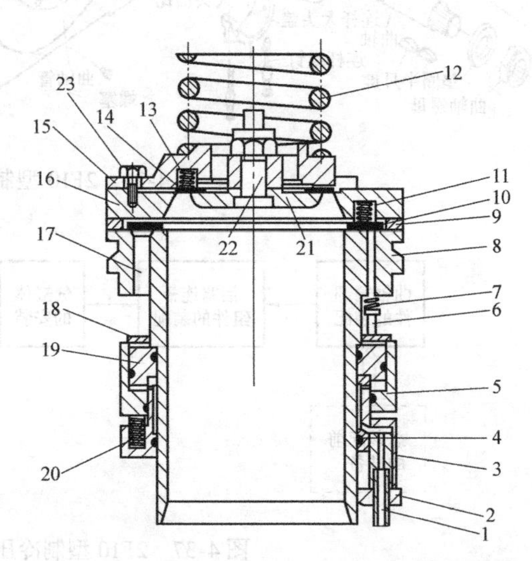

图 4-38 4FS7B 气缸套及阀片组件的装配图

1—油管 2—油管接头 3—定位接头 4—密封圈 5—环形移动套 6—顶杆 7—顶杆弹簧 8—气缸套 9—吸气阀片导向环 10—吸气阀片 11—吸气阀片弹簧 12—假盖弹簧 13—排气阀片弹簧 14—排气阀片 15—排气阀外阀座 16—排气阀座 17—吸气孔 18—移动环 19—环形固定套 20—卸载弹簧 21—排气阀内阀座 22—螺栓 23—螺钉

2. 气阀的装配

4FS7B 吸、排气阀的装配顺序，如图 4-38所示。

1）将吸气阀片 10 放在气缸套 8 的端面上与密封线贴合。

2）放上吸气阀片弹簧 11 并调整好位置。

3）通过螺栓 22 把排气阀内阀座 21、排气阀片 14、排气阀片弹簧 13 和排气阀外阀座 15 组装起来，组成一个排气阀组。

4）将这个排气阀组与排气阀座 16 通过螺钉 23 组装起来，组成一个假盖。

5）把假盖放在吸气阀片弹簧 11 上面，注意让吸气阀片 10 上的弹簧进入排气阀座 16 的孔中，检查吸气阀片 10 是否有上下位移。

6）将假盖弹簧 12 套在排气阀外阀座 15 上。假盖与气缸套端面之间的静装配就是依靠假盖弹簧压力来保证的。当活塞压缩液体发生“液击”现象时，气缸内的压力急剧升高，若压力大于假盖弹簧 12 和高压腔压力之和，则假盖升起，使气缸套端面出现缝隙，气缸内液体由此排进入高压区，以保护阀片组不受损坏。

7）将气缸盖的弹簧孔（图中未画）对准假盖弹簧，先穿上两条长螺栓将缸盖压下，检查假盖弹簧是否入位，之后将螺栓拧紧。

8）穿上气缸盖的其他固定螺栓并依次对称拧紧。

三、活塞式制冷压缩机的总装配

1. 做好总装配前的准备工作

在开始装配之前，应根据标记和编号，将所有的零部件按装配顺序，分类排列整齐，并清点数目，各种工量具也应分类排列整齐。准备好各种易损件，例如，所需的垫圈、挡销、密封垫片和填料等物件。再次进行安全检查，确保与压缩机连接的阀门和电源都处于关闭、切断状态，确保曲轴箱内不存在异物。

2. 2F10 曲轴箱部件的装配

2F10 曲轴箱的装配顺序如图 4-39 所示。

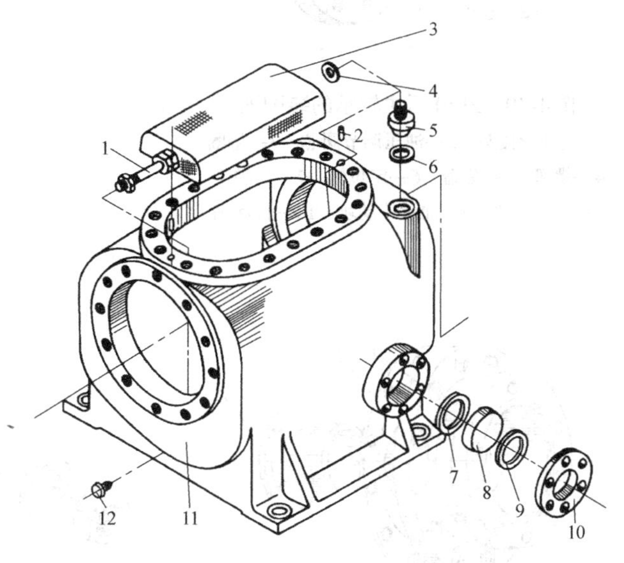

图 4-39　2F10 曲轴箱部件的装配图

1—支撑螺钉　2—定位销　3—过滤器　4、6、7、9—垫圈　5—回油嘴　8—玻璃视油镜片　10—视油镜盖　11—曲轴箱　12—泄油螺塞

1）将支撑螺钉 1 旋入过滤器 3 上。再将其放入曲轴箱底部的储油槽内。把支撑螺钉 1 与油泵的吸油管头接好拧紧。

2）安装曲轴箱侧面的视油镜。装配时要注意垫圈 7、9 的厚度不能随意改变，否则容易漏油或压碎玻璃视油镜片 8。

3）装配 2F10 后主轴承，如图 4-40 所示。将后轴承 7 装入后盖 5 的轴承座孔内，轻轻转动后轴承 7，使定位销 6 对准定位销孔，定位销的作用是防止曲轴转动时带动轴承旋转。在后盖 5 端面上贴上密封垫片 8，再将其推入曲轴箱的后盖孔内，对正位置后均匀拧紧螺栓，使之固定在机体上。之后安装进油管接头 1（内接油泵输油口，外接油压表）、油压调节阀芯2及螺塞4。

4）装配2F10曲轴。给主轴颈涂抹冷冻机油、托起曲轴，经曲轴箱的前孔进入曲轴箱，把后轴颈推进后轴承7内。

5）装配2F10前主轴承，如图4-41所示。把前轴承4装入前盖1的轴承座孔内，轻轻转动前轴承4，使定位销3对准定位销孔，以防后轴承转动。把密封垫片2贴在前盖1端面上，托着前盖，使主轴颈进入前轴承，然后把前盖、垫片贴在曲轴箱的前盖孔上，对正位置后均匀拧紧螺栓，使之固定在机体上（前盖的另一侧准备连接轴封压板）。此时转动曲轴应感到轻松灵活无卡涩现象，也无轴向窜动。

3. 2F10活塞连杆组件的装配

2F10活塞连杆组件的装配顺序如图4-42所示。

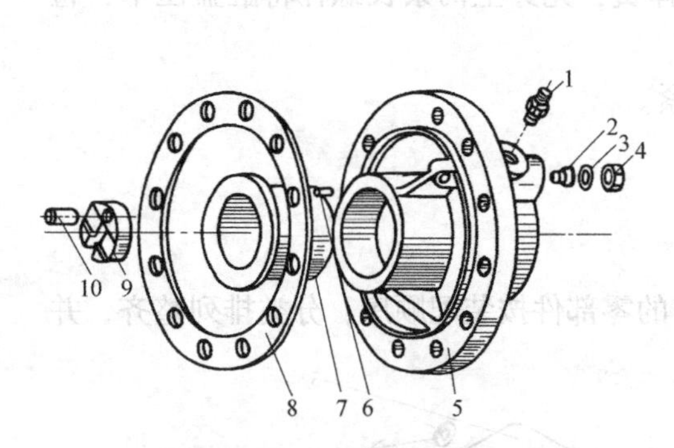

图4-40 2F10后主轴承的装配图

1—进油管接头 2—油压调节阀芯 3—垫圈 4—螺塞 5—后盖 6—定位销 7—后轴承 8—密封垫片 9—油泵传动块 10—传动销

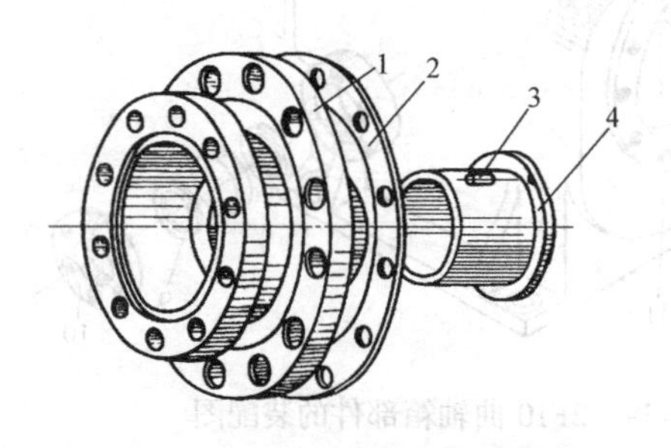

图4-41 2F10前主轴承的装配图

1—前盖 2—密封垫片 3—定位销 4—前轴承

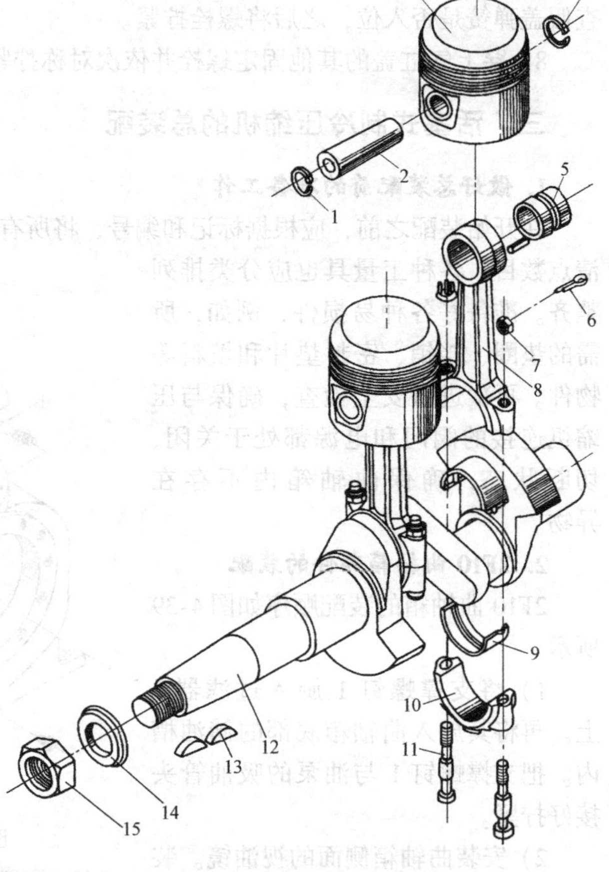

图4-42 2F10活塞连杆组件的装配图

1、4—弹性挡圈 2—活塞销 3—活塞 5—小头衬套 6—开口销 7—连杆螺母 8—连杆体 9—连杆大头轴瓦 10—连杆大头盖 11—连杆螺栓 12—曲轴 13—半圆键 14—垫圈 15—曲轴螺母

1）将连杆小头衬套5压入连杆小头孔中，要使衬套内油槽与连杆体8的中心线相交成45°，使油槽避开承载区，以保证小头衬套5和活塞销2之间的润滑油量充足。

2）连接活塞与连杆。先把连杆小头伸入活塞3的内部，使小头衬套5对准活塞销座孔，然后给活塞销2涂抹冷冻机油，再将其压入小头衬套5内。装上活塞销两端的弹性挡圈1和4，挡圈应全部进入活塞销座孔的环槽中，并与活塞销端面贴平。要求装配后活塞销能在衬套内转动，但不允许有轻微晃动。

3）将油环、气环依次套入活塞环槽中。安装活塞环可借助活塞环装卸套，也用布条拉住搭口两端，张大环口间隙，再套入活塞环槽上。活塞环搭口应错开120°，油环15°的斜面应向上。

4）装配连杆大头。将活塞连杆组件提起，先往连杆大头孔装入轴瓦9的上半部（上瓦），使瓦背上的凸台扣入连杆大头孔上的凹槽内，再把带瓦的连杆大头孔套入曲柄销上，可轻微盘动曲轴使其接触严密。合上带下瓦的大头盖10，穿上连杆螺栓11，拧紧连杆螺母7。转动曲轴12应灵活自如，连杆大头轴瓦应在曲柄销上能滑动，但应无明显晃动余量。然后装上开口销6以防螺栓松动。

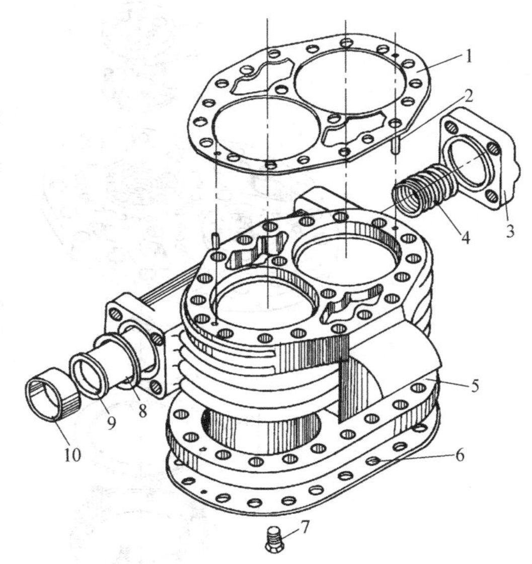

图4-43　2F10气缸体的装配图

1—气缸体垫片　2—定位销　3—后封盖　4—弹簧　5—气缸体　6—密封垫片　7—回油塞　8—垫圈　9—过滤网　10—套筒

4. 2F10气缸体的安装

2F10制冷压缩机的机体，由气缸体和曲轴箱上、下两部分组成，没有卸载机构，其气缸体安装方法如图4-43所示。

1）在曲轴箱顶面放上密封垫片6，抬起气缸体5，慢慢落入图4-39中的曲轴箱11的顶面。把定位销插入气缸体和曲轴箱上的定位销孔，拧紧所有固定螺栓。

2）将清洗好的过滤网9装到气缸体吸气端，先装弹簧4、密封垫和后封盖3，然后用前封盖将过滤网的套筒压进，拧紧所有固定螺栓。

5. 2F10气阀的装配

2F10气阀的装配包括排、吸气阀的两部分的装配。

1）2F10阀片组件的装配顺序，如图4-44所示。

① 将排气阀片6放在阀板7上的阀口处。

② 将排气阀片弹簧5放在排气阀片6上，调整弹簧位置。

③ 把排气阀片升程限制器4慢慢套入排气阀片弹簧5，并压在阀板7上（也可将弹簧涂一点润滑脂，先将排气阀片弹簧5放入排气阀片升程限制器4的孔内，再压在阀板上）。

④ 在阀板7的另一侧放上锥形垫圈8，再穿上排气阀螺钉9。

⑤ 在排气阀片升程限制器4一侧将垫圈3套上，拧紧槽形螺母2，最后穿上开口销1。

2）2F10吸气阀的装配顺序也如图4-44所示。

① 将吸气阀片升程限制器12放入图4-43所示气缸体的端盖上。

② 将吸气阀片弹簧11放入吸气阀片升程限制器12的孔内。

③ 将吸气阀片 10 放到吸气阀片升程限制器 12 上的吸气阀片弹簧 11 上面。

④ 用细铁棒顶阀片周围，阀片应能在升程限制器限制范围内上下动作。

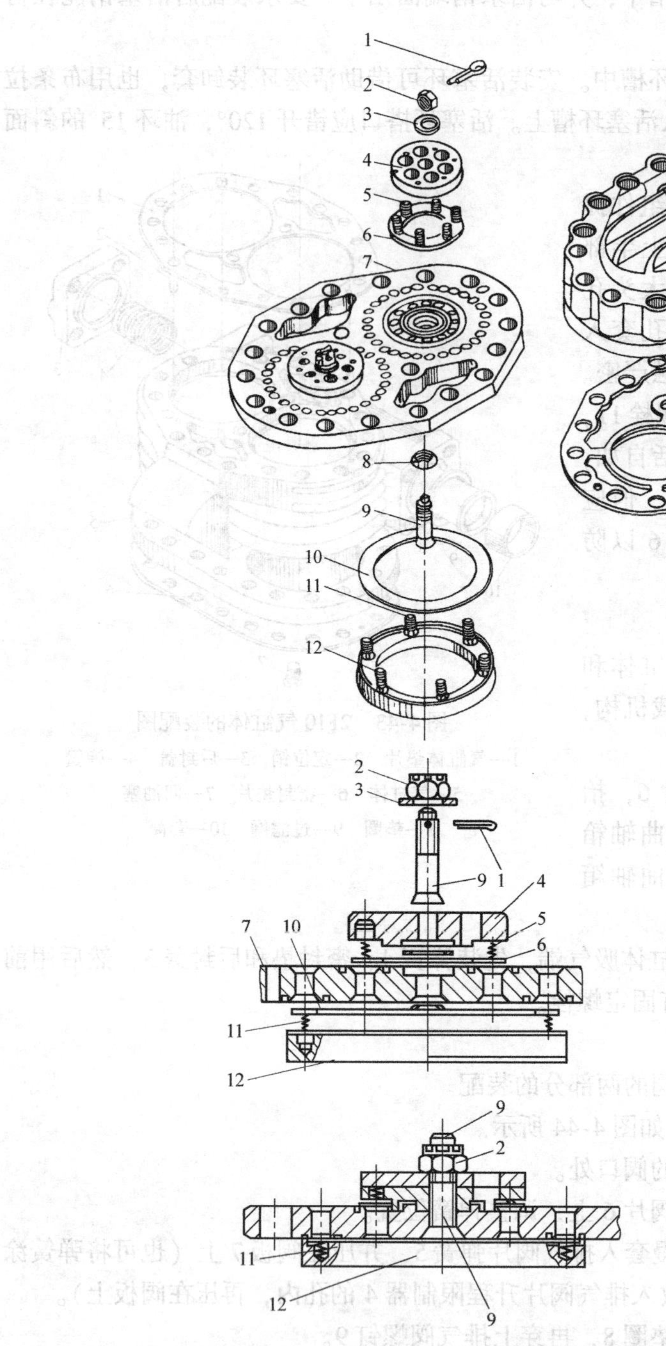

图 4-44 2F10 阀片组件的装配图

1—开口销 2—槽形螺母 3—垫圈 4—排气阀片升程限制器 5—排气阀片弹簧 6—排气阀片 7—阀板 8—锥形垫圈 9—排气阀螺钉 10—吸气阀片 11—吸气阀片弹簧 12—吸气阀片升程限制器 13—气缸盖 14—气缸盖密封垫片

⑤ 放好气缸盖密封垫片 14，将气缸盖 13 盖好，用螺栓紧固好。

6. 活塞连杆组、曲轴、气缸套（体）和气阀的总装配

1）如果连杆大头为斜剖式，则连杆大头可穿过气缸。其装配程序是：

① 在曲轴箱上安装气缸套。

② 转动曲轴，使曲柄销升到最高位置。

③ 将活塞连杆组件吊起，慢慢将连杆大头通过缸套。

④ 当油环接触到气缸体上沿时，调整活塞环搭口互为 120°。

⑤ 用旋具轻轻顶住环口，晃动一下活塞则第一道环即可进入气缸，照此方法将两道气环全部送入气缸（也可用活塞装卸套把活塞装入气缸）。

⑥ 把连杆大头轴瓦套在曲柄销上，合上大头盖，穿上连杆螺栓并拧紧螺母。

⑦ 转动曲轴，检查、调整气缸余隙及各运动部件的配合情况。装上开口销，以锁紧螺母。

⑧ 在各气缸套端面装配气阀（或假盖及假盖弹簧）、密封垫片、气缸盖，旋上拧紧气缸盖螺栓。

2）如果连杆大头为平剖式，则连杆大头一般都不能穿过气缸。其装配程序是：

① 气缸套安装之前，先将活塞环搭口错开 120°。

② 把活塞从气缸套下口推入气缸内（气缸套下口有一导向锥面，活塞环很容易进入气缸）。

③ 把两只带吊环的螺栓旋入气缸套顶端螺孔内，把一只旋入活塞顶端螺孔内，并在吊环内穿入钢杆作为提把。

④ 提起连杆、活塞、缸套组合件，装入机体的气缸孔内，使气缸套定位销对准定位槽，使转动环凹槽对准拉杆凸圆。

⑤ 缓缓推下连杆活塞组，盘动曲轴使连杆大头对准主轴颈。

⑥ 在主轴颈与连杆大头孔之间装入上连杆瓦，使瓦背上的凸台扣入连杆大头孔上的凹槽内，再盘动曲轴使其接触严密。

⑦ 穿入连杆螺栓，合上带下瓦的大头盖，旋上、拧紧螺母。

⑧ 转动曲轴，检查、调整气缸余隙及各运动部件的配合情况。装上开口销，完成一只缸的装配，其余各缸的装配可参照上述过程。

⑨ 对于油缸拉杆式卸载机构，应进行顶杆动作试验。可用螺钉逐个顶动活塞，观察顶杆升降状况，比较顶杆高度。若升降灵活、高度统一，说明卸载机构装配合格。

⑩ 在各气缸套端面装配气阀（或假盖及假盖弹簧）、密封垫片、气缸盖，旋上拧紧气缸盖螺栓。

7. 其他零部件的装配

1）油泵、精过滤器、油压调节阀、油三通阀（加油阀）、油气分离器的回油装置、油分配阀、能量调节装置（如油泵、油活塞、拉杆等）、机油铜管等零部件的装配。

2）开启式压缩机轴封的装配。当压缩机装配结束后，应对其进行全面检查。用手转动曲轴，如果感到轻重不均和有碰撞现象、转动太紧或转不动时，说明气缸余隙不对或其他部件间隙调整不当，应进行调整。

至此，2F10 型制冷压缩机的总装配已完成。

2F10 型制冷压缩机总装配过程的有关情况应记录在表 4-23 中。

表 4-23　2F10 型制冷压缩机总装配过程记载表

序号	装配任务	零部件的名称及数量	出现的问题	解决的方法	效果	备注
1	曲轴箱部件的装配					
2	活塞连杆组件的装配					
3	气缸体的安装					
4	气阀的装配					
5	活塞连杆组、曲轴、气缸套(体)和气阀的总装配					
6	其他零部件的装配					

在 2F10 型制冷压缩机的总装配过程中，其主要部件装配间隙的质量应记录在表4-24中。

表 4-24　2F10 型制冷压缩机主要部件装配间隙质量记载表

序号	配合部件	间隙(+)或过盈(-)		装配质量		备注
		标准值/mm	实测值/mm	合格	不合格	
1	气缸与活塞	+0.16 ~ +0.20				
2	活塞上止点间隙	+0.5 ~ +0.75				
3	吸气阀片开度	1.2 ±0.1				
4	排气阀片开度	1.5 ±0.5				
5	活塞环锁口间隙	+0.4 ~ +0.6				
6	活塞环与环槽轴向间隙	+0.038 ~ +0.065				
7	连杆小头衬套与活塞销配合	+0.01 ~ +0.03				
8	活塞销与销座孔	-0.01 ~ +0.019				
9	连杆大头轴瓦与曲柄销	+0.05 ~ +0.08				
10	主轴颈与轴承径向间隙	+0.05 ~ +0.08				

四、密封性能试验

2F10 型制冷压缩机组装完毕后，需进行各种试验，合格后方可投入运行。首先要进行的是密封性能试验，对轴封、密封垫、管阀件和紧固螺栓等部位进行检漏。

1. 卤素检漏

在吸、排气截止阀关闭的状态下，在吸气截止阀的旁通孔处充入 0.5 ~0.8MPa 的制冷剂，用卤素电子检漏仪对相关部位进行仔细检查，若有泄漏则会报警。检查轴封时，还要盘车转动主轴，作动态检查。

2. 氮气检漏

在吸、排气截止阀关闭的状态下，在压缩机内充入 0.8 ~1.0MPa 氮气后，用肥皂水（或洗涤灵）涂抹相关部位，仔细查看是否有泄漏而起泡的现象。如果条件许可，也可以把压缩机全部浸没在水池的水中，经 5min 试验，如果水面上无气泡出现可认为合格。

2F10 型制冷压缩机密封性能试验的有关情况应记录在表 4-25 中。

表 4-25　2F10 型制冷压缩机密封性能试验记载表

试验方法	试验器具	试验介质	压力/MPa	试验部位的情况				结论
				轴封	密封垫	管阀件	紧固螺栓	
卤素检漏	电子检漏仪	R22	0.5～0.8					
氮气检漏	肥皂水	N_2	1.0					

五、加注冷冻机油

2F10 型制冷压缩机密封性能试验合格后，可在加油孔处加注冷冻机油，直至油面升到指示器的半高处。

六、试运转

制冷压缩机的试运转主要包括空气负荷试运转和连通系统试运转等内容，可参见第三单元课题二的相关内容。

七．注意事项

装配制冷压缩机时，应注意事项如下：

1）制冷压缩机装配过程不要忘记装垫圈、挡销、垫片、填料物件，应防止小零部件或工具掉入曲轴箱内。如果不及时发觉并取出，可能会酿成重大机械和安全事故。

2）用扳手紧固各部件的螺栓时，用力大小应与螺栓相适合。若用力过大，则螺栓预应力增大而易疲劳断裂；若用力太小，则紧力不够而易松动，并造成振动或漏气。紧固多只同组螺栓时，应对称均匀进行，并应随时测查各被紧件的缝隙，要均匀地靠紧。若发现缝隙有偏斜时，应拆开检查，消除异常后重紧，不许靠螺栓的不同紧力作调整。

3）需要起吊装配时，应采用承重能力大于机组重量的起重设备进行起吊装配，吊运速度、加速度应限制在许可的范围之内。

4）试运转时，严格检查压缩机的运转方向，当发现反转应立即停机，切断电源，把三相线任意两根对调再重新开机，否则会损坏压缩机。

【拓展知识】

制冷压缩机的润滑系统正常工作是压缩机正常运转的重要条件之一。良好的润滑效果是保证压缩机长期、安全、有效运转的关键。

一、润滑油的作用

（1）降低磨损　润滑油可在作相对运动的零件表面间形成油膜，降低压缩机的摩擦功、摩擦热和零件的磨损，提高压缩机的机械效率，增加压缩机的可靠性和耐久性。

（2）冷却清洁　润滑油可带走部分摩擦热，使摩擦表面温度不致过高，还可带走部分磨屑，改善摩擦表面的工作状况。

（3）加强密封　压缩机正常运行时，活塞与气缸的间隙、轴封的摩擦表面之间，都充满了润滑油，可起到加强密封的作用。

(4) 提供动力　压力润滑系统产生的油压力可以作为操纵压缩机能量调节机构的液压动力。

二、制冷压缩机润滑的方式

一般来说，制冷压缩机的润滑方式可分为飞溅润滑和压力润滑两种。

(1) 飞溅润滑　飞溅润滑是利用运动零件的击溅作用，将润滑油送至需要的摩擦表面。因润滑油循环量少，这种润滑效果较差，且润滑油容易污脏。但由于没有油泵，系统简单，故仍被小型开启式和半封闭式压缩机广泛采用。

(2) 压力润滑　压力润滑是利用油泵产生一定的油压，通过输油通道将润滑油送到各摩擦表面。由于油压稳定，不仅可对润滑油进行过滤，而且油量可保证摩擦表面更好地冷却，可降低压缩机的工作噪声，提高机器的寿命和可靠性。我国系列化的中小型制冷压缩机及部分非标大型制冷压缩机均广泛采用压力润滑方式。

根据油泵作用力的方式，压力润滑可分为离心油泵润滑和齿轮油泵润滑两种。离心油泵润滑系统广泛应用于小型全封闭式制冷压缩机中。当压缩机的曲轴为水平安装时，大多数采用齿轮油泵式压力润滑系统。

三、齿轮油泵压力润滑系统

如图4-45所示，曲轴箱中的润滑油经过粗过滤器滤去杂质，被齿轮油泵吸入，提高压力后经精过滤器，然后分成A、B和C三路：一路（A）进入曲轴后端的油道，润滑主轴承及相邻的连杆轴承，并通过连杆杆身中的油孔输送到连杆小头，润滑小头轴承；另一路（B）进入轴封室，润滑和冷却轴封摩擦面，然后从主轴颈上的油孔流入曲轴内的流道，润滑另一端主轴承和相邻的连杆轴承，再由连杆杆身中的油孔输向连杆小头；最后一路（C）经油压分配阀，进入输气量调节机构的控制系统，作为能量调节控制的液压动力。各路润滑油最后流回曲轴箱，供循环使用。

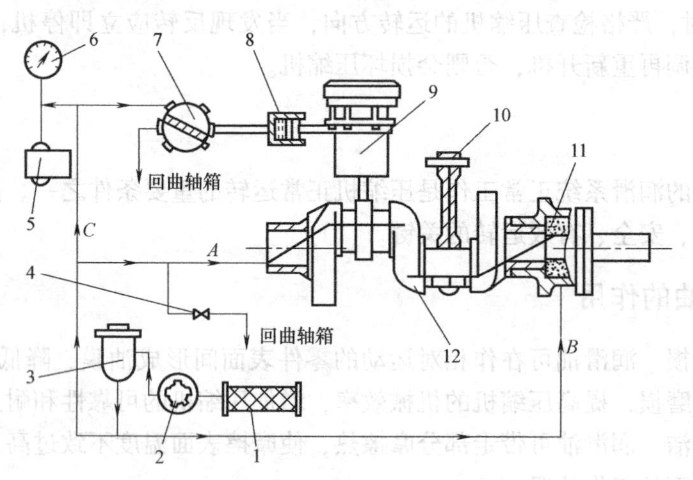

图4-45　齿轮油泵压力润滑系统

1—粗过滤器　2—油泵　3—精过滤器　4—油压调节阀　5—油压差继电器　6—油压表　7—油压分配阀　8—卸载油缸　9—气缸套　10—连杆　11—轴封　12—曲轴

在压力润滑系统中，油泵出口压力与曲轴箱内压力（吸气压力）的差值，应不低于0.1MPa。油压的大小可通过油压调节阀，用改变泄油量的方法加以调节。如果压缩机本身带有油压传动的顶开吸气阀片的输气量调节机构时，油泵出口压力应调节到比曲轴箱内压力高0.15～0.3MPa。

【思考与练习】

1. 简述活塞式制冷压缩机装配的基本要求。
2. 简述活塞式制冷压缩机各零部件的装配关系和总装配工艺流程。
3. 试述活塞式制冷压缩机装配的主要步骤和要点。
4. 简述制冷压缩机检漏的目的和方法。
5. 简述制冷压缩机润滑的作用及方式。

课题七　制冷系统常见故障的分析与排除

【知识目标】

1）熟悉制冷系统故障的检查方法，掌握冷库制冷系统常见故障分析及排除方法。
2）明确冷库氨制冷系统降温困难分析与排除的工作流程。

【能力目标】

1）能正确判断冷库氨制冷系统降温困难的原因，并能制订正确的解决方案。
2）能按要求排除冷库氨制冷系统降温困难的故障。

【相关知识】

一、制冷系统故障产生的主要原因

在制冷系统运行过程中，往往会因系统设计、安装调试、运行调节、操作保养、库房管理、系统维护不当等原因，以及环境工况改变，机器设备磨损、故障等其他原因，致使制冷系统产生故障而不能正常运行，直接影响到冷库生产的正常进行，甚至引起安全事故的发生。因此，应认真查找故障的原因，并及时予以排除。

二、制冷系统常见故障的检查方法

制冷系统出现故障时，会有很多不正常现象出现，若能及早发现并加以排除，即可阻止故障的继续扩大，避免更大的损失。因此，认识和掌握制冷系统常见故障的分析与排除方法是非常必要的。基本方法是“一看、二听、三摸、四分析”。

1. 一看

看制冷压缩机、水泵的工作压力和电流；看制冷压缩机吸、排气温度和吸入端的结霜情况；看油位和油温；看储液设备的液位；看库房温度和蒸发器结霜情况；看系统管道焊缝和轴封等部位是否有油迹；看过滤器和热力膨胀阀进口端是否结霜；看自控元件的设定值是否符合要求。

2. 二听

听设备的运转声响。制冷压缩机正常运转时，发出的是有规律的运转声，其阀片发出的是轻微并均匀的跳动声。如果运转声沉闷，可能是发生了湿行程。气缸内有敲击声，可能是“液击”，气阀组件松动，阀片破裂，气环或油环断裂等。曲轴箱内有撞击声，则可能是机件运动间隙过大或松动。

听膨胀阀内制冷剂的流动声音。正常情况下，可听到阀内连续而微小的液体流动声，若听到阀内声音加大或间歇出现断续的流动声，说明制冷剂量减少。氨泵有啸叫声时，可能是泵内发生了汽蚀。

3. 三摸

手摸制冷压缩机和其他运转设备摩擦部位的温度及振动情况，摸制冷设备及管道阀门等有关部位的温度，以判断机器设备是否润滑良好，管道阀件是否畅通，制冷剂在各部位的温度是否符合正常工况的要求。

4. 四分析

通过“看、听、摸”，对制冷系统的运行状况进行初步检查，根据电流、压力、温度、液位、结霜、声响等情况，来分析、判断制冷系统及其机器设备的工作状况是否正常。若不正常，应进一步分析、判定故障发生的原因和部位，并根据实际情况进行调整或修理，及时排除故障，确保制冷系统安全、经济运行。

【任务实施】

因冷库氨、氟利昂制冷系统的复杂程度不同，其常见故障分析与排除的方法也不同。氨制冷系统常见故障的分析与排除具有一定代表性。因此，本课题的任务是氨制冷系统常见故障的分析与排除。

任务实施所需的主要设备有冷库库房、冷库氨制冷系统中的812.5G型制冷压缩机；主要工量具有常规检修工具、量具等。

一、制冷系统常见故障分析与排除的总体认识

1. 冷库制冷系统常见故障分析及排除方法

一般来说，可根据运行中出现的异常现象，仪表、液位指示值的异常变化，分析系统故障情况，结合实践经验，判断故障的原因，并有针对性地排除故障。

冷库氨制冷系统常见故障的分析及排除方法见表4-26。

2. 冷库降温困难的原因分析及排除方法

在冷库的日常运行管理中，由于制冷系统故障、管理不善、操作不当等原因，都会引起冷库降温困难。

1）供液节流阀开度过小或堵塞，造成蒸发器供液量太少，制冷量也随之下降，库温就降不下来。应适当增大供液节流阀的开度，增加供液量，使之与工况的变化相适应。若节流阀堵塞则应检修。

2）供液节流阀开度过大，制冷剂流量偏大，蒸发压力和蒸发温度也随之升高，传热温差变小，库房温度下降速度减缓。应适当减小供液节流阀的开度，减小供液量，降低蒸发压力和蒸发温度，以增大传热温差，加快冷库降温速度。

表4-26 冷库氨制冷系统常见故障的分析及排除方法（部分）

故障情况	原因分析	排除方法
1. 冷库降温困难	略(详细内容见本课题“冷库降温困难的原因分析及排除方法”)	略(详细内容见本课题“冷库降温困难的原因分析及排除方法”)
2. 蒸发压力(温度)过高	1)压缩机制冷量小于冷间热负荷 2)压缩机高低压腔窜气,如阀片、活塞环泄漏,旁通阀漏气等 3)系统供液量过多 4)冷藏间进货量过多,超过允许的热负荷 5)能量调节装置失灵 6)压缩机工作能力减退 7)库房防汽隔热层损坏或受潮	1)增加压缩机运行台数或减少冷间热负荷 2)检修压缩机 3)适当关小膨胀阀 4)适当控制进货量 5)检查修理 6)检修压缩机 7)检修防汽隔热层
3. 蒸发压力(温度)过低	1)调节阀开启过小或阻塞,供液不足 2)供液管堵塞,或阀头掉下卡住 3)蒸发器排管内外表面有油污或霜层太厚 4)氨液分离器下液管油污太多,下液管阻塞 5)系统内制冷剂(氨液)不足 6)盐水池内盐水浓度不够,蒸发器外表面结冰 7)压缩机制冷量大于冷间热负荷,或蒸发面积过小 8)供液管道中有“气囊”	1)开大膨胀阀,或检修 2)检查管路、阀门并进行修理 3)清扫排管表面,并进行热氨融霜 4)及时放油,清除油污 5)补充制冷剂(氨液) 6)检查盐水浓度,加盐使之达到要求的浓度 7)减少压缩机制冷量或运行台数,调整蒸发器的配合比 8)采取措施排除(如利用旁通管抽除)
4. 冷凝压力(温度)过高	1)冷却水供应量不足 2)冷却水温过高 3)冷却水分布不均匀或喷头堵塞 4)冷凝器管内壁水垢太厚,或表面有油污 5)高压储液器进液阀未全开,或氨液过多,占据了冷凝器的冷却面积 6)冷凝器中混有大量空气 7)冷凝面积太小 8)冷凝器断水 9)蒸发式冷凝器风机停转	1)增开水泵,加大供水量 2)改善凉水塔散热状况或补充低温水 3)调整分水器,使之供水均匀 4)清除水垢和油污 5)检查高压储液器的进液阀是否全开,如果储液器液氨已满,应及时排液 6)及时放出空气 7)增加冷凝器的工作台数 8)检查供水阀门和水泵,恢复供水 9)检查修理风机,恢复送风
5. 冷凝压力(温度)过低	1)系统中制冷剂不足 2)压缩机实际工作(排气)能力减退 3)冷却水供应量过大	1)补充制冷剂 2)检修压缩机 3)减少水泵,降低供水量
6. 冷库蒸发排管结霜不匀或不结霜	1)膨胀阀开启过小,或液体分调节站的供液阀开启过小,供液量太小 2)系统内制冷剂不足 3)蒸发排管内表面有油污或存油过多 4)供液或回气管道阻塞 5)供液管路中有“气囊”,或系统管道存油过多 6)供液不均匀 7)供液管设计安装不合理或设计上有错误 8)液体分配站加工制作时,插入管过长	1)开大膨胀阀或液体分调节站的供液阀 2)补充制冷剂 3)进行融霜,并及时放油 4)检查修理 5)检查排除,或排油 6)调整阀门或修改设计重新安装 7)改进供液管路或增添阀门控制 8)割短液体插入管过长的部分

（续）

故障情况	原因分析	排除方法
7. 压缩机排气温度过高	1)冷凝压力过高 2)吸入压力过低,吸、排气压力比过大 3)排气阀座及阀片、活塞环、安全阀等泄漏,造成高、低压腔窜气(部分气体在机内反复循环,温度不断升高) 4)机器间隙过大 5)回气管路有阻塞 6)缸套冷却水量不足 7)吸气过热度过大 8)冷间热负荷过大	1)同故障4(冷凝压力过高) 2)同故障3(蒸发压力过低) 3)研磨密封面,更换损坏零件 4)调整到说明书规定的范围 5)找到阻塞位置,将其排除 6)调整冷却水量,但应注意不得突然增大冷却水量 7)见故障9(压缩机吸气温度过高) 8)减少进货量、降低进货前的温度
8. 压缩机排气温度过低	1)吸气过热度过小 2)系统供液量过多 3)压缩机湿行程 4)蒸发器外表面结冰或霜层太厚 5)冷负荷不足,压缩比过小 6)中间冷却器供液过多 7)开机时,压缩机吸气阀开启过大	1)适当关小膨胀阀 2)减小系统供液量 3)见故障18(压缩机湿行程) 4)清扫排管表面,并进行热氨融霜 5)调整机器,使压缩比适当 6)适当调整中间冷却器的供液 7)关小压缩机吸气阀
9. 压缩机吸气温度过高	1)制冷系统中氨少,节流阀开得小 2)进气管道绝缘层损坏 3)进气阀片泄漏或损坏	1)适当补充氨量,节流阀适当调大些 2)修理管道绝缘层 3)研磨密封面或更换阀片
10. 压缩机吸气温度过低	1)系统供液过多 2)吸气过热度过小 3)蒸发器霜层过厚	1)适当关小供液阀 2)适当关小节流阀 3)清扫排管表面,并进行热氨融霜
11. 压缩机吸气压力比蒸发压力低得多	1)吸气管路中的阀门未全开 2)阀门的阀芯脱落 3)压缩机吸气过滤器太脏或堵塞 4)吸气管道太脏 5)回气管焊接不合理,有“液囊” 6)回气管太细	1)开足全部进气阀 2)检查修理 3)清洗过滤器 4)吸气管吹污 5)重新焊接管路 6)改进管道设计
12. 压缩机排气压力比冷凝压力高得多	1)排气管道中的阀门未全开 2)排气管道局部有阻塞 3)排气管道设计不合理	1)开足排气管道中的有关阀门 2)清洗排气管道或吹污 3)改进管道设计
13. 中间压力过高	1)蒸发压力过高 2)高压级压缩机阀片损坏,或进气阀芯卡住 3)高压级压缩机能量调节装置失灵 4)高压级压缩机配比过小 5)中间冷却器蛇形盘管损坏 6)中间冷却器绝热层破坏 7)供液量太少,致使低压级压缩机排出气体不能充分冷却	1)调整回气阀门,或增加压缩机的台数 2)检修排除 3)检修排除 4)调整压缩机,使容积配比适当 5)停止使用盘管,等大修时更换修理 6)修复绝热层 7)开大供液阀,同时注意变化情况
14. 洗涤式油分离器供液太少或不进液	1)进液管与冷凝器的出液管之间的高度不够 2)进液管与冷凝器出液管连接的位置不对 3)安装时,进液管插入冷凝器出液管太多 4)冷凝器出液管与高压储液器进液管的位差大,氨液流速快,管内液体不满 5)管路污物堵塞	1)待大修时安装调整 2)应接在冷凝器出液管的下部 3)应抽空检查,用气焊割去多余的管头 4)应安装液体罐 5)抽空检查排除

（续）

故障情况	原因分析	排除方法
15. 高压储液器液面不稳	1)冷间热负荷变化大,膨胀阀调节不当 2)玻璃管指示器内有气泡	1)适当调节膨胀阀的开度 2)氨液冷凝温度低,而外界温度高,氨液有吸热蒸发现象。若冷凝压力过低,冷库热负荷小,可减开水泵台数,适当提高冷凝压力
16. 氨泵起动后不排液	1)氨泵内有氨气 2)系统压力低,氨泵轴封漏气 3)氨液过滤器被污物堵塞 4)排出阀开得过快,管路中的氨气倒回氨泵 5)氨泵进液阀未打开 6)氨泵拆装后装配不当	1)打开抽气阀,抽出氨气 2)检修轴封 3)拆卸清洗 4)应停止氨泵,抽氨气后再开 5)打开进液阀 6)重新装配
17. 氨泵排出压力过低	1)氨泵齿轮或叶轮严重磨损 2)进液管路有油阻塞 3)氨液过滤器污物堵塞 4)氨泵中心线与低压循环储液器液位差过小 5)氨泵流量不够或供液阀开启过大	1)检修或更换零件 2)检查排除 3)清洗过滤器 4)调整供液阀的开度,加大供液,或提高低压循环储液器位置,降低氨泵位置 5)增开氨泵或适当调节供液阀
18. 压缩机湿行程	略(详细内容见模块四课题四)	略(详细内容见模块四课题四)

3）库房进货超量，热负荷太大，压缩机制冷量小于库房热负荷。应减小进货量以减小库房的热负荷，并适当增加制冷压缩机的工作台数，控制进货温度。

4）蒸发器外表面霜层较厚，且内部积油较多，导致传热效果下降。特别是蒸发器内油污过多时，结霜不完整，并且出现浮霜，应及时进行热工质冲霜和放油。

5）冷却水量不足或水温过高，冷凝器表面有水垢，或制冷系统有较多空气，都会引起冷凝压力升高，造成压缩比增大，输气系数下降，压缩机制冷量降低，库温下降困难。此时，应增大冷却水量或降低水温，清除水垢，并及时将空气放出。

6）由于压缩机长期运转，运动部件磨损，配合间隙增大，密封不严，压缩机高低压腔窜气、漏气。如吸排气阀片、活塞环泄漏，旁通阀、回油阀等漏气，能量调节装置失灵等，使压缩机实际排气能力降低，输气量减少，效率下降，制冷量降低，从而导致库房降温困难。表现为吸气压力偏高而排气压力偏低，且吸、排气压差较小等症状。应检修压缩机，更换吸、排气阀片，活塞环和气缸套等零部件。

7）库房和管道隔热层损坏、厚度不够，防潮层失效，库门损坏、关闭不严或开启次数过多，冷风幕发生故障，都会导致冷量的损失增大，影响库房的降温。在制冷系统运行过程中，若发现隔热层外表面有湿润或结露现象，则说明隔热层厚度不够或隔热性能下降，应及时增厚或更换隔热材料。平时，应保证冷库门封完好，加强库门管理，并维护好冷风幕，使其正常运转。

8）制冷系统内制冷剂不足使蒸发器供液不足，造成蒸发排管结霜不好，系统的制冷量下降。此时，应及时补充制冷剂。

9）冷库内蒸发排管面积不够或液体分布不均匀。此时，应根据需要增加蒸发排管或调整供液节流阀。

10）液体分调节站的支管插入集管过长，供液受限，使冷却排管结霜不均匀。此时，应重新调整支管插入部分的长度。

11）在重力供液系统中，氨液分离器安装标高设计过低，造成压差不够，供液不足。在氨泵供液系统中，管径和管道连接不当，及制冷系统的净正吸入压头不够等原因会影响氨泵流量，造成供液不足。此时，应按规定要求调整标高。

12）管道中有“液囊”、“气囊”存在，使供液不匀，回气不畅，库房降温困难。此时，应采取措施将“液囊”、“气囊”清除。

13）采用温度自动控制系统时，温度控制器或传感器等元器件失灵，应及时检修、更换。

3. 制冷系统常见故障分析与排除的工作流程（图4-46）

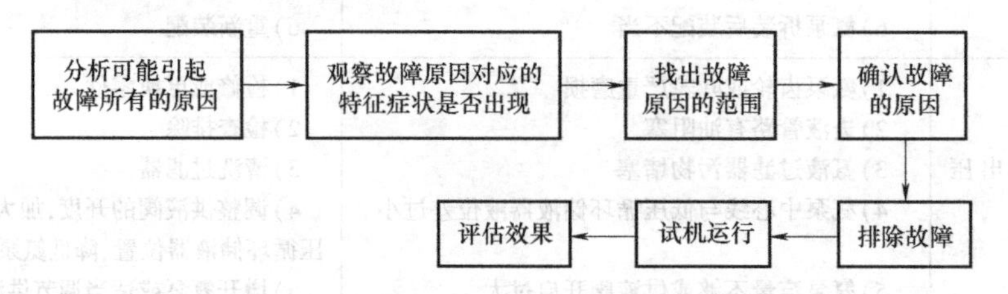

图4-46　制冷系统常见故障分析与排除的工作流程

二、制冷系统常见故障的分析与排除

1. 冷库氨制冷系统降温困难原因的判断方法

在生产实践中，冷库氨制冷系统降温困难，是制冷系统常见故障之一，故障主要原因的判断方法见表4-27。

表4-27　冷库氨制冷系统降温困难原因的判断方法（部分）

序号	故障原因	判断方法		
		特征症状	验证排查	判断原因
1	供液节流阀开度过小或堵塞，制冷剂流量偏小	1）蒸发排管前面部分结霜、后面不结霜，蒸发压力和蒸发温度偏低，蒸发器结霜不均 2）制冷压缩机的吸气压力偏低、吸气温度偏高，吸气阀不结霜，排气温度偏高，吸、排气压差大	开大供液节流阀，观察蒸发压力和蒸发温度是否上升	是，则原因成立
			检修供液节流阀，观察是否有堵塞物或阀芯掉下	是，则原因成立
2	供液节流阀开度过大，制冷剂流量偏大	1）蒸发压力和蒸发温度偏高 2）制冷压缩机的吸气温度偏低，回气过潮（湿），吸气阀结霜，排气温度偏低	1）初始阶段制冷量较大，但温度降到一定程度以后，再继续降温就非常困难 2）关小供液节流阀，观察蒸发压力和蒸发温度是否下降	是，则原因成立
3	蒸发器的霜层过厚或积尘过多	1）蒸发温度和压力都偏低 2）制冷压缩机吸气温度偏低，机头结霜 3）冷风机通风量减少，风压差增大	1）蒸发器表面70%以上结霜，结霜完整，且霜层较厚，翅片间隙趋于堵塞 2）蒸发器已连续运行10～12h，除霜周期已到	是，则原因成立

（续）

序号	故障原因	判断方法		
		特征症状	验证排查	判断原因
4	蒸发器内积存油污较多	1）蒸发温度和压力都偏低 2）蒸发器结霜稀疏、不完整，并且出现浮霜	1）查看近期运行记录，分析蒸发温度和压力是否呈逐渐下降趋势 2）蒸发器连续运行，已到每月3～4次的排油周期	是，则原因成立
5	制冷系统内制冷剂不足	1）蒸发排管前面部分结霜、后面不结霜 2）制冷压缩机吸、排气压力很低，但排气温度较高 3）在节流阀处可听到断续的“吱吱”气流声	1）调大节流阀开度，吸气压力仍没上升 2）停机后，系统的平衡压力低于外界环境温度所对应的饱和压力 3）高压储液器的指示液位偏低	是，则原因成立
6	冷却水量不足或水温过高	冷凝温度和冷凝压力都偏高	增大冷却水量或降低水温，观察冷凝温度和冷凝压力是否逐渐下降，趋于正常	是，则原因成立
7	冷凝器表面有水垢	冷凝温度和冷凝压力都偏高	增大冷却水量或降低水温，冷凝温度和冷凝压力下降不明显	是，则原因成立
8	有不凝性气体存在	1）冷凝压力过高 2）排气压力表指针剧烈摆动，而且摆动幅度较大、速度较慢	1）冷凝器内压力高于该冷凝温度所对应的饱和压力 2）增大冷却水量或降低水温，冷凝压力下降不明显	是，则原因成立
9	压缩机高低压腔窜气、漏气，导致排气量下降，运行效率低，制冷量下降。如活塞环与气缸壁磨损过大，配合间隙增大；吸、排气阀片损坏，密封不严；旁通阀、回油阀等漏气；气缸盖的密封垫片被击穿等	1）蒸发压力和蒸发温度偏高 2）压缩机吸气压力偏高而排气压力偏低 3）压缩机吸、排气压差较小 4）旁通阀、回油阀与吸气端相连的一侧是热的	1）转换或增加压缩机运行台数，情况明显改善 2）在制冷压缩机正常运转时，先关闭吸气阀，等油压降低至报警，停机，关闭排气阀。观察排气与吸气之间的压力平衡所需的时间	1）是，则原因成立 2）压力平衡所需的时间为15min的情况是严重窜气，应该立即修理；时间40min～1h，为一般窜气
10	冷库门关闭不严，或围护结构隔热、密封性差	蒸发压力和蒸发温度偏高	库房门的密封条或冷库隔热层外表面有湿润或结露的部位	是，则原因成立
11	冷间进货过多，冷间热负荷过高	蒸发压力和蒸发温度偏高	1）冷间进货过多，货垛间距离过小 2）增加压缩机运行台数或减少冷间热负荷后，情况有所改善	是，则原因成立

2. 冷库氨制冷系统降温困难的分析与排除

在生产实践中，一般以系统运行中出现的有关故障特征症状为依据，经合理的验证排查后，对系统故障原因作出综合分析判断。在确认故障的具体原因后，及时排除。

例如，某冷库冷藏间用于储存鲜蛋、果品和蔬菜等货物。某班次对新入库的货物实施降温操作时，出现了氨制冷系统降温困难的现象。经观察，发现蒸发压力和蒸发温度偏高，一台 812.5G 型制冷压缩机出现吸气压力偏高而排气压力偏低，且吸、排气压差较小等症状。经分析，属系统故障，应立即判断故障的原因并予以排除。从运行记录来看，近期的其他班次也有类似现象，且通过转换其他制冷压缩机后，情况明显改善。因此，冷库降温困难可能是这台制冷压缩机内部窜气、漏气，制冷能力下降所致。

考虑到有多种原因会导致冷库降温困难，也会出现蒸发压力和蒸发温度偏高等症状。因此，应按表 4-27 中的方法，进行分析、排查和判断，找出冷库降温困难的主要原因，并排除故障。其过程如图 4-47 所示。

由图 4-47 的分析、判断可知，冷库降温困难的主要原因是这台 812.5G 型制冷压缩机的吸、排气阀片磨损严重，活塞环与气缸壁磨损过大，造成压缩机窜气、漏气严重，排气量降低，导致机器运行效率低，制冷量下降，系统降温速度变慢，冷库冷藏间降温困难。

经停机检查后，现场最终确认结果是，在制冷压缩机 8 个气缸中，有一组气缸的吸、排气阀片磨损严重，吸气阀片与缸套端面接触不严、排气阀片与阀座接触不严，形成窜气、漏气，严重影响了排气量；另有一组气缸的缸套壁磨损严重，三条气环均有不同程度的损坏，其中有一条气环已折断，另外两条气环磨损严重，导致配合间隙变大，泄漏量增大，也影响了排气量。经更换新件、修复后，检漏、抽空，试车运行，这台制冷压缩机的各项指标值又恢复到正常范围。

备注：在图 4-47 中，“拆卸与检测压缩机”应包括的工作内容如下：

1）做好准备工作。查看本制冷压缩机（组）近期所有的检修日记，熟悉使用情况，分析存在问题。按操作规程停机后，将各相关阀门可靠关闭，挂上有“关”字的标志牌，切断主机电源，并挂上“警告牌”，抽空压缩机并接通大气，确保将吸、排气腔，曲轴箱和气缸内的气压卸为常压后，放出曲轴箱内的冷冻机油。

2）静置 30min 以上，使制冷压缩机充分冷却，待气缸温度降至 60℃以下，方可拆卸与检测压缩机。

① 观察气缸盖的密封垫片是否被击穿。

② 观察吸、排气阀片是否有损坏，检测阀片的翘曲度是否合格。

③ 观察卸载小顶杆不工作时，是否在吸气阀线以上，致使吸气阀片与阀线接触不严而引起泄漏。

④ 检测活塞与气缸套之间的间隙是否过大。

⑤ 检测活塞环径向（厚度）磨损是否过大，活塞环与环槽之间的高度间隙是否过大。

⑥ 检测活塞环的锁口间隙是否过大，并观察三道环的锁口是否接近一直线。

⑦ 观察气缸套内壁是否有拉毛现象、活塞环是否有裂纹。

⑧ 拆卸旁通阀、回油阀，检测旁通阀、回油阀的阀芯是否有泄漏。

3）更换新的吸、排气阀片，活塞环与气缸套。

冷库氨制冷系统降温困难的分析与排除过程，应记录在表 4-28 中。

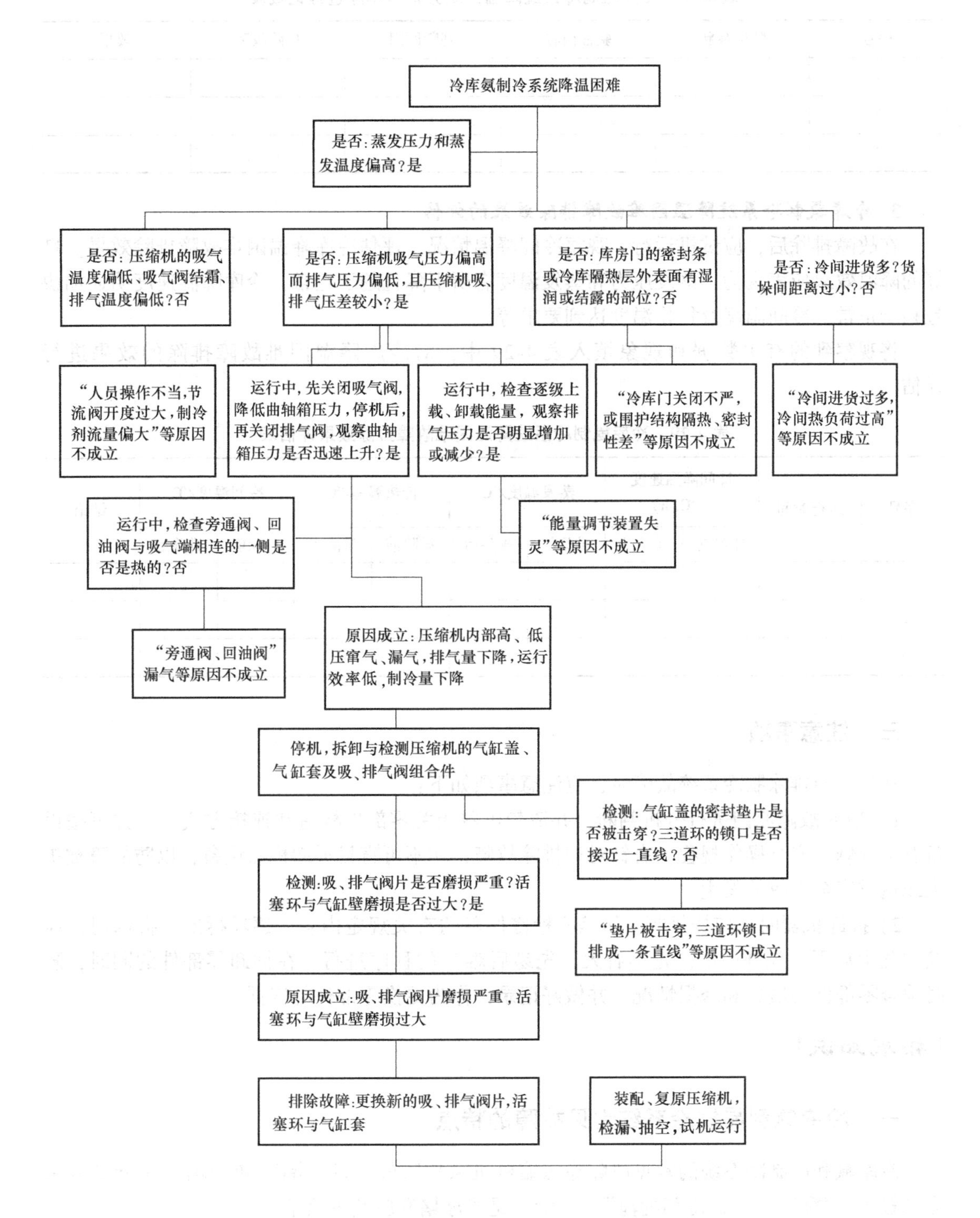

图 4-47 冷库氨制冷系统降温困难的分析与排除

表 4-28 冷库氨制冷系统降温困难分析与排除过程记载表

序号	特征症状	验证内容	判断原因	排除故障	效果
1					
2					
3					

3. 冷库氨制冷系统降温困难故障排除效果的评估

在故障排除后，应试机运行，观察冷间降温情况，评估冷库降温困难故障排除效果。良好的降温效果应表现为：蒸发压力和蒸发温度有所下降且趋于正常，冷库降温速度明显加快且趋于正常，冷间温度及货物温度达到要求等。

将观察到的有关数据和现象填入表 4-29 中，对冷库降温困难故障排除的效果进行评估。

表 4-29 冷库氨制冷系统降温困难故障排除效果评估表

序号	运行时间	冷间降温速度/(℃/h)		蒸发温度/℃		传热温差/℃		冷间温度/℃		结论
		排除前	排除后	排除前	排除后	排除前	排除后	排除前	排除后	
1										
2										
3										

三、注意事项

在分析与排除制冷系统故障时，应注意事项如下：

1）应对故障原因进行分析判断，并清楚机器相关零部件构造和连接方式后，方可按设备有关维修、安全操作规程，有针对地排除故障，切不可盲目拆卸机器设备，以防故障被扩大或造成安全事故的发生。

2）拆卸机器时，应按氨制冷压缩机检修保养的有关规定内容，逐项拆卸。拆卸时，应按“先上后下，先外后里，先小后大，先易后难”的程序进行。在拆卸零部件的同时，随时检查零部件的质量和磨损情况，并做好记录，作为更换零部件的依据。

【拓展知识】

一、冷库氟利昂制冷系统常见故障的特点

冷库氟利昂制冷系统的常见故障除压缩机机械故障外，以“漏”和“堵”引起的故障为最普遍。“漏”是指制冷剂的泄漏，“堵”是指冰堵和脏堵等堵塞。

二、冷库氟利昂制冷系统常见故障分析及排除的方法

冷库氟利昂制冷系统常见故障分析及排除方法，见表 4-30。

表4-30　冷库氟利昂制冷系统常见故障分析及排除方法（部分）

故障情况	原因分析	排除方法
1. 冷间降温不正常	1）热力膨胀阀流量太小（大），蒸发压力过低（高） 2）电磁阀和过滤器中油、脏污太多，影响流量 3）蒸发器中积油太多，使传热面积受到影响 4）热力膨胀阀感温包的感温剂泄漏 5）热力膨胀阀冰堵 6）热力膨胀阀脏堵 7）蒸发排管结霜太厚 8）压缩机的效率低 9）制冷系统中氟利昂不足 10）冷库门关闭不严，跑冷多	1）调整热力膨胀阀 2）清洗过滤网和电磁阀 3）放油并查明原因 4）检修感温包，灌注制冷剂 5）更换干燥剂和制冷剂 6）清洗热力膨胀阀中过滤网 7）融霜 8）检修压缩机 9）补充灌注氟利昂 10）检修冷库门
2. 压缩机吸入压力偏低	1）热力膨胀阀开启太小 2）液体管上过滤器和电磁阀脏堵 3）过多的润滑油和制冷剂混合在一起 4）膨胀阀局部脏堵或冰堵 5）制冷系统中氟利昂不足	1）调整热力膨胀阀 2）清洗通道 3）检查油面计、油分离器回油装置是否正常，及时放油 4）更换干燥过滤器 5）补充氟利昂
3. 压缩机吸入压力偏高	1）热力膨胀阀开启太大，或感温包未扎紧 2）油分离器回油阀常开，高压气体窜入曲轴箱 3）压缩机的吸气阀片漏气	1）关小阀门或正确捆扎感温包 2）检修回油阀 3）检修研磨阀片，或更换阀片
4. 高压侧压力偏高	风（水）冷式冷凝器风（水）量不足或污物堵塞	加大风（水）量，清扫通道
5. 制冷剂不足，接头和轴封处有油迹	制冷剂泄漏	1）检漏并检修漏点 2）补充制冷剂
6. 热力膨胀阀故障	1）感温包泄漏，或传动管过短或弯曲，使膨胀阀打不开 2）传动管太长，或调节弹簧的预紧力不足，或感温包远离蒸发器出口，未与吸气管道一起绝热，受外界高温干扰大，从而使膨胀阀关不紧 3）冰堵、油堵或脏堵 4）开度过大或过小 5）膨胀阀选用过大，进液不稳定	1）更换或检修有关部件 2）调节或更换有关部件 3）换干燥过滤器，疏通过滤网 4）正确设置、调整开度 5）选取型号合适的膨胀阀

【思考与练习】

1. 简述制冷系统故障产生的主要原因及其检查方法。
2. 简述冷库氨制冷系统常见故障的分析及排除方法。
3. 造成冷库氨制冷系统降温困难的原因有哪些？
4. 应如何判断冷库氨制冷系统降温困难的原因？
5. 试述找出冷库降温困难的主要原因，并排除故障的主要过程。
6. 应如何进行冷库降温困难故障排除效果的评估？

模块五　冷库的安全及能耗管理

课题一　冷库的安全管理

【知识目标】

1）熟悉冷库的安全保护装置及其作用。

2）掌握冷库的安全操作要求。

3）掌握制冷剂钢瓶的安全使用与管理要求。

4）熟悉安全预防措施与紧急救护措施。

【能力目标】

1）能识别冷库常用的安全保护装置。

2）能检查、校正与更换常用的安全保护装置。

3）能安全使用及保管制冷剂钢瓶。

4）能正确处理氨泄漏、人受氨损伤的事故。

冷库制冷系统属于中低压力系统，系统中的压力容器（如储液器、冷凝器、蒸发器、制冷剂钢瓶等）在非正常压力下使用存在爆炸的危险性。系统中常用的制冷剂，如氨有毒、易燃易爆，而氟利昂也会使人窒息且遇明火会分解出有毒气体，故制冷剂一旦大量泄漏，不仅会造成制冷剂的大量浪费，而且将危及周围人的人身和生命财产的安全，甚至造成重大损失。因此，为了确保冷库制冷系统安全可靠地运行，不仅要做到正确设计、正确选材、严格检验，而且还必须有完善的安全及检测设备。同时，安全管理必须贯穿于冷库安装、运行、检修和改造的全过程，要求操作人员在工作中严格执行安全操作规程和岗位责任制，正确地使用和操作机器和设备，保证机器和设备的安全运行，防止事故的发生。

一、冷库的安全保护装置及其作用

设置完善的安全设备是保证冷库安全可靠地运行，防止发生事故的必备条件之一。在冷库制冷系统运行过程中，必须设置压力表、温度计、液位计、电表等测量仪表，用于监测与控制压力、温度、液位、电压、电流等工况参数，以随时掌握上述参数值及其变化，并采取措施加以处理。同时，还应在系统中的设备上设置安全阀、高低压保护等装置，以实现自动保护或自动显示故障的功能，防止系统超压运行而危及设备安全。

1. 压力监视及其安全设备

（1）压力监视设备　压力监视主要是通过压力表监视系统各部位的压力，以便于正常的操作管理，及时发现制冷设备内的异常现象。

对于分散式制冷设备的氨制冷系统，每台氨压缩机的吸排气侧、中间冷却器、油分离器、冷凝器、储氨器、氨液分离器、低压循环储液器、排液桶、集油器、热氨管道、油泵、氨泵、滤油装置、冻结设备、调节站和加氨站等都应装有压力表。氨压力表如图 5-1 所示。

氟利昂制冷系统合理地省去了部分压力表，以减少压力表接头数量，降低泄漏可能性。

所有压力表应定期检查，校验后应做好记录并铅封。另外，对不同制冷剂和不同工作压力应选用不同的压力表。

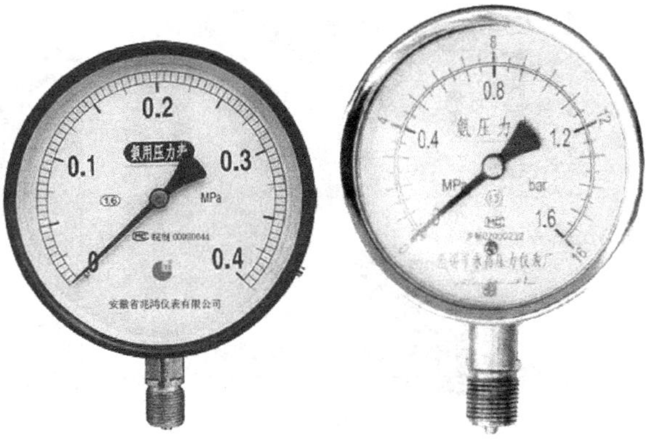

图 5-1　氨压力表

a）低压表　b）高压表

（2）压力保护设备　为防止超压运行，在制冷设备上设置安全阀、压力及压差控制器、自动报警器等压力保护设备，通过自动停机或排放制冷剂来杜绝更大事故发生。

在氨制冷系统中，高压侧管路、冷凝器、储氨器、排液桶、低压循环储液器、中间冷却器等设备均须安装安全阀。安全阀必须定期检验，每年应校验一次，并加铅封。在运行过程中，由于超压，安全阀启跳后，需重新进行校验，以确保安全阀的功能。常用安全阀如图 5-2 所示。

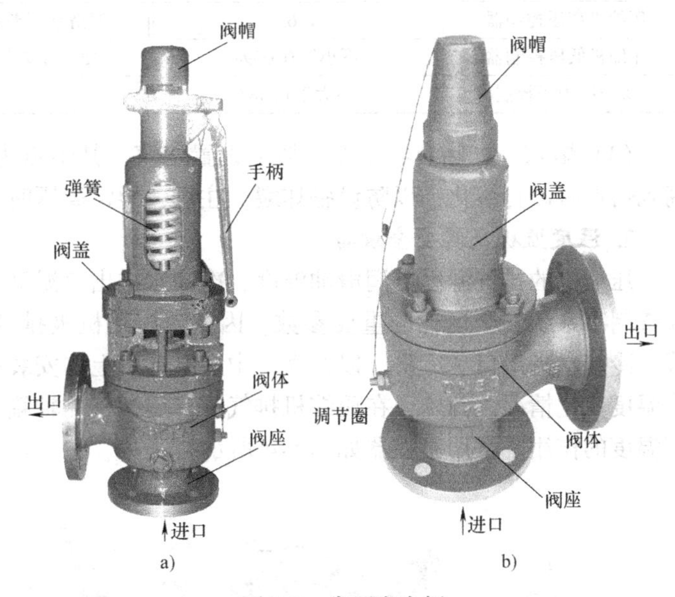

图 5-2　常用安全阀

a）带手柄弹簧微启式安全阀　b）弹簧全启封闭式安全阀

不同设备上安全阀的开启压力不同，安全阀的开启压力值一经调定，不允许操作人员任意调整和提高安全阀的开启压力值。常用制冷剂（R22、R717）所用制冷设备上的安全阀开启压力值见表 5-1。

压力控制器及压差控制器（图5-3）能实现压缩机高压、中压、低压保护，油压差保护，以及制冷设备和压缩机缸套的断水保护和氨泵不上液的安全保护。对中、小型氟利昂制冷系统，一般不设置安全阀，仅用高、低压控制器作安全保护设备。制冷设备压力控制器及压差控制器的调整压力值见表 5-2。

表 5-1　制冷设备上的安全阀开启压力值

制冷设备名称	安全阀开启压力值/MPa
压缩机吸排气侧(压力差)	1.57
双级压缩机(压力差)	0.59
冷凝器、高压储氨器	1.81
排液桶、低压循环储液器	1.23
中间冷却器、低压循环储液器	1.23

a)

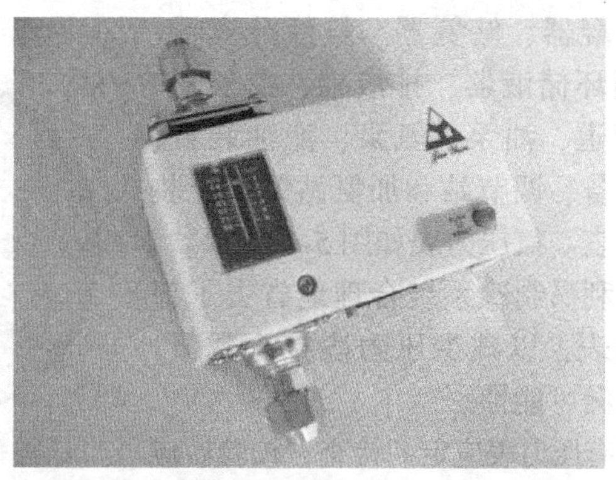

b)

图 5-3　压力控制器及压差控制器

a）压力控制器　b）压差控制器

表 5-2　制冷设备压力控制器及压差控制器的调整压力值（R22、R717）

压力控制器名称	调整压力值/MPa	压力控制器名称	调整压力值/MPa
压缩机高压控制器	1.62	润滑油压差控制器	0.049(无卸载),0.147(带卸载)
压缩机低压控制器	不小于 0.0098	氨泵压差控制器	0.0098 ~ 0.147
双级压缩中压控制器	不大于 0.484		

（3）熔塞　在储液器和冷凝器上设置熔塞，其熔点为 60 ~ 80℃，当发生火灾，温度升高到熔点时即行熔化，以防设备炸裂。注意，异常高压时，熔塞不起安全保护作用。

2. 温度监视及其安全设备

压缩机的排气温度、润滑油温度、冷却水进出口温度、电动机温度以及库房温度等都是检查制冷系统安全运行的重要参数。因此，压缩机吸排气侧、轴封器端、调节站、热氨集管、冷却水进出口、库房，以及大、中型电动机上均安装有温度计，以便监视和记录制冷系统温度变化情况。此外，在压缩机排气管、压缩机曲轴箱、库房等还装有温控器，以起到控制温度的作用。常用温控器如图 5-4 所示。

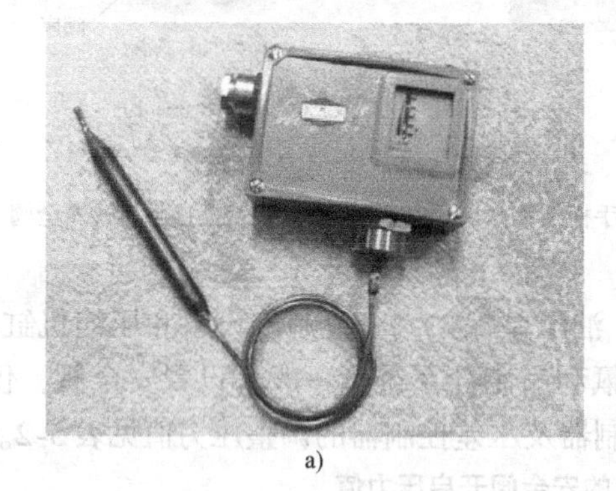

a)

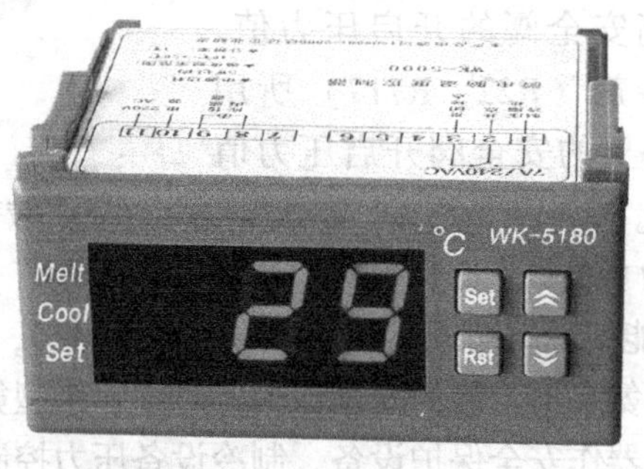

b)

图 5-4　常用温控器

a）带毛细管温包式温控器　b）微电脑温控器

3. 液位监视及其安全设备

所有盛氨容器，如氨瓶、氨槽车、高压储液器、排液器、低压循环储液器、中间冷却器等，都应严格遵守存氨量一般不超过容积的70%～80%的规定。蒸发器、冷却管组，以及所有液体管路，需较长时间停用时，在停用前都应适当抽空，严格防止在满液情况下关闭容器或管路的进出口阀，并应留有与其他设备和管路相通的出口，以防液体受热膨胀。

为防止压缩机湿行程，必须在气液分离器、低压循环储液器、中间冷却器上设置液位指示、控制和报警装置，在低压循环储液器上设液位指示和报警装置。此外，高压储液器、排液桶和集油器等还应装设液位指示器。UQK型浮球液位控制器如图5-5所示。

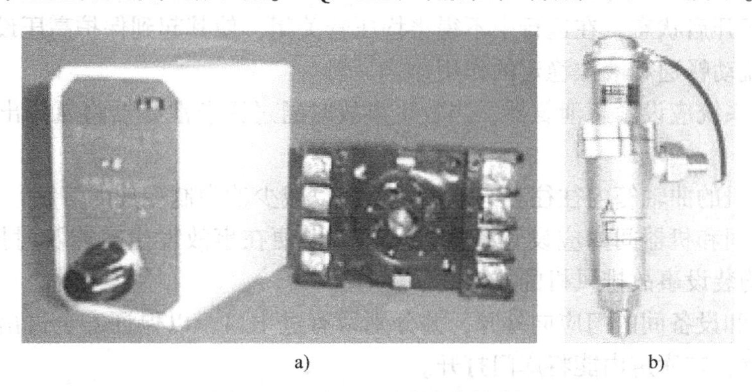

a)　　b)

图5-5　UQK型浮球液位控制器

a）UQK型电器控制盒　b）UQK型传感器阀体

玻璃管式液位计（图5-6）应设有金属保护管，以及自动闭塞装置（如弹子角阀），若采用板式玻璃液位指示器（图5-7）则更好。液位计内应清洁，防止堵塞，并定期检查液位指示、控制和报警装置，保证其灵敏可靠。

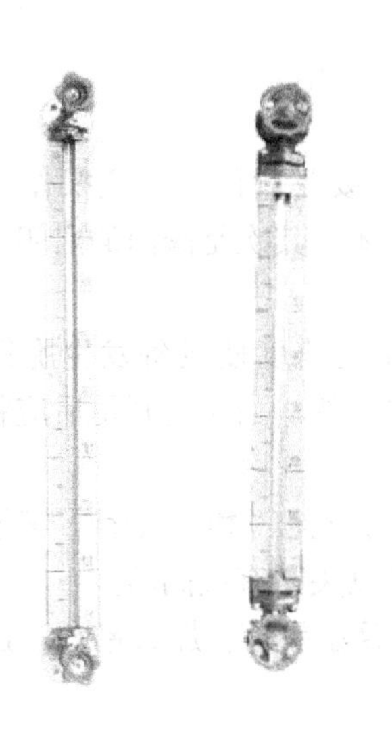

图5-6　玻璃管式液位计

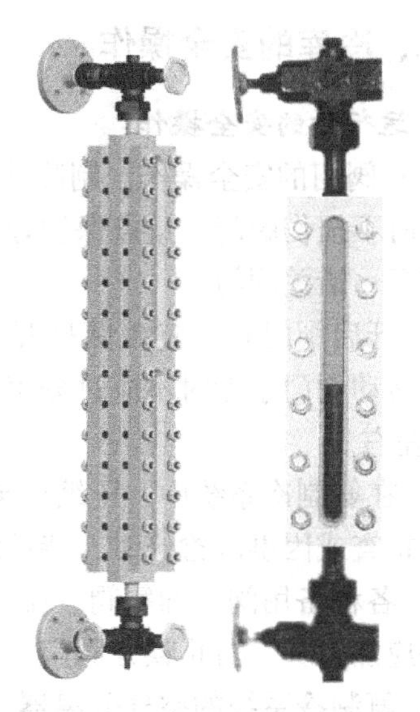

图5-7　板式玻璃液位指示器

4. 电气参数监视及其安全设备

机房应设置电压表、电流表，并定期记录电压、电流数值，当电网的电压波动接近规定幅度时（即三相电不应低于340V，不高于420V），应密切注意电流变化和电动机温度，以防发生电动机烧毁事故。每台压缩机、氨泵、水泵、风机都应单独装设电流表，并有过载保护装置。

5. 其他安全防护设备

1）为避免制冷剂倒流，在压缩机的高压排气管和氨泵出液管上应分别装止回阀。此外，严禁用截止阀替代中间冷却器、蒸发器、气液分离器、低压循环储液器等设备的节流阀，以避免因供液不当造成压缩机出现湿行程。

2）冷凝器与储液器之间设有均压管，两台以上储液器之间还分别设有气体和液体连通管，它们应处于开启状态，在运行中不得将均压管关闭，使其起到保护高压设备之间的压力平衡、制冷剂流动畅通和液位稳定的作用。

3）氨制冷系统应设紧急泄氨器，当发生事故时通过紧急泄氨器将氨排出，以防事故的扩大。

4）氟利昂机的曲轴箱内往往装有电加热器，以减少油中制冷剂的溶解，以利于起动。

5）在设备间和机器间内应设置事故排风机，以便在事故发生时能及时排除有害气体，而且在室内外均装设事故排风机的按钮。

6）机器间和设备间的门应向外开，并分别留有进出口，以保证安全进出。库房门的内侧应设应急装置，在库房内能将库门打开。

7）机器间和设备间要设有事故开关、消防栓，氨机房须配备带靴的防毒衣、橡皮手套、木塞、管夹、氧气呼吸器等防护用具和有关的抢救药品，并把它们放置在易取之处，还要专人管理、定期检查、确保使用性能。

8）安全阀的泄压管要高出机房屋檐1m以上，并确保泄压管畅通，以避免造成周围环境的污染和不安全影响。

二、冷库的安全操作

1. 运行时的安全操作

（1）阀门的安全操作　制冷装置运行时的安全操作主要是阀门的安全操作，它包括操作阀门时不损伤阀门，重点保护好阀芯、阀杆、手轮和阀体，其次是阀门的启闭要灵活，不发生错开、错关阀门。

1）开启阀门时，应缓慢打开，以免制冷剂过快的流动速度使设备发生脆性损坏。同时，在转动阀门手轮时不应过分用力，以防止阀芯被阀体卡住，当阀门开足后应将手轮回转1/8圈左右。

2）在氨制冷系统中，压缩机至冷凝器总管上的各阀门应挂“禁止关闭”牌子，只有全部停机检查或因事故检修时，待压缩机全部停机后，才可以关闭有关阀门。

3）各种备用阀、加氨阀、排污阀等，平时应关闭并拆除手轮、加封铅；对连通大气的管接头应加封头，防止误开阀门造成事故。

4）氨制冷系统的空气分离器、集油器上的减压阀应处于常开状态，以防止容器内的压力过高而产生危险。

5）有液态制冷剂的管道和设备，严禁同时将两端阀门关闭，否则在满液情况下关闭管道和设备的进出口截止阀时，因吸收外界热量，液体会产生体积膨胀而使管道或设备引起爆裂事故，通常称为“液爆”。因此，供液管、排液管、液态调节站等管道的两端阀门关闭前都应进行适当的抽空处理。

6）玻璃液位计的阀门平时应处于常开状态，同时在一个月左右开关一次，以试验其灵活性。开阀时，应先开气阀再开液阀；关闭时，应先关液阀再关气阀，其目的是降低玻璃管（板）的承压，防止事故的发生。

（2）充灌制冷剂的安全操作　新建或大修后的制冷系统，必须经过气密试验、检漏、排污、抽真空，当确认系统无泄漏时，方可充灌制冷剂。用充氨试漏时，设备内的充氨压力不超过0.2MPa。

由于充氨操作危险性大，要求在值班班长的指导下进行，同时还应备有必要的抢救器材。向制冷系统内充灌制冷剂的数量应严格控制在设计要求和设备制造厂家所规定范围内，并认真做好称量数据的记录。

氨瓶或氨槽车与充氨站的连接管必须采用无缝钢管，或用耐压在3MPa以上的橡皮管，与其相接的管头要有防滑沟槽，以防脱开发生危险。

（3）放空气的安全操作　为防止环境污染和氨中毒，从制冷系统中排放不凝性气体时，需经过专门设置的空气分离器将气体排入水中。操作中，空气分离器的供液节流阀不应开启过大，以防氨液过多而进入空气分离器；放空气阀的开度要小，以防止大量氨漏出。

（4）放油的安全操作　由于制冷设备内的油和氨一般呈有压力的混合状态，为避免酿成严重的跑氨事故，严禁从制冷设备上直接放油，而应经过集油器放出。为提高放油效率和保障安全，最好在设备停止工作时放油，且要防止氨液放入集油器；集油器液面高度一般不超过70%，以免降压时将润滑油吸入压缩机。集油器放油时，操作人员应戴橡皮手套和眼镜，站在放油管侧面和上风端操作，不得中途离开操作地点，严禁将氨液放出。如有阻塞现象，严禁用开水淋浇集油器，以防爆炸。

（5）除霜的安全操作　为防止低压、低温管路在融霜时受到压力波动和温度变化影响，规定进入蒸发器前的压力不得超过0.8MPa（或蒸发器内压力不超过0.8MPa），禁止用关小或关闭冷凝器进气阀的方法加快融霜速度。排液时，排液桶的储氨量不应超过80%。

2. 维修时的安全操作

安全阀要每年拆洗、检查、校正；压力表也要定期检查、校正，如已损坏或指示不正确，应及时更换；浮球阀、电磁阀、液位指示器等应定期进行检查和校正。

拆卸机器设备上的阀门、焊补管道或设备裂缝，都严禁在有制冷剂和带压的情况下进行。压缩机房和设备间不能有明火，冬季严禁用明火取暖。检查机器内部，如曲轴箱、气缸等时，一般用手电筒或不超过36V的行灯。为防止触电事故，在检修制冷设备时，特别是检修风机和电器等远离电源开关处的设备时，须在其电源开关处挂上工作牌，检修完由检修人员亲自取下，其他人员不允许乱动。在检修制冷系统的管道时，若需要换管道或增添新管道，必须用符合规定的无缝钢管（氟利昂制冷系统也可用铜管）；制冷机器与设备检修后，应进行耐压强度和气密性试验。

另外，冷凝器及设备间的梯子应保持完好；机器设备附近和车间内禁止堆放无关的物品，各通道内应无障碍物。

三、制冷剂钢瓶的安全使用与管理

1. 氨瓶的安全使用与管理

（1）氨瓶的使用管理　氨瓶是灌装液氨的容器，平时又处于高压之下，具有一定潜在的危险，因此，对氨瓶必须加强安全管理。按照规定，氨瓶必须每三年进行技术检验一次，如果发现瓶壁有裂纹或局部腐蚀（其深度超过公称壁厚的10%），以及发现有结疤、凹陷、鼓包、伤痕和重皮等缺陷时，应禁止使用。

操作人员在启闭氨瓶阀门时，应站在阀门连接管的侧面，慢慢开启；若氨瓶的瓶阀冻结时，应把氨瓶移到较暖的地方，或用洁净的温水解冻，严禁用火烘烤。瓶内气体不能用尽，必须留有剩余压力；氨瓶用过后应立即关闭瓶阀，盖好氨瓶防护罩，退还库房。

氨充装时，一般按氨瓶容积要求充装，严禁超量充装。氨瓶充装前，须有专人检查，发现下列情况之一者，不许充装。

1）漆色、字样（应是黄底黑字）与所装气体不符或字样不易识别的气瓶。

2）安全阀件不全、损坏、阀门不良，或不符合规定的气瓶。

3）不能判别装过何种气体，或钢瓶内没有余压的气瓶。

4）超过检查期限的气瓶。

5）钢印标志不全、不能识别的气瓶。

6）瓶体外观检查有缺陷，不能保证安全使用的气瓶。

（2）氨瓶的运输管理　待运输的氨瓶应装置厚度不小于25mm的两道防振胶圈或其他相应的防振装置，并须旋紧安全帽。在运输时要固定好氨瓶，防止振动和撞击，瓶头部必须朝向一方；车上禁止烟火，禁止坐人，并应备有防氨泄漏的用具；严禁与氧气瓶、氢气瓶等易燃易爆物品同车运输；夏季要加覆盖物，防止曝晒。搬运时宜轻装轻卸，严禁抛、滚、滑、振动或撞击。

（3）氨瓶的储存和保管　储存氨瓶的仓库，与其他建筑物应保持一定距离。氨瓶库的建筑和设备必须满足下列要求：

1）仓库必须是不低于二级耐火等级的单独的单层建筑，地面至屋顶最低点的高度不小于3.2m，屋顶应为轻型结构。

2）仓库应采用非燃烧材料砌成隔墙，仓库的门窗应向外开，地面应平整不滑。

3）仓库的温度不得高于35℃，并应设有自然通风或机械通风装置，仓库的取暖设备必须采用水暖或汽暖，不能有明火。

4）仓库内应配有适当数量的消防用具。

已充氨的氨瓶储存在仓库内，应该旋紧瓶帽，放置整齐，妥善固定，留有通道。氨瓶立放时，应设有专用拉杆或支架，严防碰倒；卧放时，头部朝向统一，其堆放高度不应超过5层。瓶帽和防振圈等附件必须完整无缺。氨瓶严禁与氧气瓶、氢气瓶同室储存，以免引起燃烧和爆炸；仓库周围10m内不得存放易燃物品或进行明火作业。禁止将氨瓶储存在机器设备间内；临时存放在室外的氨瓶也要远离热源和防止阳光暴晒。

2. 氟利昂瓶的安全使用与管理

氟利昂制冷剂为低压液化气体，盛装氟利昂的容器属于二类压力容器，如果充装、管理和使用不当，极易发生事故。因此，在充装、运输、储存和使用时，必须遵守如下有关规定。

1）钢瓶必须经过检验，以确保能承受规定的压力。外观有缺陷，不能保证安全或超过检查期限的容器，一律不准充装。充装制冷剂时，不允许超过安全充灌量。

2）在运输和储存时，钢瓶应防止太阳的直射和暴晒，不得靠近热源和撞击。

3）钢瓶上的控制阀常用一帽盖或铁罩加以保护，使用后必须把卸下的帽盖或铁罩重新装上，以防在搬运过程中受碰击而损坏。

4）当钢瓶的瓶阀冻结时，严禁用火烘烤，而应该移到较暖和的地方或用温水解冻。

5）当钢瓶中氟利昂用完毕，应即刻关闭控制阀，以免漏入空气或水汽。

6）应避免氟利昂触及皮肤，更不能触及眼睛。

7）发现制冷剂有大量渗透量，必须把门窗打开，否则会引起人窒息。

四、安全预防措施与紧急救护

制冷系统的操作人员要做到安全生产，不仅要掌握制冷技术知识和熟练的安全操作技能，而且还必须掌握有关安全预防措施和急救知识。

1. 安全预防措施

操作人员应加强安全技术的学习，严格执行操作规程和岗位责任制，时刻提高警惕，严防事故产生；应了解制冷剂对人体生理的影响，学习制冷剂中毒后的急救知识和救护药品使用的知识。

（1）制冷剂对人体生理的影响　制冷剂对人体生理的影响较为严重的有中毒、窒息和冷灼伤。引起中毒的制冷剂有氨等，引起人窒息的制冷剂有氟利昂，所有制冷剂均会引起冷灼伤。

氟利昂本身无毒无味、不燃烧、不爆炸，但是，当有水和氧气混合时，氟利昂与明火接触则发生分解，生成氟化氢、氯化氢和光气，这些对人体均有害，特别是光气对眼睛十分有害。此外，氟利昂在常温下的气态密度比空气大，当其在空气中的浓度超过25%～30%（体积分数）时，会引起人窒息。

氨有毒、有刺激性气味，对人体危害极大。氨发生泄漏时，成年人在氨气浓度（体积分数）为0.073%的环境中呼吸0.5h，即会对鼻子、眼睛、咽喉产生强烈的刺激症状；若氨气浓度增至0.092%，会引起剧烈咳嗽；当氨气浓度升至0.23%～0.59%时，将危及生命；如氨气浓度可达0.60%以上，则立即出现致命危险。

（2）预防措施

1）凡有可能接触到制冷剂的工作人员，均应接受安全教育，严格遵守有关技术规程。

2）制冷系统的机器、设备和管道等要保持密封，泄漏部位应及时修理，以防制冷剂对人身的危害。

3）防毒面具、橡胶手套、防毒衣具、胶鞋以及救护药品，应妥善放置在机器间进出口的专用箱内，并定期检查是否处于良好的待使用状态。

4）机房内应配备二氧化碳或“干粉”或“1211”（卤代烷）等灭火器材，以备扑灭油火、制冷剂火和电火。

5）平时还应加强预防性训练，如训练防护用品的使用，熟练掌握防毒衣物的穿法和防毒面具的使用方法；假设一定的事故，让操作人员处理，以训练他们处理事故的能力。

2. 防毒面具的使用与保管

防毒面具（图5-8）有活性炭防毒面具和过滤式防毒面具，主要在漏氨时使用。这里主要介绍活性炭防毒面具。活性炭防毒面具是利用活性炭分子有较强的吸附能力，吸附空气中的氨分子，将过滤后的空气供人呼吸。这种防毒面具是在空气中含氨量不太大情况下使用的。如果有大量氨液溢出，这种防毒面具是不能使用的。

使用时应检查复面是否损坏，如已损坏，应停止使用。如复面完好，可将过滤罐的橡皮塞子打开，将复面从头上戴向下颚，松紧度合适、呼吸不困难即可使用。用完后，若氨味较大，说明活性炭分子吸附能力已经饱和，应将过滤罐内的活性炭更换。换下来的活性炭可用醋酸清洗，晒干后再用。另外，使用后，复面和软管用酒精冲洗消毒，晾干后撒上滑石粉，保管在阴凉通风的专用箱内，以备再用。

如果有条件最好采用氧气呼吸器（图 5-9），它可以在大量氨液溢出的情况下使用，但其必须有充足的氧气供给，否则使用时间有限。

图 5-8　防毒面具

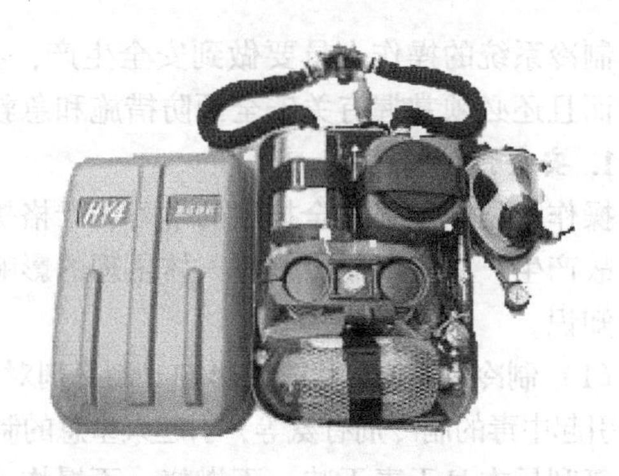

图 5-9　氧气呼吸器

3. 紧急救护措施

（1）发生漏氨时的急救措施　氨制冷系统的阀门或法兰等处，由于填料或垫片不严引起的轻微泄漏是经常发生的，也易处理。但当系统某一管道或设备发生破裂而大量漏氨时，情况就比较严重。遇有这类事故，操作人员一定要镇静、沉着，不应惊慌失措，以免错开或乱开机器、设备上的阀门，导致事故进一步扩大。必须正确判断情况，迅速组织有经验的技工，穿戴防护用具进入现场抢救。

1）高压管路破裂时的处理。应立即停止压缩机运转，根据事故发生的地点，迅速将漏氨管路两端的截止阀关闭，切断漏氨部位与有关设备相连通的管道，卡住氨源。如果破裂管段不长，可采用放空的办法，待管内余氨放完后（泄漏处不再有氨气外逸），置换后进行补焊，待水压和气压试验合格后恢复使用。

2）高压容器漏氨时处理。如果液位指示器被碰断，应立即关闭液位计上、下角阀，更换液位计。如容器破裂，应先截断氨来源，并在破裂部位盖上淋透水的织物或胶皮，然后扎紧，以减轻泄漏程度，或用水管喷淋冷水进行抢堵。同时，应迅速将容器内液体送向低压容器（如排液桶）或蒸发器排管中；液体排完后，关闭阀门，切断与低压系统的联系。容器内余氨通过放油管和集油器放入水池中，待余液放完后，用放油管接通大气或自行放空。无法排放时，应通过紧急泄氨器排入下水道。待氨放尽后再行补焊。焊后作水压及气压试验，合格后再使用。

3）低压系统管道跑氨时处理。首先要迅速查明漏氨部位，关闭该冷却设备的供液阀、回气阀，并调整有关阀门，切断系统与该冷却设备的联系。在此情况下，由于氨气过浓，可开动或临时加风机向出口排除氨气，并用醋酸溶液喷雾中和。然后，在破漏管段上包扎薄胶皮，再用管卡将漏点夹死，再调整阀门，抽空该冷却设备。在库房升温的同时，转移库内货物，待库内氨味已经消除，可将管卡拆除，在没有氨气泄出的情况下，升温后进行焊补。

（2）人员受氨损伤时的救护　氨对人体所造成的伤害大致有如下三种：一是氨液溅到皮肤上时引起类似烧伤性伤害；二是氨液或氨气对眼睛的刺激性或烧伤性伤害；三是氨气被吸入，轻则刺激呼吸器官，重则导致昏迷甚至死亡。

急救处理措施是：

1）当氨液溅到衣服或皮肤上时，应立即把氨液溅湿的衣服脱去，用水或2%硼酸水冲洗皮肤；注意水温不得超过46℃，切忌干加热。当解冻后，再涂上消毒凡士林或植物油脂。

2）当呼吸道受氨气刺激引起严重咳嗽时，可用湿毛巾或用水弄湿衣服，捂住鼻子和口。由于氨易溶于水，因此，此举可明显减轻氨的刺激作用。也可用食醋把毛巾浸湿，再捂住鼻子和口，由于醋蒸气可与氨发生中和作用，使氨变中性盐，这样可以减轻氨对呼吸道的刺激，并可以缓和中毒程度。

3）当呼吸道受氨刺激较强烈，而且中毒比较严重时，可用硼酸水滴鼻漱口，并给中毒者饮用0.5%的柠檬酸水或柠檬汁。但切忌饮白开水，因氨易溶于水而助长氨的扩散。

4）当氨中毒十分严重，致使呼吸微弱、甚至休克、呼吸停止时，应立即进行人工呼吸抢救，并给中毒者饮用较浓的食醋，有条件时施以纯氧呼吸。遇到这种严重情况，应立即请医生或送医院抢救。

此外，不论中毒或窒息程度轻重与否，均应将患者转移到新鲜空气处进行救护，不使其继续吸入含氨的空气。

对于受氨损伤的皮肤，只许用水或酸性的食醋和柠檬水冲洗，绝对不要用毛巾等擦洗受伤部位，以免擦破表皮引起继发感染。对腹部以下器官，当吸附氨而产生强烈刺痛感时，应立即跳进水池即可逐渐缓解。

对于氟利昂产生大量泄漏时，只要远离明火，并迅速通风，即可不对人产生伤害。其处理方法类似氨系统。

【思考与练习】

1. 冷库制冷系统有哪些安全保护装置？
2. 制冷系统的设备、管道安全装置的作用是什么？
3. 冷库制冷系统的安全操作应注意哪些事项？
4. 维修冷库时应注意哪些安全事项？
5. 氨瓶在使用时应注意哪些安全事项？
6. 氨瓶在运输和保管时应注意哪些安全事项？
7. 在充装、运输、储存和使用氟利昂瓶时，应注意哪些安全事项？
8. 制冷剂对人体生理会产生哪些影响？
9. 为了防止制冷剂对人体的危害，应采取哪些预防措施？
10. 如何正确使用防毒面具、氧气呼吸器？
11. 当发生漏氨时，应采取哪些急救措施？
12. 当人员受氨损伤时，应采取哪些救护措施？

课题二　冷库的能耗管理

【知识目标】

1）了解冷库运行记录的基本格式及按月统计的方法。

2）掌握冷库能耗的计算与分析方法。

3）掌握冷库常见耗材消耗量的计算与分析方法。

4）熟悉冷库的有关节能措施。

【能力目标】

1）会记录冷库日常运行记录表，并按月进行统计。

2）会计算制冷压缩机全月理论制冷量、全月耗电量、单位冷量耗电量和单位产品耗电量，并能作出简要的能耗分析。

3）会计算常见辅助材料的消耗量，并能作出简要的耗材分析。

在冷库日常运行维护管理的过程中，不仅要求机器设备运行安全，还要做到合理调整制冷系统运行工况，降低能耗和耗材消耗，改善技术和经济管理水平。为此，在做好冷库日常运行记录的基础上，对冷库进行能耗和耗材的计算与分析，并提出有关制冷系统的节能措施，使冷库制冷系统的运行处于最佳状况，既安全可靠，又经济合理。

一、冷库制冷系统的运行记录

1. 填写日常运行记录表

制冷系统日常运行记录表是反映该系统运行状况的原始记录，它包括制冷系统运行中的各库房温度的变化情况、各种参数、制冷压缩机工作时间及各种消耗材料的使用情况等，为冷库能耗计算与分析提供原始数据。因此，要求每个操作管理人员必须重视日常运行记录表的填写，并要做到及时、准确、清楚、认真，按月汇总装订保存备查。

在日常运行记录表中，应填写制冷压缩机、冷凝器、辅助设备、氨泵、水泵、冷风机的工作情况，以及库房各冷间的温度变化情况等。一般每2h记录一次各制冷压缩机和其他制冷设备的工作参数（如温度、压力、电压、电流、运行时间、液面等）。

每班工作结束时，必须填写电表和水表的指示值，并将本班使用的各种材料消耗量填入运行记录表，以便确定每班的实际耗电量、耗水量、加氨量、加冷冻机油量等。当压缩机没有安装电表时，应每2h记录电动机的电流值，以便月终统计压缩机的耗电量。

冷库制冷系统日常运行记录表填写的内容主要包括：

1）制冷压缩机工作参数，即排出压力、排出温度、吸入压力、吸入温度、润滑油压力、出水温度、电流表读数、电压表读数、运行小时数等。

2）冷凝器及辅助设备工作参数，即冷凝器的进水温度、出水温度、氨压等，调节站的氨液温度、氨压等，高压储液器、低压循环储液器、低压循环桶、中间冷却器、排液桶的压力和液面高度等。

3）氨泵运行参数，即进口压力、出口压力、电流、运行小时数等。

4）水泵运行参数，即进口压力、出口压力、电流、运行小时数等。

5）冷风机工作参数，即电流、运行小时数等。

6）库房各冷间温度。

7）辅助材料的消耗量，即耗水量、加氨量、加冷冻机油量、氯化钠或氯化钙的消耗量等。

由于不同制冷系统中机器和设备的数量不同，因此运行记录表的格式和内容也有所不同，一般运行记录的格式可参见附表 A-2。

2. 按月统计运行参数

日常运行记录表每天应进行日统计，统计机器运行时间，并计算出水、电消耗量，一般按照算术平均值来计算，即每次记录数字之和除以记录次数，得出运行参数一天的平均值。每月还需进行运行记录表月综合，为简化计算，月平均数可不根据日平均数来计算，而是用全月记录数字之和除以全月记录次数来求得。

需要全月统计的日常运行参数主要有：

1）压缩机运行参数，即全月平均蒸发温度、全月平均冷凝温度、全月开车时间、平均电压、平均电流、总耗电量等。

2）其他制冷设备（氨泵、水泵等）运行参数，即全月开车时间、平均电压、平均电流、总耗电量、冷却水消耗量等。

3）库房风机运行参数，即全月开车时间、平均电压、平均电流、总耗电量、冲霜水消耗量等。

4）辅助材料消耗量，即全月氨液消耗量、全月冷冻机油消耗量、全月氯化钠或氯化钙消耗量等。

二、冷库能耗与耗材的计算及考核

据报道，目前我国的冷库容量已经达到1100 万 t，而冷藏耗电量全国平均为131kW · h/（m^3 · 年），是英国平均水平的 2 倍多，日本的 2.5 倍左右。冷库制冷设备能耗已经占到全国耗电量的 15% 左右，冷库耗能成本已经达到一些冷库企业经营成本的 30%，成为冷库企业发展的障碍。因此，加强冷库能耗管理、节约用电、降低耗材，既降低了生产成本，又提高了经济效益，对冷库制冷系统的技术改造和科学管理均有很重要的意义。

1. 冷库能耗管理指标的计算与考核

冷库能耗管理指标主要有三个：一是单位冷量耗电量，二是单位产品耗冷量，三是单位产品耗电量。通过计算某月单位冷量耗电量、单位产品耗冷量和单位产品耗电量，并与相应的定额进行比较，从而考核冷库制冷设备的设计、运行和管理的情况。

（1）单位冷量耗电量定额的确定与考核　单位冷量耗电量定额是考核压缩机操作管理是否正常合理的指标，是按库房设计温度要求达到的蒸发温度来计算的单位冷量耗电量（单位冷量耗电量等于各蒸发系统分别计算的全月耗电量与全月制冷量之比）。附表 A-6 是转速≥960r/min 的氨制冷压缩机在各蒸发系统不同的冷凝温度下每生产 10^6kJ 冷量的耗电量定额，它是根据制冷压缩机的制冷量和功率计算编制的。每月末计算出压缩机实际单位耗电量和定额进行比较，以考核压缩机操作管理的情况。若某蒸发系统全月实际单位冷量耗电量大于相应条件下的定额，说明该系统制冷压缩机实际耗电量高，有待加强压缩机操作管理，以降低耗电量；反之，说明该蒸发系统压缩机实际耗电量低，压缩机操作管理合理。

单位冷量耗电量的考核流程如下：

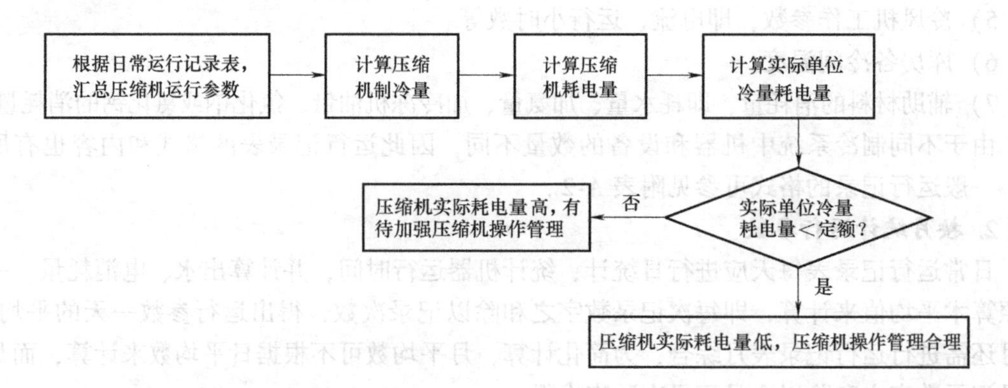

1）活塞式压缩机制冷量的计算。根据压缩机制冷量计算公式，将各种蒸发温度、冷凝温度下的制冷量编成应用图表，以简化计算步骤。压缩机的制冷量与压缩机的排气量成正比，单级机组按全部气缸的排气量计算；双级机组只计算所有低压缸的排气量。为了使各种不同排气量的压缩机都能应用，附表 A-3～附表 A-5 是按排气量每小时 $1m^3$ 来计算，应用时乘以压缩机每小时的排气量，即得压缩机在该种工况下的每小时制冷量，单位为 kJ/h。压缩机全月实际制冷量（kJ）为

压缩机全月实际制冷量＝压缩机理论排气量×单位容积制冷量×全月运转时间

2）螺杆式压缩机制冷量的计算。螺杆式压缩机的制冷量首先应根据生产厂家提供的产品样本中的技术数据进行计算；在无资料的情况下，可按下列方法进行计算，即

$$Q_c = \frac{V_p \lambda q_z}{3.6}$$

式中 Q_c——制冷量（W）；

V_p——理论排气量（m^3/h）；

λ——输气系数，可从制造厂提供的图表中查得，如无资料时，可采用 0.75～0.9（对输气量小、压缩比大的螺杆式压缩机取小值，反之取较大值）；

q_z——单位容积制冷量（kJ/m^3）。

理论排气量 V_p 为

$$V_p = 60 c_n L n D^2$$

式中 c_n——齿形系数，与型线、齿数有关，一般近似计算时，c_n 值为 0.46～0.508（按阳转子名义直径计算），对称圆弧形线取小值，单边不对称型线取大值；

L——转子的工作长度（m）；

n——主动转子的转速（r/min）；

D——主动转子的公称直径（m）。

3）压缩机耗电量的计算。压缩机单独安装电表时，按电表读数乘电表倍率计算；未单独安装电量表时，按下列公式计算，即耗电量（kW · h）为

$$耗电量 = \frac{1.75 \times 平均电流 \times 平均电压 \times 平均功率因数 \times 开车小时}{1000}$$

通过以上公式计算，如各动力设备耗电量相加与电表读数不一致，应以电表读数为准，

进行调整。

为了简化计算，压缩机耗电量（kW·h）可用下式计算，即

$$压缩机耗电量=压缩机分配积数\times功率分配系数$$

其中，压缩机分配积数=压缩机平均耗用电流×开车小时（A·h）；功率分配系数=压缩机总耗电量/各压缩机分配积数合计数（kW/A）。

4）单位冷量耗电量的计算公式为

$$各蒸发系统单位冷量耗电量=\frac{按各蒸发系统分别计算的全月耗电量}{全月制冷量}$$

（2）单位产品耗冷量定额的确定与考核　单位产品耗冷量是衡量冷库制冷效率的综合指标，反映了每个冷间或每个蒸发系统产生冷量的情况，从中可以了解冷库冷量的节约和浪费情况。首先根据已学过的制冷工艺设计的需耗冷量的计算方法，算出每冷间或每蒸发系统的单位产品理论耗冷量，以确定单位产品耗冷量定额。然后根据冷库每月实际加工量，算出每冷间或每蒸发系统的实际单位产品耗冷量。

单位产品耗冷量就是将压缩机制冷量计算结果分配于冷库各种冷冻品或冷藏品，也就是说单位产品耗冷量可用压缩机制冷量除以冷间产品产量求得。单位产品耗冷量的计算公式为

$$单位产品耗冷量=\frac{制冷量或耗冷量}{冷间产量}$$

那么，单位产品耗冷量定额可以按照下式计算或者参考以往类似冷库的使用经验。

$$某冷间单位产品耗冷量定额=\frac{该冷间理论计算的耗冷量}{冷间产量}$$

而实际单位产品耗冷量则按下式计算，即

$$某冷间实际单位产品耗冷量=\frac{该冷间所分配的压缩机实际制冷量或实际耗冷量}{冷间产量}$$

把这实际单位产品耗冷量与定额进行比较，即可进行制冷效率分析，若实际单位产品耗冷量大于定额，说明制冷压缩机的制冷量是恰当的，冷库制冷效率高；反之，说明冷库制冷效率低，需要加强机房和库房的运行管理。

（3）单位产品耗电量定额的确定与考核　单位产品耗电量是衡量冷库耗电的综合指标，它不但反映了制冷设备的设计、运行和管理情况，而且还反映了冷库结构的设计、使用情况和冷库储藏货物的管理情况（入库门的开启、人员进出时间和货物进出时间等）。按照每吨产品计算出来的单位产品耗电量，对于每座冷库是不相同的，应根据各自不同的情况制订单位产品耗电量定额。

1）对于冷冻品和机制冰，制定单位产品耗电量定额比较容易，因为环境温度变化对其影响很小（维护结构渗入热只占总耗冷量的5%~10%），可直接按下列公式计算，即

$$单位产品耗电量=\frac{制冷设备设计总耗电量}{冷加工产品总数量}$$

2）对于冷藏品，制订单位产品耗电量定额比较困难，因为环境温度变化对其影响较大。因而只能按设计工况下的单位产品耗电量作为定额依据，并随环境温度变化进行调整。可参考下列公式计算，即

$$单位产品耗电量=\frac{制冷设备设计总耗电量}{冷藏产品总数量}\xi$$

式中　ξ——环境温度修正系数，可按 $\xi=(t_{实}-t_{库})/(t_{设}-t_{库})$ 进行计算；

$t_{实}$——实际环境温度；

$t_{库}$——库房温度；

$t_{设}$——设计环境温度。

此外可以参照以往类似冷库的使用经验，以类似冷库单位产品耗电量作为定额。

实际单位产品耗电量的计算是将冷库内制冷设备用电和冷库风机用电分配于各种冷冻品和冷藏品，其中制冷设备用电包括压缩机耗电和其他制冷设备用电（如氨泵、水泵用电等），冻结间风机耗电由冷冻品负担，冷却物冷藏间风机耗电由冷却冷藏品负担。压缩机耗电按单位冷量耗电量计算，其他用电也可按冷间耗冷量比例进行分配。有关计算公式如下，即

① 按各冷间耗冷量分配其他制冷设备耗电量，得

$$其他制冷设备用电分配率=\frac{其他制冷设备耗电量}{各冷间耗冷量之和}$$

② 某冷间耗电量包括该冷间所分配的压缩机耗电量、所分配其他制冷设备耗电量和风机耗电量，其中该冷间所分配的压缩机耗电量按单位冷量耗电量计算，因此计算公式为

某冷间耗电量＝该冷间耗冷量×（单位冷量耗电量＋其他制冷设备用电分配率）＋风机耗电量

$$某冷间实际单位产品耗电量=\frac{某冷间耗电量}{该冷间产量}$$

将计算出来的实际单位产品耗电量与定额比较，就可以看出冷库各冷间单位产品的耗电情况，并反映出冷库结构的设计、使用情况和冷库储藏货物的管理情况是否合理、经济。

2. 5000t 氨冷库能耗计算与考核实例

下面以某 5000t 氨冷库为例，要求对该冷库能耗进行计算与考核。该冷库是由五台编号为 1～5 号的活塞式压缩机构成既有单级压缩又有双级压缩的制冷系统，分为－15℃、－28℃和－33℃三个蒸发系统。其中 1 号压缩机为单级机组，负担－15℃蒸发系统，向高温库、制冰间供冷；2 号、3 号压缩机配组为双级机组，负担－28℃蒸发系统，向低温库和冰库供冷；4 号、5 号压缩机配组为双级机组，负担－33℃蒸发系统，向冻结间供冷。压缩机与蒸发系统的配连方案见表 5-3。

表 5-3　某 5000t 氨冷库的制冷系统配置方案

蒸发系统名称	压缩机编号	压缩机台数/台	压缩机型号	供冷库房名称
－15℃	1 号	1	8AS-12.5	高温库(含制冰机)
－28℃	2 号(高压级) 3 号(低压级)	1 1	4AV-12.5 8AS-12.5	低温库、冰库
－33℃	4 号(高压级) 5 号(低压级)	1 1	4AV-12.5 8AS-12.5	冻结间

该冷库容量为 5000t，分为冻结间、低温库、高温库和冰库四种库房，其中，冻结间每月冻结猪肉 800t，肉温从 30℃降至－18℃；低温库储存冻猪肉 1800t，冻家禽 1700t，进货温度为－10℃；高温库储藏货物为鲜蛋 1000t 和苹果 500t，平均进货温度为 22℃（室外该月平均温度）；快速制冰 300t，入冰库，冰库容量为 300t，温度为－10℃。该冷库冷加工能力见表 5-4。

根据该冷库某月日常运行记录表，统计得到有关资料见表5-5、表5-6。

表5-4 某5000t氨冷库的冷加工能力一览表

库房名称	室温/℃	库房面积/m^2	加工产品	产量/t
冻结间	-23	218	猪肉冷加工	800
制冰机 冰库	-10	109	机制冰 储冰	300 300
低温库	-18	3528	储存冻猪肉 储存冻家禽	1800 1700
高温库	0	1176	储存鲜蛋 储存苹果	1000 500

表5-5 某月压缩机运行情况统计表

蒸发系统	压缩机编号	压缩机型号	全月平均蒸发温度/℃	全月平均冷凝温度/℃	平均电流/A	全月开车时间/h
-15℃	1号	8AS-12.5	-16	25	111.72	350
-28℃	2号(高压级) 3号(低压级)	4AV-12.5 8AS-12.5	-27	25	112.89	360
-33℃	4号(高压级) 5号(低压级)	4AV-12.5 8AS-12.5	-28	25	95.47	650

表5-6 某月冷库耗电情况统计表

耗电类别	制冷设备用电		库房风机用电		
	压缩机耗电	其他设备耗电（氨泵、水泵等）	冻结间风机耗电	低温库风机耗电	高温库风机耗电
耗电量/kW·h	83404	25000	12500	0	5000

该5000t氨冷库能耗计算与考核过程如下：

（1）活塞式压缩机制冷量的计算　制冷量的计算过程见表5-7。

表5-7 某5000t氨冷库活塞式压缩机制冷量的计算表

蒸发系统	压缩机编号及型号	计算过程	计算结果
-15℃	1号机8AS-12.5	查8AS-12.5型号压缩机理论排气量为566m^3/h，转速为960r/min，见附表A-3，当蒸发温度为-16℃，冷凝温度为25℃时，该压缩机单位容积制冷量为1.61×10^3kJ/m^3。则全月制冷量=566m^3/h×1.61×10^3kJ/m^3×350h=318.94×10^6kJ	318.94×10^6kJ
-28℃	2号机(高压级)4AV-12.5 3号机(低压级)8AS-12.5	双级机只计算低压级制冷量，其理论排气量和转速与上相同。4AV-12.5型号压缩机理论排气量为283m^3/h，则高、低压容积比为1:2，可查附表A-4，当蒸发温度为-27℃，冷凝温度为25℃，单位容积制冷量为1.17×10^3kJ/m^3，则 全月制冷量=566m^3/h×1.17×10^3kJ/m^3×360h=238.4×10^6kJ	238.4×10^6kJ
-33℃	4号机(高压级)4AV-12.5 5号机(低压级)8AS-12.5	计算方法同-28℃制冷系统，其单位容积制冷量为0.85×10^3kJ/m^3，则 全月制冷量=566m^3/h×0.85×10^3kJ/m^3×650h=312.72×10^6kJ	312.72×10^6kJ

（2）压缩机耗电量的计算　压缩机的平均耗用电流和总耗电量都从日常运行记录表中汇总取得（见表5-5和表5-6）：三组压缩机总电表耗电83404kW·h，1号压缩机平均电流111.72A，2号、3号压缩机组平均电流112.89A，4号、5号压缩机组平均电流95.47A，现计算各组压缩机的耗电量。各压缩机耗电量的计算过程见表5-8。

表5-8　某5000t氨冷库活塞式压缩机耗电量的计算表

蒸发系统	压缩机编号及型号	计算过程	计算结果
-15℃	1号机8AS-12.5	1号压缩机分配积数111.72A×350h=39102A·h 各压缩机分配积数合计数141798A·h 功率分配系数83404kW·h/141798A·h=0.5882kW/A 1号压缩机耗电39102A·h×0.5882=23000kW·h	23000kW·h
-28℃	2号机(高压级)4AV-12.5 3号机(低压级)8AS-12.5	2号、3号压缩机组分配积数112.89A×360h=40640A·h 各压缩机分配积数合计数141798A·h 功率分配系数83404kW·h/141798A·h=0.5882kW/A 2号、3号压缩机组耗电40640A·h×0.5882kW/A=23904kW·h	23904kW·h
-33℃	4号机(高压级)4AV-12.5 5号机(低压级)8AS-12.5	4号、5号压缩机组分配积数95.47A×650h=62056A·h 各压缩机分配积数合计数141798A·h 功率分配系数83404kW·h/141798A·h=0.5882kW/A 4号、5号压缩机组耗电62056A·h×0.5882kW/A=36500kW·h	36500kW·h

（3）单位冷量耗电量的计算　单位冷量耗电量是按各制冷系统分别计算的全月耗电量与全月制冷量之比。计算结果为

-15℃蒸发系统1号压缩机的全月制冷量为318.94×10^6kJ，则单位冷量耗电量为

$$23000\text{kW}\cdot\text{h}/(318.94\times10^6)\text{kJ}=72.11\text{kW}\cdot\text{h}/10^6\text{kJ}$$

-28℃蒸发系统2号、3号压缩机组的全月制冷量为238.4×10^6kJ，则单位冷量耗电量为

$$23904\text{kW}\cdot\text{h}/(238.4\times10^6)\text{kJ}=100.27\text{kW}\cdot\text{h}/10^6\text{kJ}$$

-33℃蒸发系统4号、5号压缩机组的全月制冷量为312.72×10^6kJ，则单位冷量耗电量为

$$36500\text{kW}\cdot\text{h}/(312.72\times10^6)\text{kJ}=116.72\text{kW}\cdot\text{h}/10^6\text{kJ}$$

（4）单位冷量耗电量考核　综合上述计算，结合单位冷量耗电量定额，得出如下结论。

1）对于-15℃蒸发系统，当蒸发温度在-15℃，氨单级压缩机转速960r/min，月平均冷凝温度在25℃时，见附表A-6得单位冷量耗电量定额为67.93kW·h/10^6kJ，与本月实际单位冷量耗电量72.11kW·h/10^6kJ相比，实际耗电较高。

2）对于-28℃蒸发系统，当蒸发温度在-28℃，氨双级压缩机组转速960r/min，月平均冷凝温度25℃，高、低压机容积比在1:2时，见附表A-6得单位冷量耗电量定额为100.70kW·h/10^6kJ，与本月实际单位冷量耗电量100.27kW·h/10^6kJ相比，实际耗电稍低；

3）对于-33℃蒸发系统，当蒸发温度在-33℃，月平均冷凝温度在25℃，其他条件与-28℃系统相同，查附表A-6得单位冷量耗电量定额为116.99kW·h/10^6kJ，与本月实际单位冷量耗电量116.72kW·h/10^6kJ相比，实际耗电也稍低。

从耗电量比较来看，该冷库的制冷压缩机操作较合理。

（5）理论耗冷量的计算　按制冷工艺设计的理论耗冷量计算，其总耗冷量包括围护结构耗冷量、食品冷加工耗冷量、电动机运转耗冷量及操作人员和其他耗冷量。

1）围护结构耗冷量。根据该冷库的设计技术资料，当室外计算温度为35℃时，各库房围护结构耗冷量的技术数据见表5-9。

表5-9　各库房围护结构耗冷量

库房名称	室温/℃	库房面积/m^2	按蒸发温度分配围护结构的耗冷量/$10^3kJ\cdot h^{-1}$		
			-15℃	-28℃	-33℃
冻结间	-23	218	—	—	26.52
低温库	-18	3528	—	177.50	—
冰库	-10	109	—	12.09	—
高温库	0	1176	33.63	—	—
合计	—	—	33.63	189.59	26.52

为了方便计算，求出在室内外温度相差1℃时，每冷间的耗冷量，这样当室外温度变化时就可直接求得。该冷库各冷间在室内外温度变化1℃时，耗冷量和各冷间在室外平均温度为22℃时每月耗冷量见表5-10。

表5-10　室内外两种温差时的月耗冷量

库房名称	室内外温度变化1℃时的耗冷量/$kJ\cdot h^{-1}$	室外平均温度为22℃每月耗冷量/kJ
冻结间	$26.52\times10^3/[35-(-23)]=457.2$	$457.2\times[22-(-23)]\times30\times24=14.8\times10^6$
低温库	$177.50\times10^3/[35-(-18)]=3349.1$	$3349.1\ [22-(-18)]\times30\times24=96.5\times10^6$
冰库	$12.09\times10^3/[35-(-10)]=268.7$	$268.7\times[22-(-10)]\times30\times24=6.2\times10^6$
高温库	$33.63\times10^3/(35-0)=960.9$	$960.9\times(22-0)\times30\times24=15.2\times10^6$

2）食品冷加工耗冷量。查附表A-7、附表A-8得到食品冷加工始终稳定所对应的焓值，得

冻结间耗冷量：$[800\times1000\times(314.85-4.61)]$kJ/月 $=248.2\times10^6$kJ/月

低温库耗冷量：$[1800\times10^3\times(28.89-4.61)+1700\times10^3\times(30.15-4.61)]$kJ/月 $=87.1\times10^6$kJ/月

冰库的耗冷量：$(300\times10^3\times2.09\times10)$kJ/月 $=6.27\times10^6$kJ/月，其中2.09kJ/(kg·℃)是冰的比热容。

高温库的耗冷量：

$[1000\times10^3\times(306.89-237.39)+500\times10^3\times(314.43-236.14)]$kJ/月 $=108.6\times10^6$kJ/月

机制冰耗冷量：$[1.25\times300\times10^3\times(4.19\times20+347.48)]$kJ/月 $=161.7\times10^6$kJ/月，其中4.19kJ/(kg·℃)为水的比热容，347.48kJ/kg为冰的凝固潜热，1.25为快速制冰的耗冷系数。

3）电动机耗冷量

冻结间耗冷量：12500kW·h/月 $=45\times10^6$kJ/月

高温库耗冷量：5000kW·h/月 $=18\times10^6$kJ/月

4）操作与其他耗冷量。这部分耗冷量包括工人在库房操作、照明、开启库门等多项耗冷指标，计算复杂。所以根据低温库选低值、高温库选高值的原则，在 300～550kJ/（m^2·日）中选择一数值来计算，即

冻结间耗冷量：300×218×30kJ/月 =1.96×10^6kJ/月

低温库耗冷量：300×3528×30kJ/月 =31.8×10^6kJ/月

冰库耗冷量：300×109×30kJ/月 =0.98×10^6kJ/月

高温库耗冷量：550×1176×30kJ/月 =19.4×10^6kJ/月

以制冷工艺设计理论计算的需耗冷量总和，即

冻结间耗冷量：（14.8+248.2+45+1.96）×10^6kJ/月 =309.96×10^6kJ/月

低温库耗冷量：（96.5+87.1+31.8）×10^6kJ/月 =215.4×10^6kJ/月

冰库耗冷量：（6.2+6.27+0.98）×10^6kJ/月 =13.45×10^6kJ/月

高温库耗冷量：（15.2+108.6+18+19.4）×10^6kJ/月 =161.2×10^6kJ/月

机制冰的耗冷量：161.7×10^6kJ/月。

计算的结果与实际制冷压缩机制取的冷量比较见表 5-11。

表 5-11　冷量消耗比较

蒸发系统	冷间名称	理论计算需耗冷量/(10^6kJ/月)	实际耗冷量/(10^6kJ/月)	冷量损耗/(10^6kJ/月)
-33℃	冻结间	309.96	312.72	2.76(0.9%)
-28℃	低温库、冰库	215.4+13.45=228.85	238.4	9.55(4.2%)
-15℃	高温库(含制冰机)	161.2+161.7=322.9	318.94	-3.96%(-1.2%)

从比较结果看，冷库的实际操作较为合理。若比较的结果，冷量的损耗超出计算需耗冷量的 10% 时，就认为不合理，需查找原因及时纠正。

（6）单位产品耗冷量的考核　根据前面计算出来的各蒸发系统的耗冷量，实际单位产品耗冷量与定额计算结果见表 5-12。

表 5-12　实际单位产品耗冷量与定额的比较

蒸发系统	冷间名称	单位产品耗冷量定额/(10^6kJ/t)	实际单位产品耗冷量/(10^6kJ/t)	冷量损耗
-33℃	冻结间	309.96/800=0.387	312.72/800=0.391	0.004(1.02%)
-28℃	低温库、冰库	228.4/(3500+300)=0.060	238.4/3800=0.063	0.003(4.76%)
-15℃	高温库(含制冰机)	322.9/(1500+300)=0.179	318.94/1800=0.177	-0.002(-1.23%)

从比较结果看，冷库的制冷量较为合理，制冷效率较高。若比较的结果，冷量的损耗超出计算需耗冷量的 10% 时，就认为不合理，需查找原因及时纠正。

（7）单位产品耗电量的考核　根据前面计算出来的各蒸发系统的耗电量和耗冷量，按照耗冷量比例进行分配，即可得到本月各冷间的耗电量和单位产品耗电量。

该冷库的其他制冷设备用电量为 25000kW·h/月，则按耗冷量分配为

其他制冷设备用电量分配率 = 其他用电量/各冷间耗冷量之和

=[25000/(312.72+238.4+318.94)]kW·h/10^6kJ =28.73kW·h/10^6kJ

则冻结间耗电量 = 冻结间耗冷量×(单位冷量耗电量 + 其他制冷设备用电分配率) + 风机用电 =312.72×10^6×[(116.72+28.73)×10^{-6}]kW·h+12500kW·h=57985.12kW·h;

低温库耗电量（含冰库）= 低温库耗冷量 ×（单位冷量耗电量 + 其他制冷设备用电分配率）+ 风机用电 $=238.4\times10^{6}\times[(100.27+28.73)\times10^{-6}]\text{kW}\cdot\text{h}+0=30753.6\text{kW}\cdot\text{h}$；

高温库耗电量（含制冰机）= 高温库耗冷量 ×（单位冷量耗电量 + 其他制冷设备用电分配率）+ 风机用电 $=318.94\times10^{6}\times[(72.11+28.73)\times10^{-6}]\text{kW}\cdot\text{h}+5000\text{kW}\cdot\text{h}=37161.91\text{kW}\cdot\text{h}$。

实际单位产品耗电量计算结果见表5-13。

表5-13　实际单位产品耗电量的计算

冷间名称	产量/t	耗冷量/10^6kJ	耗电量/kW·h	实际单位产品耗电量/(kW·h/t)
冻结间	800	312.72	57985.12	72.48
低温库、冰库	3800	238.4	30753.6	8.09
高温库（含制冰机）	1800	318.94	37161.91	20.65

从计算结果可以看出，冻结间的实际单位产品耗电量最多，高温库次之，主要原因是猪肉冷加工和制冰机耗电多，因此加强冻结间和制冰机的运行管理显得十分重要。此外，可参照以往类似冷库的使用经验或该冷库的历史使用资料，对该冷库的单位产品耗电量进行考核，以掌握冷库耗电的综合情况，合理判断制冷设备的设计、运行和管理情况。

3. 辅助材料消耗量的计算与耗材分析

（1）氨液的消耗量　由于制冷设备的检修、渗漏、放油、放空气等原因，不可避免地造成制冷系统的氨液损失，需要定期补充。氨液消耗量定额（kg/kJ）以制冷量和本年度新灌入量来计算，其计算公式为

$$\text{氨液消耗量}=\frac{\text{本年度新灌入量}}{\text{本年度总制冷量}}$$

一般每生产4186800kJ冷量要消耗氨液量控制为2.5~3.5kg。实际氨液量加入应视实际情况而定。

（2）润滑油的消耗量　压缩机的润滑油消耗定额（kg/kJ）是根据本年加入油量减去回收尚能使用部分后，再除以本年度总制冷量求得，即

$$\text{润滑油消耗量定额}=\frac{\text{本年度加入油量}-\text{回收能使用油量}}{\text{本年度总制冷量}}$$

（3）氯化钠或氯化钙的消耗量　盐水的含盐量和补充量可由设备容积和盐水含量来计算。如有一个日制冰量15t的冰池，其盐水容积为28.3m^3，要求配制成密度为1.16t/m^3的氯化钠盐水，则氯化钠和水的需要量的计算如下，即

$$\text{冰池盐水质量}=28.3\times1.16\times1000\text{kg}=32828\text{kg}$$

查性质表氯化钠密度为1.16t/m^3时，其含量（质量分数）为21.2%，则

$$\text{氯化钠质量}=32828\times21.2\%\text{kg}=6959.54\text{kg}$$

$$\text{水质量}=32828\text{kg}-6959.54\text{kg}=25868.46\text{kg}$$

如经过一定生产时期后，盐水密度降为1.10t/m^3，查性质表得其含量（质量分数）为13.6%，则氯化钠补充量 $=25868.46\times[1/(100-21.2)\%-1/(100-13.6)\%]\text{kg}=2845.53\text{kg}$，即氯化钠消耗定额可用下列公式计算，即

$$\text{氯化钠消耗量}=\text{应补充量(kg)}/\text{本期制冷量(kJ)或本期制冰量(t)}$$

一般每生产1t冰消耗氯化钠为0.8~1.2kg。

三、冷库的节能措施

1. 影响单位冷量耗电量的因素分析

制冷压缩机的制冷量随着高、低压级压力和温度的变化而变化。冷凝温度越高，蒸发温度越低，制冷压缩机的压缩比越大，这时制冷压缩机的实际输气量减小，制冷能力下降，能耗增加，单位冷量耗电量增大。

（1）蒸发温度的变化与制冷量和功耗的关系　蒸发温度的高低是根据工艺或生产上的需要来确定的。蒸发温度比冷间温度低，与加工工艺所要求的温度之间存在着传热温差。

在相同的冷凝压力下，蒸发压力降低时，单位质量制冷量将降低，而单位功耗将增加。如果蒸发压力升高，则制冷压缩机的制冷量增加，而功耗减少。

当冷凝温度不变时，蒸发温度越低，制冷量越小，功耗越多。所以在制冷系统的运转操作中应对蒸发温度进行合理控制和调节，在满足制冷工艺所要求的换热温差基础上，应尽可能地提高蒸发温度，以提高制冷量，降低能耗。

（2）冷凝温度的变化与制冷量和功耗的关系　假定蒸发压力不变，使冷凝压力升高，此时的单位质量制冷量将减小，同时单位功耗却增加。由此可见，冷凝温度的升高对制冷系统也是不利的。在相同的蒸发温度下，随着冷凝温度的升高，冷凝压力也相应升高，制冷压缩机的压缩比增大，造成制冷压缩机的实际输气量减少，这时制冷量下降而耗电量增加。

要想降低冷凝温度，需降低冷却水的水温，增大冷却水量。这样又会使水系统的电耗增加。因此，应当根据实际情况合理、经济地选择各种参数，尽可能地降低冷凝温度。

（3）其他因素　凡是造成制冷压缩机制冷量降低的原因，都会引起耗电量的增加。如制冷压缩机的余隙过大，气缸活塞吸、排气阀片存在泄漏，制冷压缩机吸气过热等因素，都会引起制冷压缩机的实际输气量减少，制冷量降低，耗电量增加。

2. 冷库的节能措施

1）采用新型隔热材料，增加冷库围护结构的保温性能，减少冷量损失，以减少能耗。

2）设计建造大容量单体冷库，大容量单体冷库的外表面比相同容量的多间小冷藏间的冷库要小。在容积相同的情况下，外界侵入大冷藏间的热量要小于侵入小冷藏间的热量，因而大容量单体冷库的冷量损失较小，较为节能。目前在冷藏业比较先进的国家，一般冷库库房净高8~10m，冷库的平均容积在50000m^3以上。

3）选用单机双级制冷压缩机。当制冷系统的蒸发温度较低时，一般采用双级制冷压缩机。在选配制冷压缩机时，应考虑优先选用单机双级制冷压缩机，而不是配组双级制冷压缩机。在工况及制冷相同的情况下，配组双级制冷压缩机比单机双级制冷压缩机多耗电20%左右。另外配组双级制冷压缩机布置分散，不便于操作，维修量也较大。因此在允许的条件下，应尽量采用单机双级制冷压缩机。

4）用微机对制冷系统或制冷装置实行自动控制管理，对制冷系统的所有运行参数实行自动检测，并通过快速、精确的逻辑判断进行自动调节和控制，使制冷系统在最合理的工况下运行。同时使冷间温度稳定，能耗降低。

5）尽量提高蒸发温度。随着蒸发温度与库房温度换热温差的缩小，蒸发温度相应提高。如果冷凝温度保持不变，制冷压缩机的制冷量也相应提高。据估算，蒸发温度每升高1℃，单位冷量耗电量将减少3%~4%。

提高蒸发温度的措施是适当增大蒸发器的传热面积。在操作时根据冷间热负荷的变化随时调节供液量的大小，使换热温差控制在允许范围内的最小值。在整个降温过程中，注意观察蒸发压力的变化，调配好制冷压缩机，使制冷压缩机制冷量与冷间的热负荷相匹配。当库房温度达到要求，但被冷却物的温度还没有达到要求时，应减少供液量，减开冷风机，并使制冷压缩机减载运转。如蒸发压力过低，就应停止制冷压缩机的运转，待压力回升后再开机。

6）尽量降低冷凝温度以减少能耗。冷凝器的污垢层太厚、冷却水量过少及布水不均匀等都会造成冷凝温度过高。应经常对冷凝器进行清洗、维护，保证冷凝器的正常运行，尽量控制冷凝器的进口温度，以降低冷凝温度，使耗电量减少。若冷凝器的热负荷小，应适当减少冷凝器的工作台数，也可适当减小冷却水的流量，以降低冷却水系统的电耗。

7）提高操作管理人员的节能意识，使其精心操作，加强对冷库的管理，减少冷耗。要根据制冷系统的工况参数变化，及时合理地调整制冷系统。同时要注意及时冲霜、放油、除垢和放空气。当制冷系统的低压设备中存有因混入过多水分而难以蒸发的氨液时，这些氨液占据蒸发器的有效容积，造成蒸发压力过低，降温困难，耗电增加，因此必须设法将其排出，必要时要更换制冷剂。

另外要加强库房管理，针对库房跑冷点较多的状况，应做到尽量减少人员进出、随手关灯、随手关门、确保冷风幕的工作正常等，以减少库房冷耗。

8）利用制冷装置的废热与余冷。冷凝器中释放出来的热量是制冷装置的废热。如有条件可采取措施收集利用废热，以减少其他能源的消耗，达到节能的目的。比如将冷凝器流出的冷却水作为蒸发器冲霜水，用废热加热空气供冬季取暖等。

制冷装置的余冷主要是冻结间的冷风机冲霜水产生的。冲霜后的水温低于10℃，如将冲完霜的水集中到水池内作冷凝器的冷却水使用，既改善了制冷工况，增大了制冷量，又可减少冷却耗水。

【思考与练习】

1. 填写制冷系统日常运行记录表有什么作用？日常运行记录表主要包括哪些内容？
2. 需要全月统计的冷库日常运行参数主要有哪些？
3. 冷库能耗管理指标有哪几个？各有什么作用？
4. 如何考核单位冷量耗电量指标？
5. 如何考核单位产品耗冷量指标？
6. 如何考核单位产品耗电量指标？
7. 如何计算冷库常用的辅助材料消耗量？
8. 影响单位冷量耗电量的因素有哪些？
9. 冷库有哪些节能措施？

附录

附录A 参考图表

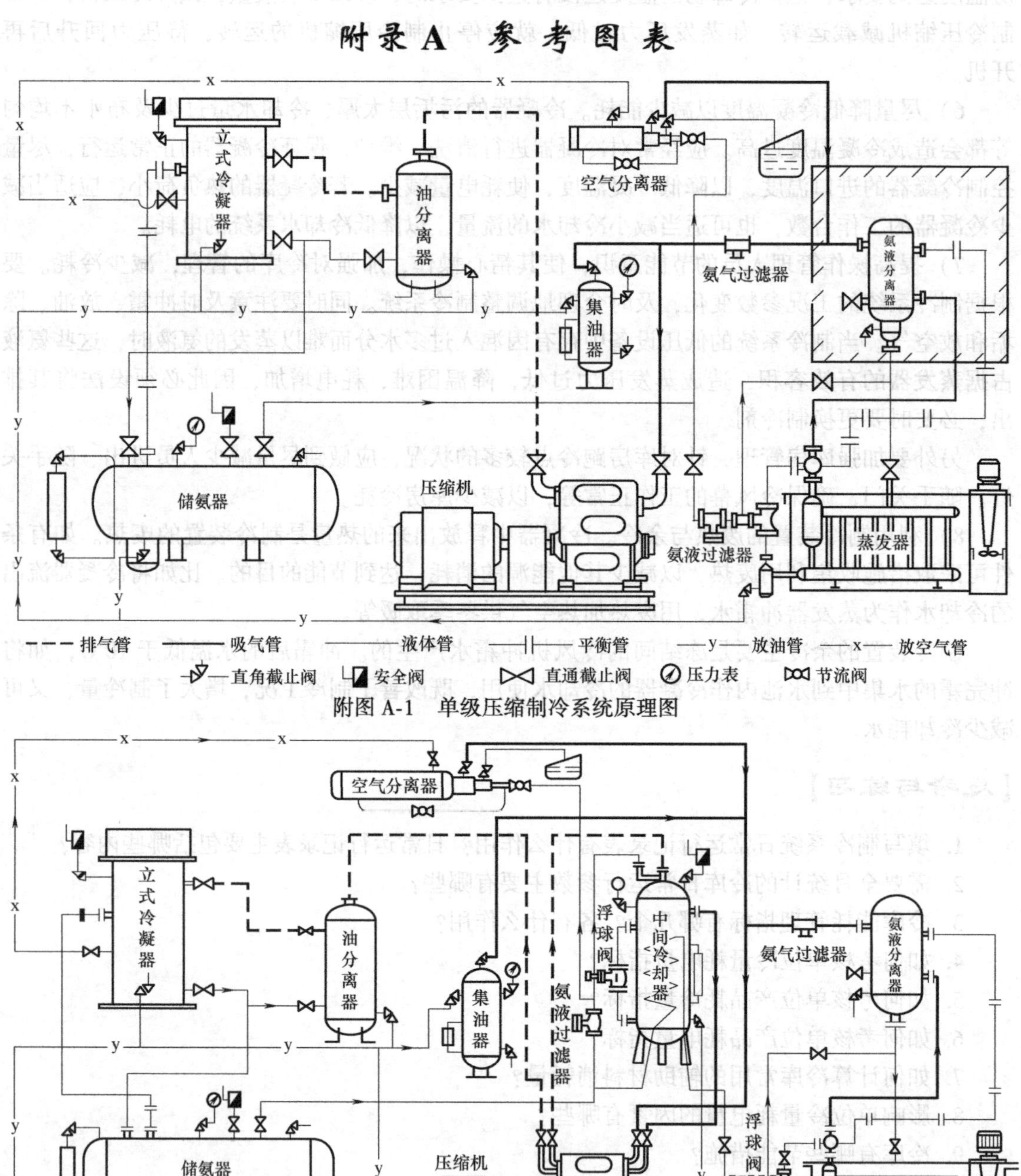

附图 A-1 单级压缩制冷系统原理图

附图 A-2 双级压缩制冷系统原理图

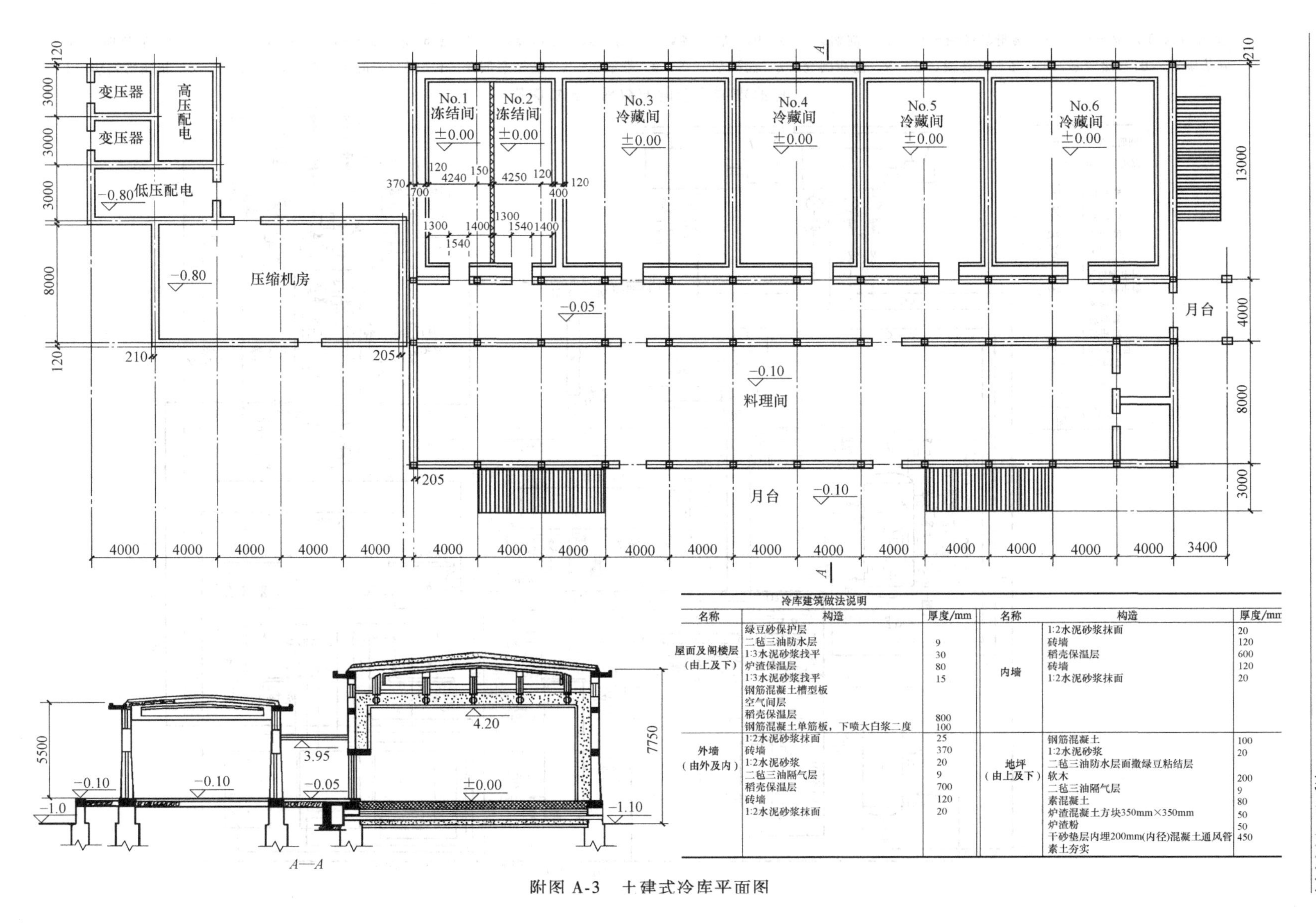

冷库建筑做法说明

名称	构造	厚度/mm	名称	构造	厚度/mm
屋面及阁楼层（由上及下）	绿豆砂保护层 二毡三油防水层 1:3水泥砂浆找平 炉渣保温层 1:3水泥砂浆找平 钢筋混凝土槽型板 空气间层 稻壳保温层 钢筋混凝土单筋板，下喷大白浆二度	9 30 80 15 800 100	内墙	1:2水泥砂浆抹面 砖墙 稻壳保温层 砖墙 1:2水泥砂浆抹面	20 120 600 120 20
外墙（由外及内）	1:2水泥砂浆抹面 砖墙 1:2水泥砂浆 二毡三油隔气层 稻壳保温层 砖墙 1:2水泥砂浆抹面	25 370 20 9 700 120 20	地坪（由上及下）	钢筋混凝土 1:2水泥砂浆 二毡三油防水层面撒绿豆粘结层 软木 二毡三油隔气层 素混凝土 炉渣混凝土方块350mm×350mm 炉渣粉 干砂垫层内埋200mm(内径)混凝土通风管 素土夯实	100 20 200 9 80 50 50 450

附图 A-3　土建式冷库平面图

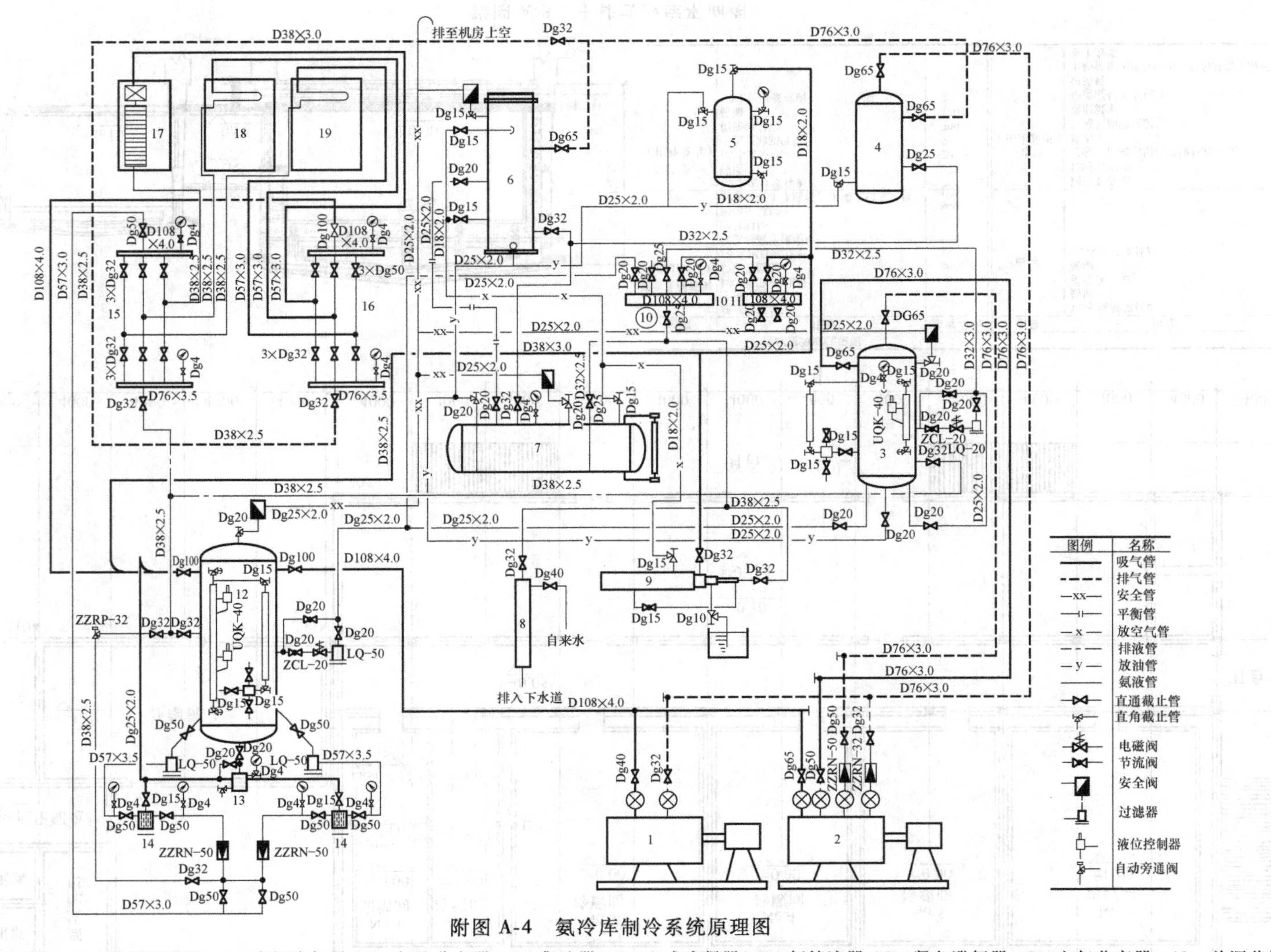

附图 A-4 氨冷库制冷系统原理图

1—单级压缩机 2—双级压缩机 3—中间冷却器 4—氨油分离器 5—集油器 6—立式冷凝器 7—氨储液器 8—紧急泄氨器 9—空气分离器 10—总调节站 11—加氨站 12—低压循环储液器 13—低压集油器 14—屏蔽氨泵 15—低压液体调节站 16—低压气体调节站 17—搁架式排管 18、19—双层U形顶排管

附表 A-1 “制冷系统的放空气操作”课题质量考核及评分表

考核内容	考核要求	评分标准	配分	扣分	得分	备注
总体认识放空气操作工艺	1)正确指出放空气的操作流程及要求 2)正确指出相关阀件的名称及作用	放空气操作流程、相关阀件名称及作用,错误一处扣3分	15			
正确判断制冷系统中是否混有空气	1)正确观察各种现象、仪表读数,正确判断空气存在的位置及大致数量 2)能选择正确的方法进行放空气操作	读数不准,判断有误、方法不正确,每一处均扣5分	25			
制冷系统的放空气操作	1)正确使用各种工具和设备 2)能根据阀件间的放空气关系,采用正确的方法进行放空气,并达到放空气的工艺要求 3)能按要求完成氨制冷系统放空气的操作 4)正确填写放空气操作规程记载表	1)步骤、工具使用、放空气方法、填表,每错误一处均扣3分 2)未达到放空气工艺要求,每一处均扣5分	50			
制冷系统放空气操作效果的评估	能正确填写放空气效果评估表,正确评估放空气效果	填表不完整、评估不合理,每一处均扣2分	10			
安全文明生产	自觉遵守安全文明生产规程	违反一项规定扣5分				
合计	—	—	100			
操作时间	开始时间:	结束时间:	实际用时:			

附表 A-2 制冷车间日常运行记录表

________年________月________日 星期________ 室外气温________ 室外相对湿度________

一、制冷压缩机工作情况

压缩机号	工作条件	记录时间												日平均	工作时间/h
		2	4	6	8	10	12	14	16	18	20	22	24		
1号单级机组	排出压力/MPa														开车: 停车: 开车: 停车: 运行小时:
	排出温度/℃														
	吸入压力/MPa														
	吸入温度/℃														
	润滑油压力/MPa														
	出水温度/℃														加油时间: 加冷冻机油质量/kg:
	电流表读数/A														
	电压表读数/V														
2号单级机组	排出压力/MPa														开车: 停车: 开车: 停车: 运行小时:
	排出温度/℃														
	吸入压力/MPa														
	吸入温度/℃														
	润滑油压力/MPa														
	出水温度/℃														加油时间: 加冷冻机油质量/kg:
	电流表读数/A														
	电压表读数/V														

（续）

压缩机号	工作条件		记录时间												日平均	工作时间/h
			2	4	6	8	10	12	14	16	18	20	22	24		
3号双级机组	排出压力/MPa	高压缸														开车： 停车： 开车： 停车： 运行小时：
	排出温度/℃	高压缸														
	吸入压力/MPa	高压缸														
	吸入温度/℃	高压缸														
	排出压力/MPa	低压缸														
	排出温度/℃	低压缸														
	吸入压力/MPa	低压缸														
	吸入温度/℃	低压缸														
	润滑油压力/MPa															加油时间： 加冷冻机油质量/kg：
	出水温度/℃															
	电流表读数/A															
	电压表读数/V															
4号双级机组	排出压力/MPa	高压缸														开车： 停车： 开车： 停车： 运行小时：
	排出温度/℃	高压缸														
	吸入压力/MPa	高压缸														
	吸入温度/℃	高压缸														
	排出压力/MPa	低压缸														
	排出温度/℃	低压缸														
	吸入压力/MPa	低压缸														
	吸入温度/℃	低压缸														
	润滑油压力/MPa															加油时间： 加冷冻机油质量/kg：
	出水温度/℃															
	电流表读数/A															
	电压表读数/V															

二、冷凝器及辅助设备工作情况

设备名称	工作条件		记录时间												日平均	备注
			2	4	6	8	10	12	14	16	18	20	22	24		
冷凝器	进水温度/℃															
	出水温度/℃															
	氨压/MPa															
调节站	氨液温度/℃															
	氨压/MPa															
高压储液器	液面（高、低或正常）	1号														
	压力/MPa	1号														
	液面（高、低或正常）	2号														
	压力/MPa	2号														

（续）

设备名称	工作条件		记录时间												日平均	备注
			2	4	6	8	10	12	14	16	18	20	22	24		
低压储液器	液面(高、低或正常)	1号														
	压力/MPa															
	液面(高、低或正常)	2号														
	压力/MPa															
中间冷却器	液面(高、低或正常)	1号														
	压力/MPa															
	液面(高、低或正常)	2号														
	压力/MPa															
排液桶	液面(高、低或正常)	1号														
	压力/MPa															
	液面(高、低或正常)	2号														
	压力/MPa															

三、氨泵运行情况

编号	工作条件	记录时间												日平均	备注
		2	4	6	8	10	12	14	16	18	20	22	24		
1号	进口压力/MPa														
	出口压力/MPa														
	电流/A														
2号	进口压力/MPa														
	出口压力/MPa														
	电流/A														

四、水泵运行情况

编号	工作条件	记录时间												日平均	备注
		2	4	6	8	10	12	14	16	18	20	22	24		
1号	进口压力/MPa														
	出口压力/MPa														
	电流/A														
2号	进口压力/MPa														
	出口压力/MPa														
	电流/A														

五、冷风机工作情况

编号	工作条件	记录时间												日平均	备注
		2	4	6	8	10	12	14	16	18	20	22	24		
1号	电流/A														
2号	电流/A														
3号	电流/A														
4号	电流/A														
5号	电流/A														
6号	电流/A														

（续）

六、库房各冷间温度/℃															
冷间名称	编　号	记录时间												日平均	备　注
		2	4	6	8	10	12	14	16	18	20	22	24		
冷却间0℃	1号														
	2号														
	3号														
	4号														
冻结间 -23℃	1号														
	2号														
	3号														
	4号														
冷藏间 -18℃	1号														
	2号														
	3号														
	4号														
地下室 0℃	1号														
	2号														
	3号														
	4号														
冰库 -10℃	1号														
	2号														

0~8夜班值班记事		8~16早班值班记事		16~24中班值班记事	
值班长		值班长		值班长	

备注

机房主管：

附表 A-3 氨单级压缩机单位容积制冷量（转速≥960r/min） （单位：$10^3 kJ/m^3$）

蒸发温度/℃	冷凝温度/℃																									
	15	16	17	18	19	20	21	22	23	24	25	26	27	28	29	30	31	32	33	34	35	36	37	38	39	40
-5	3.03	3.00	2.98	2.95	2.93	2.90	2.88	2.85	2.82	2.80	2.77	2.72	2.75	2.69	2.67	2.64	2.61	2.58	2.56	2.53	2.50	2.47	2.44	2.41	2.39	2.36
-6	2.89	2.87	2.85	2.82	2.80	2.77	2.75	2.72	2.70	2.67	2.65	2.62	2.60	2.57	2.54	2.52	2.49	2.46	2.44	2.41	2.38	2.36	2.33	2.30	2.27	2.25
-7	2.77	2.74	2.72	2.70	2.67	2.65	2.62	2.60	2.58	2.55	2.53	2.50	2.48	2.45	2.43	2.40	2.38	2.35	2.32	2.30	2.27	2.24	2.22	2.19	2.16	2.14
-8	2.64	2.62	2.60	2.58	2.55	2.53	2.51	2.48	2.46	2.43	2.41	2.39	2.36	2.34	2.31	2.29	2.26	2.24	2.21	2.18	2.16	2.13	2.11	2.08	2.05	2.03
-9	2.53	2.50	2.48	2.46	2.44	2.41	2.39	2.37	2.35	2.32	2.30	2.27	2.25	2.22	2.20	2.17	2.15	2.12	2.10	2.07	2.05	2.02	2.00	19.7	1.94	1.92
-10	2.41	2.39	2.37	2.35	2.32	2.30	2.28	2.26	2.24	2.21	2.19	2.16	2.14	2.11	2.09	2.07	2.04	2.02	1.99	1.97	1.94	1.92	1.89	1.87	1.84	1.81
-11	2.30	2.28	2.26	2.23	2.21	2.19	2.17	2.15	2.12	2.10	2.08	2.06	2.03	2.01	1.99	1.97	1.94	1.92	1.89	1.87	1.85	1.82	1.80	1.77	1.75	1.72
-12	2.19	2.17	2.15	2.13	2.11	2.09	2.07	2.05	2.02	2.00	1.98	1.96	1.94	1.91	1.89	1.87	1.84	1.82	1.80	1.77	1.75	1.73	1.70	1.68	1.65	1.62
-13	2.09	2.07	2.05	2.03	2.01	1.99	1.97	1.95	1.92	1.90	1.88	1.86	1.84	1.81	1.79	1.77	1.75	1.72	1.70	1.68	1.66	1.63	1.61	1.58	1.56	1.54
-14	1.99	1.97	1.95	1.93	1.91	1.89	1.87	1.85	1.83	1.81	1.79	1.77	1.74	1.72	1.70	1.68	1.66	1.63	1.61	1.59	1.57	1.55	1.52	1.50	1.47	1.45
-15	1.90	1.88	1.86	1.84	1.82	1.80	178	1.76	1.74	1.72	1.70	1.68	1.66	1.63	1.61	1.59	1.57	1.55	1.53	1.50	1.48	1.46	1.43	1.41	1.39	1.37
-16	1.80	1.78	1.76	1.74	1.72	1.71	1.69	1.67	1.65	1.63	1.61	1.59	1.57	1.54	1.53	1.50	1.48	1.46	1.44	1.42	1.40	1.38	1.36	1.33	1.31	1.29
-17	1.71	1.69	1.67	1.65	1.63	1.61	1.60	1.58	1.56	1.54	1.52	1.50	1.48	1.46	1.44	1.42	1.40	1.38	1.36	1.33	1.31	1.29	1.27	1.25	1.23	1.20
-18	1.62	1.60	1.58	1.56	1.55	1.53	1.51	1.49	1.47	1.45	1.43	1.41	1.39	1.37	1.35	1.33	1.31	1.29	1.27	1.25	1.23	1.21	1.19	1.17	1.15	1.13
-19	1.53	1.51	1.49	1.48	1.46	1.44	1.43	1.41	1.39	1.37	1.35	1.33	1.31	1.29	1.28	1.26	1.24	1.22	1.20	1.18	1.15	1.13	1.11	1.09	1.07	1.05
-20	1.45	1.43	1.42	1.40	1.38	1.36	1.35	1.33	1.31	1.29	1.27	1.26	1.24	1.22	1.20	1.18	1.16	1.14	1.12	1.10	1.08	1.06	1.04	1.02	1.00	0.98
-21	1.37	1.35	1.34	1.32	1.30	1.29	1.27	1.25	1.23	1.22	1.20	1.18	1.16	1.14	1.13	1.11	1.09	1.06	1.05	1.03	1.01	0.99	0.97	0.95	0.93	0.91
-22	1.29	1.28	1.26	1.25	1.23	1.21	1.20	1.18	1.16	1.14	1.13	1.11	1.09	1.07	1.05	1.04	1.02	1.00	0.98	0.96	0.94	0.92	0.90	0.88	0.86	0.84
-23	1.22	1.21	1.19	1.17	1.16	1.14	1.12	1.11	1.09	1.07	1.06	1.04	1.02	1.00	0.99	0.97	0.95	09.3	0.91	0.90	0.88	0.86	0.84	0.82	0.80	0.78
-24	1.15	1.14	1.12	1.11	1.09	1.07	1.06	1.04	1.02	1.01	0.99	0.97	0.96	0.94	0.92	0.90	0.89	0.87	0.85	0.84	0.82	0.80	0.78	0.76	0.74	0.72
-25	1.09	1.07	1.06	1.04	1.02	1.01	0.99	0.98	0.96	0.94	0.93	0.92	0.90	0.88	0.86	0.84	0.83	0.81	0.79	0.77	0.76	0.74	0.72	0.70	0.68	0.66

附表 **A-4** 氨双级压缩机（高、低压缸容积比 1:2）单位容积制冷量（转速≥960r/min）　　（单位：$10^3 kJ/m^3$）

蒸发温度/℃	冷凝温度/℃																									
	15	16	17	18	19	20	21	22	23	24	25	26	27	28	29	30	31	32	33	34	35	36	37	38	39	40
-20	1.64	1.63	1.63	1.63	1.62	1.62	1.62	1.61	1.61	1.61	16.0	1.60	1.60	1.60	1.59	1.59	1.59	1.58	1.58	1.58	1.57	1.57	1.57	1.56	1.56	1.56
-21	1.57	1.56	1.56	1.56	1.56	1.55	1.55	1.55	1.54	1.54	1.54	1.53	1.53	1.53	1.53	1.52	1.52	1.52	1.51	1.51	1.51	1.50	1.50	1.50	1.50	1.49
-22	1.50	1.50	1.50	1.50	1.49	1.49	1.48	1.48	1.48	1.48	1.47	1.47	1.47	1.46	1.46	1.46	1.45	1.45	1.45	1.45	1.44	1.44	1.44	1.43	1.43	1.43
-23	1.44	1.44	1.43	1.43	1.43	1.42	1.42	1.42	1.42	1.41	1.41	1.41	1.41	1.40	1.40	1.40	1.39	1.39	1.39	1.39	1.38	1.38	1.38	1.37	1.37	1.37
-24	1.37	1.37	1.37	1.37	1.37	1.36	1.36	1.36	1.36	1.35	1.35	1.35	1.34	1.34	1.34	1.34	1.33	1.33	1.33	1.32	1.32	1.32	1.32	1.31	1.31	1.31
-25	1.32	1.31	1.31	1.31	1.30	1.30	1.30	1.30	1.30	1.29	1.29	1.29	1.28	1.28	1.28	1.28	1.27	1.27	1.27	1.27	1.26	1.26	1.26	1.25	1.25	1.25
-26	1.26	1.25	1.25	1.25	1.24	1.24	1.24	1.24	1.23	1.23	1.23	1.23	1.22	1.22	1.22	1.22	1.21	1.21	1.21	1.21	1.20	1.20	1.20	1.20	1.19	1.19
-27	1.20	1.20	1.20	1.20	1.19	1.19	1.18	1.18	1.18	1.18	1.17	1.17	1.17	1.17	1.16	1.16	1.16	1.15	1.15	1.15	1.14	1.14	1.14	1.14	1.13	1.13
-28	1.14	1.14	1.14	1.14	1.13	1.13	1.13	1.13	1.12	1.12	1.12	1.12	1.11	1.11	1.11	1.11	1.10	1.10	1.10	1.10	1.09	1.09	1.09	1.09	1.08	1.08
-29	1.09	1.09	1.09	1.09	1.08	1.08	1.08	1.07	1.07	1.07	1.07	1.06	1.06	1.06	1.06	1.05	1.05	1.05	1.05	1.05	1.04	1.04	1.04	1.04	1.03	1.03
-30	1.04	1.04	1.03	1.03	1.03	1.03	1.03	1.02	1.02	1.02	1.02	1.01	1.01	1.01	1.01	1.01	1.00	1.00	1.00	1.00	0.99	0.99	0.99	0.99	0.98	0.98
-31	0.99	0.99	0.98	0.98	0.98	0.98	0.98	0.97	0.97	0.97	0.97	0.97	0.96	0.96	0.96	0.96	0.95	0.95	0.95	0.95	0.95	0.94	0.94	0.94	0.94	0.93
-32	0.95	0.95	0.94	0.94	0.94	0.93	0.93	0.93	0.93	0.93	0.92	0.92	0.92	0.92	0.92	0.91	0.91	0.91	0.91	0.91	0.90	0.90	0.90	0.90	0.90	0.89
-33	0.90	0.90	0.90	0.90	0.90	0.89	0.89	0.89	0.89	0.89	0.88	0.88	0.88	0.88	0.88	0.87	0.87	0.87	0.87	0.87	0.86	0.86	0.86	0.86	0.86	0.85
-34	0.86	0.86	0.86	0.86	0.86	0.85	0.85	0.85	0.85	0.85	0.84	0.84	0.84	0.84	0.84	0.83	0.83	0.83	0.83	0.83	0.82	0.82	0.82	0.82	0.82	0.81
-35	0.82	0.82	0.82	0.82	0.82	0.81	0.81	0.81	0.81	0.81	0.80	0.80	0.80	0.80	0.80	0.79	0.79	0.79	0.79	0.79	0.78	0.78	0.78	0.78	0.78	0.77
-36	0.78	0.78	0.78	0.77	0.77	0.77	0.77	0.77	0.77	0.76	0.76	0.76	0.76	0.76	0.75	0.75	0.75	0.75	0.75	0.75	0.74	0.74	0.74	0.74	0.74	0.73
-37	0.74	0.74	0.74	0.74	0.74	0.73	0.73	0.73	0.73	0.72	0.72	0.72	0.72	0.72	0.71	0.71	0.71	0.71	0.71	0.71	0.70	0.70	0.70	0.70	0.70	0.69
-38	0.70	0.70	0.70	0.70	0.70	0.69	0.69	0.69	0.69	0.69	0.68	0.68	0.68	0.68	0.68	0.68	0.67	0.67	0.67	0.67	0.67	0.66	0.66	0.66	0.66	0.66
-39	0.67	0.67	0.67	0.66	0.66	0.66	0.66	0.65	0.65	0.65	0.65	0.65	0.64	0.64	0.64	0.64	0.64	0.64	0.64	0.63	0.63	0.63	0.63	0.62	0.62	0.62
-40	0.63	0.63	0.63	0.63	0.62	0.62	0.62	0.62	0.62	0.62	0.61	0.61	0.61	0.61	0.61	0.60	0.60	0.60	0.60	0.60	0.62	0.59	0.59	0.59	0.59	0.59

附表 A-5 氨双级压缩机（高、低压缸容积比 1:3）单位容积制冷量（转速≥960r/min）（单位：$10^3 kJ/m^3$）

蒸发温度/℃	冷凝温度/℃																									
	15	16	17	18	19	20	21	22	23	24	25	26	27	28	29	30	31	32	33	34	35	36	37	38	39	40
-20	1.53	1.52	1.52	1.52	1.51	1.51	1.50	1.50	1.50	1.50	1.49	1.49	1.49	1.48	1.48	1.48	1.47	1.47	1.47	1.46	1.46	1.46	1.45	1.45	1.45	1.44
-21	1.46	1.45	1.45	1.45	1.44	1.44	1.44	1.44	1.43	1.43	1.43	1.42	1.42	1.42	1.41	1.41	1.41	1.40	1.40	1.40	1.39	1.39	1.39	1.38	1.38	1.38
-22	1.40	1.39	1.39	1.39	1.38	1.38	1.38	1.37	1.37	1.37	1.36	1.36	1.36	1.36	1.35	1.35	1.35	1.34	1.34	1.34	1.33	1.33	1.33	1.32	1.32	1.32
-23	1.34	1.33	1.33	1.33	1.32	1.32	1.32	1.31	1.31	1.31	1.31	1.30	1.30	1.30	1.29	1.29	1.29	1.28	1.28	1.28	1.28	1.27	1.27	1.27	1.26	1.26
-24	1.28	1.28	1.27	1.27	1.27	1.26	1.26	1.26	1.25	1.25	1.25	1.25	1.24	1.24	1.24	1.23	1.23	1.23	1.22	1.22	1.22	1.22	1.21	1.21	1.21	1.20
-25	1.22	1.22	1.22	1.21	1.21	1.21	1.20	1.20	1.20	1.20	1.19	1.19	1.19	1.18	1.18	1.18	1.17	1.17	1.17	1.17	1.16	1.16	1.16	1.15	1.15	1.15
-26	1.17	1.16	1.16	1.16	1.16	1.15	1.15	1.15	1.14	1.14	1.14	1.14	1.13	1.13	1.13	1.12	1.12	1.12	1.12	1.11	1.11	1.11	1.11	1.10	1.10	1.10
-27	1.11	1.11	1.11	1.11	1.10	1.10	1.10	1.10	1.09	1.09	1.09	1.09	1.08	1.08	1.08	1.07	1.07	1.07	1.07	1.06	1.06	1.06	1.06	1.05	1.05	1.05
-28	1.06	1.06	1.06	1.06	1.05	1.05	1.05	1.05	1.04	1.04	1.04	1.04	1.03	1.03	1.03	1.03	1.02	1.02	1.02	1.01	1.01	1.01	1.01	1.00	1.00	1.00
-29	1.02	1.01	1.01	1.01	1.01	1.00	1.00	1.00	1.00	0.99	0.99	0.99	0.99	0.98	0.98	0.98	0.98	0.97	0.97	0.97	0.97	0.96	0.96	0.96	0.96	0.95
-30	0.97	0.97	0.97	0.96	0.96	0.96	0.96	0.95	0.95	0.95	0.95	0.94	0.94	0.94	0.93	0.93	0.93	0.93	0.92	0.92	0.92	0.92	0.91	0.91	0.91	0.91
-31	0.92	0.92	0.92	0.91	0.91	0.91	0.91	0.90	0.90	0.90	0.90	0.90	0.89	0.89	0.89	0.89	0.88	0.88	0.88	0.88	0.88	0.87	0.87	0.87	0.87	0.86
-32	0.88	0.87	0.87	0.87	0.87	0.86	0.86	0.86	0.86	0.86	0.85	0.85	0.85	0.85	0.84	0.84	0.84	0.84	0.84	0.83	0.83	0.83	0.83	0.82	0.82	0.82
-33	0.84	0.84	0.83	0.83	0.83	0.83	0.83	0.82	0.82	0.82	0.82	0.82	0.81	0.81	0.81	0.81	0.81	0.80	0.80	0.80	0.80	0.79	0.79	0.79	0.79	0.79
-34	0.80	0.79	0.79	0.79	0.79	0.79	0.78	0.78	0.78	0.78	0.78	0.77	0.77	0.77	0.77	0.77	0.76	0.76	0.76	0.76	0.76	0.75	0.75	0.75	0.75	0.75
-35	0.76	0.76	0.76	0.75	0.75	0.75	0.75	0.74	0.74	0.74	0.74	0.74	0.74	0.73	0.73	0.73	0.73	0.72	0.72	0.72	0.72	0.72	0.71	0.71	0.71	0.71
-36	0.72	0.72	0.72	0.71	0.71	0.71	0.71	0.71	0.70	0.70	0.70	0.70	0.70	0.69	0.69	0.69	0.69	0.69	0.68	0.68	0.68	0.68	0.68	0.68	0.67	0.67
-37	0.68	0.68	0.68	0.68	0.67	0.67	0.67	0.67	0.67	0.67	0.66	0.66	0.66	0.66	0.66	0.65	0.65	0.65	0.65	0.65	0.64	0.64	0.64	0.64	0.64	0.64
-38	0.65	0.65	0.64	0.64	0.64	0.64	0.64	0.63	0.63	0.63	0.63	0.63	0.63	0.62	0.62	0.62	0.62	0.62	0.61	0.61	0.61	0.61	0.61	0.60	0.60	0.60
-39	0.61	0.61	0.61	0.61	0.61	0.60	0.60	0.60	0.60	0.60	0.59	0.59	0.59	0.59	0.59	0.59	0.58	0.58	0.58	0.58	0.58	0.58	0.57	0.57	0.57	0.57
-40	0.58	0.58	0.58	0.57	0.57	0.57	0.57	0.57	0.57	0.56	0.56	0.56	0.56	0.56	0.56	0.55	0.55	0.55	0.55	0.55	0.55	0.54	0.54	0.54	0.54	0.54

附表 **A-6** 氨压缩机单位冷量耗电量定额（转速≥960r/min）　　（单位：kW·h/10^6kJ）

氨压缩机			蒸发温度/℃（设计值）	月平均冷凝温度/℃												
				15	16	17	18	19	20	21	22	23	24	25	26	27
单级机			-10	3.38	40.32	41.80	43.35	44.97	46.62	48.18	49.78	51.42	53.14	54.94	56.56	58.25
			-15	49.32	51.09	52.88	54.70	56.54	58.40	60.26	62.15	64.06	65.99	67.93	69.91	71.92
双级机组	高低压机（缸容积比）	1:2	-28	81.66	83.52	85.39	87.25	89.14	91.02	92.91	94.89	96.73	98.76	100.70	102.66	104.64
			-30	89.97	91.65	93.39	95.20	97.09	99.05	100.77	102.58	104.50	106.50	108.60	110.39	112.28
			-33	96.14	98.12	100.12	102.13	104.14	106.14	108.29	110.47	112.64	114.81	116.99	119.16	121.33
			-35	108.48	110.13	111.85	113.64	115.53	117.51	119.23	121.02	122.89	124.87	126.95	128.79	130.67
		1:3	-28	79.39	80.90	82.47	84.10	85.70	87.30	88.99	90.69	92.39	94.11	95.83	97.59	99.36
			-30	86.94	88.47	90.04	91.72	93.48	95.35	97.00	98.72	100.51	102.37	104.35	106.14	108.01
			-33	94.99	96.78	98.57	100.39	102.20	104.02	105.88	107.77	109.68	111.59	113.50	115.43	117.39
			-35	105.21	106.86	108.58	110.37	112.26	114.26	116.01	117.82	119.73	121.74	123.82	125.68	127.62

氨压缩机			蒸发温度/℃（设计值）	月平均冷凝温度/℃												
				28	29	30	31	32	33	34	35	36	37	38	39	40
单级机			-10	60.02	61.88	63.87	65.59	67.40	69.31	71.37	73.54	75.38	77.34	80.06	81.16	83.95
			-15	73.95	76.00	78.08	80.23	82.34	84.67	86.96	89.28	91.65	94.06	96.49	98.95	101.77
双级机组	高低压机（缸容积比）	1:2	-28	106.62	108.63	110.63	112.78	114.86	116.94	119.02	121.12	123.36	125.61	127.85	130.10	132.35
			-30	114.26	116.32	118.49	120.33	122.29	124.34	126.52	128.81	130.77	132.80	134.90	137.10	139.51
			-33	123.53	125.73	127.93	130.31	132.70	135.09	137.48	139.87	142.33	144.79	147.25	149.71	152.17
			-35	132.63	134.69	136.91	138.82	140.78	142.83	144.98	147.18	149.18	151.26	153.41	155.61	158.02
		1:3	-28	101.15	102.94	104.73	106.51	108.41	110.25	112.11	113.98	115.94	117.89	119.85	121.81	123.77
			-30	109.94	111.97	114.12	115.96	117.85	119.81	121.86	124.06	126.02	128.05	130.15	132.35	134.64
			-33	119.35	121.31	123.27	125.35	127.45	129.55	131.65	133.75	135.88	138.01	140.13	142.28	144.43
			-35	129.62	131.72	133.94	135.95	138.03	140.18	142.42	144.79	146.89	149.09	151.40	153.84	156.47

附表 A-7　部分食品焓值（一）　　　　（单位：kJ/kg）

温度/℃	牛肉、禽类	羊肉	猪肉	肉类副食品	去骨牛肉	瘦鱼	肥鱼	鱼块	鲜蛋
-25	-10.89	-10.89	-10.47	-11.72	-11.30	-12.14	-12.14	-12.56	-8.79
-20	0	0	0	0	0	0	0	0	0
-18	4.61	4.61	4.61	5.02	5.02	5.02	5.02	5.44	4.19
-16	10.05	9.63	9.63	10.89	10.47	10.89	10.89	11.30	8.37
-14	15.91	15.49	15.07	17.17	16.75	17.59	17.17	18.00	12.56
-12	22.19	21.77	21.35	24.28	23.45	24.70	24.28	25.54	17.59
-10	30.15	29.73	28.89	33.08	31.40	33.49	32.66	34.75	22.61
-8	39.36	38.52	37.26	43.12	41.03	43.54	42.29	45.64	28.47
-6	50.66	49.40	47.31	55.27	52.34	56.52	54.43	58.62	36.01
-4	66.15	64.48	61.13	72.85	69.08	74.11	71.18	77.46	47.73
-2	98.81	95.88	91.69	109.69	103.41	111.79	106.34	117.56	54.63
0	232.37	223.99	211.85	261.26	242.83	256.86	249.12	281.77	237.39
2	241.16	230.27	217.71	268.37	249.53	272.98	256.23	288.89	243.67
4	245.35	236.55	223.99	275.07	256.23	280.10	262.93	296.43	249.95
6	251.63	242.83	229.86	282.19	262.98	287.22	269.63	303.54	256.23
8	258.33	249.12	236.14	289.31	269.21	294.33	276.75	311.08	262.51
10	264.61	255.40	242.00	296.01	275.91	301.03	283.45	318.20	268.79
12	270.89	261.68	248.28	303.12	282.61	308.15	290.15	325.73	275.07
14	277.59	267.96	254.14	310.24	289.31	315.27	296.84	332.85	281.85
16	283.87	274.24	260.42	316.94	296.01	322.38	303.96	340.39	287.63
18	290.15	280.52	266.28	324.06	302.71	329.50	310.66	347.50	293.91
20	296.84	286.80	272.56	331.18	309.41	336.20	317.36	355.04	300.19
22	303.12	293.08	278.42	337.88	315.69	343.32	324.48	362.16	306.89
24	309.82	299.36	285.54	344.99	322.38	350.44	331.18	369.28	313.17
26	316.10	305.64	290.56	352.11	329.08	357.55	337.88	376.81	319.45
28	322.38	311.92	296.84	359.23	335.78	346.67	344.99	383.93	325.73
30	329.08	318.20	302.71	366.35	342.48	371.37	351.69	391.47	332.01
32	335.36	324.48	307.99	373.04	349.18	378.49	358.39	398.58	338.29
34	342.06	330.76	314.85	380.16	355.88	385.60	365.51	406.12	344.57
36	348.34	337.04	321.13	387.28	362.16	392.72	372.21	413.24	350.85
38	355.04	343.32	326.99	394.40	368.86	399.84	378.91	420.77	356.72
40	361.32	349.60	333.27	401.10	375.56	406.54	385.60	427.89	363.00

附表 A-8　部分食品焓值（二）　　　　（单位：kJ/kg）

温度/℃	全脂牛奶	奶油	熟黄油	奶油冰激凌	牛奶冰激凌	葡萄、樱桃、杏	水果浆果	糖水果浆果	糖浆果
-25	-12.56	-9.21	-8.79	-16.33	-14.65	-17.17	-14.24	-17.59	-22.19
-20	0	0	0	0	0	0	0	0	0
-18	5.44	3.35	3.35	6.12	6.28	7.54	6.70	7.96	10.05
-16	11.30	7.12	7.12	15.49	13.40	15.91	13.40	16.75	20.93
-14	17.59	11.30	11.30	24.28	22.19	25.54	20.93	26.38	33.08
-12	25.12	15.91	15.91	34.75	33.08	35.17	29.73	36.84	46.89
-10	32.66	20.52	20.52	46.89	47.31	49.82	39.36	49.40	63.064
-8	42.29	25.96	25.96	62.38	65.31	66.57	51.50	64.90	85.83
-6	54.85	31.40	31.40	86.67	92.11	93.78	68.66	87.60	120.16
-4	73.69	36.84	36.84	131.88	138.58	149.05	104.21	135.23	169.98
-2	111.37	43.12	43.12	221.06	229.86	229.02	211.01	239.90	176.26
0	319.03	51.92	51.92	227.76	236.55	236.14	271.72	247.02	182.55
2	326.57	58.20	58.20	234.46	243.25	243.25	279.26	254.14	188.83
4	334.53	64.06	64.06	241.16	249.95	250.37	268.80	261.26	195.11
6	342.48	70.76	70.76	247.86	257.07	257.49	294.33	268.37	201.39
8	350.44	77.46	77.46	254.56	263.77	264.61	301.87	275.49	207.67
10	258.39	85.41	85.41	261.26	270.47	271.72	309.41	282.61	213.95
12	366.35	95.04	95.04	267.96	277.59	278.84	316.94	289.73	220.23
14	374.30	149.47	149.47	274.56	284.28	285.96	324.48	296.84	226.51
16	382.26	161.19	161.19	281.35	290.98	293.08	332.25	303.96	232.79
18	390.63	172.08	172.08	288.05	297.68	300.21	339.55	311.08	239.07
20	398.58	182.55	182.55	294.75	304.38	307.31	347.09	318.20	245.35
22	406.54	192.17	192.17	301.45	311.08	314.43	354.62	325.31	251.63
24	414.49	200.55	200.55	308.15	317.78	321.55	362.16	332.46	257.91
26	422.45	208.50	208.50	314.85	324.90	328.66	369.69	339.55	264.19
28	430.40	215.62	215.62	321.55	331.60	335.78	377.23	346.67	270.47
30	438.36	222.74	222.74	328.25	338.29	342.90	384.77	353.79	276.75
32	445.89	230.27	230.27	334.94	344.09	350.02	392.30	360.90	283.03
34	453.85	237.39	237.39	341.64	351.69	357.13	399.84	368.02	289.31
36	461.80	243.25	243.25	348.34	358.81	364.25	407.38	375.14	295.59
38	469.76	248.70	248.70	355.04	365.51	371.37	414.91	382.26	301.87
40	477.30	253.72	253.72	361.74	372.21	378.49	422.45	389.37	308.15

附录B　制冷机组的安装及其系统试运转规范

1）制冷机组是指包括压缩机、电动机及其成套附属设备在内的整体式或组装式制冷装置。

2）制冷机组应在底座的基准面上找正、找平。

3）制冷机组的自控元件、安全保护继电器、电器仪表的接线和管道连接应正确。

4）制造厂出厂但未充灌制冷剂的制冷机组，应按有关的设备技术文件的规定充灌制冷剂；设备技术文件上没有规定的应按以下的顺序进行充灌：

① 气密性试验。

② 采用真空泵将系统抽至剩余压力小于5.3332kPa。

③ 充灌制冷剂并检漏。

5）制冷机组及其系统的气密性试验，应符合下列要求：

① 当按附表B-1的规定区别试验压力为高压或低压系统有困难时，可统一按低压系统试验压力进行系统气密性试验。

② 在规定压力下保持24h，然后充气6h后开始记录压力表读数，再经18h，其压力不应超过按下式计算的计算值。如超过计算值，应进行检漏，查明后消除泄漏，并应重新试验，直至合格。

$$\Delta p = p_1 - (273 + t_1)/(273 + t_2)p_2$$

式中　Δp——压力降（MPa）；

p_1——试验开始时系统中的气体压力（MPa）；

p_2——试验结束时系统中的气体压力（MPa）；

t_1——试验开始时系统中的气体温度（℃）；

t_2——试验结束时系统中的气体温度（℃）。

③ 气密性试验中应采用氮气或干燥空气进行系统升压，气密性试验压力见附表B-1。

附表B-1　气密性试验压力　（单位：MPa）

制冷剂	高压系统试验压力	低压系统试验压力
R717/R22	1.764	1.176
R12	1.568	0.98
R11	0.196	0.196

6）制冷机组及其系统的气密性试验合格后，应采用真空泵将系统抽至剩余压力小于5.332kPa，保持24h，系统升压不应超过0.667kPa。

7）制冷机组及其系统充灌制冷剂时，应将装有质量合格的制冷剂钢瓶与机组的注液阀接通，利用机组的真空度，使制冷剂注入系统。当系统内的压力升至0.196～0.294MPa（氟利昂）或0.098～0.196MPa（氨）时，应对系统进行检漏；查明泄漏处后应予以修复，再充灌制冷剂；当系统压力与钢瓶压力相同时，即可开动压缩机，加快充入速度，直至符合有关设备技术文件规定的制冷要求。

8）制冷机组及其系统的试运转应符合下列要求。

试运转前：

① 检查安全保护继电器的整定值。

② 检查油箱的油面高度。

③ 开启系统中相应的阀门。

④ 给设备供冷却水。

⑤ 向蒸发器供载冷剂液体。

⑥ 将能量调节装置调到最小负荷位置或打开旁通阀。

起动运转阶段：

① 起动压缩机，并应立即检查油压，待压缩机转速稳定后，其油压符合有关设备技术文件的规定（专门供油泵的先起动油泵）。

② 容积式压缩机起动时应缓缓开启吸气截止阀和节流阀。

③ 检查安全保护继电器，动作应灵敏。

④ 应根据现场情况和设备技术文件的规定，确定在最小负荷下所需运转的时间。

⑤ 运转过程中应进行各项检查，并做好记录。应检查：油箱油面的高度和各部位供油的情况；润滑油的压力和温度；吸、排气的压力和温度；进、排水温度和冷却水供应情况；运动部件有无异常声响，各连接部位有无松动、漏气、漏油、漏水等现象；电动机的电流、电压和温升；能量调节装置动作是否灵敏，浮球阀及其他液位计工作是否稳定；机组的噪声和振动。

停车阶段：

① 应按设备技术文件规定的顺序停止压缩机的运转。

② 最后关闭水泵或风机系统，并应排放所有易冻积水。

9）制冷机组及其系统试运转后，应拆洗压缩机吸气过滤器和滤油器，并更换润滑油。

附录C　某冷藏储运公司冷库制冷设备操作规程

一、氨制冷压缩机的操作规程

1. 开车前的准备工作

1）首先查看记录，了解压缩机停车原因，检查冷却水和冷凝水是否畅通，电源和动力传动安全保护装置是否合格。

2）检查压缩机各运转部位有无障碍物，检查润滑油量、转动过滤器手柄4～5周，各压力表阀是否开启。

3）检查有关的高低压系统设备管道的阀门，检查其启闭状态是否正确。

4）检查高压储液器和低压循环储液器液面情况。

5）查看氨泵和循环水泵的运转记录，检查各转动部位是否正常，排除障碍物，做好起动准备工作。

2. 单级压缩机的开车和停车

（1）开车

1）曲轴箱中的油位应在视孔1/2处。

2）盘车二三圈，检查各运转部位是否正常。

3）将油泵吸入管前的油三通阀对准“运转”位置。

4）将卸载油分配阀对准“0”位置。

5）向冷凝器、压缩机水套和曲轴箱油冷却盘管供水。

6）将低压起动器上的旋钮对准“手动”或“自动”位置。

7）打开高压排出阀。

8）接通电源，扳动低压起动器上的“起动”按钮（如系“手动”起动，应视电流表指针降落静止几秒钟，电动机全速后再扳动“运转”按钮）。

9）将吸气阀缓慢打开（视回气压力打开，防止氨液进入缸内）。

10）将油压调节到比吸气压力高0.15～0.3MPa。

11）扳动能量调节阀手柄，视油压上升情况，逐步从“0”挡调至“1/3”、“2/3”、“1”挡位置。

12）开启调节站有关供液膨胀阀，并根据库房温度调节所需蒸发压力。

13）根据氨泵操作规程起动氨泵。

（2）停车

1）关闭有关调节阀，停止向蒸发器供液。

2）适当降低回气压力（0.02～0.03MPa），关闭压缩机吸气阀。

3）扳动低压起动器上的“停止”按钮，同时关闭高压排出阀，把能量调节阀手柄调至“0”位置，并将低压起动器上的按钮扳回“停止”位置。

4）必须在停车10～15min后，才能停止向压缩机水套、曲轴箱油冷却盘管和冷凝器供水。

5）对于一般故障，如情况允许，可按上述程序停车。若故障严重并有存在危险时，应及时切断压缩机电源。

6）记录停车原因和时间。

3. 双级压缩机的开车和停车

（1）开车

1）开车准备工作与单级压缩机相同。

2）检查中间冷却器有关阀门的启闭情况是否正确（中冷器进、出气阀，蛇形盘管出液阀，压力表阀及气、液平衡阀应开启；放油阀、排液阀、蛇形盘管进液阀及手动膨胀阀应关闭）。

3）打开蛇形盘管供液阀，打开总站上的中间冷却器供液阀，观察中间冷却器液面情况，适当对中间冷却器供液。

4）起动高压级压缩机（若曲轴箱压力高于0.4MPa，应采取措施，降压后方可起动）。

5）当中间冷却器的压力降至0.1～0.2MPa时，起动低压级压缩机。起动正常后，视中间压力上升情况，逐级将能量调节至100%。中间压力不得超过0.5MPa。

6）开启调节站的有关供液阀，并根据库房温度调节蒸发压力，再根据氨泵操作规程起动氨泵。

（2）停车

1）关闭总调节站的中间冷却器供液阀。

2）停止低压级压缩机（停车顺序与单级压缩机相同）。

3）待中间冷却器压力降至0.2MPa时，再停高压级压缩机（停车顺序与单级压缩机相同）。

4）关闭中间冷却器供液膨胀阀，然后关闭中间冷却器蛇形盘管进液阀。

5）双级压缩机在正常运转下，高压级压缩机发生任何问题都严禁先停高压级压缩机。如来不及停低压级压缩机，可将高、低压级压缩机同时断电停车，然后再将其他要关的阀门关闭。

6）双级压缩机在转换高、低压级压缩机时，一律要停车重开，严禁在运行中转换机组。

7）记录停车原因和时间。

4. 正常运转中的注意事项

1）经常注意观察高压级压缩机压力和排气温度，高压压力最高不得超过1.5MPa，保持正常排气温度80~135℃，最高不得超过145℃。低压级压缩机排气温度应保持70~90℃，不得超过100℃。

2）注意油分离器外壁温度和冷凝器冷却水进出口温度，冷凝压力不得超过1.5MPa。冷凝温度不得超过40℃。

3）曲轴箱的油量应不低于下视孔的1/2，不高于上视孔的1/2。

4）经常用手抚摸气缸外壁，看有无过热现象，倾听压缩机的运转声音有无异常，如发现不正常时，应及时报告值班负责人；情况严重的可先行停车。

5）高压储液器的液面应经常保持在30%~50%之间，最多不超过80%，但也不能低于30%（排液桶的最高液面与高压储液器相同）。

6）低压循环储液器的液面一般保持在30%~50%之间，最多不超过70%，最低不得低于25%，以免氨泵上液不良。

7）各种压力表摆动幅度不应过大，但也不宜停滞不动。

8）压缩机水套出水温度不得超过35℃，润滑油的油温不得超过60℃。

9）双级压缩时，中间压力为0.2~0.45MPa，最高不得超过0.5MPa。

10）经常检查中间冷却器的液面是否适当（50%）。

11）经常检查高压级压缩机的进气温度（正常为-5~+5℃）。

12）经常检查压缩机主轴承的温度，最高不得超过室温25℃。

13）在双级压缩机操作中，无论发生任何重大事故，严禁先停高压级压缩机，只能先停低压级压缩机，或高、低压级压缩机同时停。

14）按照规定的时间，准确、详细地填写车间日报表。

15）若中间冷却器较长时间停用，应注意减压，使其不超过0.5MPa。

二、螺杆式制冷压缩机的操作规程

1. 第一次开车

以手动控制制冷机组为例。

1）第一次开车必须首先检查机组各部件及电气元件的工作情况。检查项目如下：

① 合上电源开关，将选择开关扳向手动位置。

② 按报警试验钮，警铃响；按消音钮，报警消除。

③ 按电加热按钮，加热灯亮，确认电加热器工作后，按加热停止钮，加热停止灯亮。

④ 按水泵起动按钮，水泵起动，水泵灯亮，按水泵停止钮，水泵停止，水泵灯灭。

⑤ 按油泵起动按钮，油泵灯亮，油压建立在0.5~0.6MPa。

⑥ 把能量调节柄扳向加载位置，指示表指针向加载方向旋转，证明滑阀加载工作正常。

⑦ 把能量调节柄扳向减载位置，指示表指针向减载方向旋转，最后停在“0”的位置上，滑阀减载工作正常。在加、减载时，若油压过高，可按压缩机旋转方向盘动联轴器，使机体内的润滑油排到油分离器中。

⑧ 检查各自动安全保护继电路，各保护项目的调定值如下：

排气压力高保护：1.6MPa；

喷油温度高保护：65℃；

油压与排气压差低保护：0.15MPa；

精油过滤器前后压差高保护：0.1MPa。

2）在对上述项目进行检查之后，可开车，第一次开车的步骤如下：

① 选择开关扳向手动位置。

② 打开压缩机的排气截止阀。

③ 滑阀指针在“0”的位置上，即10%负荷位置。

④ 氟利昂机组按电加热按钮，加热灯亮，油温升至40℃后，按加热停止按钮。

⑤ 按水泵起动按钮，向油冷却器供水。

⑥ 按油泵按钮起动油泵，同时回油电磁阀C自动开启。

⑦ 5~10s后，油压与排气压力压差可达0.4~0.6MPa，按主机起动按钮，压缩机起动，旁通电磁阀A也自动打开。

⑧ 观察吸气压力表，逐步开启吸气截止阀；压缩机进入运转状态，旁通电磁阀A自动关闭，调整油压调节阀，使油压（喷油压力与排气压力）差为0.15~0.3MPa。

⑨ 压缩机运转的压力、温差正常，可运转一段时间，这时应检查各运动部位，及测温、测压点密封处，如有不正常情况，应停车检查。

⑩ 初次运转，时间不宜过长，30min左右即可停车。停车顺序为能量调节柄打在减载位置，使滑阀退到“0”位置，按主机停止按钮，停主机，关闭吸气阀；停油泵，停水泵，完成了第一次开车过程。

2. 正常开车及停车

（1）正常开车过程

1）对于手动制冷机组，开车过程与第一次开车过程相同。

2）对于自动控制制冷机组：

① 检查排气截止阀，该阀应开启。

② 按起动按钮。这时水泵、油泵自动投入运转，回油电磁阀C自动打开，滑阀自动退到“0”位置，主电机自动起动，回油电磁阀C自动关闭，同时旁通电滋阀A自动打开，主电机进入正常运转，旁通电磁阀A自动关闭。

③ 在主电机开始起动运转时，应慢慢打开吸气截止阀，否则过高的真空将增大机器的噪声和振动。

④ 滑阀自动增载至100%，即进入正常运转状态。

(2) 正常停车过程

1) 选择开关在手动位置，停车过程与第一次开车的停车过程相同。

2) 选择开关在自动位置：

① 按停止按钮，主电动机自动停止，旁通电磁阀B自动打开，油泵、水泵自动停止，旁通电磁阀B自动关闭。

② 关闭吸气截止阀，长时间停车，排气截止阀也应关闭。

③ 断开电源开关。

3. 运转中的注意事项

1) 运行中应注意观察吸气压力、排气压力、油温、油压，并定时进行记录。

2) 运转过程中，如果由于某项安全保护动作自动停车，一定要在查明故障原因之后，方可开车，绝不能随意采用改变它们调定值的方法再次开车。

3) 突然停电造成主机停车时，由于旁通电磁阀B没能开启，在排气与吸气压差的作用下压缩机可能出现倒转现象，这时应迅速关闭吸气截止阀，这样压缩机排气端和吸气端压力能短时间内平衡，减轻倒转。

4) 如果在气温较低的季节作长时间停车，应将系统中油冷却器等应用冷却水的设备中的存水放净。

5) 如果在气温较低的季节开车，应先开启油泵，按压缩机运转方向盘动联轴器，使油在系统中循环，使润滑油的使用温度保证在25℃（氟利昂机组开车前先开电加热器）。

6) 当机组长期停车，应每10天左右开动一次油泵，以保证机内各部位能有润滑油，油泵开动10min即可。

7) 长期停车后开车应盘动压缩机若干圈，检查压缩机有无卡阻现象，并使润滑油均匀分布于各部位。

8) 长期停车，每2~3个月开动一次，运转时间45min左右即可。

4. 几点说明

1) 如机组A、B、C阀为手动阀，在起动油泵、开车和停车时需按本规程标题1、2点所述程序手动调节。

2) 如机组无A、B、C阀，在起动油泵、开车和停车时无需操作手动阀，机组即能保证正常工作。

三、附属设备的操作规定

1. 冲霜

1) 排尽排液桶内存氨。

2) 打开排液桶上的进液阀，再打开降压阀，压力降至蒸发压力时再将降压阀关闭。

3) 关闭调节站所需房间的供液阀，若需对各楼层冷藏间冲霜，同一楼层不需冲霜的房间也应停止供液。

4) 关闭调节站需冲霜房间的回气阀并打开排液阀。

5) 打开有关热氨管上的热氨阀，将高压热氨送入库房（待霜融化时，以水冲之，停止冲水 3min 后，再关闭热氨阀）。

6）冲霜压力规定：加压管处压力不得超过 0.9MPa，排液桶压力不得超过 0.6MPa。

7）冲霜完毕后，即关闭有关热氨阀和调节站排液阀。

8）缓慢打开被冲霜房间的回气阀。

9）关闭排液桶上的进液阀，待氨液沉淀 20min 后，再进行排液工作。

10）冲霜时，热氨阀从开启到关闭，时间为 15min。

2. 排液

1）排液桶内氨液静置 20min 后，进行放油。

2）缓慢开启排液桶加压阀，使压力达 0.6MPa。

3）打开总调节站上的排液桶来液阀，向冷间或低压循环储液器供液（若直接向冷间供液，应先关闭总调节站的低压循环储液器供液阀，打开直接供液阀；关闭分调节站氨泵供液阀，开启直接供液阀，才能开启总调节站上排液桶来液阀）。

4）排液完成后，关闭排液桶加压阀及总调节站上排液桶来液阀，恢复正常供液。

5）开启排液桶降压阀，降至蒸发压力。

3. 加油

1）当压缩机曲轴箱油面降到下玻璃视孔 1/2 以下时，应立即加油，但加油时也不能超过上视孔的 1/2。

2）检查储油桶内润滑油是否清洁、足够。

3）低压级压缩机加油时可关小回气阀（高压级压缩机加油时应关闭中间冷却器供液阀，并将低压级压缩机能量调节阀拨至“0”挡，再关闭高压级压缩机回气阀）使曲轴箱内形成适当真空，此时应注意机器运转情况。

4）当曲轴箱内达到一定真空度时，打开加油截止阀，油三通阀对准“加油”位置，查看吸油情况，勿使空气吸入。

5）当油面达到需要的位置时即关闭加油阀，油三通阀扳回“运转”位置，逐步开启回气阀，恢复机组正常运转。

4. 放油

（1）中间冷却器的放油

1）中间冷器的放油工作在运转中可以进行，操作人员不得离开岗位，以防氨气漏走。

2）放油时应首先打开集油路上的降压阀，降至蒸发压力时关闭降压阀。

3）打开集油器进油阀，再适当打开中间冷却器放油阀，当油面达到玻璃指示器 80% 时，应停止送油。

4）关闭中间冷却器放油阀，再关闭集油器的进油阀，沉淀后打开集油器的降压阀，降低其压力使进入集油器内的氨液全部蒸发。如此数次，当玻璃指示器内看不到氨液时，再由集油器内将油放出。

5）中间冷却器应每星期放油一次。

（2）油氨分离器的放油

1）使集油器处于待工作状态。

2）关闭供液阀，待油氨分离器中下部外壳温度升至 40～45℃时缓慢打开放油阀，向集油器放油。

3）放油操作与中间冷却器放油相同。

4）油氨分离器应每星期放油一次。

（3）高、低压储液器、排液桶的放油

1）使集油器处于待工作状态。

2）在玻璃指示器中看见油面时，即进行放油工作。

3）放油操作与中间冷却器放油相同。

5. 加氨

1）做好安全思想工作和防毒器材等的准备工作，检查加氨站各阀门及胶管用具等是否正常，并与压缩机操作人员联系后，方能开始加氨操作。

2）关闭高压储液器通往总调节站的供液总阀。

3）将加氨用的连接胶管一端连接到加氨站的加氨管上，另一端接在氨罐（或氨瓶，瓶底尾部要垫高些）的出液管上，连接完毕稍开氨罐（瓶）出液阀，检查加氨管路接头有无漏气现象，然后再关闭该阀。

4）先关闭分调节站的氨泵供液阀，开启分调节站直接供液阀，开启或调整库房的供液阀，再开启总调节站的加氨阀和直接供液阀，将加氨站的有关加氨阀打开，然后慢慢地打开氨罐（瓶）的出液阀（视氨罐压力降低情况，逐步开启出液阀）。

5）加氨结束后，先关闭氨罐（瓶）出液阀，再关闭加氨站的加氨阀，关闭总调节站加氨阀和直接供液阀，关闭分调节站直接供液阀，打开氨泵供液阀。

6）加氨工作全部完毕后，将高压储液器通往总调节站的供液总阀打开，恢复系统原来的正常工作状态。

7）值班长或带班人必须参加加氨工作，并切实做好加氨的有关记录。

6. 放空气

1）打开空气分离器的减压阀，稍开空气分离器的供液阀。

2）打开混合气体进入阀。

3）把放空气口接到盛满水的玻璃瓶中，稍开放空气阀，至水中气泡渐少，即可停止放空气的操作。

4）放空气每星期一次。

7. 调节站的操作

1）打开高压储液器来液阀。

2）如排液桶氨液需排去库房时，应将总调节站的高压来液阀关闭，打开总调节站供液阀，排液完毕，即恢复正常工作。

3）正常生产时应打开总调节站上中间冷却器蛇形盘管供液阀和来液阀，利用氨液在中间冷却器中过冷，提高制冷效能。

4）库房分配站的供液阀和回气阀，应根据库房温度和回气压力适当调节。

5）非工作库房的供液阀应严密关闭（应在停止工作前10min关闭供液阀），回气阀应开启1/3（上述第4条所述回气阀的调节，也不得小于1/3）。

8. 鼓风机的操作

急冻间的鼓风机应与压缩机同时开启，不宜待蒸发器全部结霜后才开启，这样会突然增加回气压力，影响压缩机的吸入压力。

9. 冷凝器的清洗工作

冷凝器的清洗需在机组停止工作后进行，每月清洗一次（需在每月10日前清洗完毕）。

10. 循环水泵的开机和停机

（1）开机

1）开启前必须检查水泵四周有无障碍物，并用手扳动轮轴是否松紧适宜，抽出油尺检查是否有油。

2）开启出水管阀，使管内存水进入泵内，并开启吸水阀。

3）开启吸水管上的放空气阀，把空气排净后关闭。

4）推动起动按钮，待水泵运转正常后方可离开。

（2）停机

1）切断水泵电源。

2）迅速关闭水泵出水阀，再关闭吸水阀。

11. 氨泵的操作管理

（1）起动前的准备工作

1）查明上次停机原因，如因事故停机，必须检查是否已修好。

2）根据库房降温情况，确定开机台数。

3）检查氨泵转动部位的保护装置是否完善，排除障碍物。

4）检查电动机轴承和氨泵的密封器是否有足够的润滑油。

5）检查低压循环储液器液面，按液面要求，适当供液。

6）打开有关库房供液阀。

（2）起动

1）打开氨泵的抽气阀，将泵内和管内所存的气体抽出。

2）打开氨泵进液阀，使泵内灌满氨液。

3）打开氨泵出液阀。

4）关闭抽气阀，接通电源。

（3）管理与调整

1）氨泵运转后，应注意是否上液，电流表和压力表的指针摆动应稳定，氨泵正常运转应无杂音。

2）氨泵在运转中如电流和压力下降，氨泵发出没有负荷的声音则说明氨泵上液情况不良，或者根本不上液，应迅速检查原因，加以消除。

① 如因低压循环储液器液面过低，应打开供液膨胀阀。

② 如因泵内有蒸发气体，可小心开启抽气阀。

如果上述不正常现象在短时间内不能消除，应立即停车检查原因，避免密封器损坏。

3）若氨泵密封器温度过高，应调整后盖螺母的松紧度；密封器如漏油过多，应停车检查，加以消除。

4）低压循环储液器液面不应低于25%。

5）根据放油计划进行低压循环储液器的放油工作。

（4）停车

1）关闭低压循环储液器的供液膨胀阀（或浮球阀）。

2）关闭氨泵的进液阀。

3）切断氨泵电源。

4）关闭出液阀，打开抽气阀，待泵内压力降低后再关闭抽气阀。

12. 反向阀的操作规定

制冷系统正常工作时，1、2、3、4阀均打开，而5、6阀均关闭（附图C-1）。当制冷系统的高压部分管道或设备需要检修时，应将高压部分的氨气输送到低压部分，操作时应先关闭1、2、3阀，然后打开5、6阀即可反向工作，经过5、4阀的氨气输送至压缩机回气管，而经过6阀的氨气输送至-15℃蒸发系统。注意低压系统压力不得高于0.9MPa。

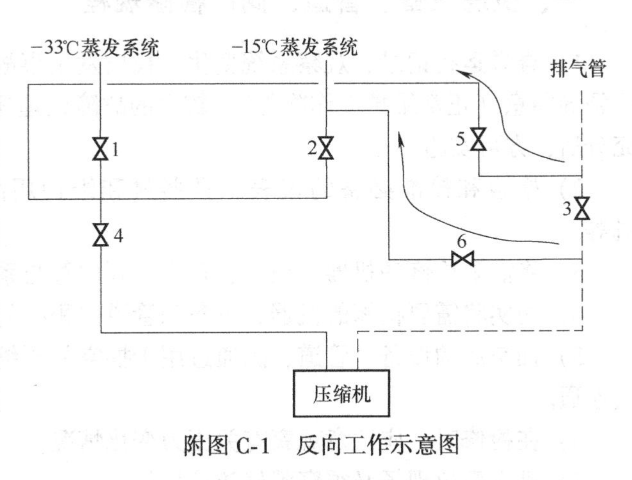

附图C-1 反向工作示意图

13. 新旧油使用注意事项

1）购进新冷冻机油及每次加入油箱或直接加入压缩机的新油量都要记录清楚，新油使用必须严格控制。

2）认真做好制冷系统的放油操作，避免油溢出浪费。

3）旧油放出后，要经储油箱沉淀，再输送到油加热箱内加热到120℃，让其中水分全部蒸发，再经过滤器过滤后储存留用。

4）定期送外单位化验冷冻机油的质量是否符合规定要求，不合格的不能再使用，每次化验均要做好时间和有关质量数据的记录存档。

四、制冰设备操作规程

1）开机前应首先查看记录，了解前一班停机原因，认真检查制冰机、辅助设备、电气系统及有关阀门的启闭等情况。

2）检查氨泵油杯是否满油，玻璃指示孔的油面应在1/2以上。

3）每天开机前要放油一次（由白天班放油）。

4）把有关阀门调节好，待一切正常后再通知压缩机房开机降温。

5）制冰机的压力要控制在0.1～0.2MPa范围内，玻璃指示器的油面要保持在第二条红线上下1～2cm处，不得过高，以免发生意外。

6）冰桶底加水，经冷却5～10min后方可加够水，同时还要注意制冰机的压力高低变化状况，如压力过高（超0.2MPa以上）则不宜加水。

7）加水时要注意保持保护水阀弹簧拉杆，不要拉得过低过猛，放手时不要用力往上推，以免损坏水阀的弹簧，造成水阀失灵和漏水现象。

8）将要脱冰时，应尽量控制供液量，以免在脱冰时系统氨液过多，易使压缩机发生故障，影响制冰设备的正常工作。

附录D　某冷藏储运公司冷库维护检修制度

一、机房设备、管道、阀门检修规程

1）查看运行记录，观察系统变化，找出发生事故的原因，制订合理的维修计划，报分厂领导同意（正常维护工作除外），较大的故障处理还应上报厂部有关部门，确认准备工作充分后，方可实施。

2）检验和校准必备的仪表工具器材和维护用品，如防毒面具、橡胶手套、轴流风机等。

3）将需要检修的机器、设备、管道、阀门等与系统隔开。

4）切实将需要检修的机器、设备和管道内积存的油、氨抽放干净。

5）抽空后的设备、管道，除通过用于抽空的压缩机与大气连通外，还应另寻出口与大气连通。

6）在检修时，应注意观察有关压力变化情况。

7）进入事故现场必须穿戴好防护用品。

8）在维修故障时，要注意避开危险面。对封闭系统启封时，应采取试探方式启封，确认无危险后方可启封。

9）凡须空气加压检漏的，加压压力必须控制在相关压力范围内（高压系统压力≤1.85MPa；低压系统压力≤1.25MPa），同时监控压缩机的排气温度不得超过145℃。

10）故障现场应有专人负责现场的人员组织及监控。

二、冷库、机器设备维护检修制度

为保证冷库正常生产，运转安全，延长冷库和设备的使用寿命，必须认真执行冷藏库维护检修制度。

1）每年由厂部组织技术人员和工人、领导干部进行两次检查，平时由车间人员自己检查，发现问题及时处理。

2）定期对冷库屋面、各项建筑结构，以及机器设备、管道进行检查，发现损坏，尽快修复。

3）机器设备发生事故和建筑结构受到损坏时，应发动员工进行检查，找出原因，总结教训，研究改进措施，并把情况报告上级主管部门。

4）冷库和机器设备的维修必须保证质量，在此基础上力求经济。

5）要做好维修的原始记录和总结，并妥善保管。要做好维修的质量检查和验收工作。

三、库房、设备定期检修制度

1. 建筑结构检修规定

1）冷库屋面：每年雨季前后各检修一次。

2）冷库墙壁：每年至少检修一次。

3）冷库楼面和地面：每年至少检修一次。

4）冷库门窗：

① 冷库门至少每星期检修一次。

② 冷库阁楼层通气窗每年至少检修一次。

③ 其他门窗每年检修一次。

5）冷库管沟：

① 冷库地下风道每周检修一次温度。

② 其他管沟每年雨季前检修一次。

6）机器房：每年检修一至二次。

2. 机器设备检修规定

1）氨压缩机：每运转700h后小修一次；每运转2100h后中修一次；每运转6300h后大修一次。

2）冷凝器：每月清洗一次，定期化验冷凝后的水是否含有氨。

3）风机：每月检查一次进出风情况，每年检修一次。

4）离心式水泵：每年检修一次。

5）氨泵：每年检修一次。

6）蒸发排管、冷却水管：每年检修一次。

7）阀门：每年检修一次。

8）压力表和温度计：经常校验。

9）库内行车轨道、支架、吊钩、手推车、铲车等：每季检修一次。

10）电梯：每年进行一次技术检修，每两年大修一次。

11）磅秤：每年检修一次。

12）电器设备：按有关规定，分别定期检修。

13）凡属保温库房（结冻间≤-5℃，冷藏间≤-10℃）关闭供液阀后，严禁关死回气阀。若长期不用的库房（库房温度升至常温）则可采取如下措施：

① 将该库房的供液、回气阀就近切断封死。

② 在该库房蒸发器可能位置加装减压阀，以及在供液、回气阀关闭后，一定时间内直接对大气减压。

③ 若无条件加装减压阀，则可不定期对该库房通过回气阀减压抽空。

除了上述规定外，更主要的是要经常注意检查，发现问题，及时处理。

四、管道、设备涂装规定

为了识别制冷剂在管道和设备内所处的压力、相态，以及与有关设备所连接的情况等，以利于安全操作，依照惯例对管道、设备进行涂装，其规定见附表D-1。

附表D-1 管道、设备油漆颜色规定

管道、设备名称	油漆颜色	管道、设备名称	油漆颜色
氨压缩机	银灰色	高压储液器	黄色
电动机、控制箱	银灰色	水管	绿色
排气管	红色	膨胀阀手轮	红色
高压液管	黄色	截止阀手轮	黄色
放油管	黑色	冷凝器	灰色
回气管	蓝色		

附录E 某冷藏储运公司冷库管理及安全制度

为了充分发挥冻结、冷藏能力，确保安全生产，促进产品质量，维护好冷库建筑结构和机器设备，严格执行国家有关冷库管理办法和冷库维护检修制度做到合理使用，科学管理。

一、冷库管理制度

1）冷库全体人员必须严格执行冷库各项规章制度，做好本职工作，努力学习业务技术，加强管理，不断提高技术管理水平。

2）认真把好冰、霜、水、门、灯“五关”，及时清除库内冰、霜、水，管好库门，出库房要随手关门关灯。

3）注意合理使用库容，提高冷库利用率，做到账货、账卡相符。

4）各种库房必须按设计规定用途使用，商品堆垛和吊轨悬挂重量不得超过设计负荷。商品堆垛要按规定做到牢固整齐，入库商品要先进先出。

5）注意安全生产，不准带火种入阁楼，不准在库内吸烟，库内商品堆垛不得靠墙和排管，要留有合理走道。在库内作业时要有两人以上；未经许可，不准外人进入库房。

6）加强商品保管和卫生检疫工作，要把好进出库商品质量，对库内商品定期进行质量检查，保证质量。

7）加强冷库的维护，要定期对冷库建筑结构、冷库门等进行检查，发现问题及时处理。要维护保养好电梯、铲车、空气幕、推肉车、电器等设备。

8）搞好清洁卫生，要经常清扫库内外场地，对工具、用具勤洗擦和定期消毒，库内商品出清后，要对库房进行消毒。

二、机房管理制度

1）机房全体人员必须严格执行各项规章制度和操作规程，做好本职工作，努力学习业务技术，提高操作技能。

2）机房值班人员要坚守岗位，工作时不得做与工作无关的事，必须集中精神认真操作，加强协作。努力做到“四要”、“四勤”、“四及时”。“四要”是指要确保安全运行；要保证库房温度；要尽量降低冷凝压力（表压力最高不超过1.5MPa）；要充分发挥制冷设备的制冷效率，努力降低水、电、油、制冷剂的消耗。“四勤”是指勤看仪表；勤查机器温度；勤听机器运转有无杂音；勤了解进出货情况。“四及时”是指及时放油；及时除霜；及时放空气；及时清除冷凝器水垢。

3）认真做好机器设备的维护保养和检修工作，爱护各种工具及消防器材、防毒面具等。

4）加强安全生产，机房内严禁烟火，对所用各种易燃危险品妥善保管。未经许可，不准外人进入机房。

5）机房人员要认真详细做好各种原始记录并妥善保存，严格执行交接班制度。

6）认真做好各种原材料、零配件的合理使用和保管工作，注意节约能源，降低费用。

7）认真搞好室内外环境卫生和设备的清洁工作。

三、氨制冷压缩机操作工交接班制度

1）氨制冷压缩机操作工要严格遵守交接班制度，交接班时，要加强工作责任心，互相协作。

2）交班人员要做好交班的一切工作，接班人员应提前15min上班，以便接班。

3）要认真做好下列交接工作：

① 当班生产任务及机器设备运转、供液、库温情况。

② 机器设备运行中有关故障、隐患及需要注意的事项。

③ 记录完整、准确。

④ 生产工具、用品是否齐全。

⑤ 机器设备和工作场地清洁、无杂物。

4）交接中发现问题时，如能在当班处理，交班人员应在接班人员协助下负责处理完毕后再离开。

四、库房安全制度

1）外来参观人员应持有单位介绍信并经厂部或公司领导批准，由有关人员陪同，方可参观库房。参观者未经许可，不得乱摸乱动库房内外的有关设备和商品。

2）本厂人员非工作关系不得随意进入库房内。

3）凡进入库房内参观作业生产时，一律不准吸烟。

4）库房生产人员应严格遵守商品堆垛装卸的有关规定进行作业，避免设备、商品损坏和人身伤害等事故的发生。

5）在库房内外使用铲车作业时，操作人员要集中精神认真操作，非操作人员不得乱摸乱动和驾驶铲车，以避免意外事故的发生。

6）作业生产完毕后，应注意关门熄灯；库房保管员下班前要认真检查门、灯是否已锁好、关好。

7）需经车间领导同意方准进入冷库阁楼层，凡进入阁楼层内一律不准吸烟和带火种。

8）库房的各种消防器材不许乱拿乱放，做到定期检查和更换药料。

五、机房安全制度

1）机房人员要树立高度的责任感，认真贯彻“预防为主”的方针，必须严格执行各种规章制度和操作规程，接受班长和安全员的检查督促，做好每年一次的安全大检查。

2）机房人员值班时不准擅离工作岗位，操作时要集中精力。

3）认真执行交接班制度，做好各种原始记录。

4）机房内严禁烟火，不准吸烟、生火取暖，如因工作需要进行电焊或气焊，必须有两人以上在现场，并应准备好消防器材；凡在机房外烧火者，应离开机房10m以外，并由专人负责，不得离开现场。

5）机房所用的易燃危险品（如机油、煤油、汽油、氧气瓶、电石等），须妥善存放于指定地点。

6）防毒面具、消防器材和维修工具放于指定明显处，不得擅自动用，做好定期检查更换。

7）非机房人员不得随便进入机房。外来参观人员必须持有单位介绍信并经厂部或公司领导批准，由有关人员陪同参观，否则，值班人员有权谢绝。

8）机房所用的氨瓶（或氨罐）要妥善存放于指定的安全地点，并定期做好压力试验，避免发生意外事故。

参 考 文 献

[1] 王一农. 冷库工程施工与运行管理 [M]. 北京：机械工业出版社，2008.
[2] 谈向东. 制冷装置的安装运行与维护 [M]. 北京：中国轻工业出版社，2005.
[3] 陈福祥. 制冷空调装置操作安装与维修 [M]. 北京：机械工业出版社，2007.
[4] 余华明. 冷库及冷藏技术 [M]. 北京：人民邮电出版社，2007.
[5] 周秋淑. 冷库制冷工艺 [M]. 北京：高等教育出版社，2002.
[6] 李敏. 冷库制冷工艺设计 [M]. 北京：机械工业出版社，2009.
[7] 王琪. 制冷压缩机与设备实训 [M]. 北京：机械工业出版社，2008.
[8] 张建一，李莉. 制冷空调装置节能原理与技术 [M]. 北京：机械工业出版社，2007.
[9] 朱立. 制冷压缩机与设备 [M]. 北京：机械工业出版社，2006.
[10] 徐德胜，韩厚德. 制冷与空调——原理·结构·操作·维修 [M]. 上海：上海交通大学出版社，2005.
[11] 劳动和社会保障部教材办公室. 冷库技术 [M]. 北京：中国劳动社会保障出版社，2008.
[12] 姜周曙. 制冷空调自动化 [M]. 西安：西安电子科技大学出版社，2009.